零基础PHP从入门到精通

零壹快学 编著

SPM 南方出版传媒 广东人民出版社
·广州·

图书在版编目（CIP）数据

零基础PHP从入门到精通 / 零壹快学编著. —广州：广东人民出版社，2019.7（2020.10重印）

ISBN 978-7-218-13615-8

Ⅰ. ①零…　Ⅱ. ①零…　Ⅲ. ①PHP语言—程序设计　Ⅳ. ①TP312.8

中国版本图书馆CIP数据核字（2019）第111488号

Ling Jichu PHP Cong Rumen Dao Jingtong

零基础PHP从入门到精通

零壹快学　编著

出 版 人：肖风华

统筹策划：李婧玮
责任编辑：严耀峰
封面设计：画画鸭工作室
内文设计：奔流文化
责任技编：吴彦斌

出版发行：广东人民出版社
地　　址：广州市海珠区新港西路204号2号楼（邮政编码：510300）
电　　话：（020）85716809（总编室）
传　　真：（020）85716872
网　　址：http://www.gdpph.com
印　　刷：广东信源彩色印务有限公司
开　　本：787毫米×1092毫米　1/16
印　　张：37.25　　　字　　数：530千
版　　次：2019年7月第1版
印　　次：2020年10月第2次印刷
定　　价：88.00元

如发现印装质量问题，影响阅读，请与出版社（020-32449105）联系调换。

售书热线：020-32449123

前言

历经七十多年的发展，无论是对于国内数以十万计的学习者而言，还是在有着多年培训经验的编者们看来，学习编程语言，仍存在不小的难度，甚至有不少学习者因编程语言的复杂多变、难度太大而选择了中途放弃。实际上，只要掌握了其变化规律，即使再晦涩难懂的计算机专业词汇也无法阻挡学习者们的脚步。对于初学者来说，若有一本能看得懂，甚至可以用于自学的编程入门书是十分难得的。为初学者提供这样一本书，正是我们编写本套丛书的初衷。

零壹快学以“零基础，一起学”为主旨，针对零基础编程学习者的需求和学习特点，由专业团队量身打造了本套计算机编程入门教程。本套丛书的作者都从事编程教育和培训工作多年，拥有丰富的一线教学经验，对于学习者常遇到的问题十分熟悉，在编写过程中针对这些问题花费了大量的时间和精力来加以阐释，对书中的每个示例反复推敲，加以取舍，按照学习者的接受程度雕琢示例涉及的技术点，力求成就一套真正适合初学者的编程书籍。

本套丛书涵盖了Java、PHP、Python、JavaScript、HTML、CSS、Linux、iOS、Go语言、C++、C#等计算机语言，同时借助大数据和云计算等技术，为广大编程学习者提供计算机各学科的视频课程、在线题库、测评系统、互动社区等学习资源。

◆ **课程全面，聚焦实战**

本套丛书涵盖多门计算机语言，内容全面、示例丰富、图文并茂，通过通俗易懂的语言讲解相关计算机语言的特性，以点带面，突出开发技能的培养，既方便学习者了解基础知识点，也能帮助他们快速掌握开发技能，为编程开发设计积累实战经验。

◆ **专业团队，紧贴前沿**

本套丛书作者由一线互联网公司高级工程师、知名高校教师和研究所技术人员等组成，线上线下同步进行专业讲解及点评分析，为学习者扫除学习障碍。与此同时，团队在内容研发方向上紧跟当前技术领域热点，及时更新，直击痛点和难点。

◆ **全网覆盖，应用面广**

本套丛书已全网覆盖Web、APP和微信小程序等客户端，为广大学习者提供包括计算机编程、人工智能、大数据、云计算、区块链、计算机等级考试等在内的多门视频课程，配有相关测评系统和技术交流社区，互动即时性强，可实现在线教育随时随地轻松学。

PHP是全球最流行的编程语言之一，被各大互联网企业广泛使用。在Web开发领域，与其他语言相比，PHP编程语言更简洁易用、学习成本更低，这也是PHP发展迅速的重要原因。

目前市面上的大部分PHP书籍还停留在对PHP 5的介绍上——对于想要入门的人来说，有些知识点已经过时了。作者在仔细查阅了PHP 7版本所有改动和PHP的内核源码后，编写了这本关于PHP 7的书——《零基础PHP从入门到精通》，希望能帮助读者快速入门，并掌握PHP最新的特性。

• 本书内容

◆ **基础知识**：第1～3章，主要介绍了PHP的概况、安装以及基础语法，帮助读者打好基础，快速进入PHP的学习之中。

◆ **核心技术**：第4～12章，主要介绍PHP的核心应用，包括函数、流程控制和语言结构、字符串、数组、正则表达式、面向对象编程、错误与异常处理、日期和时间、PHP在Web开发中的应用，帮助读者掌握PHP的核心操作。

◆ **高级应用**：第13～20章，主要介绍AJAX技术、Cookie与Session会话管理、文件和目录操作、MySQL数据库、PDO操作MySQL数据库、Web开发中的加密技术、图形图像处理技术、PHP操作JSON和XML，帮助读者向更高层次的PHP应用操作迈进。

◆ **实战演练**：第21章，手把手教读者从零开始创建Laravel博客项目，增强读者的实战能力。

• 本书特点

◆ **全面讲解，涵盖PHP 7**。市面上主流的PHP框架、互联网公司网站大多采用PHP 7版本，所以本书除了介绍PHP的基础内容和核心技术外，还加入了最新版本PHP 7的特性，知识点覆盖更全面、更深入。同时，为便于读者区分，PHP 7的相关内容在书中会清楚地加以标注说明。

◆ **示例丰富，贴近场景**。本书提供了丰富的代码示例，而且每段代码后都有解释，便于读者清晰理解代码的含义。这些示例大多选自工作中的各类场景，力求做到编程场景化，让读者可以感受真实的企业编程，提高分析、解决问题的能力，增加实战操作经验。

◆ **视频教学，动手操作**。本书每一章都配有教学视频，直观展示了PHP程序运行的效果，并配有通俗易懂的解释。

◆ **知识拓展，难度提升**。本书在每一章末尾设有“小结”和“知识拓展”部分。通过在“知识拓展”部分中列举一些重要或有一定难度的知识点，为有能力的读者提供更多的拓展类学习内容，便于读者多维度强化自身的学习，加深对PHP的理解。

◆ **线上问答，及时解惑**。为确保广大读者的学习能够顺利进行，我们提供了在线答疑服务，希望通过这种方式及时解决各位读者在学习PHP的过程中所遇到的困难和疑惑。

• 本书配套资源（可扫下方二维码获取）

◆ **大量的代码示例**。通过运行这些代码，读者可以进一步巩固所学的知识。

◆ **零壹快学官方视频教程**。力求让读者学以致用，加强实战能力。

◆ **在线答疑**。为读者解惑，帮助读者解决学习中的困难，快速掌握要点。

• 本书适用对象

◆ 编程的初学者、爱好者与自学者

◆ 高等院校和培训学校的师生

◆ 职场新人

◆ 准备进入互联网行业的再就业人群

◆ “菜鸟”程序员

◆ 初、中级程序开发人员

零壹快学微信公众号

《零基础PHP从入门到精通》从初学者角度出发，详细讲述了PHP编程语言所有的基础知识点和开发实战中需要的编程必备技能。全书内容通俗易懂，代码示例丰富，步骤清晰，图文并茂，可以使读者轻松掌握PHP的精髓，活学活用，是一本实用的PHP入门书，也是在开发实战中必备的PHP参考手册。

编者

2019年7月

目录

CONTENTS

第1章 走进PHP

1.1 PHP编程语言概述

现今社会的方方面面都离不开软件，比如打车软件、交友软件、聊天软件、办公软件、学习软件等，这些软件都是由各种各样的编程语言开发完成的。有的编程语言在性能方面表现出色，比如C语言；有的编程语言擅长统计分析，比如R语言；而有的编程语言被大量地应用在浏览器上，比如JavaScript语言。在众多编程语言中，PHP语言因其功能强大、简单易用，成为最受欢迎的编程语言之一，被全世界各大软件公司广泛使用。本节将带你走进PHP的世界。

1.1.1 PHP的历史

1994年，拉斯马斯·勒德尔夫（Rasmus Lerdorf）用Perl编程语言写了一个简单的程序，用来统计访问自己网站用户的数据。后来，他用另一种编程语言——C语言，重写了这个程序，并丰富了功能，既可以访问数据库，也可以应用于Web表单。1995年，勒德尔夫对外发布了这个工具，第一版的名字叫Personal Home Page Tools，即PHP 1.0。

1.1.2 PHP的发展历程

起初，勒德尔夫并不想开发一门新的语言，所以在早期的版本中只提供了网站用户留言和用户访问统计等功能。但是，随着越来越多的网站开始使用PHP，为了满足需要，勒德尔夫加入了一些特性，包括数组、循环语句等，并于1997年发布了PHP/FI 2.0。

同年，安迪·古特曼斯（Andi Gutmans）和齐弗·苏拉斯基（Zeev Suraski）在为一所大学开发电子商务程序时，发现 PHP/FI 2.0 的功能还不够强大，于是他们重写了代码，并构建了PHP 3的基础，将这门语言的名称更改为PHP（Hypertext Preprocessor）。经过一系列公开测试之后，PHP 3于1998年6月正式发布。之后，苏拉斯基和古特曼斯开始重新编写PHP的核心，并于1999年开发出“Zend引擎”——Zend Engine 1.0版本。

2000年5月22日，PHP 4发布，截至2008年8月，该分支最高达到4.4.9版本，此后PHP 4停止更新。

2004年7月14日，PHP 5发布，由新的Zend Engine 2提供支持。PHP 5包含了各种新功能和改进，比如对面向对象编程的改进支持，提供访问数据库的轻量级PDO扩展，以及众多性能增强功能。2008年，PHP 5成为唯一正在开发的稳定版本。

PHP 6版本的开发，是为了解决在核心语言层面的本地Unicode支持，主要是由安德烈·兹米约夫斯基（Andrei Zmievski）领导项目组，通过嵌入Unicode国际组件（ICU）库，并在内部将文本字符串表示为UTF-16编码。由于PHP 6的改动较大，对于老版本PHP 5的兼容性不是很好，用户需要改动较多的代码才能让网站支持PHP 6，因此很少有网站使用，最终PHP 6项目被延期。2010年3月，PHP 6被正式放弃，不过PHP 6的很多优秀的功能特性都被集成到了PHP 5.4版本中。

1.1.3 使用场景和优势

PHP编程语言借鉴了C语言、Java语言和Perl语言的特点，并自创了独特的语法，相比CGI、Perl，PHP能更快速地执行动态网页，也能更灵活地嵌入到HTML中。PHP代码易上手，非常适合新手学习，一直受到各大企业的青睐。

◇ 全世界很多公司都在使用PHP编程语言，PHP被应用在各类场景中，例如电子商务软件、Web应用系统开发、互联网业务后台系统、企业级网站开发、教育平台、办公系统、移动互联网开发、大型分布式Web系统开发等。

PHP在最初设计的时候，主要目的是实现Web开发，因此PHP很少用于桌面类应用开发。但在Web开发领域，PHP有着非常多的优势：

◇ 成本低：开发和维护成本低。

◇ 易用性：易于处理各类Web复杂业务场景。

◇ 跨平台：可以在所有主流的操作系统上运行。

◇ 稳定性：PHP开发的Web网站非常稳定。

◇ 可伸缩性：丰富的扩展库，支持分布式系统。

◇ HTML嵌入式开发：PHP和HTML可以无缝对接，让开发更高效。

全世界有上千万个网站使用PHP，覆盖了各行各业。使用PHP作为常用开发语言的公司也非常多，如国外公司包括脸书（Facebook）、雅虎（Yahoo）、谷歌（Google）、维基百科（Wikipedia）等，国内的有百度、阿里巴巴、腾讯、美团、新浪等。除了这些公司，很多开源项目系统也都采用PHP作为开发语言，其中有全世界最流行的博客系统WordPress、全球知名的内容管理系统Joomla和中国最流行的社区论坛软件系统Discuz！。

1.1.4 PHP 5和PHP 7

在很长一段时间里，PHP 5一直占据着网站编程语言的主流地位。但是，随着对PHP性能的要求越来越高，PHP项目的升级被提上议程。在2014年至2015年期间，一个“重量级”的版本——PHP 7诞生了。

提示

由于PHP 6从来没有发布过，对于对外公布版本是否使用数字7，产生了一些分歧。最终讨论结果是，虽然PHP 6从未发布过，但是已经有一些文章和书引用了PHP 6的名称，如果新版本依旧使用该名称，可能会引起混淆。经投票，最终PHP 7被选中。

PHP 7搭载了新版Zend引擎，做了大量的改善和提升，并提供了很多新特性，比如：

◇ 速度提升，PHP 7的速度是PHP 5.6的两倍以上。

◇ 内存使用显著优化。

◇ 使用抽象语法树。

◇ 增加64位INT支持，统一不同平台下的整型长度，支持储存大于2GB的字符或上传大于2GB的文件。

◇ 更多Error错误可以进行异常处理。

◇ 更安全可靠的随机数生成。

◇ 移除了旧的和不支持的SAPIs和扩展。

目前各大公司网站、开源项目等都在陆续升级为PHP 7， PHP 7将成为未来Web开发的主流语言。

1.2 学好PHP的建议

在没有编程基础的情况下，从零开始学习任何一门编程语言都会比较困难，常常会出现不知道从哪里开始学起，虽然能看懂代码，自己却写不出来，甚至中途放弃学习的情况。希望本节的内容可以帮助大家更好地去学习PHP。

图1.2.1　PHP IDE下的代码展示

对于初学者来说，学习PHP编程语言最重要的就是学习PHP的语法，语法是PHP的词汇表。不断地学习PHP语法，查阅与语法相关的代码，并且亲自动手写一些简短的程序，有助于加深对PHP

语法的理解。第2章将讲述PHP IDE，在学习过程中要学会熟练使用PHP IDE来开发程序。对于任何新的语法，建议读者都要自己动手尝试在IDE上面编写代码并运行调试程序。可以建立一个学习文件夹，根据章节进行目录划分，对每章学到的语法都进行编程，并把代码保存起来，这样不仅能锻炼自己的编码能力，还能在忘记语法的使用方法时，快速地查阅自己写过的代码。

本书有大量的代码示例，前期可以对书中的代码示例进行拷贝。当熟练到一定程度后，就要尝试自己去编写代码。不需要担心自己写错了代码怎么办，由于IDE有代码报错功能，当代码格式有问题时，会出现明显的错误提示。

经过不断的重复练习，对很多语法有了一定的认识之后，我们就要开始学会举一反三。比如在学习PHP文件操作的相关内容时，会讲到PHP写入文件，这里就可以举一反三地进行思考：PHP有几种写入文件的方式？这几种写入文件方式的执行结果是什么？如果两个PHP程序同时向一个文件写入内容会怎么样？学习新知识的时候，要不断地向自己提出这类问题，然后通过编写代码进行测试，最终找到答案。这样一来，我们的知识覆盖面就会更广。

在能够熟练编写简单的代码之后，接下来就要考虑如何使用它来创建小程序。此时，可以通过小项目继续加深对运用PHP语法的理解。编写项目时需要将各种学过的知识关联起来，所以开发各种小型项目、小场景，是一种很好的学习方式。以文件章节为例，如果想做一个简易的日志系统，就会用到PHP文件函数、字符串处理函数和时间相关函数。编写时，每一个小项目都要尽量实现一个独立的、完整的功能，通过实现一个个不同的功能，从而获得小小的成就感。

熟练地掌握PHP之后，可以逐步尝试创建更高级的程序，但不用试图立刻写出一个非常庞大复杂的项目，因为学习代码就像学习一种新的语言一样，需要一步一步来。

可以找一些正在学习PHP的人或者有经验的PHP开发者一起合作开发项目。在合作过程中，会发现一些之前没有注意到的知识点。逛PHP技术社区，查看大家提交的各种PHP问题帖并尝试去回答，这也非常有帮助。这些问题都是大家在学习或工作中遇到的真实问题，去解决这些问题，会让我们的PHP技能得到迅速提升。

最后一点建议就是，学习一些HTML和JavaScript的相关知识，这有助于我们理解一个完整的PHP Web框架。PHP 框架可以帮助我们用更少的代码创建更多的功能，结合JavaScript脚本和PHP服务器请求，可以创建具有交互式的Web应用程序。这些成果都可以直接作为我们期末的课程设计或者简历中的项目经验。

1.3 Web项目介绍

Web（全称World Wide Web）是指全球广域网，也叫万维网，它是一种基于超文本和HTTP的、全球性的、动态交互的、跨平台的分布式图形信息系统；是建立在互联网上的一种网络服务，提供图形化、易于访问的直观界面。在浏览器输入网址后打开的就是一个Web页面。一般情况下，一个Web网站会由许多个Web页面组成，这些Web页面和数据交互接口共同实现了完整的项目。

近些年来，随着移动互联网的兴起，Web页面除了传统的PC网页之外，同时还包括移动端网页、APP内嵌的Web页、微信Web页等，Web所覆盖的产品变得越来越广泛。

1.3.1　Web项目框架图

在计算机的世界里，提供服务的一方通常被称为服务端（Server），而接受服务的另一方我们称作客户端（Client）。这种关系应用在互联网上，就变成使用者和网站的关系了，PHP是服务端，而浏览器是客户端。

图1.3.1是常见的PHP Web框架图，服务端对外提供网络服务，由服务器、PHP集群和各类底层服务组成，为客户端提供数据查询、API服务和浏览器网页等。

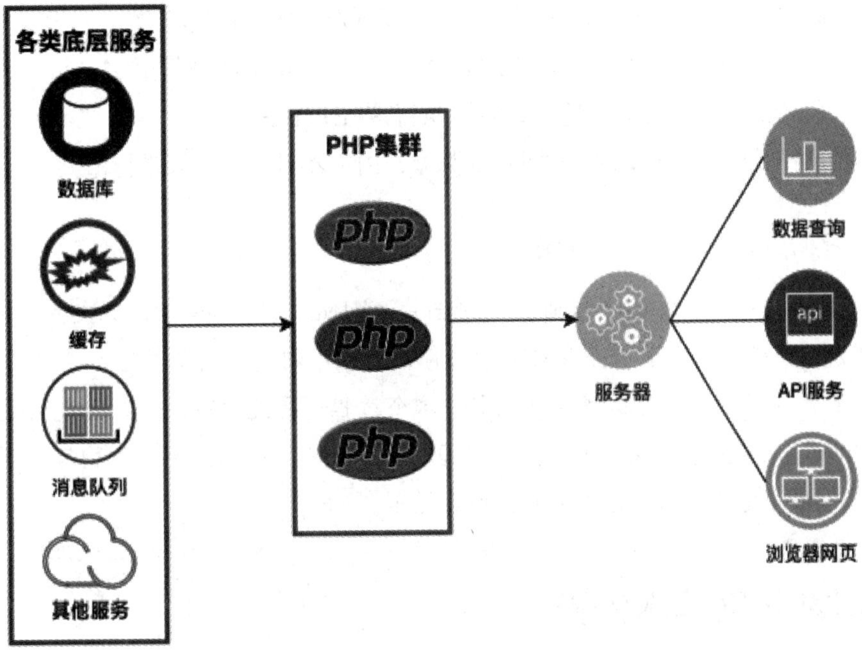

图1.3.1　PHP Web框架图

1. 服务器

常见的服务器有Nginx、Apache、IIS。用户发起的请求首先会经过服务器，然后服务器将请求发给PHP进行数据处理，并将处理的结果返回给用户。

2. PHP集群

PHP是脚本语言，可以通过服务器接收来自用户的各种数据，并将处理后的数据或者结果传回给服务器。在Web框架中，PHP用来处理各种业务需求，通过编写PHP代码可以实现登录注册、订单管理、网页渲染，以及其他复杂的业务处理。为了应对大规模的请求，一般都是由多个PHP机器组成集群，将网络流量分散到各个PHP上面。

3. 各类底层服务

底层服务有很多种，比如数据库MySQL用来存储各种Web数据，缓存服务可以加速一些数据的获取和页面的展示，对于用户流量较大的操作可以通过消息队列进行流量管控等。除了这些底层服务，还有搜索引擎、第三方插件、日志系统、文件存储服务等其他服务，这些底层服务为Web提供了最基本也是最重要的功能，并被PHP调用。

1.3.2 PHP工作过程

本书采用Apache作为服务器，以Apache为例，PHP的运行原理是Apache、PHP、浏览器之间的协作过程。

1. 用户在浏览器的地址栏输入网址，比如http://01kuaixue.com/test.php，点击回车键。
2. 浏览器向网络发起PHP请求，并将请求传送到Apache服务器。
3. Apache服务器接收到请求，并在网站目录下找到对应的test.php文件。
4. 将文件提交给PHP解释程序，PHP解释器对该test.php文件进行语法分析。若发现语法错误，则经Apache将错误信息返回到浏览器，否则执行该PHP程序。
5. PHP执行后的结果，经Apache返回到浏览器，浏览器对返回结果进行渲染。

提示

如果浏览器请求的文件不是PHP文件，而是图片、HTML文件或Javascript文件，上述过程会简化。Apache服务器会在网站目录下寻找对应的文件，若找不到则向浏览器返回“错误信息404不存在”，若找到则直接将文件内容返回给浏览器，这个过程不再经过PHP程序执行。比如，test.php文件内容是“1+1”，经过PHP处理以后，浏览器会显示“2”；如果有一个内容一样的test.html文件，html不经过PHP处理，浏览器访问时依旧会显示“1+1”。

1.4 网站开发基本流程

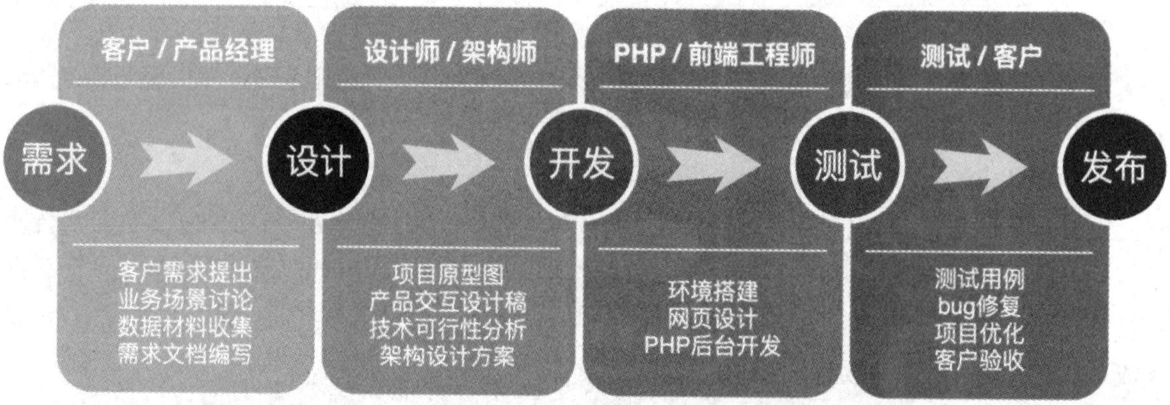

图1.4.1 网站开发流程图

1. 需求

在项目实施前，一般由客户提出需求，如果这个项目是公司自己的产品，那么就由公司的产品经理提出。需求提出后，客户和产品经理会围绕具体的业务场景进行讨论，讨论内容包括这个需求是什么、使用者是谁、产品解决了什么问题、有哪些使用场景、有没有上线后的预期效果等。通过不断的讨论，细化并完善产品需求，必要时还要采集一些数据进行分析，最终明确得出一个合理的需求。需求确认好以后，由产品经理编写需求文档，在之后的项目实施中，所有参与人员都会根据需求文档确认工作内容。

如果客户提出的产品功能较多、需求量较大，要一次全部实现，时间成本就会很高。这时，产品经理应该与客户一同梳理需求，讨论哪些需求非必要、哪些可以放到后期的版本开发中，分清主次，定制多个版本，分步实现目标，这样可以保证产品模型迅速搭建成型，最快看到成效。

2. 设计

确认需求后，设计师根据需求和场景描述，给出项目的原型图和产品交互设计稿等，产品经理和客户也应针对设计稿提出建议。架构师会根据需求文档和设计稿，确认技术方案的可行性，对于技术无法实现的功能，建议取消或者寻找可替代的产品方案。

设计环节至关重要，一个不好的设计会导致后续的开发与业务变得复杂、项目排期变得不可控，因此，架构师一定要进行详细的业务逻辑分析与设计、系统设计和技术详细设计。同时，设计师也要尽可能多地从使用者的角度出发进行页面设计以及产品流程设计和优化。

3. 开发

开发环节由Web前端工程师和Web PHP工程师共同完成。Web前端工程师根据设计稿实现页面布局和网页内容；Web PHP工程师首先进行环境搭建，包括服务器配置、PHP框架选择、开发环境部署等，然后进行数据库设计、API接口设计，并开发相关功能，最终将PHP数据渲染到网页上。

4. 测试

网站既要经得起不同用户的使用，又需要支持多人长时间同时操作，因此Web项目的功能和性能都必须经过可靠的验证，进行全面测试。除了网站测试，还有移动端（如iOS和Android）测试。网站测试与其他类型的应用程序测试相比没有太大差别，测试包括黑盒测试、白盒测试、单元测试、集成测试，不同的测试方法有不同的侧重点。

5. 发布

经过客户、产品经理、测试人员确认后，网站方可对外发布。由技术人员进行服务器的部署和实施、发布后的信息搜集、网站的持续改善和优化，以及网站功能的定期维护。

1.5 小结

本章主要介绍了什么是PHP，PHP的发展、使用场景和优势，以及最新版本PHP 7。另外，本章还提供了关于PHP这门编程语言的学习建议，介绍了Web项目和PHP开发的整个工作流程。下一章本书将讲解如何在不同的操作系统上搭建PHP工作环境，包括PHP开发环境和PHP运行环境，并教大家开始编写第一个PHP应用程序。

1.6 知识拓展

1.6.1 常用软件资源

1. PHP开发工具（PHP IDE）

PHP开发工具，也叫PHP IDE，PHP工程师通过IDE（Integrated Development Environment，集成开发环境）进行代码开发，一般IDE都会提供代码提示、文件和目录管理、代码搜索和替换、查找函数等功能。

（1）PhpStorm，JetBrains公司开发的一款商业的PHP集成开发工具，旨在提高工程师效率，可深刻理解用户的编码，进行智能代码补全、快速导航以及即时错误检查等。这款工具的功能非常丰富，适合Web项目。本书也采用PhpStorm进行代码演示。软件收费。

（2）Zend Studio，Zend Technologies公司开发的PHP语言集成开发环境，提供了PHP编程语言的调试，还支持HTML、JavaScript、CSS的开发。软件免费。

（3）Eclipse，基于Java的可扩展开发平台，是开源工具。Eclipse最大的特点在于，它本身只是一个框架和一组服务，用于通过插件组件构建开发环境。Eclipse支持Java、PHP、C++等多种语言，因此通过它就可以进行多种语言开发。软件免费。

（4）Dreamweaver，即Adobe Dreamweaver，简称“DW”，中文名称为“梦想编织者”。由Adobe公司出品，是一款集网页制作和网站管理于一身的所见即所得网页代码编辑器。利用它对HTML、CSS、JavaScript等内容的支持，设计人员和开发人员几乎可以在任何地方快速地制作和建设网站。Dreamweaver更适合Web前端工程师，通过所见即所得，可快速了解HTML、CSS及其他Web 标准。软件付费。

2. 代码管理工具

一个网站通常由多个开发人员共同建设完成。代码管理工具可以记录一个项目从开始到结束的整个过程，追踪项目中所有内容的变化情况，如增加、删除或修改了什么内容。除此之外，它还可以管理网站的版本，清楚地展现每个版本之间的异同点，如版本2.0相较于版本1.0多了什么内容和功能。开发人员通过代码管理工具进行权限控制，防止代码混乱，提高安全性，减少一些不必要的损失和麻烦。

（1）SVN，全称Subversion，是一个开源的集中式版本控制系统，管理随时间改变的数据，所有数据集中存放在中央仓库（Repository）。Repository就好比一个普通的文件服务器，不过它会记住每一次文件的变动，这样你就可以把PHP文件恢复到旧的版本，或是浏览PHP文件的变动历史。

（2）Git，是一个开源的分布式版本控制系统，和SVN功能类似，区别是使用Git的每台电脑都相当于一个服务器，其代码是最新的，比较灵活，可以有效、高速地处理项目版本管理。全球最大的代码托管平台Github网站采用的也是Git技术。

3. 其他工具

（1）JIRA，Atlassian公司出品的项目与事务跟踪工具，可以用来进行网站bug管理、缺陷跟踪、任务跟踪和敏捷管理等。

（2）Redmine，由Ruby编程语言开发的一套跨平台项目管理系统，通过“项目（Project）”的形式把成员、任务（问题）、文档、讨论以及各种形式的资源组织在一起，让大家参与更新任务、文档等内容，来推动项目的进度，同时它也可以利用时间线索和各种动态的报表形式来自动给成员汇报项目进度，并提供Wiki、新闻台等，还可以集成其他版本管理系统和bug跟踪系统。

（3）XMind，一款实用的思维导图软件，可以用来绘制产品架构图、项目流程图、功能分解图等，简单易用、美观、功能强大，拥有高效的可视化思维模式，具备可扩展性、跨平台性和稳定性，真正帮助用户提高生产率，促进有效沟通及协作。

（4）TeamCola，由国内团队开发的时间管理工具，能较好地解决时间问题，而其管理力度为半小时，也不会过多地增加管理成本。

1.6.2 PHP开发社区

1. PHPChina

网址：http://www.phpchina.com

PHPChina社区是中国PHP行业开源社区门户，这里汇集了全国各地的PHPer（PHP编程人员），共同交流最新的PHP编程技术。

2. Laravel China

网址：http://laravel-china.org

国内最大的PHP和Laravel社区。

3. CSDN

网址：http://www.csdn.net

专业IT技术社区。

4. GitHub

网址：http://github.com

面向开源及私有软件项目的托管平台，该网站汇集了大量的、优质的PHP项目。

5. Stack Overflow

网址：http://stackoverflow.com

一个与程序相关的IT技术问答网站。用户可以在网站免费提交问题、浏览问题、检索相关内容，在创建主页的时候使用简单的HTML。很多常见或经典的PHP问题，都可以在Stack Overflow上找到答案。

第2章 PHP安装和IDE介绍

第1章介绍了PHP的工作过程，以Windows为例，需要安装Apache、PHP和MySQL服务，这些软件的安装和部署都比较复杂，不利于初学者快速、灵活使用。本章会介绍集成安装环境，将服务器、PHP和MySQL等服务进行整合，简单快速安装，为初学者省去很多麻烦。

2.1 Windows搭建WampServer

在Windows系统下，最常见、使用最多的集成安装环境是WampServer（Windows+Apache+MySQL+PHP）。WampServer是一个支持Windows平台的Web开发环境搭建工具，可以帮助我们搭建一个支持Apache 2、PHP和MySQL技术的Web应用，同时它也支持PHP 5版本和PHP 7版本的快速切换。

1. 官方下载

官网地址：http://www.wampserver.com/en/

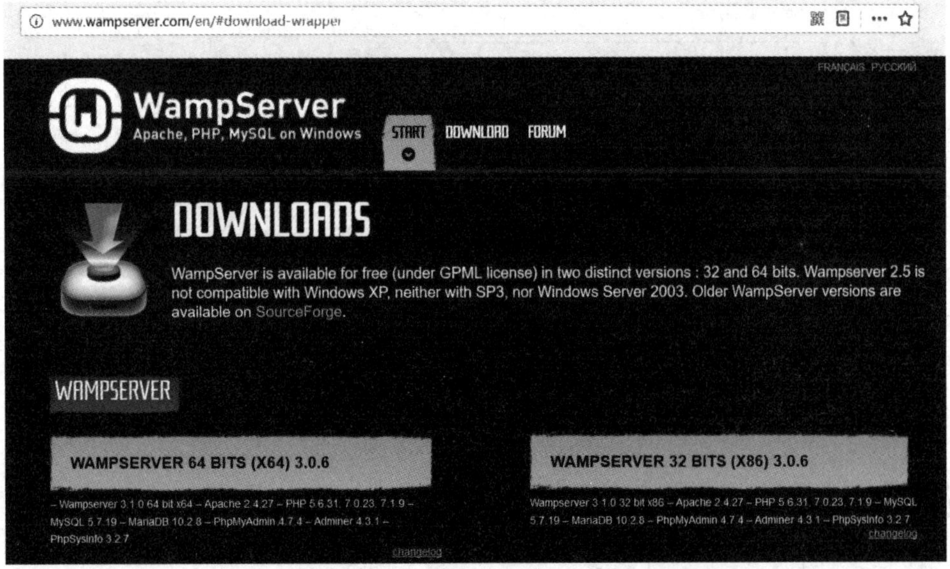

图2.1.1 WampServer下载页

2. WampServer安装

下载wampserver.exe后，使用管理员权限，打开安装包程序进行安装。图2.1.2为选择软件语言环境，默认是“英语”，点击“OK”按钮。

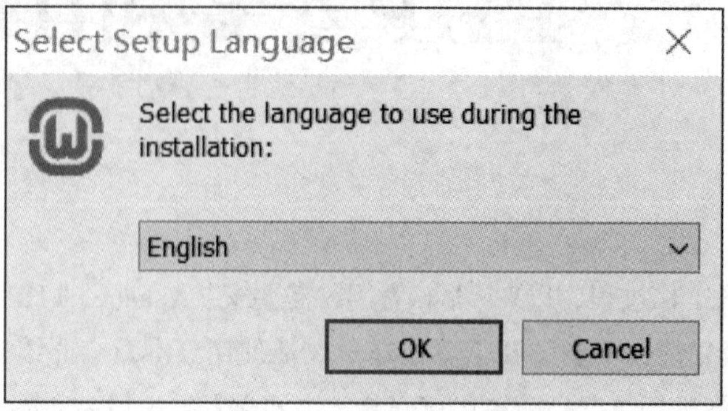

图2.1.2　选择安装语言

选择语言后进入协议页，如图2.1.3所示，选择“I accept the agreement”同意协议，点击“Next”按钮进入下一步。

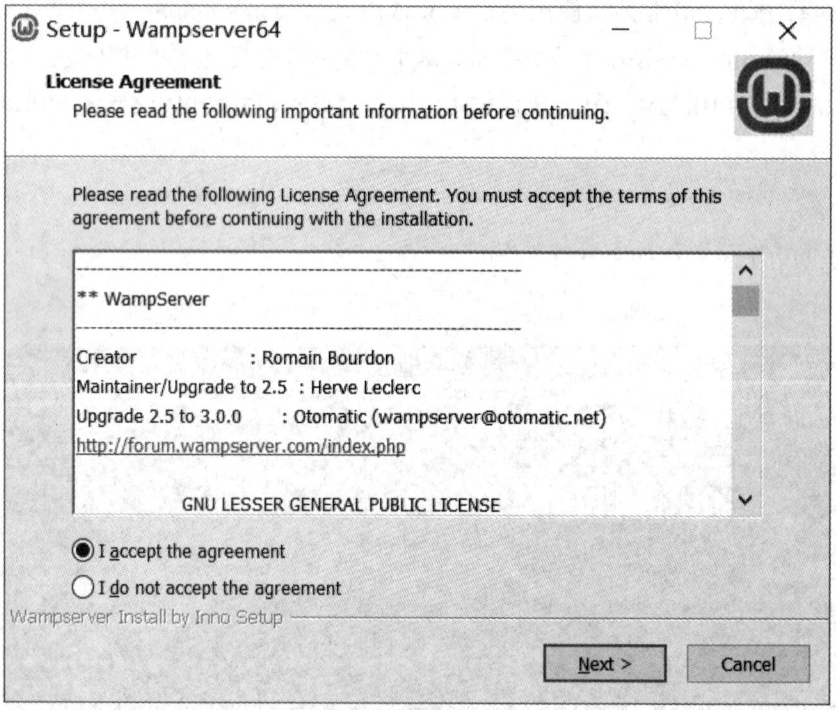

图2.1.3　安装协议界面

图2.1.4展示了WampServer在安装前的一些信息，包括安装前的准备等，确认并点击“Next”按钮。

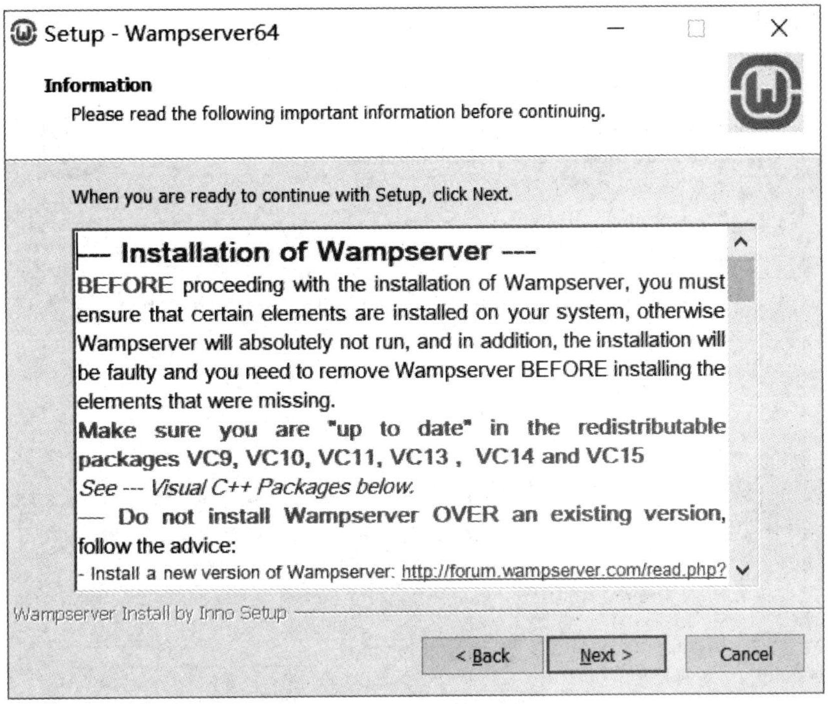

图2.1.4　软件安装详细介绍

接下来选择安装目录，如图2.1.5所示，默认安装目录为c:\wamp64，可以修改成其他目录和文件名，但不建议使用中文名字作为目录，点击“Next”按钮继续。

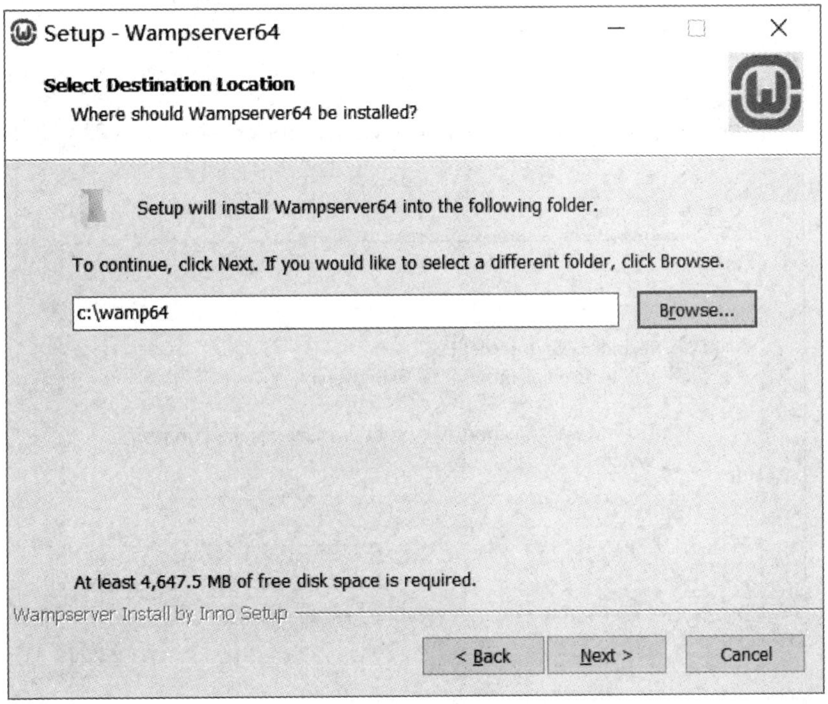

图2.1.5　安装路径选择

图2.1.6为创建开始菜单文件夹，直接点击“Next”按钮进入安装页面。

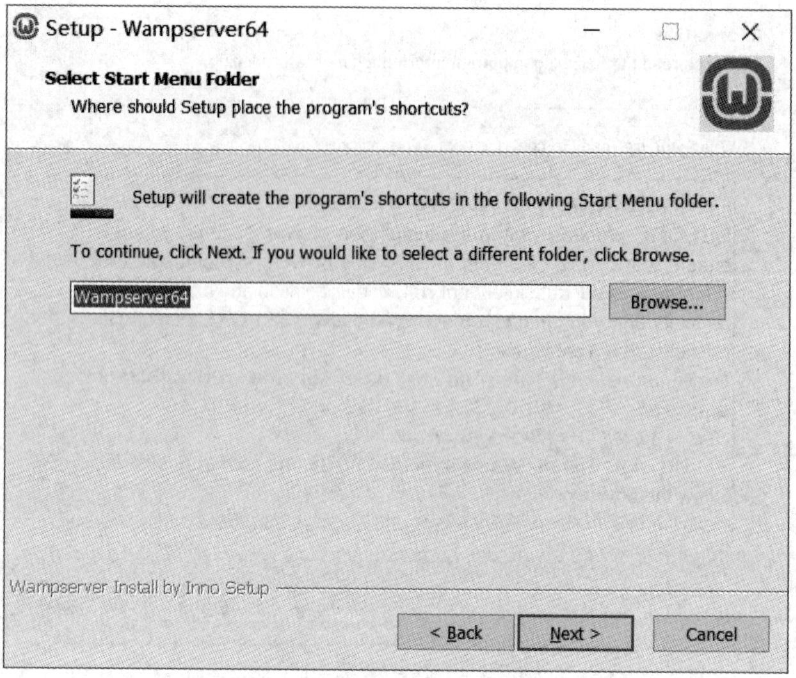

图2.1.6　创建开始菜单文件夹

WampServer的默认启动浏览器是Internet Explorer（图2.1.7），默认启动编辑器是Notepad（图2.1.8），安装过程中会提醒用户是否需要修改，修改后点击“是（Y）”。

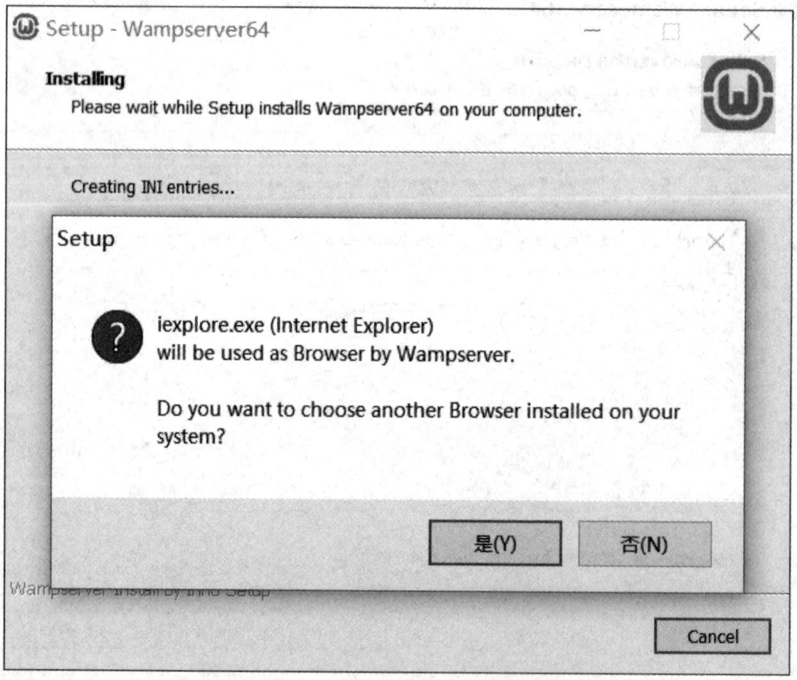

图2.1.7　选择WampServer启动浏览器

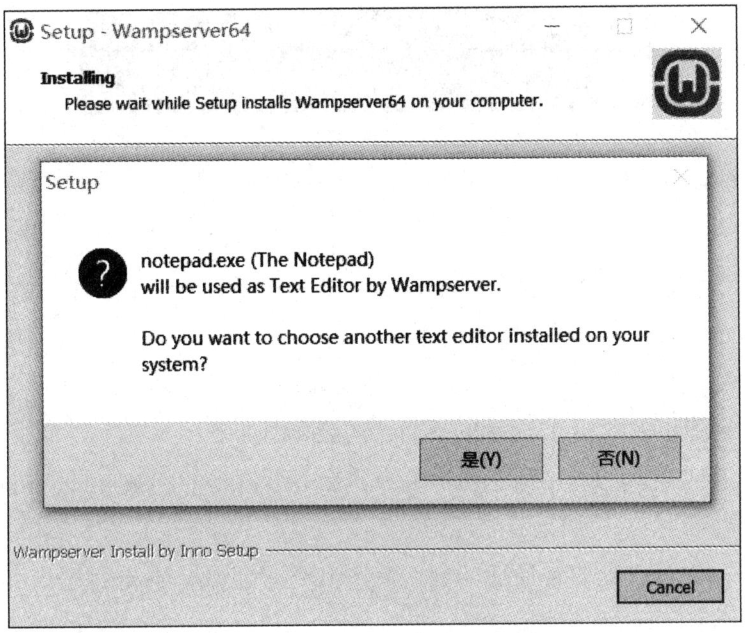

图2.1.8　选择WampServer编辑器

最终，WampServer安装完成，完成后会提示用户需要重启电脑，点击“Finish”按钮，立即重启，如图2.1.9所示。

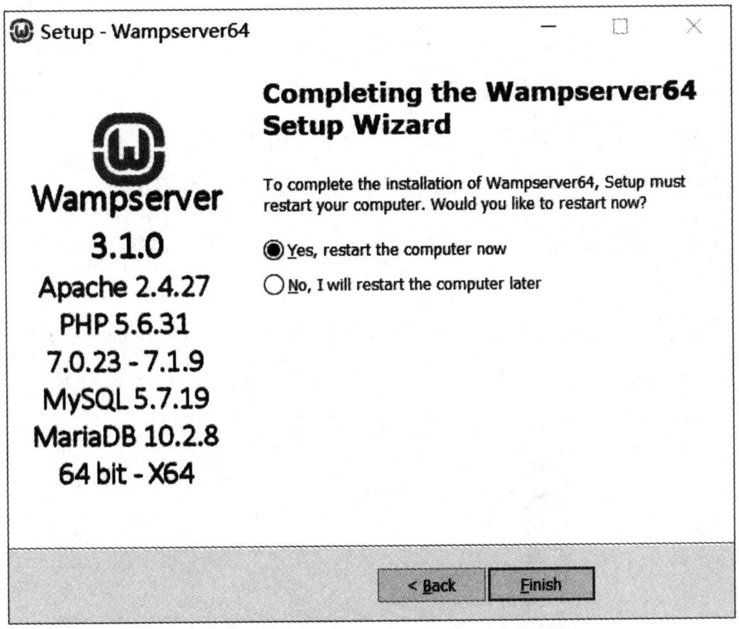

图2.1.9　安装完成

3. 使用WampServer

安装成功后运行WampServer。正常运行后，任务栏的通知区域会显示运行图标，如图2.1.10所示，显示为W字母的图标就是WampServer。

图2.1.10　显示在任务栏中的WampServer图标

提示

WampServer图标为绿色时表示运行正常，红色表示服务没有开启，橙色表示服务没有全部开启。只有显示为绿色时，才表示所有服务正常。

点击该图标，会弹出如图2.1.11所示的界面，功能介绍如下：

◇ Localhost：中文翻译为“本地主机”，点击会打开本地的网站首页，初始为WampServer存放的默认网站首页。

◇ phpMyAdmin：是一款非常便捷的在线MySQL管理工具，点击后进入phpMyAdmin的登录页，登录用户名为root，密码为空。

◇ Your VirtualHosts：虚拟主机，即查看Web网站和虚拟目录，默认只有Localhost网站，通过该选项可以增加站点。

◇ www directory：打开网站文件存储路径，点击后进入网站文件存储目录，默认地址是C:\wamp64\www，这个目录对应的就是Localhost网站，我们可以将文件内容替换成自己的网站。

◇ Apache：管理Apache，包括配置信息、模块加载。

◇ PHP：管理PHP，包括版本切换、设置、扩展库和php.ini文件。

◇ MySQL：管理MySQL，包括数据库设置、服务的启动和关闭等。

◇ MariaDB：是另一种数据库，和MySQL功能类似，为开发者提供了两种数据库之间的切换使用。

◇ 服务器运行选项：一共有三个，分别为启动服务（Start All Services）、停止服务（Stop All Services）、重启服务（Restart All Services）。

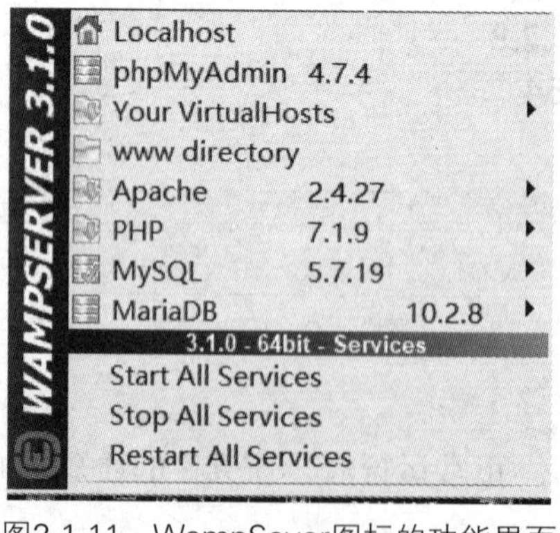

图2.1.11　WampSever图标的功能界面

4. 配置属于自己的网站

通过WampServer的VirtualHosts功能，可以配置一个属于自己的网站。点击“VirtualHost Management”，加入一个新的网站。如图2.1.12所示。

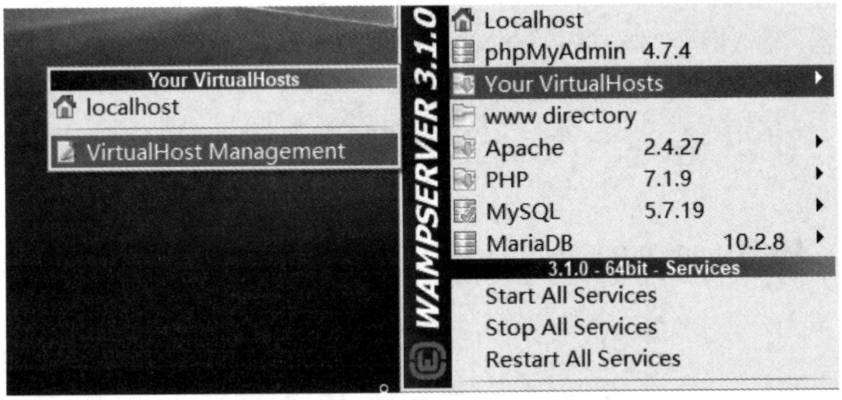

图2.1.12　VirtualHosts配置选项

如图2.1.13所示建立网站，首先在本地创建文件夹C:\wamp64\www\01kuaixue\，然后在名字输入框中输入“lingyikuaixue.com”，网站目录框中输入“C:\wamp64\www\01kuaixue\”，最后点击“创建”按钮，重启WampServer服务。

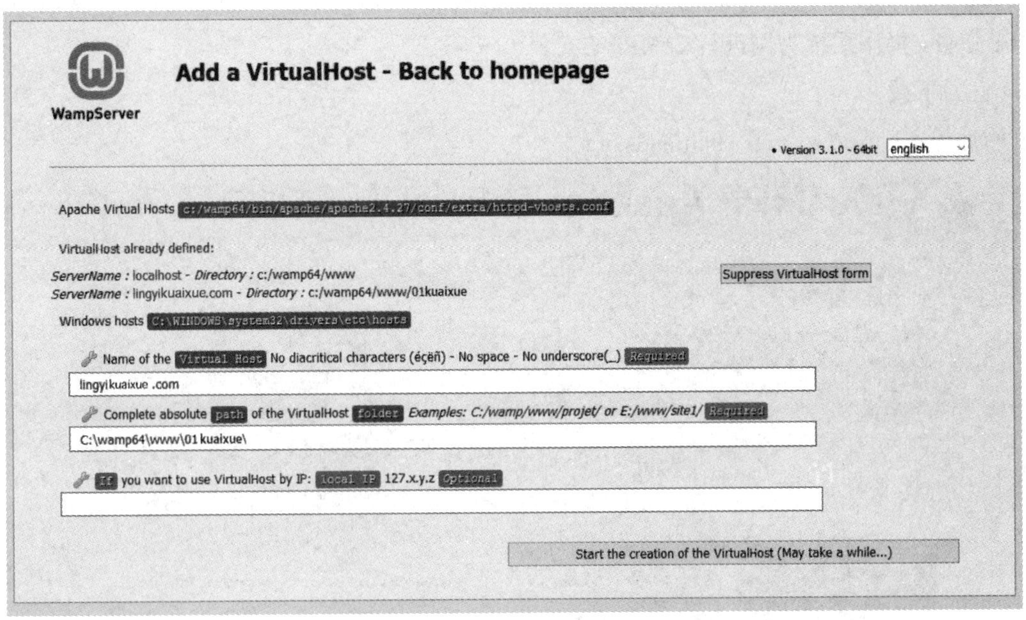

图2.1.13　VirtualHosts配置界面

提示

Apache的httpd-vhosts.conf文件控制网站名和网站对应的目录，C:\WINDOWS\system32\drivers\etc\hosts可以使任意网站域名指向本地。

此时，在C:\wamp64\www\01kuaixue\目录下，新建一个test.php文件，内容写入：

```
<?php
echo "My first php program!";
```

打开浏览器，输入网址“lingyikuaixue.com/test.php”，就可以看到我们的第一个程序了，如图2.1.14所示。

图2.1.14　第一个PHP程序

2.2 Mac和Linux搭建XAMPP环境

WampServer是部署在Windows操作系统上的，对于在Mac和Linux操作系统上部署PHP，推荐使用XAMPP。据XAMPP官网介绍，XAMPP是最流行的PHP开发环境，是完全免费且易于安装的Apache发行版，其中包含MariaDB、PHP和Perl。XAMPP开放源码包的设置让安装和使用出奇地容易，本节以Mac操作系统为例进行XAMPP的安装。

1. 官方下载

官网地址：https://www.apachefriends.org/

图2.2.1　XAMPP下载页

2. XAMPP安装

下载XAMPP.dmg后，双击打开，将XAMPP.app拖拽到Applications文件夹下。

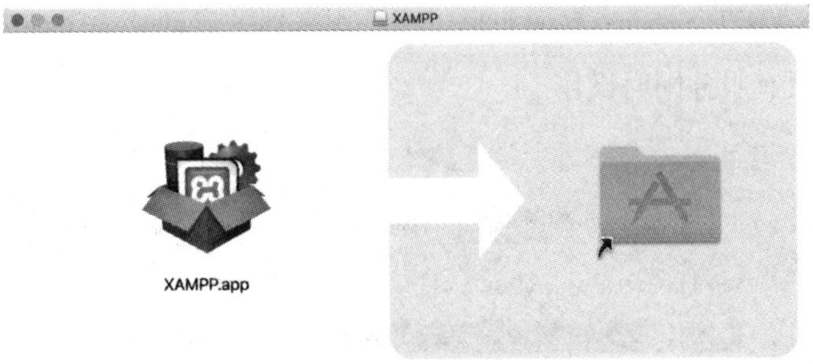

图2.2.2　XAMPP快速安装①

安装好以后，在Launchpad中找到XAMPP程序，第一次运行会提示需要管理员权限进行初始化，点击“OK”按钮并输入密码，程序即可运行。

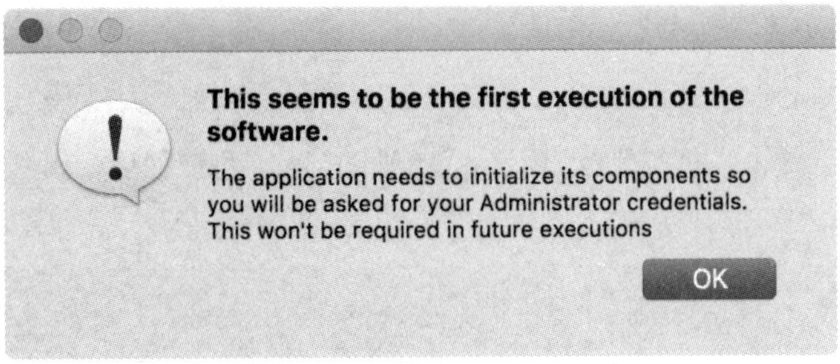

图2.2.3　XAMPP快速安装②

3. XAMPP功能介绍

和WampServer相比，XAMPP的功能简单了很多，操作起来也更容易。如图2.2.4所示，这是打开程序的初始页面，General项下包括了服务器启动、暂停、访问本地网站、打开服务器终端，以及访问Apachefriends和获取帮助等操作选项。

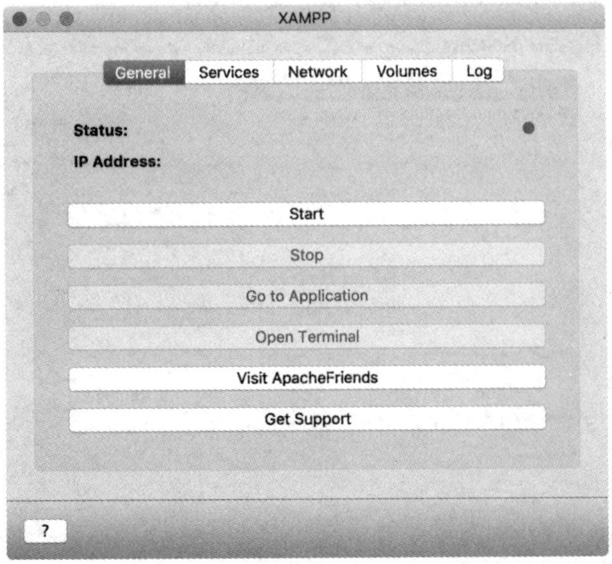

图2.2.4　XAMPP General界面

如图2.2.5所示，XAMPP Services界面包括了相关服务器的启动、关闭和重启，支持单独对一个服务操作，也支持对所有服务同时操作。

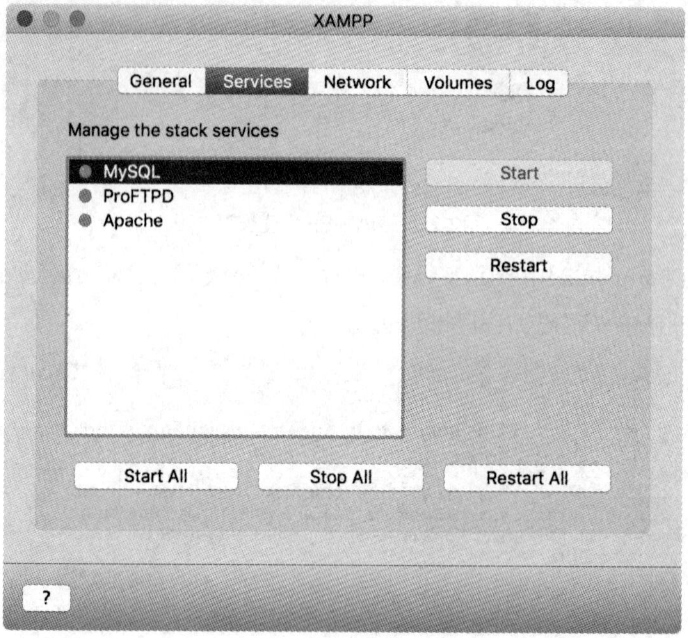

图2.2.5　XAMPP Services界面

由于XAMPP在Mac操作系统下单独提供了一套PHP环境，并不是直接访问本地网站，因此需要在Network开启后才可以访问localhost，如图2.2.6所示。

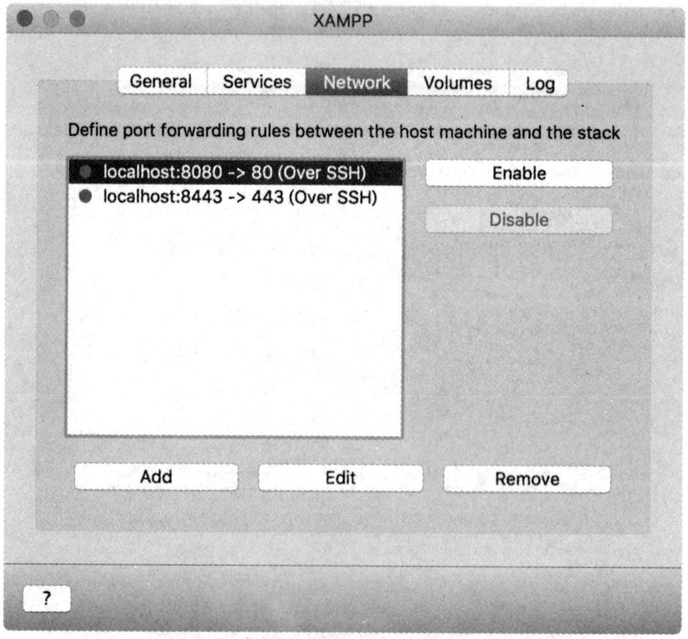

图2.2.6　XAMPP Network界面

Volumes界面提供了挂载功能，开启后便可以访问网站目录，点击“Mount”启动该功能，如图2.2.7所示。

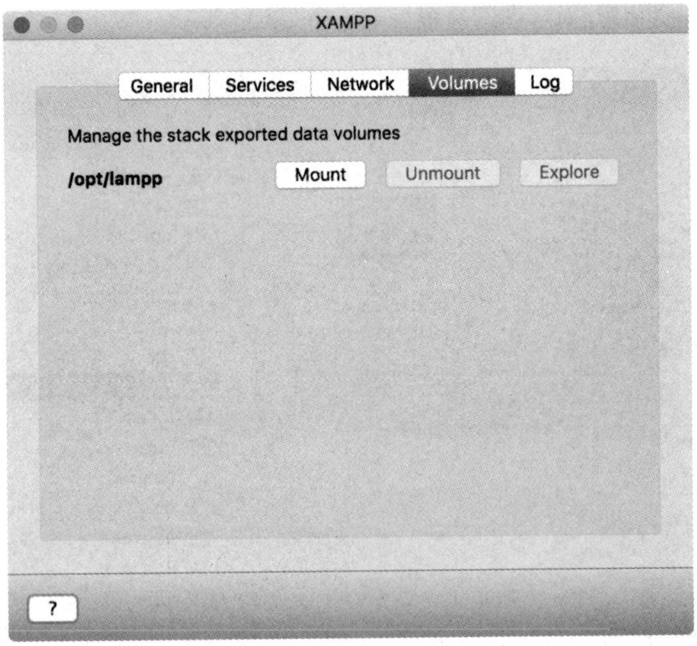

图2.2.7 XAMPP Volumes界面

如图2.2.8所示，XAMPP Log界面显示了软件的操作日志，可以通过日志查找和解决问题。

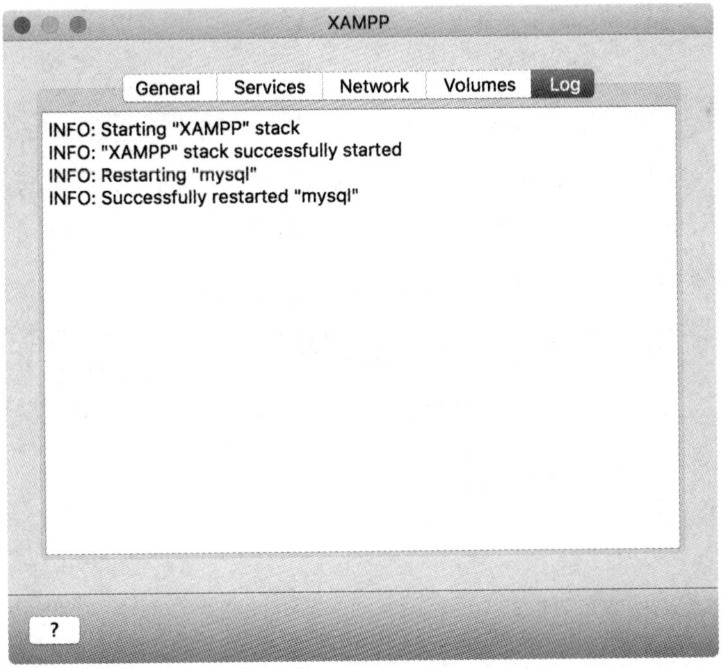

图2.2.8 XAMPP Log界面

4. 配置属于自己的网站

首先进入XAMPP软件，点击“Start”启动服务，并进入Volumes挂载网站目录。这时会出现共享目录，“/lamp/htdocs”就是对应的网站根目录，如图2.2.9所示。

图2.2.9　网站目录

在“/lamp/htdocs/”目录下，新建一个test.php文件，内容写入：

```
<?php
echo "My first php program!";
```

进入“General”点击“Go to application”会自动打开浏览器并访问网站，网址会因为每个人的网络环境差异而不同，本书显示的网址是“192.168.64.2”。在网址后面加上“test.php”再次访问，test.php程序就执行了，如图2.2.10所示。

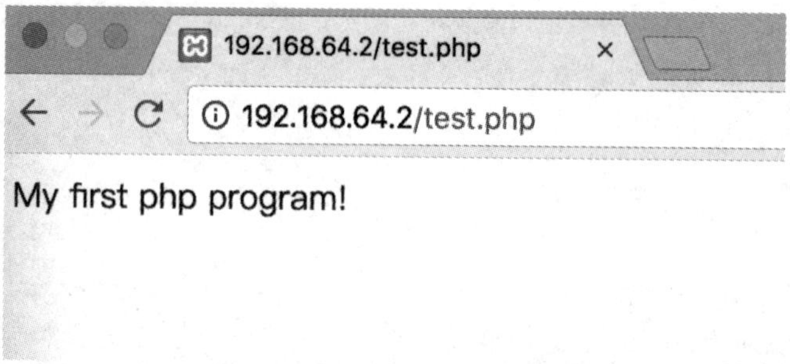

图2.2.10　第一个PHP程序

2.3 PHP IDE——PhpStorm

互联网有很多可用的开发工具（IDE），对于PHP开发者来说，选择一款最好用的工具，可以帮助我们更高效地编码和构建项目。PhpStorm是一款由JetBrains公司（一家技术领先的软件开发公司，专门从事增效型智能软件的开发）开发推出的商业PHP集成开发工具，具备安装即用的可视化调试器，可靠的IDE功能自动执行常规任务，包含多种前沿技术，支持远程部署等工具，随时随地轻松调试，非常适合开发PHP项目，本书推荐使用PhpStorm。

1. PhpStorm下载

下载地址：http://www.jetbrains.com/phpstorm/

该软件是商业软件，需要付费使用，有30天的试用期。

2. PhpStorm安装

下载PhpStorm安装程序后，双击PhpStorm安装包，进入欢迎安装界面，然后点击“Next”按钮继续安装，如图2.3.1所示。

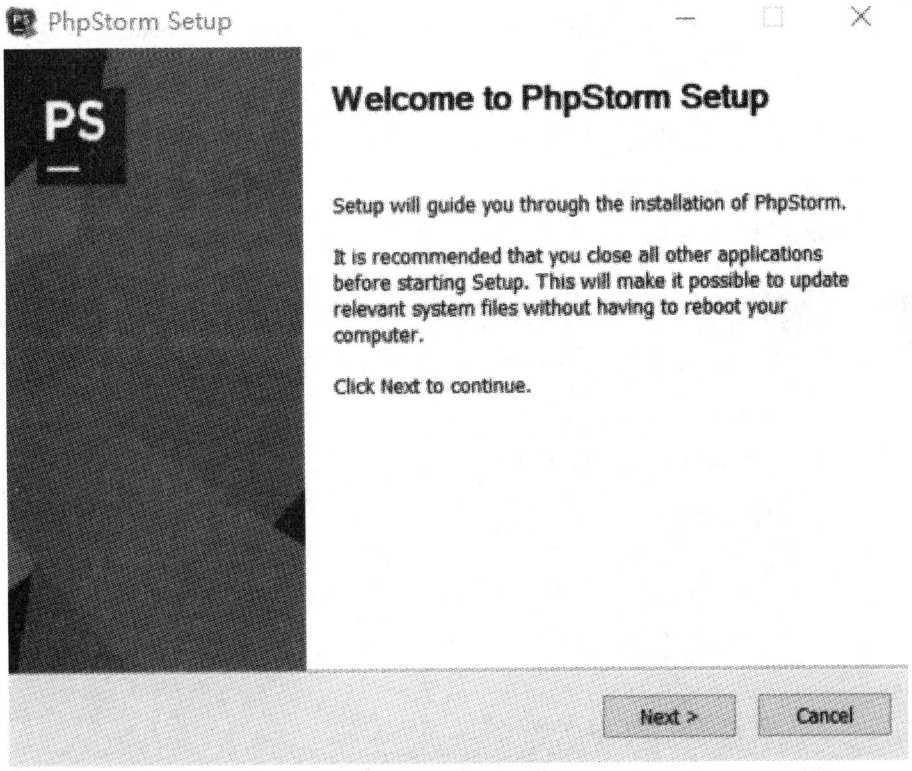

图2.3.1　PhpStorm欢迎界面

进入“选择安装目录”界面，选择安装的目录，然后点击“Next”按钮继续安装，如图2.3.2所示。

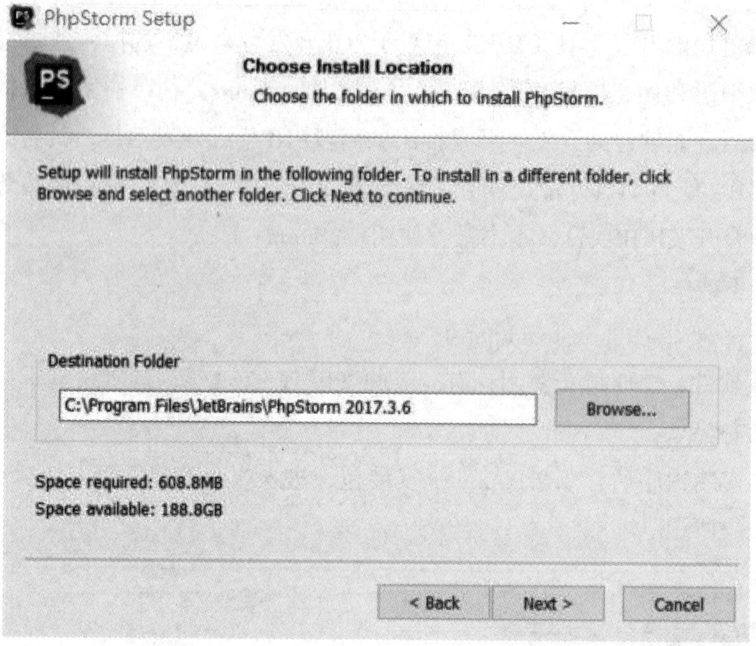

图2.3.2　PhpStorm选择安装的目录

如图2.3.3所示，进入“安装选项”界面，建议全选，这些后缀文件都将默认使用PhpStorm打开，然后点击“Next”按钮继续安装。

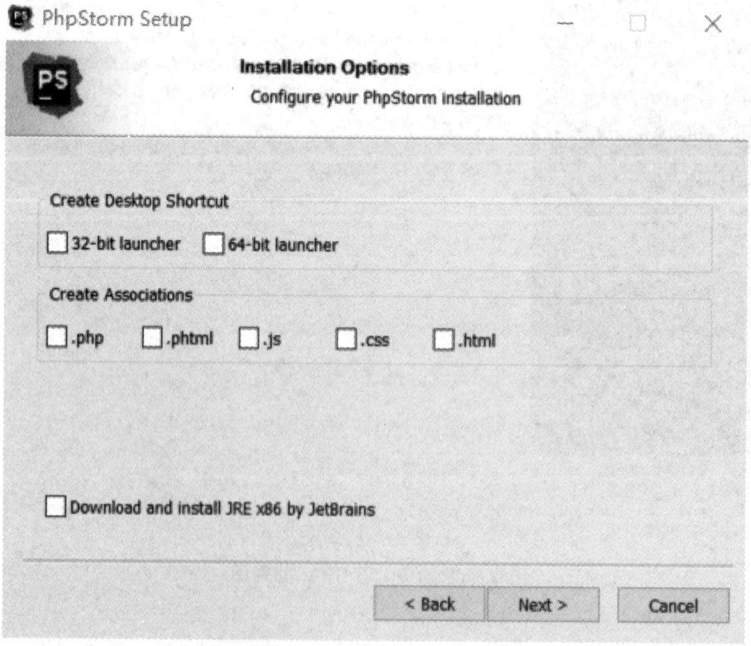

图2.3.3　PhpStorm安装选项

接下来进入“选择菜单文件夹”，使用默认设置即可，然后点击“Install”按钮进行安装，如图2.3.4所示。

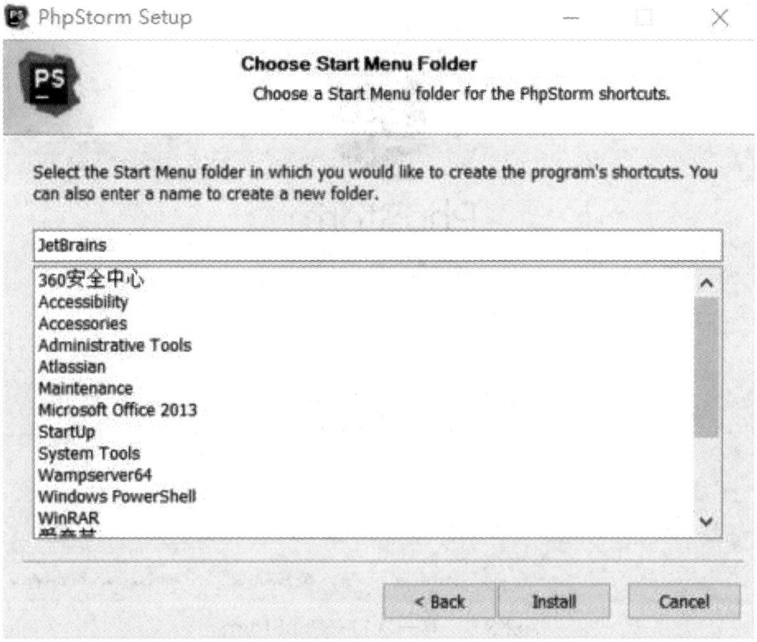

图2.3.4　PhpStorm菜单文件夹

如图2.3.5所示，PhpStorm正在安装，进度条刷新完成后进入软件安装完成界面，最后点击“Finish”按钮即可。

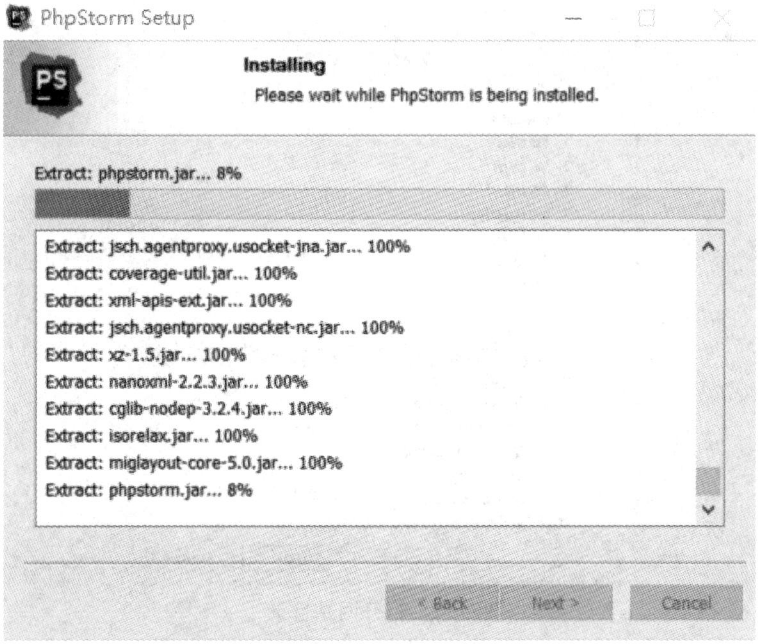

图2.3.5　PhpStorm安装过程

3. PhpStorm使用

第一次打开PhpStorm时，会提示选择打开网站目录还是新建项目，如图2.3.6所示。

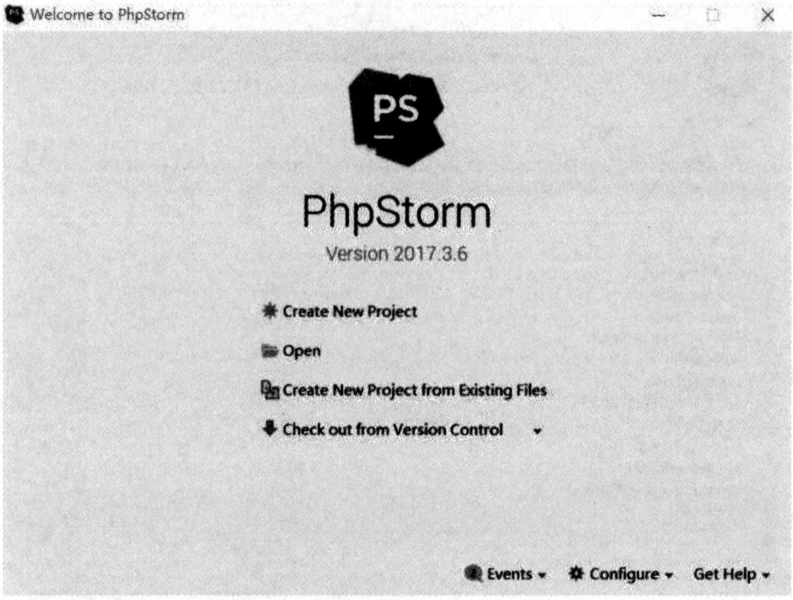

图2.3.6　第一次打开PhpStorm

由于我们安装了WampServer，网站目录已经创建好，所以我们可以点击“Open”按钮，并选择之前在2.1节已创建的目录C:\wamp64\www\01kuaixue，如图2.3.7所示。

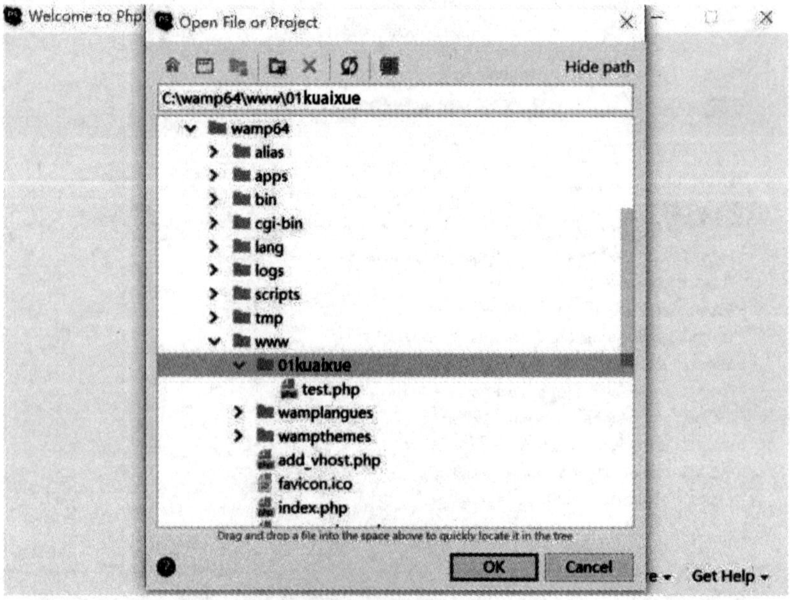

图2.3.7　打开网站目录

如图2.3.8所示，打开后可以看到之前创建的test.php文件，双击文件查看内容。

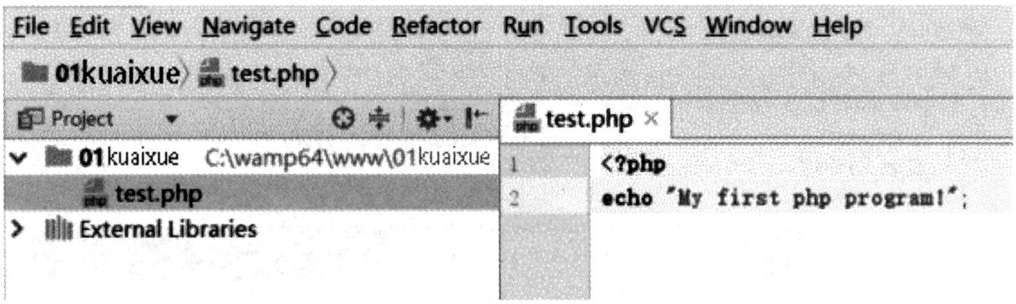

图2.3.8 PhpStorm编辑文件

如图2.3.9所示，选择File-New-PHP File，File Name输入“test2”，创建一个新的文件。

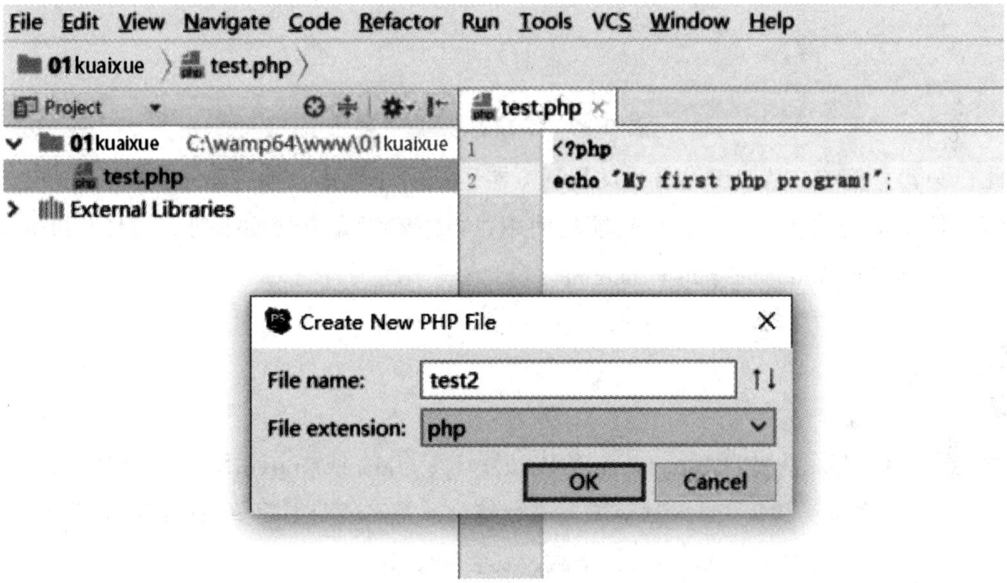

图2.3.9 创建PHP文件

文件内容写入：

```
<?php
echo "Hello 01快学";
```

图2.3.10为test2.php的运行结果。

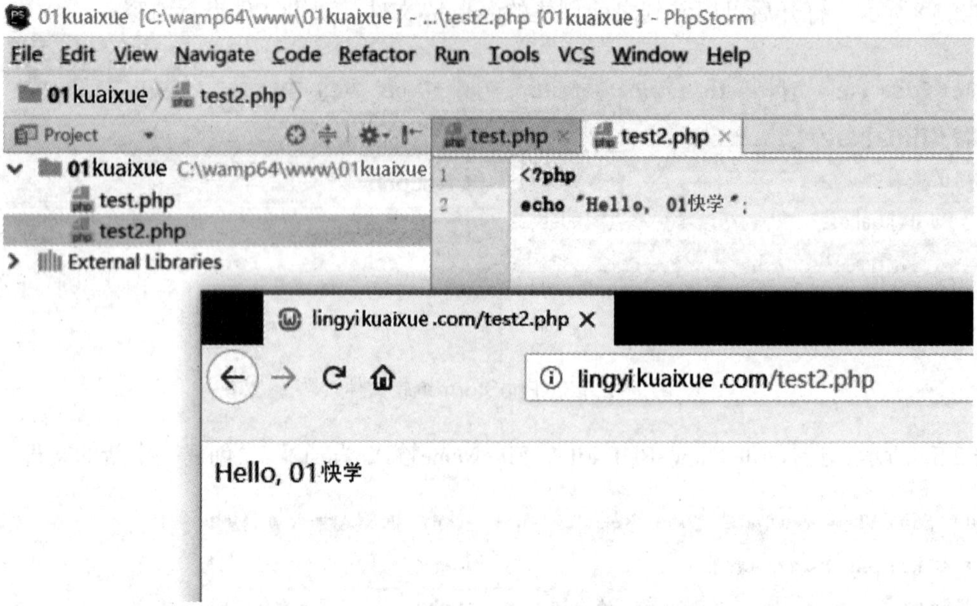

图2.3.10 test2.php运行结果

至此，一套完整的、从PHP代码开发到浏览器运行的环境就全部搭建完毕了。PhpStorm还提供了很多其他丰富的功能，对于其他功能的使用，可以参考官方帮助手册，地址是https://www.jetbrains.com/help/phpstorm/meet-phpstorm.html。

2.4 小结

本章介绍了Windows系统的WampServer集成开发环境与Mac或Linux系统的XAMPP集成开发环境的安装，同时将服务器、PHP和MySQL等服务进行整合，使安装变得简单快速，还介绍了当下非常优秀和高效的PHP开发IDE——PhpStorm的下载、安装和使用。

2.5 知识拓展

2.5.1 IIS、Apache和Nginx对比

PHP网站的服务器一般都采用IIS、Apache和Nginx中的一种，本节会介绍这三种服务器及其各自的优缺点。

◇ IIS

网址：https://www.iis.net/

IIS是微软公司提供的在Windows系统上运行的互联网基本服务，英文全称为Internet Information Services，意为“互联网信息服务”。IIS包括Web服务器、FTP服务器、NNTP服务器和SMTP服务

器，分别用于网页浏览、文件传输、新闻服务和邮件发送等方面。开发人员可以很容易地在IIS上面部署网站，并能发布网页。IIS支持PHP、ASP、Java、VBScript等编程语言。

◇ Apache

网址：https://httpd.apache.org/

Apache HTTP Server，简称Apache，是Apache软件基金会的一个开放源码的网页服务器，可以在大多数电脑操作系统中运行，因其跨平台性和安全性而被广泛使用，是最流行的Web服务器软件之一。Apache是一个开源项目，这个项目的目标是提供一个安全、高效和可扩展的服务器，提供与当前HTTP标准同步的HTTP服务。Apache服务器也叫“httpd”，于1995年推出。它快速、可靠，并且可通过简单的API扩展，自1996年4月以来一直是互联网上最受欢迎的网络服务器。

◇ Nginx

网址：https://nginx.org/

Nginx是由伊戈尔·赛索耶夫（Igor Sysoev）编写的HTTP和反向代理服务器、邮件代理服务器和通用TCP / UDP代理服务器，使用异步事件驱动的方法来处理请求。Nginx是一款面向性能设计的HTTP服务器，其目标就是超越 Apache Web服务器的性能，所以和Apache等其他服务器相比，它具有占有内存少、稳定性高等优势。

全球有大量的服务器使用IIS、Apache和Nginx，它们各自又有哪些优势和缺点呢？

1. 开源和收费

IIS不具备跨平台性，只支持在Windows上运行，想要合法使用IIS就要购买正版的Windows操作系统。而Apache和Nginx都是完全免费的，不需要支付任何费用就可以下载并使用。由于大部分科技公司的服务器采用Linux操作系统，因此会更多地使用Apache和Nginx；而对于那些服务器都采用Windows系统的大型企业，一般会选用IIS作为服务器。

2. 稳定性

由于Windows操作系统的原因，IIS的稳定性会比Linux下的Apache和Nginx弱，IIS在实际使用中会偶尔出现500错误，用户需要不定期地重新启动以确保IIS网站运行正常；Apache和Nginx的配置更为灵活，也更为复杂，不过一经设置完毕就可以长期工作，一般情况下，一台配置好的服务器运行一年也不会出现问题。

3. 性能

三者之中，Nginx的性能最高，适合高可用性的HTTP服务；而Apache更适合通用的Web网站；IIS与.net网站配合最佳。

自PHP 5.3.3起，PHP-FPM（FastCGI Process Manager，FastCGI进程管理器）加入到PHP核心，编译时加上“--enable-fpm”即可提供支持。PHP-FPM用来守护进程在后台运行，Nginx响应请求后，自行处理静态请求，PHP请求则经过fastcgi_pass交由PHP-FPM处理，处理完毕后返回。Nginx和PHP-FPM的组合，是一种稳定、高效的PHP运行方式，效率要比传统的Apache和IIS高出很多。

4. 复杂度

IIS使用起来比较简单，很容易部署并对外发布网站；Nginx和Apache的使用要比IIS难，需要有一定计算机及网络基础的人才可以使用，它们的配置也不是图形化的，需要我们通过编辑配置文件来实现。从配置本身来说，Apache提供了丰富的模块，因此配置最为复杂。

5. 使用范围

如图2.5.1所示，这是目前全球网站使用三种服务器的百分比，可以看到排在第一的是Apache。

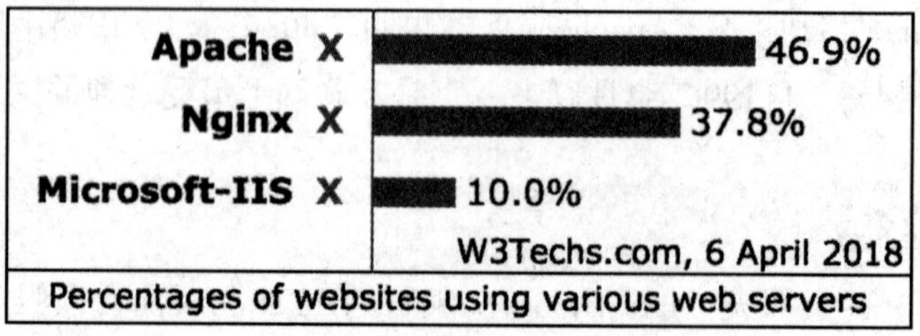

图2.5.1　服务器全球比例

由于Nginx的发布要比Apache晚，所以在最初时期Apache占据了主要的市场份额。这些年来，Nginx越来越普及，如图2.5.2展示了三种服务器百分比的历史趋势，而Nginx还处于持续增长的阶段。

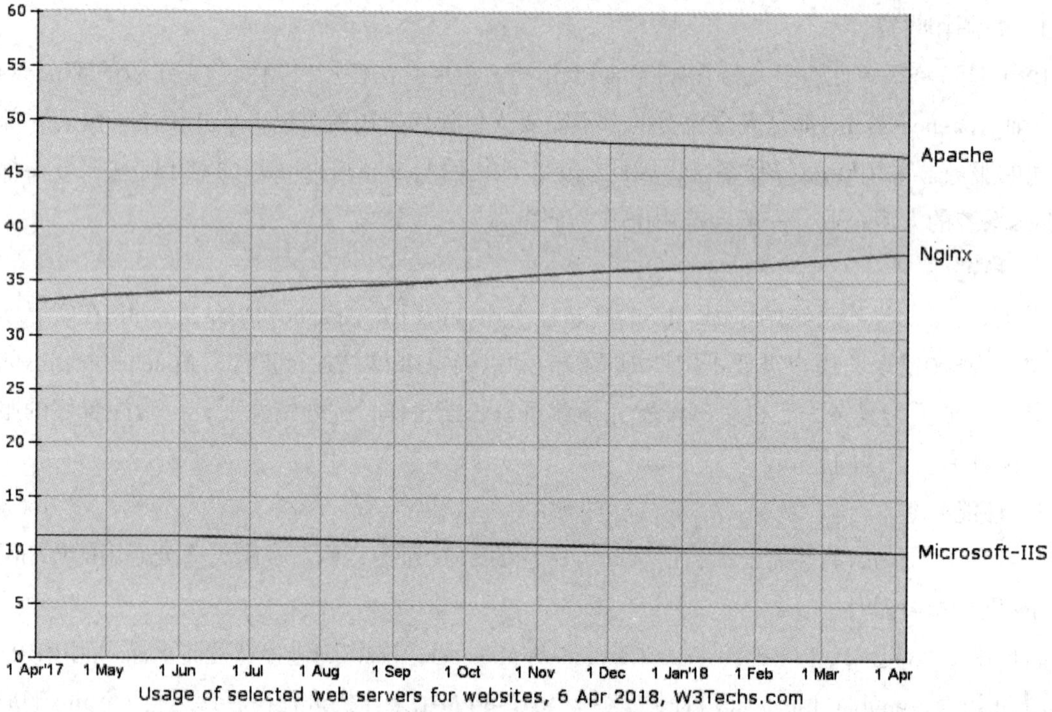

图2.5.2　服务器全球比例

第 3 章 PHP基础语法

3.1 PHP标记

常见的Web语言有PHP、ASP和JSP，这些语言都用了一对标记将代码包含起来，方便将HTML和PHP代码区分开来。PHP有多种标记风格，最常见的是“<?php ?>”标记，也被称作“默认标记”。

3.1.1 XML风格

XML风格是PHP推荐使用的标记风格。

动手写3.1.1

```
<?php
echo "用XML风格输出一句话：";
echo "你好，零壹快学";
?>
```

如果文件中没有HTML代码，建议将最后的“?>”去掉。

动手写3.1.2

```
<?php
echo "用XML风格输出一句话：";
echo "你好，零壹快学";
```

3.1.2 脚本风格

除了XML风格，还可以使用<script></script>这种表示方式，这种表示风格和JavaScript编程语言类似。

动手写3.1.3

```
<script language=” php” >
echo "用脚本风格输出一句话：";
echo "你好，零壹快学";
</script>
```

3.1.3 简短风格

简短风格，顾名思义，就是更简单的一种风格。这种风格在许多环境中默认是不支持的，需要在配置文件php.ini中启用short_open_tage选项。

动手写3.1.4

```
<? echo "用脚本风格输出一句话：你好，零壹快学" ?>
```

3.1.4 ASP风格

和简短风格一样，ASP风格需要在配置文件php.ini中开启asp_tags设置。

动手写3.1.5

```
<%
echo "用XML风格输出一句话：";
echo "你好，零壹快学";
%>
```

3.1.5 将PHP代码嵌入到HTML页面中

PHP文件中可以包含PHP代码和HTML代码，在网页展示时，HTML代码直接输出到网页上，而PHP代码则会执行后输出。通过使用PHP标记语言，可以将PHP代码嵌入到HTML网页中。

动手写3.1.6

```
<!DOCTYPE html>
<html>
<head>
<meta charset="UTF-8">
<title>PHP和HTML结合使用</title>
</head>

<body>
<h1>时间问候</h1>

<?php
    // 设置当前环境为中国时区
    date_default_timezone_set('PRC');
    // 获取当前时钟的小时
    $h = date('G');
```

```
        if ($h < 11){
?>
<h2>早上好</h2>
<?php
        } else if($h < 13){
?>
<h2>中午好</h2>
<?php
        } else if($h < 17){
?>
<h2>下午好</h2>
<?php
        } else{
?>
<h2>下午好</h2>
<?php
        }
?>
</body>
</html>
```

动手写3.1.6中，每一处<?php ?>中的内容全部为PHP代码，在这之外的代码是HTML代码。PHP获取服务器当前时间，并根据不同的时间显示对应的HTML内容。当前时间为下午14:00，页面显示为“下午好”。

运行结果如图3.1.1所示。

图3.1.1　PHP和HTML结合使用

3.2 注释及使用场景

注释，一般放在代码的上方或者尾部，对一段代码或一个方法进行文字说明，用来帮助我们理解这段代码的含义。注释内容可以有很多种，例如一个变量的名词解释、这个函数的作者是谁、代码写于哪天、用途又是什么等，这些都可以当作注释写到PHP文件中。

PHP支持三种注释风格，每种注释都有其不同的使用场景。

1. 单行注释（C++语言风格）

注释符号：//这里是注释内容

单行注释，一般写在代码的上方，用来解释下面的代码含义。

动手写3.2.1

```
<?php
//将颜色变量默认设置为白色
$color = 'white';
//将动物设置为猫
$animal = 'cat';
echo $color . ' ' . $animal;
```

单行注释放在代码的后面，同样可以很清楚地表达代码含义。

动手写3.2.2

```
<?php
$color = 'white';    //将颜色变量默认设置为白色
$animal = 'cat';    //将动物设置为猫
echo $color . ' ' . $animal;
```

提示

注释只是用来进行代码解释的，在程序运行时所有注释会被去掉，不会在程序中运行。注释不要放在代码的下面，因为这不利于理解。

2. 多行注释（C语言风格）

注释符号：/*这里是注释内容*/

多行注释，可以注释更多的内容，比如一段代码在当前版本不希望发布，则可以对它进行注释。

动手写3.2.3

```
<?php
/* 这段代码暂时不发布，先进行注释，等春节的时候再发布。
echo "春节快乐！<br/>";
echo "感谢您这一年对零壹快学的支持，请收下我们为您准备的精美礼品：<br/>";
echo "<a href='#'>春节礼，3个月VIP账号</a><br/>";
*/
echo "你好，零壹快学";
```

代码在运行时，不会执行被注释的代码。

运行结果如图3.2.1所示。

图3.2.1　注释后的网页运行效果

我们再将注释去掉：

动手写3.2.4

```
<?php
echo "春节快乐！<br/>";
echo "感谢您这一年对零壹快学的支持，请收下我们为您准备的精美礼品：<br/>";
echo "<a href='#'>春节礼，3个月VIP账号</a><br/>";
echo "你好，零壹快学";
```

代码再次执行，所有内容都会呈现在浏览器上，运行结果如图3.2.2所示。

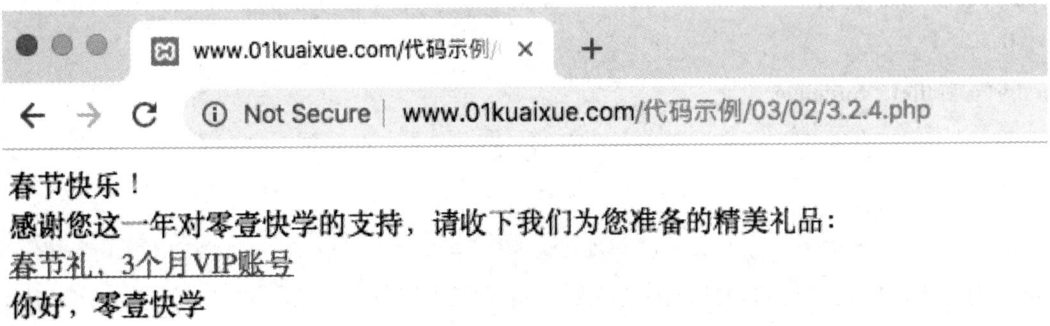

图3.2.2　没有注释的网页运行效果

3. #符号注释（SHELL语言风格）

注释符号：#这里是注释内容

#符号注释也属于单行注释，既可以单独一行，也可以放在一行代码的后面。

动手写3.2.5

```
<?php
# 将颜色变量默认设置为白色
$color = 'white';
# 将动物设置为猫
$animal = 'cat';
echo $color . ' ' . $animal;
```

在“#”和文字之间，加入一个空格，可以让注释和符号不再紧凑，利于阅读，在本章的最后会深入讲解代码规范的相关建议。

3.3 分号——指令分隔符

和C语言、Java等语言一样，PHP语句一共分为两种：第一种是结构型语句，例如流程控制、函数声明等；另一种是PHP执行语句，包括变量声明、内容输出、数据运算、函数调用等。每一条执行语句，都需要在后面加上分号进行分割，而结构型语句后面则不需要加分号进行分割。

动手写3.3.1

```
<?php
// 当前的努力值是1
$effort = 1;
// 每天比前一天多努力1%
$number = 1 + 0.01;
// 如果一年中的每一天都比前一天多努力1%
for($i = 0; $i < 365; $i++)
{
    $effort = $effort * $number;
}
// 一年后
echo "一年后你的努力值将会是" . $effort;
```

for语句是流程控制语句的一种，因此for所在行不需要加分号。大括号“{}”也属于for语句的一部分，因此也不需要加分号。

3.4 变量

编程语言都有变量，变量可以存储不同的数据内容，比如我们可以给变量name赋值为“零壹快学”，也可以将变量name重新赋值为“零壹课堂”。PHP变量用“$”加变量名来表示，变量名区分大小写。变量就像是一个唯一的标签，可以给这个标签打上很复杂的内容，下次再想获取内容时，只需要找到这个标签就可以了。

3.4.1 声明和使用

PHP的变量名有以下几个特点：

◇ $符号开头。

◇ 区分大小写。

◇ 由字母、数字和下划线构成。

◇ 数字不能放在第一位。

◇ $this是PHP中一个特殊的变量，不能被赋值（$this将会在“面向对象”的章节详细讲述）。

合法变量：$name，$userName，$_Class，$boy1，$boy2，$VALUE。

非法变量：$1_boy，变量不能以数字字符开头；$%age，变量不能以其他字符开头；$card-number，变量不能含有其他字符，如减号。

和Java、C语言这些强类型语言不同，PHP语言属于弱类型语言。强类型语言在声明变量时需要明确变量是什么类型，而PHP的变量声明则简单很多，直接在等号“=”的左面写入变量名字，右侧写入值即可。除了将值直接传给变量，也可以将一个变量赋值给另一个变量，那么这两个变量的值相同。

动手写3.4.1

```
<?php
// 将零壹快学赋值给变量name
$name = '零壹快学';
// 将一段文字赋值给变量description
$description = '欢迎加入零壹快学PHP课程，我们将系统学习PHP相关知识';
?>
<html>
<body>
  <h1>
    <?php echo $name; ?>
  </h1>
  <h2>
```

```
        <?php echo $description; ?>
    </h2>


<?php
echo "修改变量name为零壹课堂";
$name = '零壹课堂';
echo "将变量description的值赋值给description2";
$description2 = $description;
?>
    <h1>
        <?php echo $name; ?>
    </h1>
    <h2>
        <?php echo $description2; ?>
    </h2>
</body>
</html>
```

上述代码示例中，一共有三个变量，两次网页输出。第一次，将变量name赋值为“零壹快学”，description变量赋值为“欢迎加入零壹快学PHP课程，我们将系统学习PHP相关知识”，并输出网页内容。第二次，将name变量值修改为“零壹课堂”，并新建新的变量description2，将description赋值给description2，此时description和description2的值相同。

运行结果如图3.4.1所示。

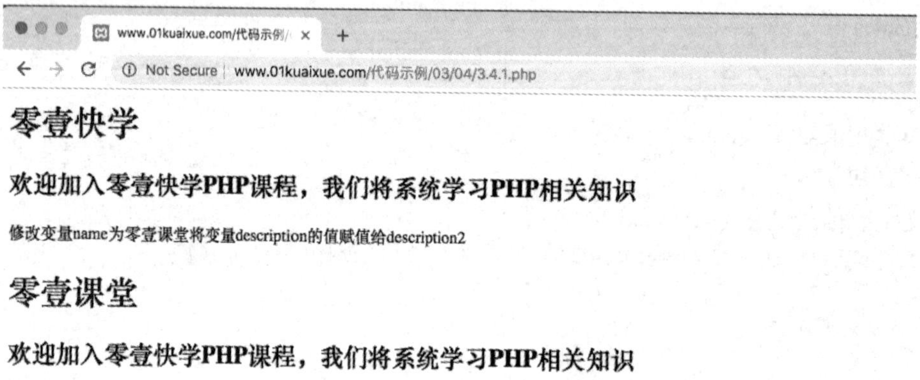

图3.4.1　变量声明程序效果图

另一种变量赋值的方式叫作引用赋值，引用的含义是“不同的名字访问同一个变量内容”，用&表示。使用&会使两个变量（如$a = &$b）指向同一个内存地址，一个发生改变，另一个也会发生改变。

动手写3.4.2

```
<?php
$a = 100;
// 变量a和变量b指向同一个内存
$b = &$a;
$b = 10;
echo $a;
```

我们将变量b的值修改为10，由于变量a和变量b指向同一个内存，因此变量a此时的值也变成了10，程序会输出数字10。

3.4.2 系统内置变量

PHP系统预定义了很多变量，在程序中可以直接使用这些变量，在后续章节中会陆续用到这些预定义变量。

常用的预定义变量如表3.4.1所示。

表3.4.1 PHP系统预定义变量

变量名称	功能描述
$GLOBALS	引用全局作用域中可用的全部变量
$_SERVER	服务器和执行环境信息，此变量包含了很多重要的信息，包括用户的IP、当前服务器主机名、服务器所使用的端口号等
$_GET	HTTP GET 参数变量，该变量包含了HTTP请求中的所有GET传递的参数
$_POST	HTTP POST 参数变量，该变量包含了HTTP请求中的所有POST传递的参数
$_REQUEST	HTTP Request 参数变量，该变量包含了所有请求数据，包括GET、POST、COOKIE
$_FILES	HTTP 文件上传变量，通过此变量可以获取用户上传的文件
$_SESSION	服务器Session变量，即当前网络会话
$_COOKIE	HTTP Cookie变量
$_ENV	环境变量
$HTTP_RAW_POST_DATA	原生POST数据
$argv和$argc	在命令行执行PHP程序时，命令行中的相关变量

动手写3.4.3

```
<?php
print_r($_SERVER);
```

这段简单的一行程序，会输出系统内置变量$_SERVER的所有内容。

运行结果如图3.4.2所示。

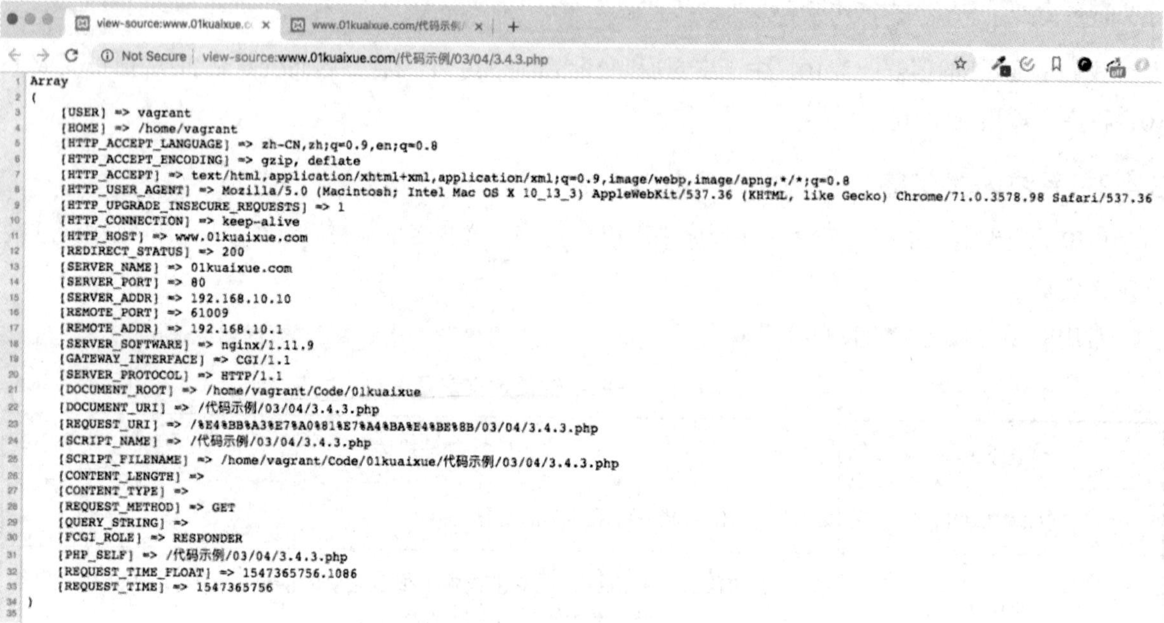

图3.4.2　变量$_SERVER详细信息

提示

由于浏览器根据HTML标签渲染页面，对于PHP返回的换行字符并不会生效。为了更清楚地看到PHP输出的内容，建议通过浏览器直接查看源码。具体操作：在页面中用鼠标点击右键，选择“查看网页源代码”。如图3.4.2所示就是源代码页，浏览器地址栏是以“view-source”开头，后续章节中的部分示例也会用到此方式查看网页源代码。

3.5 常量

常量是一种预先定义好，运行时不可以后期再修改的类型。常量一旦被定义后，就不能再改变或者取消定义。项目开发中会使用到一些固定值，比如圆周率、每天有86400秒、网站的域名等，它们都可以被赋值为常量。

3.5.1 声明和使用

常量是用大写字母和下划线来表示的。和变量不同，常量没有$前缀，是全局的，可以像$GLOBALS一样随处使用，通过define或者const 声明。

动手写3.5.1

```
<?php
define('PI', 3.1415926);
const DAY_SECOND = 24 * 60 * 60;
echo "半径为3的圆的面积是" . 3*3*PI;
echo "<br/>";  // 浏览器换行
echo "一年一共有" . DAY_SECOND * 365 . "秒";
```

常量一旦被定义，就不能再次修改或者被重新定义，重复的定义也不会在程序中生效。如动手写3.5.2中，由于重复定义常量，会提示出错。

动手写3.5.2

```
<?php
define('PI', 3.1415926);
define('PI', 3.1415926);
const DAY_SECOND = 24 * 60 * 60;
const DAY_SECOND = 24 * 60 * 61;
echo "半径为3的圆的面积是" . 3*3*PI;
echo "<br/>";  // <br/>在浏览器中表示换行
echo "一年一共有" . DAY_SECOND * 365 . "秒";
```

运行结果如图3.5.1所示：

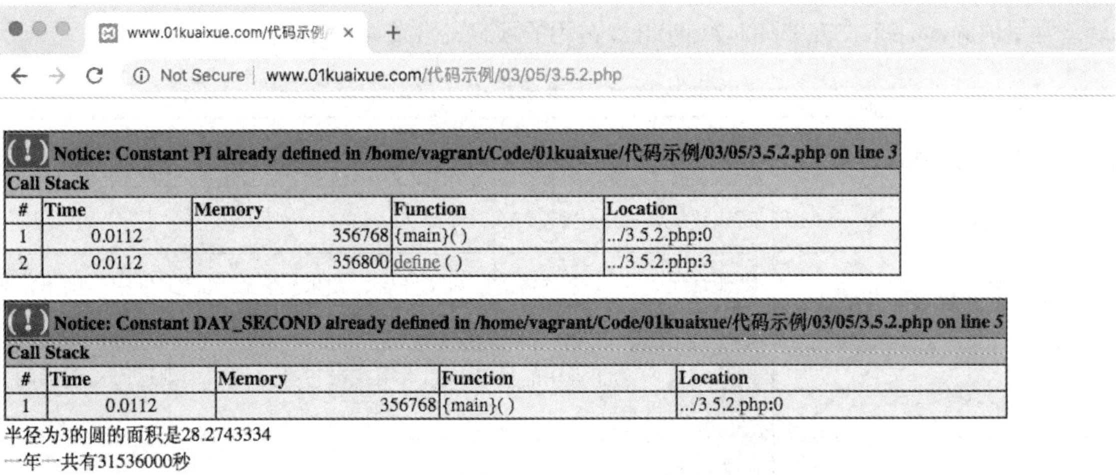

图3.5.1 重复定义常量提示错误信息

可以使用defined()来判断是否定义了某个常量，get_defined_constants(true)['user']可以获取我们在代码里定义的所有常量。下面以数组（之后的章节会重点介绍）举例，这段代码在PHP 5版本中会报错，而在PHP 7版本中则正常运行。

动手写3.5.3

```
<?php
define('NAME',['零壹', '快学']);
if(!defined('NAME'))
{
    define('NAME',['零壹', '课堂']);
}
echo NAME[0];
echo NAME[1];
// print_r()也是输出函数，可以将数组格式化输出到浏览器上
print_r(get_defined_constants(true)['user']);
```

提示

在PHP 7之前的版本中，define()只能赋一个值，而在PHP 7版本中，新增了对数组的支持。

3.5.2 系统预定义常量

PHP系统预定义了很多常量，这些常量在PHP系统建立之初就已定义好了，方便在项目中使用。随着PHP的版本升级，也会新加入一些常量，比如PHP_INT_MIN常量，在PHP 7版本中才有，表示的是int数据类型的最小值，其在32位操作系统中的值通常为int(–2147483648)，而在64位操作系统该常量值为int(–9223372036854775808)。常用的预定义常量如表3.5.1所示：

表3.5.1　PHP系统预定义常量

常量名称	功能描述
__LINE__	默认常量，程序代码所在的行号
__FILE__	默认常量，文件的完整路径和文件名，如果用在被包含文件中，则返回被包含的文件名
__DIR__	默认常量，文件所在的目录，如果用在被包括文件中，则返回被包括的文件所在的目录
__FUNCTION__	函数名称

（续上表）

常量名称	功能描述
__CLASS__	类的名称，包括其被声明的作用区域
__METHOD__	类的方法名称
__NAMESPACE__	当前命名空间
PHP_VERSION	内置常量，表示PHP的当前版本，如7.2.3
PHP_OS	内置常量，表示当前服务器的操作系统，如Linux
TRUE	真值常量
FALSE	假值常量

提示

系统预定义常量中，以“__”开头的常量，都是由两个下划线“_”组成，在使用时要避免写错。为了防止和系统预定义常量冲突，对于自己定义的常量，应避免使用双下划线作为开头。

动手写3.5.4

```
<?php
echo '这是第' . __LINE__ . "行<br/>";
echo '这是第' . __LINE__ . "行<br/>";
echo '当前文件路径：' . __FILE__ . "<br/>";
echo '当前文件目录：' . __DIR__ . "<br/>";
echo 'PHP版本号：' . PHP_VERSION . "<br/>";
echo '服务器操作系统：' . PHP_OS . "<br/>";

function getInfo()
{
   echo '当前函数名是：' . __FUNCTION__ . "<br/>";
}
getInfo();
```

由于每个人的电脑环境不同，浏览器显示的最终内容会存在不同。

动手写3.5.4的运行结果如图3.5.2所示：

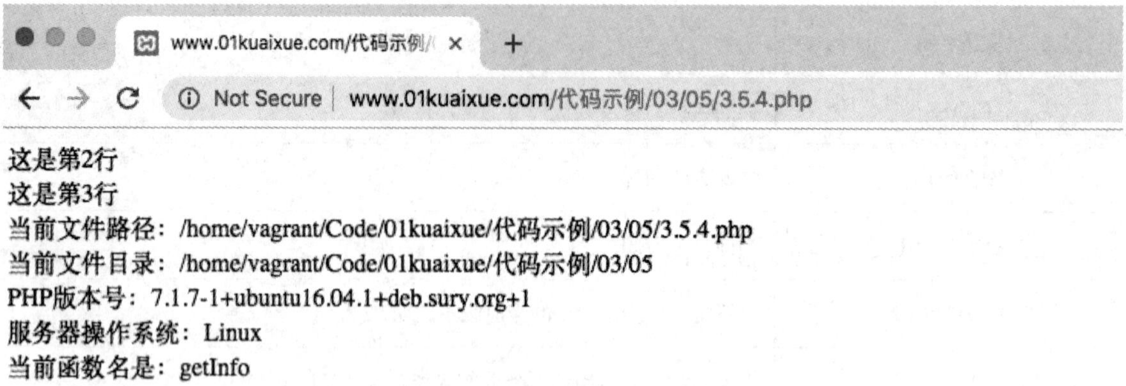

图3.5.2　系统预定义常量

3.6 PHP数据类型

数据类型是PHP编程语言最重要的部分，在处理各类简单或复杂业务时，都离不开数据类型。例如，在购物商城项目里，商品名称变量是字符串数据类型，而商品价格是可以进行数学运算的浮点型。

PHP支持8种基本数据类型，其中有四种标量类型，包括布尔型（boolean）、字符型（string）、整型（integer）和浮点型（float）；两种复合类型，数组（array）和对象（object）；两种特殊类型，资源（resource）和空值（null）。

3.6.1　布尔型

布尔型是最简单的数据类型，只有两个值 false（假）和true（真）。false和true都是PHP内部的关键字。

动手写3.6.1

```
<?php
$a = true;
$b = false;
if($a == true)
  echo '变量a为真';
else
  echo '变量a为假';
if($b == true)
  echo '变量b为真';
else
  echo '变量b为假';
```

以上示例运行结果为：变量a为真，变量b为假。

提示

开发中经常会判断真假，除了false值，在很多情况下还会使用和false类似的值来代表假，比如数字0、字符串'0'、''（空字符串）、null等。

3.6.2 字符型

一个字符串（string）由一系列的字符组成，每个字符可以是字母、数字、各种文字和符号。

一个字符串可以用四种方式表达：单引号、双引号、heredoc语法结构和nowdoc语法结构。

1. 单引号

定义一个字符串，最简单的方法是用单引号把它括起来，单引号里面的内容就是字符串内容。如果字符串内容里有单引号，需在它的前面加一个反斜线“\”来转义；如果要表达一个反斜线自身，则用两个反斜线“\\”。

动手写3.6.2

```
<?php
echo 'this is a string';
// 多行字符串
echo '我们可以在单引号中进行换行

两行空白';
// 如果需要使用单引号，需要加反斜线
echo '在单引号的字符串中，如何输出一个单引号\'，只需前面加反斜线';
// 如果需要输出反斜线，需要在反斜线前面加一个反斜线
echo 'C:\\PHP\\code';
```

提示

浏览器是根据HTML标签进行页面渲染的，虽然一个字符串中含有换行，但在浏览器中是不会换行的。

在学习字符串时，为了更直观地看到结果，建议使用PhpStorm或者CMD作为调试工具。

图3.6.1是Windows CMD的输出结果：

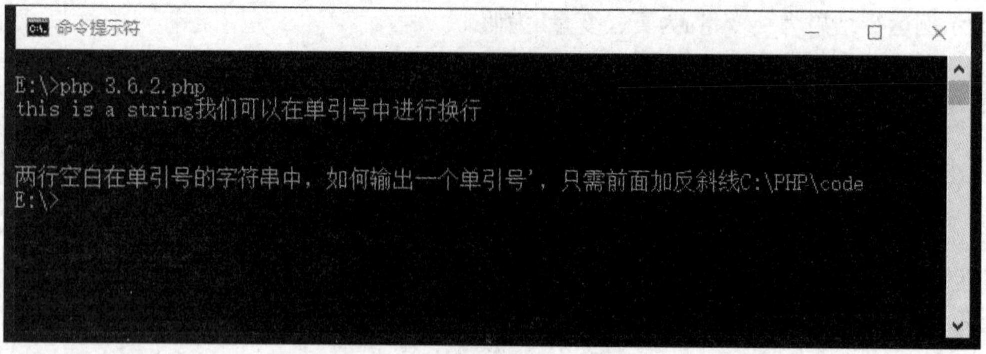

图3.6.1　在CMD下的显示结果

2. 双引号

双引号和单引号的使用方法一样，唯一区别是如果字符串是被括在双引号“"”中，PHP 将对转义字符、PHP变量进行解析。

常见的转义字符如表3.6.1所示：

表3.6.1　转义字符

转义字符	含义描述
\n	换行符号，ASCII 字符集中的 LF
\r	回车，ASCII 字符集中的 CR
\t	制表符，对应键盘Tab按键
\f	换页，PHP5.2.5版本及之后的版本支持
\$	美元符号
\'	单引号
\"	双引号
\\	反斜线
\[0−7]{1,3}	符合该正则表达式序列的是一个以八进制方式来表达的字符
\x[0−9A−Fa−f]{1,2}	符合该正则表达式序列的是一个以十六进制方式来表达的字符

下面例子中，分别使用了单引号和双引号对同一段文字进行输出。

动手写3.6.3

```
<?php
$name = '零壹快学';
// 单引号输出一段文字
```

```
echo '你好，欢迎来到 $name ，在这里我们一起学习PHP知识。\n\n\n
本节我们学习，PHP的单引号和双引号区别。
';
// 双引号输出一段文字
echo "你好，欢迎来到 $name ，在这里我们一起学习PHP知识。\n\n\n
本节我们学习，PHP的单引号和双引号区别。
";
```

图3.6.2是Windows CMD的输出结果：

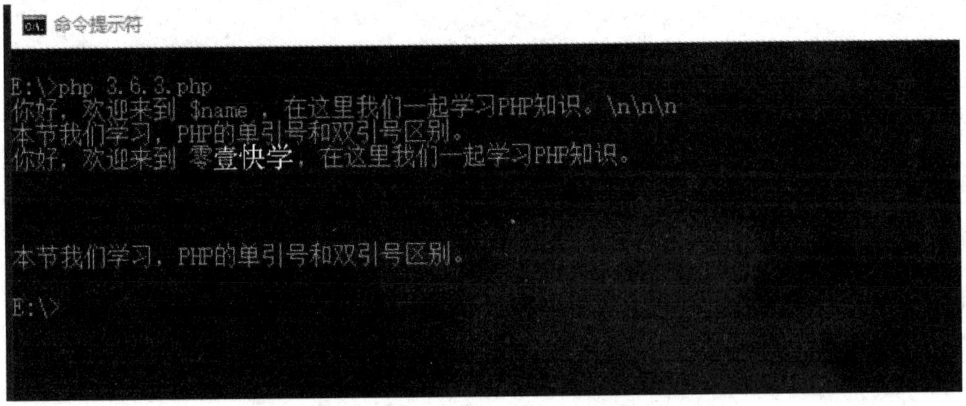

图3.6.2　在CMD下单引号和双引号的区别

根据结果可以看到，单引号直接将字符串内容输出，双引号则将变量、换行的符号进行了转义并输出。

3. heredoc语法结构

heredoc的使用具有如下五个特点：

◇ 字符串以“<<<”符号开始，紧跟着开始标记，字符串结尾使用结束标记；

◇ 开始标记和结束标记使用相同的字符串，通常用大写字母表示；

◇ 开始标记后不能出现空格或多余的字符；

◇ 结束标记必须顶头写，不能有缩进和空格，且在结束标记末尾要有分号；

◇ 位于开始标记和结束标记之间的变量可以被正常解析，但是函数不可以。

动手写3.6.4

```
<?php
$string = <<<EOD
这是一个heredoc字符串。
EOD;
echo $string;
```

4. nowdoc语法结构（PHP 5.3.0 版本开始支持）

heredoc语法结构类似于双引号字符串，对特殊字符进行转义；而nowdoc语法结构则类似于单引号字符串，不进行解析操作。在声明上，nowdoc和heredoc一样，使用符号“<<<”作为开始，唯一不同的是开始标记需要用单引号括起来。

动手写3.6.5

```
<?php
$string = <<<'EOD'
这是一个nowdoc字符串。
EOD;
echo $string;
```

3.6.3 整型

PHP整型数据类型是integer，也叫作int，只能由整数组成，值可以使用十进制、十六进制、八进制或二进制表示，在前面加上负号表示负的整数。

◇ 默认为十进制表示方法。

◇ 在数字前面加上数字0，表示八进制。

◇ 在数字前面加上0x，表示十六进制。

◇ 在数字前面加上0b，表示二进制。二进制表示是从PHP 5.4版本才开始支持的。

提示

在PHP 7之前的版本里，如果向一个八进制数传递一个非法数字8或者非法数字9，那么后面其余数字会被忽略。而在PHP 7版本里，上述操作会产生报错信息“Parse Error”。

动手写3.6.6

```
<?php
$a = 123456;
$b = -654321;
$c = 0123456;
$d = 0x1ABC;
$e = 0b11111111;
echo $a . '<br/>';
echo $b . '<br/>';
echo $c . '<br/>';
echo $d . '<br/>';
echo $e . '<br/>';
```

结果如图3.6.3所示，非十进制的整数会转换成十进制，然后输出到浏览器，例如：二进制11111111转换成十进制后，变成255。

图3.6.3 不同进制数据的显示

对于整数，要使用八进制表示，数字前必须加上数字0；要使用十六进制表示，数字前必须加上0x；要使用二进制表示，数字前必须加上0b。

对于不同位数的操作系统，整型的长度也不同。对于32位的操作系统，整型的有效范围是-2147483648 ~ 2147483647；对于64位的操作系统，整型的有效范围是-9223372036854775808 ~ 9223372036854775807。在PHP 7版本中，最大值可以用常量PHP_INT_MAX来表示，最小值可以用常量PHP_INT_MIN表示。

动手写3.6.7

```
<?php
echo "PHP最大值" . PHP_INT_MAX . "<br/>";
echo "PHP最小值" . PHP_INT_MIN . "<br/>";
```

结果如图3.6.4所示：

图3.6.4 PHP整型最大值和最小值

提示

对于一个给定的int型数，数值如果超出了整型范围，将会被当作float类型处理；同样地，如果执行的运算结果超出了范围，也会返回float。

3.6.4 浮点型

PHP浮点数据类型，一般也叫浮点数float、双精度数double或实数real，有两种表示方法。

◇ 普通浮点数：

3.1415926

–200.188

◇ 科学计数法：

32.34e6

–1.35E–4

普通浮点数不难理解，就是平时用到的带小数的数字。在科学记数法中，小写字母e与大写字母E的含义相同，代表数字10的次方， 例如：e6代表10的6次方，E–4代表10的–4次方。

在动手写3.6.8中，使用了三种方法输出圆周率，其中第一种是使用PHP内置函数获取圆周率，第二种和第三种分别使用了不同的浮点数表示法。

动手写3.6.8

```
<?php
$pi1 = pi();
$pi2 = 3.1415926;
$pi3 = 31415926E–7;
echo "第一种pi的值是 $pi1 <br/>";
echo "第二种pi的值是 $pi2 <br/>";
echo "第三种pi的值是 $pi3 <br/>";
```

运行结果如图3.6.5所示：

图3.6.5 三种圆周率表示方法

提示

浮点数的精度是有限的，一般情况下只是一个近似值，永远不要相信浮点数结果会精确到最后一位，也永远不要比较两个浮点数是否相等。

3.6.5 数组

一个数组是一组数据的集合，由一系列数据组成，这些数据形成了一个可操作的整体。PHP数组的特点是将value映射到key。与很多其他编程语言不同，PHP数组的key可以是字符串，而value可以是任意类型，因此PHP数组的设计比较复杂，但是在使用上比其他编程语言更为灵活。

PHP数组的声明有三种方式，最常见的一种声明方式是直接使用array声明。

动手写3.6.9

```
<?php
$ar = array('name' => '零壹快学', 'language' => 'PHP', 'age' => 1);
echo "大家好，我叫{$ar['name']}<br/>";
echo "我擅长的语言是{$ar['language']}<br/>";
echo "我在{$ar['age']}岁的时候就和大家见面了<br/>";
```

提示

在双引号中包含数组变量时，需要将数组变量用大括号“{}”括起来。

对于含有很多元素的数组，若完全在一行中声明会显得很长，一般采用下面这种方式：

动手写3.6.10

```
<?php
$ar = array();
$ar['book1'] = '零基础PHP从入门到精通';
$ar['book2'] = '零基础JAVA从入门到精通';
$ar['book3'] = '零基础PYTHON从入门到精通';
echo $ar['book1'];
```

还有一种是没有key的声明，如果没有声明key，数组默认会从0开始设置key。

动手写3.6.11

```
<?php
$ar = array('Jim', 'Jack', 'Mike');
echo $ar[1];              // key从0开始，因此$ar[1]的值为Jack
$ar2 = array();
$ar2[] = 'PHP';           // key为0
$ar2[] = 'JAVA';          // key为1
$ar3[] = 'PYTHON';        // key为2
echo $ar2[1];             // 值为JAVA
```

本书的第7章会详细讲述数组的知识点和数组函数的使用技巧。

3.6.6 对象

PHP支持面向对象技术，面向对象能够将构成问题的事务分解成不同对象，更易于实现和理解项目。第9章将对PHP面向对象技术进行深入讲解。

3.6.7 资源

在PHP中，资源是一种特殊变量，也叫作resource，是负责保存到外部资源的一个引用。对于资源，需要通过专门的函数来创建和使用，PHP官方手册的附录中提供了资源类型的详细列表，网址是http://php.net/manual/zh/resource.php。

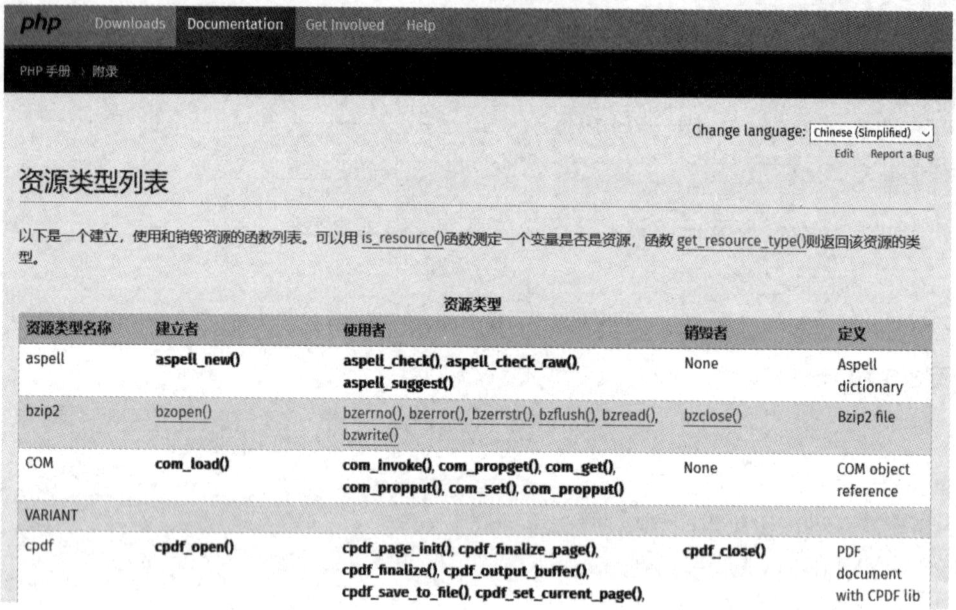
php Downloads Documentation Get Involved Help

PHP 手册 › 附录

Change language: Chinese (Simplified)

Edit Report a Bug

资源类型列表

以下是一个建立，使用和销毁资源的函数列表。可以用 is_resource()函数测定一个变量是否是资源，函数 get_resource_type()则返回该资源的类型。

资源类型

资源类型名称	建立者	使用者	销毁者	定义
aspell	aspell_new()	aspell_check(), aspell_check_raw(), aspell_suggest()	None	Aspell dictionary
bzip2	bzopen()	bzerrno(), bzerror(), bzerrstr(), bzflush(), bzread(), bzwrite()	bzclose()	Bzip2 file
COM	com_load()	com_invoke(), com_propget(), com_get(), com_propput(), com_set(), com_propput()	None	COM object reference
VARIANT				
cpdf	cpdf_open()	cpdf_page_init(), cpdf_finalize_page(), cpdf_finalize(), cpdf_output_buffer(), cpdf_save_to_file(), cpdf_set_current_page(),	cpdf_close()	PDF document with CPDF lib

图3.6.6 资源类型列表

资源被创建以后，会占用系统内存，PHP提供了垃圾回收机制，即系统会自动检测到不再被引用的资源，并将其释放，避免内存消耗。

3.6.8 空值

空值，也叫null，和名字一样，表示一个变量没有任何值。空值不区分大小写，因此null、NULL与Null是一样的。即使将一个变量赋值为数字“0”、空字符串“""”、“false”时，这些变量都是有值的，这些变量并不是NULL。

在PHP中被赋予空值NULL的情况有三种：

◇ 一个变量尚未被赋值。

◇ 被赋值为NULL。

◇ 被函数unset()处理过的变量。

动手写3.6.12

```
<?php
$a;
$b = NULL;
$c = 123456789;
unset($c);
var_dump($a, $b, $c);
```

最终结果会输出三个NULL，即都为空值。

提示

unset()函数可以销毁一个已知变量，也会销毁其所有的引用。对应地，isset()函数也可以用来检测变量是否已声明并且不为NULL。

3.6.9 数据类型汇总和检测

表3.6.2 PHP数据类型汇总

类型		描述
标量类型	布尔型（boolean）	用来存储true或false
	字符串（string）	用来存储字符串
	整型（integer）	用来存储整数
	浮点型（float）	用来存储实数
复合类型	数组（array）	用来存储一组数据
	对象（object）	用来存储一个类的实例
特殊类型	资源（resource）	一种特殊的类型变量
	空值（null）	没有任何值的变量

在PHP中，对于一个给定的变量，可以通过三种方式进行数据类型的检测。

1. 使用gettype获取变量的数据类型

动手写3.6.13

```
<?php
$ar = array(1, 2, 3);
echo gettype($ar);   //输出array
```

2. 使用var_dump输出变量的数据类型和值

动手写3.6.14

```
<?php
$a = 1234567;
$b = 100.5;
$c = 'hello world';
$d = array(1, '2', 'abc');
$e = true;
var_dump($a, $b, $c, $d, $e);
```

结果如图3.6.7所示，变量的类型和值都会输出出来。

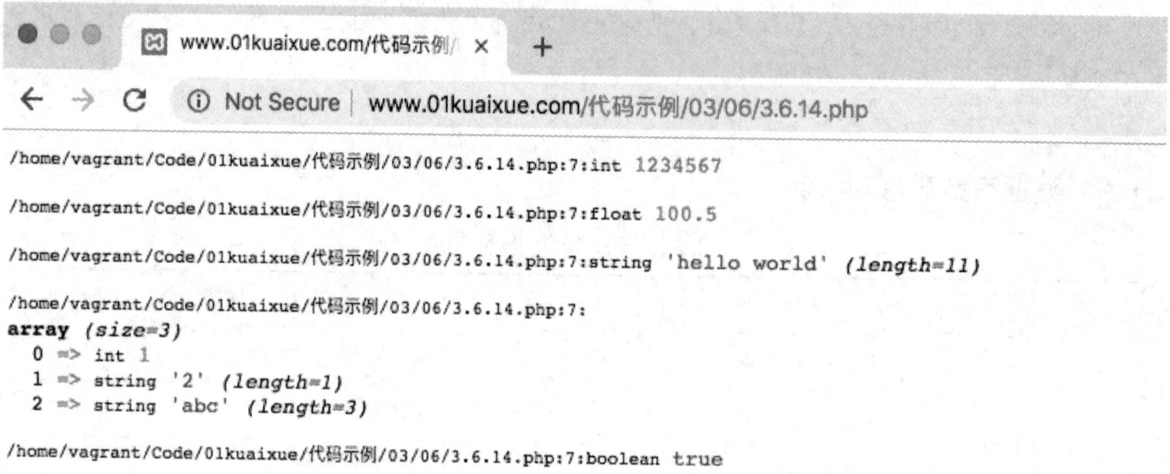

图3.6.7　var_dump输出

3. 检测具体数据类型

PHP提供了“is_array”“is_string”“is_int”“is_double”等方法用于检测PHP数据类型，类型匹配则返回true，否则返回false。

动手写3.6.15

```
<?php
$val = 100.25;
if(is_array($val))
{
    echo 'val变量是一个数组';
}
else if(is_string($val))
{
```

```
    echo 'val变量是一个字符串';
}
else if(is_int($val))
{
    echo 'val变量是一个整数';
}
else if(is_double($val))
{
    echo 'val变量是一个浮点数';
}
```

3.6.10 数据类型之间的转换

PHP变量从一种数据类型转换成另一种数据类型，就叫数据类型转换，有三种常见的转换方式：

1. 自动数据类型转换，即在要转换的变量之前加上用括号标注的目标类型。

动手写3.6.16

```
<?php
$number = 3.1415926;
$string = '123abc';
$result1 = (int)$number;
$result2 = (int)$string;
var_dump($result1);   //输出int(3)
var_dump($result2);  //输出int(123)
```

2. 使用三个具体类型的转换函数intval()、floatval()、strval()进行转换。

动手写3.6.17

```
<?php
$string = '3.1415926abc';
$int = intval($string);
$float = floatval($string);
var_dump($int);     //输出int(3)
var_dump($float);  //输出float(3.1415926)
```

3. 强制数据类型转换，使用settype()函数强制转换数据类型。

动手写3.6.18

```
<?php
$number = 123.456;
var_dump($number);   //float(123.456)
settype($number, 'string');
var_dump($number);   //string(7) "123.456"
settype($number, 'int');
var_dump($number);   //int(123)
settype($number, 'bool');
var_dump($number);   //bool(true)
```

3.7 操作运算符

PHP数据是通过使用操作运算符来进行操作的，与数学运算符类似。操作运算符接受一个或多个参数，并生成一个新的值。本节将详细介绍这些操作运算符。

3.7.1 算术运算符

当算术运算符被运用到数学表达式中时，它们的作用和在数学运算中的作用是一样的。表3.7.1列出了所有的算术运算符。

表3.7.1 PHP常用的算术运算符

操作符	描述	示例
+	加法：相加运算符两侧的值	$a + $b
–	减法：左操作数减去右操作数	$a – $b
*	乘法：相乘操作符两侧的值	$a * $b
/	除法：左操作数除以右操作数	$a / $b
%	取模：左操作数除以右操作数的余数	$a % $b

动手写3.7.1中，分别使用几种算术运算符进行运算。

动手写3.7.1

```
<?php
$a = 10;
$b = 20;
```

```
$c = 7;
$d = 25;
// $符号在双引号中需要转义，如果不转义则输出对应的变量值
echo "\$a = $a , ";
echo "\$b = $b , ";
echo "\$c = $c , ";
echo "\$d = $d <br/>";
echo "\$a + \$b = " . ($a + $b) . "<br/>";
echo "\$a + \$b + \$c = " . ($a + $b + $c) . "<br/>";
echo "\$b – \$c = " . ($b – $c) . "<br/>";
echo "\$d – \$a – \$b = " . ($d – $a –$b) . "<br/>";
echo "\$a * \$c = " . ($a * $c) . "<br/>";
echo "\$d / \$a = " . ($d / $a) . "<br/>";
echo "\$d % \$c = " . ($d % $c) . "<br/>";
```

运行结果如图3.7.1所示：

图3.7.1 算术运算符的使用

提示

PHP 5.6版本开始引入了两个乘号操作符“**”，代表“指数”的意思。比如“5**2”，表示“5的2次方”，即结果为25。

3.7.2 字符串运算符

PHP字符串运算符比较简单，只有一个符号，即一个英文句号“.”。这个符号叫字符串连接操作符，它可以将两个字符串连接起来，并生成一个新的字符串。有些编程语言使用加号符“+”

作为字符串连接，但PHP的加号会执行数学操作。

动手写3.7.2

```
<?php
$a = 'hello';
$b = 'world';
echo $a . $b;
echo "<br/>";
// PHP + 和 . 的区别
$c = '100';
$d = '200';
echo '$c . $d = ' . ($c . $d);
echo "<br/>";
echo '$c + $d = ' . ($c + $d);
```

从结果可以看出，固定的两个字符串，如果使用加号“+”连接，那么PHP会进行数学的加法运算；如果使用点号“.”连接，那么PHP会进行字符串拼接。

图3.7.2　字符串运算符的使用

3.7.3　比较运算符

比较运算符，其功能是对符号两边的变量进行比较，包括大小、相等、真假等。如果比较结果是正确的，返回真（true），否则返回假（false）。

表3.7.2　PHP常用的比较运算符

操作符	描述	示例
>	检查左操作数的值是否大于右操作数的值，如果“是”，那么条件为真	$a > $b
<	检查左操作数的值是否小于右操作数的值，如果“是”，那么条件为真	$a < $b
>=	检查左操作数的值是否大于或等于右操作数的值，如果“是”，那么条件为真	$a >= $b

（续上表）

操作符	描述	示例
<=	检查左操作数的值是否小于或等于右操作数的值，如果“是”，那么条件为真	$a <= $b
==	相等，左操作数和右操作数的值相等	$a == $b
!=	不相等，左操作数和右操作数的值不相等	$a != $b
===	恒等，左操作数和右操作数的类型相等，且值相等	$a === $b
!==	非恒等，左操作数和右操作数的类型不相等或值不相等	$a !== $b

由于PHP是弱类型语言，在代码执行过程中变量的类型可以相互转换。因此对于是否相等，PHP提供了两种方式，分别是两个等号“==”和三个等号“===”。对于两个等号而言，只要数值相等，那么就为真，比如数字1和字符串1会被认为相等；对于三个等号而言，则必须数据类型和数值都相等，才会为真，因此数字1和字符串1不会被认为相等。

动手写3.7.3

```
<?php
$a = 123;
echo '变量$a的值为123<br/>';
echo '使用不同比较运算符进行演示，如果成立返回true，不成立返回false<br/>';

echo '<br/>$a < 100 的结果是：<br/>';
var_dump($a < 100);
echo '<br/>$a > 100 的结果是：<br/>';
var_dump($a > 100);
echo '<br/>$a <= 200 的结果是：<br/>';
var_dump($a <= 200);
echo '<br/>$a >= 200 的结果是：<br/>';
var_dump($a >= 200);
echo '<br/>$a == "123" 的结果是：<br/>';
var_dump($a == "123");
echo '<br/>$a != "123" 的结果是：<br/>';
var_dump($a != "123");
echo '<br/>$a === "123" 的结果是：<br/>';
var_dump($a === "123");
echo '<br/>$a !== "123" 的结果是：<br/>';
var_dump($a !== "123");
```

运行结果如图3.7.3所示：

图3.7.3　比较运算符的使用

PHP 7新增加了操作符“<==>”，因为图形看起来像一艘船，所以被叫作“太空船运算符”，也叫“组合比较符”。这个操作符用于比较两个值$a和$b，当 $a小于、等于或大于$b时，它分别返回-1、0或1。

```
1 <==> 1   // 值为0
1 <==> 2   // 值为-1
2 <==> 1   // 值为1
```

3.7.4　赋值运算符

最常用的赋值运算符是等于号“=”，表示把右边的结果值赋值给左边的变量或者常量，表3.7.3列举了PHP中常用的赋值运算符。

表3.7.3 PHP常用的赋值运算符

操作符	描述	示例	展开形式
=	右边值赋值给左边	$a = 100	$a = 100
+=	右边值加到左边	$a += 10	$a = $a + 10
−=	右边值减到左边	$a −= 10	$a = $a − 10
*=	将左边值乘以右边	$a *= 10	$a = $a * 10
/=	将左边值除以右边	$a /= 10	$a = $a / 10
%=	将左边值对右边做取模	$a %= 10	$a = $a % 10
.=	将左边和右边进行拼接	$a .= ‘hello’	$a = $a . ‘hello’

3.7.5 递增运算符和递减运算符

PHP的两个特殊运算符——递增运算符“++”和递减运算符“--”，主要是对单独变量来进行操作的。

递增/递减运算符有两种使用方法，分别如下。

1. “++$a”和“--$a”

这种方法是先将变量增加或者减少1，然后再将值赋给原变量，称为“前置递增运算”或“前置递减运算”。

2. “$a++”和“$a--”

第二种方法是将运算符放在变量后面，即先返回变量的当前值，然后再将变量的当前值增加或者减少 1，称为“后置递增运算”或“后置递减运算”。

递增和递减运算符使用的场景比较多，例如在很多循环语句或程序中需要计数统计的地方使用。动手写3.7.4分别使用前置、后置两种方式进行操作，并输出结果。

动手写3.7.4

```
<?php
// 前置运算
$a = 5;
$a1 = ++$a;
echo '$a1 = ++$a <br/>';
echo "前置递增运算后，a的值是 $a ,a1的值是 $a1 。<br/>";
// 后置运算
$b = 5;
```

```
$b1 = $b++;
echo '$b1 = $b++ <br/>';
echo "后置递增运算后，b的值是 $b ,b1的值是 $b1 。<br/>";
```

结果如图3.7.4所示：

图3.7.4　递增运算符的使用

3.7.6　逻辑运算符

逻辑运算符在PHP中非常重要，广泛应用在逻辑判断的地方。

表3.7.4　PHP常用的逻辑运算符

操作符	描述	示例
&& 或 and	逻辑与，当且仅当两个操作数都为真，条件才为真	$a && $b $a and $b
|| 或 or	逻辑或，如果任何两个操作数中一个为真，条件则为真	$a || $b $a or $b
xor	逻辑异或，两个操作数一真一假时，条件为真	$a xor $b
!	逻辑非，用来反转操作数的逻辑状态。如果条件为true，则逻辑非运算符将得到false	!$a

动手写3.7.5

```
<?php
// 一真一假，&&返回false
$result = (10 > 5) && (10 > 20);
var_dump($result);
// 一真一假，||返回true
$result = (10 > 5) || (10 > 20);
var_dump($result);
```

```
// 逻辑非，反转会返回true
$result = !false;
var_dump($result);
```

3.7.7 三元运算符

PHP运算符可按照能接受几个值来进行分组。一元运算符只能接受一个值，例如“!”（逻辑非）或“++”（递增运算符）；二元运算符可接受两个值，例如熟悉的算术运算符“+”（加）和“–”（减），大多数 PHP 运算符都属于这种；最后是唯一的三元运算符“? :”（问号冒号），可接受三个值，也叫“条件运算符”。

三元运算符使用规则：

◇ result?a:b

如果result为true，则值为a；如果result为false，则值为b。

◇ result?:a

如果result不为false，则值为result；如果result为false，则值为a。

动手写3.7.6

```
<?php
$money = 200;
$apple = 100;
$result = $money > $apple ? '我的钱可以买苹果。' : '我的钱不够买苹果。';
echo $result;
```

最终结果：我的钱可以买苹果。

PHP 7新增加了NULL合并运算符，用两个问号“??”表示，是用于执行isset()检测的三元运算的快捷方式。NULL合并运算符会判断变量是否存在且值不为NULL。如果是，它就会返回自身的值，否则返回它的第二个操作数。

在PHP 7之前，我们这样写三元运算符：如果语言变量“language”存在，则使用，否则使用默认值“php”。

```
$result = $language ? $language : ‘php’;
```

现在，可以使用NULL合并运算符。

```
$result = $language ?? ‘php’;
```

3.7.8 位运算符

PHP定义了位运算符，应用在两个数的运算上，会对数字的二进制所有位数从低到高进行运算。

表3.7.5 PHP位运算符

<table>
<tr><th>操作符</th><th>描述</th><th>示例</th></tr>
<tr><td>&</td><td>按位与，如果相对应位都是1，则结果为1，否则为0</td><td>$a & $b</td></tr>
<tr><td>|</td><td>按位或，如果相对应位都是0，则结果为0，否则为1</td><td>$a | $b</td></tr>
<tr><td>^</td><td>按位异或，如果相对应位值相同，则结果为0，否则为1</td><td>$a ^ $b</td></tr>
<tr><td>~</td><td>按位取反，运算符翻转操作数的每一位，即0变成1，1变成0</td><td>~$a</td></tr>
<tr><td><<</td><td>按位左移运算符，左操作数按位左移右操作数指定的位数</td><td>$a << $b</td></tr>
<tr><td>>></td><td>按位右移运算符，左操作数按位右移右操作数指定的位数</td><td>$a >> $b</td></tr>
</table>

动手写3.7.7使用不同的位运算符进行操作。

动手写3.7.7

```
<?php
$a = 9;  //1001
$b = 13; //1101
echo $a & $b;
echo '<br/>';
echo $a | $b;
echo '<br/>';
echo $a ^ $b;
echo '<br/>';
echo ~$a;
```

最终结果如图3.7.5所示：

图3.7.5 位运算符的使用

3.7.9 运算符优先级

在PHP项目开发中，一个表达式经常会含有多个不同的运算符，这些运算符连接了具有不同数据类型的数据对象。由于表达式包含多种运算，那么不同的运算顺序可能会得出不同结果，甚至出现运算错误。当表达式中含多种运算时，必须按一定顺序进行结合，才能保证运算的合理性和结果的正确性、唯一性。因此，先计算哪一个，后计算哪一个，是非常重要的。

PHP对于所有运算符做了优先级排序，优先级高的运算先执行，优先级低的运算后执行，括号内的运算最先执行。PHP官网给出了具体的运算符优先级，如表3.7.6所示。

表3.7.6 PHP运算符优先级

方向	运算符	描述
无	clone、new	clone 和 new
左	[	array()
右	**	算术运算符
右	++、--	递增和递减
右	~ 、(int)、(float)、(string)、(array)、(object)、(bool)、@	类型
无	instanceof	类型
右	!	逻辑运算符
左	*、/、%	算术运算符
左	+、-、.	算术运算符和字符串运算符
左	<<、>>	位运算符
无	<、<=、>、>=	比较运算符
无	==、!=、===、!==、<>、<=>	比较运算符
左	&	位运算符和引用
左	^	位运算符
左	|	位运算符
左	&&	逻辑运算符
左	||	逻辑运算符
左	??	比较运算符
左	? :	三元运算符

（续上表）

方向	运算符	描述
右	=、+=、-=、*=、**=、/=、.=、%=、&=、|=、^=、<<=、>>=	赋值运算符
左	and	逻辑运算符
左	xor	逻辑运算符
左	or	逻辑运算符

提示

运算符优先级可以不必全部记住，在PHP开发中如果有多个运算符同时出现，建议多使用括号，这样不仅可以避免出错，代码也能具有更好的可读性。

3.8 表达式

表达式是PHP最重要，也是最基础的组成元素。在PHP中，绝大部分代码都是表达式。对于表达式的定义，简单来说可以解释为“任何有值的东西”。例如常量和变量就是一个表达式，表达式“$num = 123”，表示的是“将123赋值给变量$num”。

以下代码就是由两个表达式组成。

```
$name = ‘php’;
$language = ‘php’;
```

对于变量值相同的情况，PHP支持连续赋值，虽然只有一行，但依旧由两个表达式组成。

```
$name = $language = ‘php’;
```

表达式的赋值顺序是从右到左，使用分号区分表达式。为了让代码的可读性更强，一个表达式要占据一行。

3.9 小结

本章主要介绍了PHP的基础语法，包括PHP标记、注释和注释使用场景、变量的声明和使用、常量的声明和使用、PHP常见的八种数据类型及各类型之间的转换、操作运算符等。通过本节的学习，你会对PHP的基础知识有足够的了解。

3.10 知识拓展

3.10.1　深入理解数据类型转换

PHP提供了两种比较运算符“==”和“===”。三个等号就是严格判断，既要数据类型相同又要值相同，如果类型不同则直接返回false；使用两个等号时，如果类型不同，PHP会尝试将类型进行转换，转换成相同类型后，再去比较。

请看下面这个例子。

```
0 == 'a'
0 == '1'
1 == '1a'
```

很多人的第一反应会认为三个表达式的结果都为false，但实际的运行结果如下：

```
var_dump(0 == 'a');     //true
var_dump(0 == '1');     //false
var_dump(1 == '1a');   //true
```

这是因为数字和字符串使用“==”进行比较时，PHP会将字符串转换为数字，再进行比较。

第一个表达式：字符串'a'本身不是数字，转换后会变成数字0，左边数字0等于右边数字0，返回true。

第二个表达式：字符串'1'本身就是由数字组成，转换后依旧是数字1，左边数字0不等于右边数字1，返回false。

第三个表达式：虽然字符串'1a'不是由纯数字组成，但是PHP在将其转换成数字时，会从左到右尽可能保留数字，所以转换后会变成数字1，左边数字1等于右边数字1，返回true。

两个等号“==”也叫作“松散比较”，PHP官方提供了常见数据间松散比较的对照表。

松散比较 ==

	TRUE	FALSE	1	0	-1	"1"	"0"	"-1"	NULL	array()	"php"	""
TRUE	TRUE	FALSE	TRUE	FALSE	TRUE	TRUE	FALSE	TRUE	FALSE	FALSE	TRUE	FALSE
FALSE	FALSE	TRUE	FALSE	TRUE	FALSE	FALSE	TRUE	FALSE	TRUE	TRUE	FALSE	TRUE
1	TRUE	FALSE	TRUE	FALSE	FALSE	TRUE	FALSE	FALSE	FALSE	FALSE	FALSE	FALSE
0	FALSE	TRUE	FALSE	TRUE	FALSE	FALSE	TRUE	FALSE	TRUE	FALSE	TRUE	TRUE
-1	TRUE	FALSE	FALSE	FALSE	TRUE	FALSE	FALSE	TRUE	FALSE	FALSE	FALSE	FALSE
"1"	TRUE	FALSE	TRUE	FALSE	FALSE	TRUE	FALSE	FALSE	FALSE	FALSE	FALSE	FALSE
"0"	FALSE	TRUE	FALSE	TRUE	FALSE	FALSE	TRUE	FALSE	FALSE	FALSE	FALSE	FALSE
"-1"	TRUE	FALSE	FALSE	FALSE	TRUE	FALSE	FALSE	TRUE	FALSE	FALSE	FALSE	FALSE
NULL	FALSE	TRUE	FALSE	TRUE	FALSE	FALSE	FALSE	FALSE	TRUE	TRUE	FALSE	TRUE
array()	FALSE	TRUE	FALSE	FALSE	FALSE	FALSE	FALSE	FALSE	TRUE	TRUE	FALSE	FALSE
"php"	TRUE	FALSE	FALSE	TRUE	FALSE	FALSE	FALSE	FALSE	FALSE	FALSE	TRUE	FALSE
""	FALSE	TRUE	FALSE	TRUE	FALSE	FALSE	FALSE	FALSE	TRUE	FALSE	FALSE	TRUE

图3.10.1　松散比较“==”

根据图3.10.1中的内容，我们重点分析如下几个案例：

◇ 数字0和字符串"php"相等，而字符串"0"和字符串"php"却不相等。

这是因为，在“==”进行对比时，如果两边类型不一致，PHP会对变量进行类型转换。因此，数字0和字符串"php"比较时，字符串"php"被转换成了数字0。

◇ “==”不具备传递性。

$a == $b

$b == $c

不代表$a == $c一定成立。

0 == "0"，0 == NULL，而"0" != NULL。

◇ 小于号和大于号不具备传递性。

"1000000" < "a"

"a" < 1

而很明显1 < "1000000"，以上三个表达式都会返回true。

这是因为两个字符进行大小比较时，从左到右比较这两个字符的ASCII码大小，而字符1比字符a小。当一个数字与一个字符串进行大小比较时，PHP会将其转换为数字。

◇ 神奇的订单号"139E-5230" == "358E-1743"。

如此不同的两个订单号，竟然被判断成相等。这是因为在“==”两边的变量即使是字符串的情况下，如果这两个变量看起来是数字，也会把它们当作数字来处理。E在数字中表示“10的次方”，“E-5230”代表了“10的-5230次方”，“E-1743”代表了“10的-1743次方”，两边都被当作0，所以等号成立。

第4章 函数

4.1 函数的概念

在编程中经常会调用相同或者类似的操作，这些相同或者类似的操作通常是由同一段代码完成的，而函数的应用可以有效地避免代码重复编写。函数的作用就在于，把相对独立的某个功能抽象出来，使之成为一个独立的实体。

例如，在开发一个支持人与人之间对话的社交网站时，对话这个功能比较复杂，可以将其封装为一个函数，每次调用函数就可以发起对话。再如，大型网站都有日志功能，对于所有重要操作都会记录日志，而日志处理需要由多行PHP文件操作相关代码组成，因此可以将这些代码组装为函数，每次写日志时调用此函数即可。PHP能在全世界范围内广泛使用的一个原因就是PHP有大量的内置函数，而这些内置函数可以帮助我们快速构建各种场景的网站。接下来本章将详细讲解PHP函数。

提示

PHP拥有超过1000个内建的函数。

4.2 函数定义和使用

定义一个函数时，要以“function”声明作为开头：

```
function functionName(param)
{
   functionBody;
   return value;
}
```

◇ functionName：函数名，与PHP中其他标识符的命名规则相同，有效的函数名以字母或下划线开头，后面跟字母、数字或下划线。函数名应该能够反映函数所执行的任务。

◇ param：函数参数，即调用一个函数时可以传递的参数。

◇ functionBody：函数内容，任何有效的代码都可以出现在函数内部。

◇ return value：函数返回值，函数执行完成后返回的值，也可以不返回任何内容。

动手写4.2.1

```
<?php
function introduce($name, $age, $wish)
{
   echo "大家好，我叫 $name ,我今年 $age 岁啦，我的愿望是 $wish ，谢谢大家。<br/>";
}

introduce('零壹快学', '2', 'PHP编程语言发展越来越好');
introduce('小零', '18', '用PHP搭建一个属于自己的网站');
introduce('小壹', '17', '写程序没有Bug');
```

如动手写4.2.1所示，函数名为introduce()，接收“name”“age”和“wish”三个参数，没有返回值。一共调用了三次函数，显示三行文字。

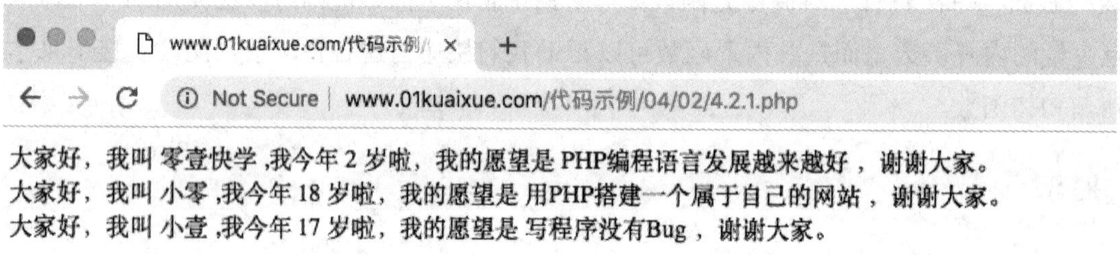

图4.2.1　函数的定义和使用

提示

函数名对大小写不敏感，无法同时创建函数abc和函数Abc。函数参数和函数返回值为可选项，因此创建函数时可以不包括参数和返回值。

4.2.1　函数参数

在创建函数时，可以设置参数，也可以不设置参数。对于设置参数的函数，当调用函数时需要向函数传递参数，被传入的参数成为“实参”，而函数定义时的参数为“形参”。函数间的参数传递一共有三种方式：按值传递、按引用传递和默认参数（可选参数）。

1. 按值传递

按值传递会将实参的值赋值给对应的形参，在函数内部的操作针对形参进行，操作的结果不会影响实参。

动手写4.2.2

```
<?php
function calculate($number)
{
echo "计算前，函数内部的number变量值为：$number <br/>";
  $number = $number * 2 + 3;
  echo "计算后，函数内部的number变量值为：$number <br/>";
}

$number = 5;
echo "调用函数前，外部的number变量值为：$number <br/>";
calculate($number);
echo "调用函数后，外部的number变量值为：$number <br/>";
```

运行结果如图4.2.2所示：

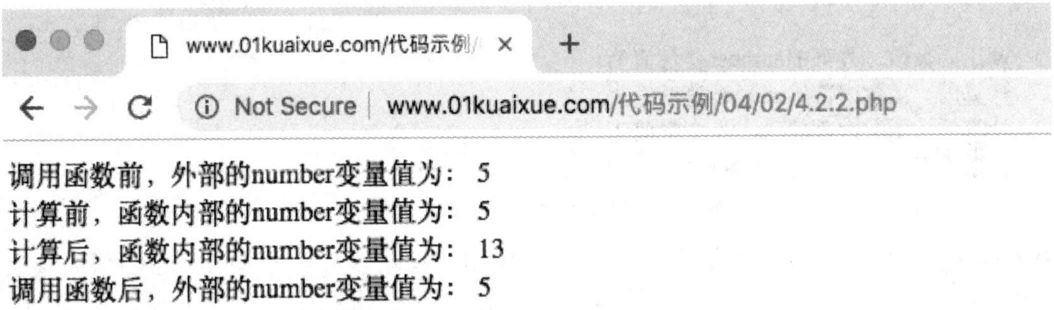

图4.2.2 按值传递程序运行的结果

根据结果可以看出，函数外部的实参number初始值为5，函数内部形参number虽然被赋予和实参相同的值5，但是形参number只是实参的一个副本。按值传递的特点是，被调函数对形参的任何操作都是作为局部变量进行，不会影响主调函数的实参变量的值。因此，计算后函数内部的形参值number变成了13，而外部的实参值number依旧是5。

2. 按引用传递（pass-by-reference）

按引用传递就是将实参的内存地址传递给形参，实参和形参都指向同一个内存地址，在函数内部所有对形参的操作都会影响到实参的值。引用传递的方式就是定义函数时在形参前面加上“&”符号。

动手写4.2.3

```
<?php
function calculate(&$number)
{
    echo "计算前，函数内部的number变量值为： $number <br/>";
    $number = $number * 2 + 3;
    echo "计算后，函数内部的number变量值为： $number <br/>";
}

$number = 5;
echo "调用函数前，外部的number变量值为： $number <br/>";
calculate($number);
echo "调用函数后，外部的number变量值为： $number <br/>";
```

动手写4.2.3与动手写4.2.2相类似，只有函数参数处增加了“&”符号，最终的结果如图4.2.3所示：

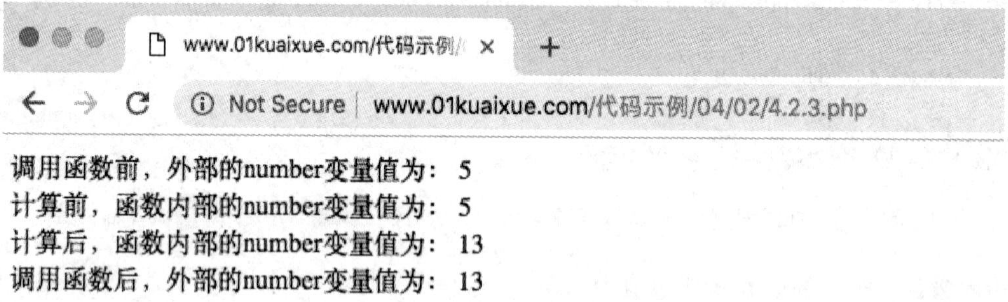

图4.2.3　按引用传递程序运行的结果

引用传递过程中，形参和实参都指向同一个内存地址。在上述例子中，函数内部形参经过计算后，值由最初的5变成了13；函数调用结束后，外部的实参值和函数内部形参保持一致，因此最终外部的number值也是13。

提示

按值传递，函数内部对形参的操作不会影响到实参。

按引用传递，函数内部对形参的操作会影响到实参。

3. 默认参数

第三种设置参数的方式是“默认参数”，也叫“可选参数”。PHP的函数参数可以指定默认值，指定默认值后，调用时如果不给该参数赋值，该参数就使用默认值。

动手写4.2.4

```
<?php
// 商品售卖，默认为5件商品
function worth($price, $number = 5)
{
    $total = $price * $number;
    echo "商品单价是 $price 元， $number 件商品的总价为 $total 元。<br/>";
}

worth(17);
worth(23, 6);
```

函数接收两个参数，分别是价钱（price）和数量（number），number为默认参数5。调用函数时，可以传递两个参数，也可以传递一个参数，当传递一个参数时，第二个number参数就会被赋予默认值5。运行结果如图4.2.4所示：

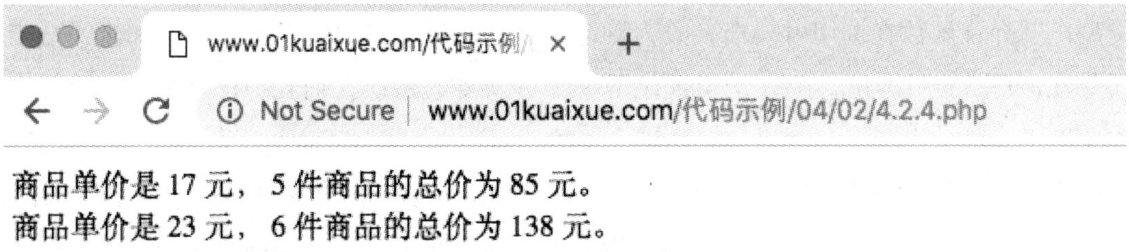

图4.2.4　默认参数程序运行结果

提示

当使用默认参数时，默认参数必须放在非默认参数的右侧，否则函数可能出错。

4.2.2　函数返回值

上一节介绍了函数参数的几种传递方式，本节将讲述函数的返回值，函数返回值使用return关键字。函数返回值通过使用可选的返回语句返回，可以返回包括数组和对象的任意类型，返回语句会立即中止函数的运行，并且将控制权交给调用该函数的代码行。

提示

如果函数省略了return返回值，那么函数的返回值为NULL。

动手写4.2.5

```
<?php
function square($num)
{
   return $num * $num;
}
echo "边长为4的正方形面积是: " . square(4);
```

square()函数结果会返回16，return值可以直接被外部所使用。

4.3 类型声明

PHP是一门弱语言，支持变量类型自动转换。不过，PHP增加了对函数参数类型和返回类型的声明支持，参数类型声明指定了函数参数值的类型，返回类型声明指定了从函数返回的值的类型。类型声明允许函数在调用时要求参数为特定类型，如果给出的值类型不对，那么将会产生一个错误。在PHP 5的版本里，上述错误仅仅是一个可恢复的错误，而在PHP 7中则会使程序抛出异常。

PHP 7中加入了四种标量类型声明：int、float、string和bool。在PHP文件中添加指令declare(strict_types=1)，可以让该PHP文件内的全部函数参数和返回值都有一个“严格约束”的标量类型声明检查。在默认情况下，PHP是弱类型校验模式，而declare指令可以指定strict_types的值（1或者0），1表示严格类型校验模式，用于函数调用和返回语句；0则表示弱类型校验模式。

对于动手写4.3.1，函数add()接受两个int类型参数，最终会输出结果为3。

动手写4.3.1

```
<?php
declare(strict_types = 1);

function add(int $a, int $b)
{
   return $a + $b;
}

echo add(1, 2);
```

strict_types值为“1”表示严格模式。如动手写4.3.2所示，调用add()函数时传递的参数不是int

类型；而传递float类型时，declare(strict_types=1)必须是文件的第一个语句。如果这个语句出现在文件的其他地方，将会产生一个编译错误，块模式是被明确禁止的。

动手写4.3.2

```
<?php
declare(strict_types = 1);

function add(int $a, int $b)
{
    return $a + $b;
}

echo add(1.5, 2.5);
```

如图4.3.1所示，PHP程序运行报错，提示add()函数需要接受int类型参数，不能传递float类型参数。

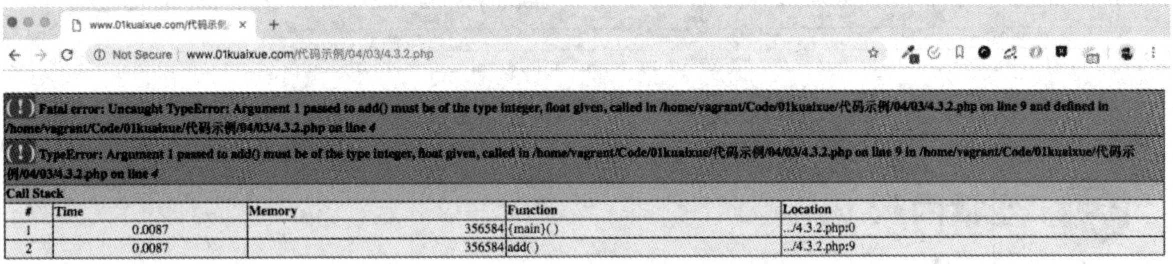

图4.3.1　strict_types模式下的函数参数

提示

declare(strict_types=1)必须是文件的第一个语句，如果这个语句出现在其他位置，将会产生一个编译错误。

函数返回值和参数类似，在严格模式下，返回值的类型必须和返回类型声明一致。声明时，需要在函数名字后面加上冒号，并加入具体类型。

动手写4.3.3

```
<?php
declare(strict_types=1);

function add($a, $b): int
```

```
{
    return $a + $b;
}

var_dump(add(1, 2));
var_dump(add(1.5, 2.5));
```

动手写4.3.3中使用了“strict_types=1”的严格模式，函数返回值指定为int类型。第一次调用函数时，传递了两个int类型参数1和2，因此返回值为int 3，结果正常显示。第二次调用函数时，传递了两个float类型参数1.5和2.5，因此返回值为float 4，类型冲突，结果会报错，如图4.3.2所示：

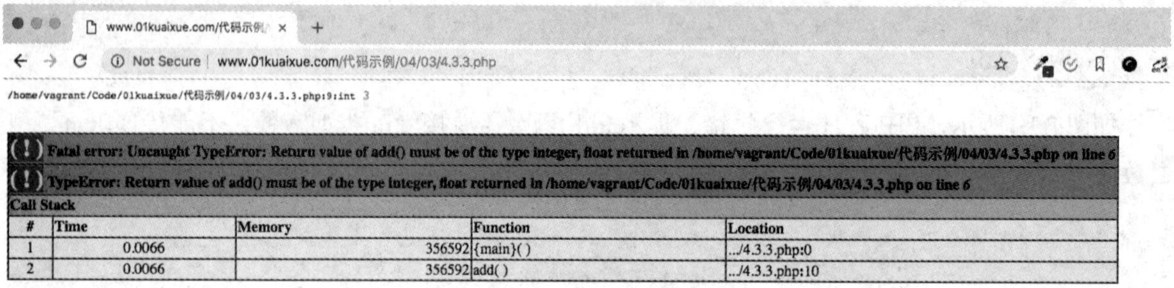

图4.3.2　strict_types模式下的函数返回值

4.4 变量函数

变量函数也叫可变函数，顾名思义就是如果一个变量名后有小括号，PHP将寻找与变量的值同名的函数，与直接调用该函数的效果一致。变量函数可以用来实现包括回调函数、函数表在内的一些功能。

提示

变量函数如果不存在，系统找不到对应的函数，程序将会报错。

动手写4.4.1

```
<?php
function first()
{
    echo "我是第一个函数<br/>";
}
```

```
function second($name)
{
  echo "我是第二个函数，我接受name参数，当前值为 $name <br/>";
}

function third($name = "default")
{
  echo "我是第三个函数，我接受默认参数，默认值为 $name <br/>";
}

$func = 'first';
$func();
$func = 'second';
$func('零壹快学');
$func = 'third';
$func();
```

运行结果如图4.4.1所示，变量函数在调用时，可以通过改变变量名来实现调用不同的函数，在变量名后面加上一对小括号，PHP程序会自动寻找与变量名相同的函数。

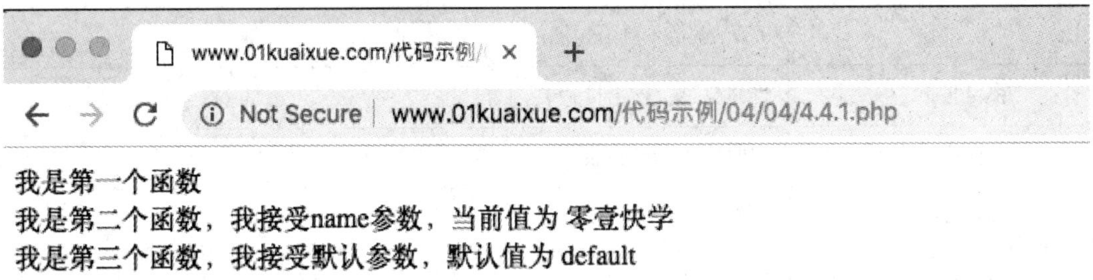

图4.4.1　变量函数

变量函数不能用于echo()、print()、include()、require()、unset()、isset()、empty()等函数。

4.5 小结

本章主要介绍了PHP函数的概念，并且讲解了函数的定义和使用，包括如何传递参数和返回值，还介绍了变量函数的使用。

4.6 知识拓展

4.6.1 内置函数介绍

PHP有大量的标准函数和结构，以及丰富的扩展模块，比如图像GD库、网络请求CURL库等。这些扩展模块库同样包含了很多函数，它们都属于PHP内置函数。

在使用PHP内置函数时，有很多核心函数已包含在每个版本的PHP中，如字符串和数组相关函数，我们直接在程序中使用这些函数即可。而对于扩展模块提供的函数，需要确保PHP在编译时加入了这些扩展模块，否则这些函数是无法调用的，程序会报错。对于常见的扩展库配置和使用，我们会在第10章详细讲解。

本书会介绍一系列常见内置函数的使用，在学习每一个函数时，读者需要关注函数的功能是什么、有多少参数、每个参数的定义、函数是否有返回值以及返回值的意义。了解这些重要的差别是编写正确的PHP代码的关键。

在学习PHP的过程中，读者需要学会自己列举、汇总PHP内置函数，并制作一张图表，既方便定期查阅，又有助于更熟练地掌握相应模块，例如PHP文件操作。常见的内置函数如表4.6.1所示。

表4.6.1　PHP文件操作常见内置函数

函数名	函数功能
opendir()	打开目录，返回一个resource句柄，可以对目录进行操作
closedir()	关闭resource目录句柄
readdir()	打开目录，然后读取其内容
getcwd()	获取当前工作目录
chdir()	改变当前目录
fopen()	打开文件，返回一个resource句柄，可以对文件进行操作
fclose()	关闭resource文件句柄
fgets()	函数从文件指针中读取一行
fputs()	将内容写入一个打开的文件中
file()	将整个文件内容读入到一个数组中，每个元素占一行内容
file_get_contents()	获取一个文件的所有内容，并返回一个字符串
file_put_contents()	将一个字符串写入一个文件中
filesize()	获取文件的大小

（续上表）

函数名	函数功能
filetype()	获取文件的类型
is_dir()	判断是否是一个目录
file_exists()	判断是否是一个文件
mkdir()	创建一个目录
rmdir()	删除一个目录，前提必须是空目录
unlink()	删除一个文件
copy()	文件复制
rename()	文件重命名

4.6.2　有趣的函数自身调用

PHP编程语言支持函数调用自己本身，大致的形式如下：

```
function func()
{
  func();
}
```

拥有这一特性的函数也叫递归函数。在函数体内部直接或者间接地自己调用自己，叫作递归调用，即函数的嵌套调用是函数本身。递归函数如果没有加入任何流程控制，那么在执行过程中就会出现这种情况：函数调用函数本身，调用的函数本身又继续调用函数本身……一直循环下去，导致程序发生死循环。

动手写4.6.1

```
<?php
function func()
{
  echo 1;
  func();
}
```

动手写4.6.1的运行结果将会是无限循环输出1，直到PHP程序超时或者内存耗尽。当某个执行递归调用的函数没有附加条件判断时，就有可能会造成无限循环的错误情况。因此，当我们编写递归函数时，需要加一些判断条件，以判断是否需要执行递归调用，并且在一定的条件下终止函数的递归调用。

递归代码的好处是，和非递归函数相比，递归函数代码逻辑更清晰，代码可读性更高。缺点则是由于层层的函数嵌套，会有额外的内存开销，以及可能发生的无限循环灾难。这些年来，计算机的硬件性能不断升级，大部分情况下递归程序的效率问题已经得到解决，因此我们鼓励使用递归函数以实现程序思想。

除了函数递归调用容易出现无限循环的问题外，函数之间的互相调用也可能会出现同样的无限循环问题。

动手写4.6.2

```
<?php
function Jim()
{
   echo "Hello! I am Jim.";
   Jack();
}

function Jack()
{
   echo "Hello! I am Jim.";
   Jim();
}

Jim();
```

动手写4.6.2中，Jim()函数会调用Jack()函数，而Jack()函数执行中又会调用Jim()函数，导致无限循环。在编程中，需要注意避免两个函数互相调用的情况发生。

第 5 章 流程控制和语言结构

所有编程语言在编写时都要遵照语言结构和流程控制，它们控制了整个程序运行的步骤。流程控制包括顺序控制、条件控制和循环控制。所谓顺序控制，就是正常的代码执行顺序，从上到下、从头到尾依次指定每条语句。

5.1 条件控制语句

顺序结构只能按顺序执行，不能进行判断和选择，因此需要条件控制语句。条件控制语句可以使程序根据某个或某些条件进行判断，然后有选择性地执行或不执行某些代码语句。所有条件控制语句都是通过判断条件表达式的结果来选择执行哪个分支语句的，条件表达式一般返回true或false。在PHP编程语言中也允许条件表达式使用数字、字符串来代替布尔值使用，例如：一个空字符串相当于false，数字0也相当于false等。

编程语言中一般有两种条件分支结构——if语句和switch语句，下面将对这两种分支结构进行介绍。

5.1.1 if 和else语句

if…else语句是流程控制中最基本的语句，其中else是非必须的，下面将分几种使用情况介绍if…else语句。

1. if语句

可以只使用if关键字来表达一个条件语句，一个if语句包含表达式以及一条或多条执行语句。if语句的定义格式如下：

```
if(表达式)
   语句1;
```

多个语句需要用大括号括起来，表示这些语句只在这个if分支内运行。

```
if(表达式)
{
语句1;
语句2;
语句3;
…
}
```

提示

if语句可以包含多个表达式，每个表达式之间用逻辑元素符连接。

图5.1.1为if语句流程控制图，其中T代表的是真（true），F代表的是假（false）。

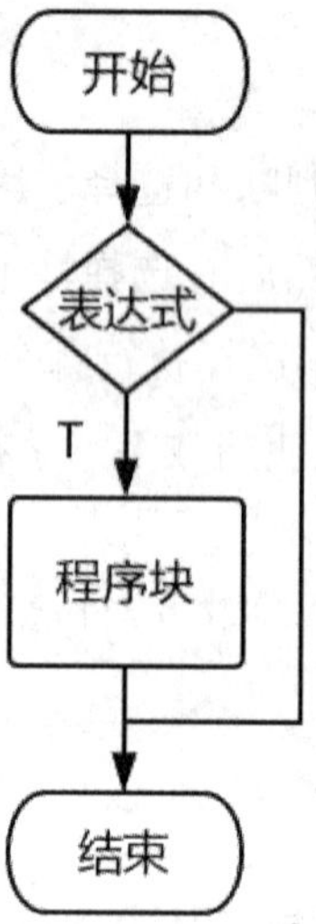

图5.1.1　if语句流程控制图

动手写5.1.1

```
<?php
$number = 101;
echo "提问：number值大于100吗？<br/>";
if($number > 100)
{
  echo "回答：number值大于100，number值为 $number <br/>";
}
```

动手写5.1.1中，会先判断number数值是否大于100，如果大于100会执行if代码块中的echo语句，执行结果如图5.1.2所示。

图5.1.2　if判断语句运行结果

2. if…else语句

上面的动手写5.1.1中，如果number为不大于100的数字，那么将不会执行代码块中的echo语句，程序直接结束。满足表达式条件会进入if语句，当不满足条件时，通常会写一个else语句。if和else语句保证了程序运行情况的完整性，定义格式如下：

```
if(表达式)
{
  程序块1;
}
else
{
程序块2;
}
```

需要注意的是，else语句不能单独出现，必须与if语句成对出现。如图5.1.3所示，当表达式为真（T）时，执行程序块1，否则执行程序块2。

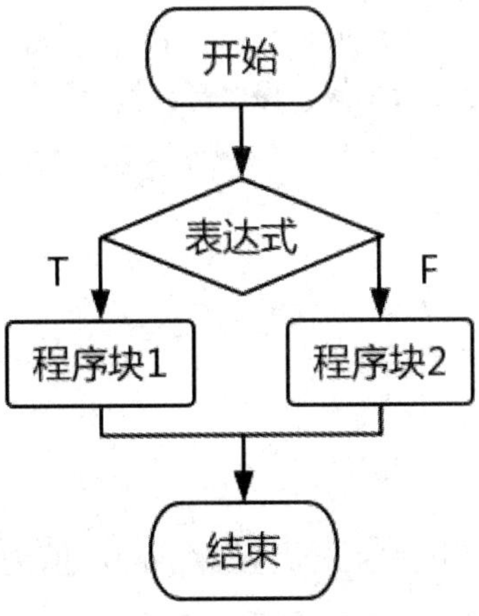

图5.1.3　if…else语句流程控制图

if和else语句都可以有大括号，大括号将不同逻辑分支的代码进行了分割。动手写5.1.2演示了if…else语句用法，由于number值为90，小于100，因此程序会进入else代码块中执行。

动手写5.1.2

```
<?php
$number = 90;
echo "提问：number值大于100吗？<br/>";
if($number > 100)
{
   echo "回答：number值大于100，number值为 $number <br/>";
   echo "这是if语句代码块中的内容，只有if表达式为真时，才会执行这行代码<br/>";
}
else
{
   echo "回答：number值大于100，number值为 $number <br/>";
   echo "这是else语句代码块中的内容，只有if表达式为假时，才会执行这行代码<br/>";
}
echo "这是if…else语句之外的内容，无论if真假，程序都会执行这行代码<br/>";
```

结果如图5.1.4所示：

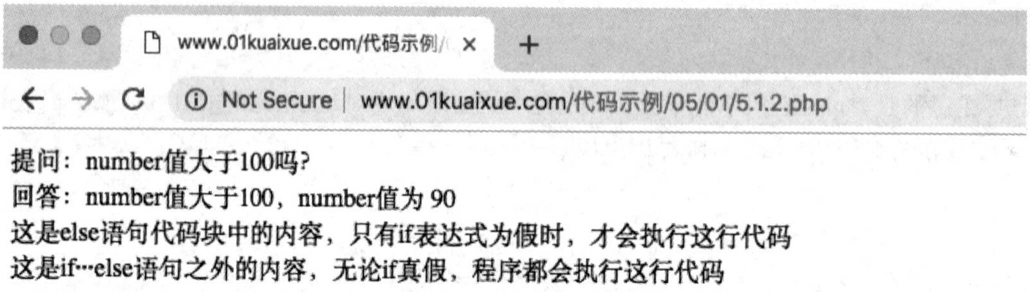

图5.1.4　if…else判断语句运行结果

提示

if和else语句的大括号可以被省略，当没有大括号时，只对紧跟着的第一条执行语句负责。为了便于代码阅读，建议将大括号补齐。

动手写5.1.3中的else语句没有使用大括号，虽然number值为200，但是实际却执行了else下面的第二行代码。因为在没有大括号时，else只对邻近的echo语句负责。

动手写5.1.3

```
<?php
$number = 200;
echo "提问：number值大于100吗？ <br/>";
if($number > 100)
{
  echo "回答：number值大于100，number值为 $number <br/>";
  echo "这是if语句代码块中的内容，只有if表达式为真时，才会执行这行代码<br/>";
}
else
  echo "回答：number值大于100，number值为 $number <br/>";
  echo "这是else语句代码块中的内容，只有if表达式为假时，才会执行这行代码<br/>";
echo "这是if…else语句之外的内容，无论if真假，程序都会执行这行代码<br/>";
```

运行结果如图5.1.5所示：

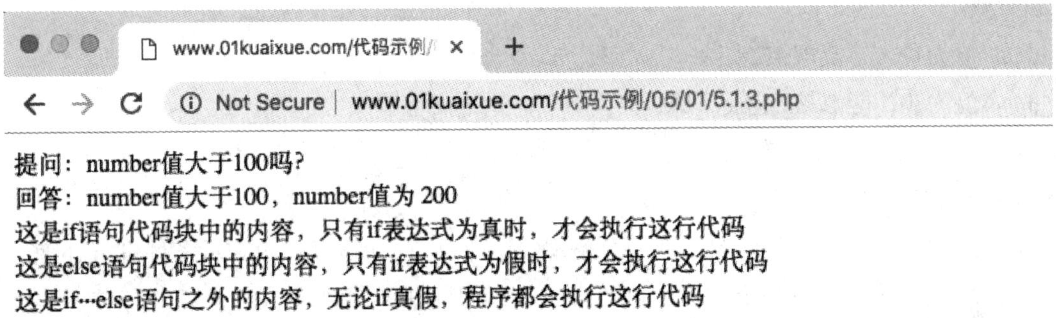

图5.1.5　if…else判断语句大括号的测试

if…else语句可以在if…else代码块内多层嵌套使用，这也是流程控制中最常见的分支控制逻辑。

动手写5.1.4

```
<?php
function check_number($number)
{
  if($number <= 100)
  {
    if($number % 2 == 0)
    {
      echo "number值为 $number ，能够被2整除，是偶数";
```

```
    }
      else
      {
        echo "number值为 $number ，不能够被2整除，是奇数";
      }
    }
    else
    {
      echo "number值为 $number ，大于100";
    }
}
check_number(17);
check_number(80);
check_number(110);
```

运行结果：

number值为17，不能够被2整除，是奇数。

number值为80，能够被2整除，是偶数。

number值为110，大于100。

3. if…else if语句

在条件语句中，else和if可以组合使用，出现在第一个if语句后面，对多种条件进行处理。如果满足该条件就执行该条件下的语句，否则可以去判断是否满足其他条件，然后执行其他条件下的语句。else if一般定义如下格式：

```
if(表达式1)
{
  程序块1;
}
else if(表达式2)
{
  程序块2;
}…
else
{
  程序块n;
}
```

if…else if语句流程控制图如图5.1.6所示：

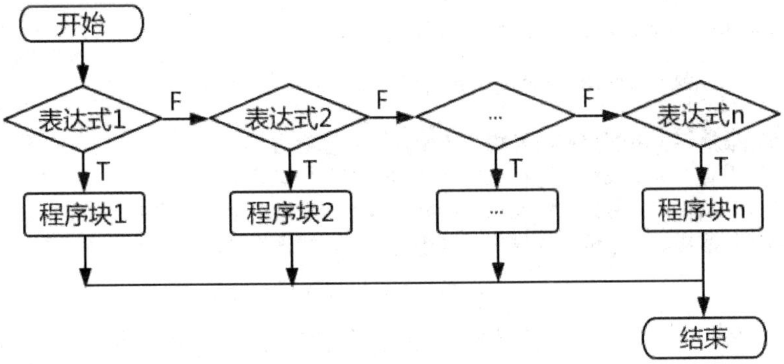

图5.1.6　if…else if语句流程控制图

动手写5.1.5

```
<?php
function check_score($score)
{
  echo "考试分数 $score ,";
  if($score < 60)                    //if语句的判断是按照顺序执行
  {
    echo "很遗憾，考试成绩不及格，下学期一定要努力！<br/>";
  }
  else if($score < 80)               //相当于score>=60，并且score<80
  {
    echo "恭喜你，考试成绩及格，请继续努力，成绩更上一层楼！<br/>";
  }
  else if($score < 90)               //相当于score>=80，并且score<90
  {
    echo "恭喜你，考试成绩良好，再接再厉，期待表现更好的你！<br/>";
  }
  else                               //相当于score>=90，并且score<=100
  {
    echo "祝贺！考试成绩优秀，愿未来的你一直保持优秀！<br/>";
  }
}
check_score("蔡雨", 55);
check_score("吕倬", 98);
check_score("孙小涛", 70);
check_score("郑小生", 84);
```

运行结果如图5.1.7所示：

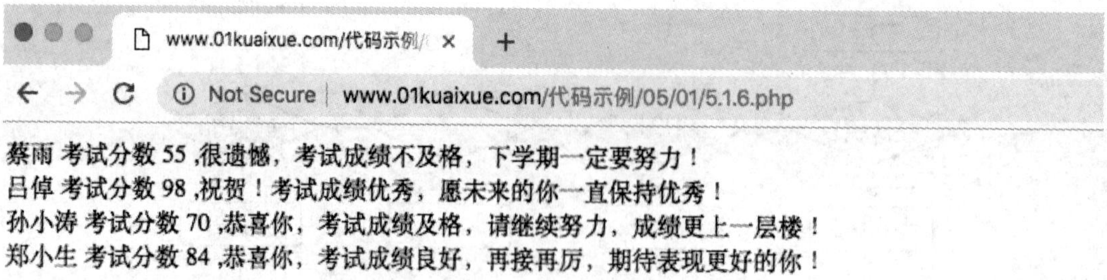

图5.1.7　if…else if语句程序运行结果

如果每一条if、else if或者else判断逻辑都只有一条执行语句，那么也可以不加大括号，让代码段落更简洁。

动手写5.1.6

```
<?php
function check_score($name, $score)
{
    echo "$name 考试分数 $score ,";
    if($score < 60)          echo "很遗憾，考试成绩不及格，下学期一定要努力！<br/>";
    else if($score < 80)     echo "恭喜你，考试成绩及格，请继续努力，成绩更上一层楼！<br/>";
    else if($score < 90)     echo "恭喜你，考试成绩良好，再接再厉，期待表现更好的你！<br/>";
    else                     echo "祝贺！考试成绩优秀，愿未来的你一直保持优秀！<br/>";
}
check_score("蔡雨", 55);
check_score("吕倬", 98);
check_score("孙小涛", 70);
check_score("郑小生", 84);
```

提示

if和else语句中，是对表达式的值进行真假判断，而不是对变量进行判断。如果表达式只有一个变量，那么会把这个变量当成一个表达式。

动手写5.1.7

```
<?php
$value1 = false;                          //定义一个变量value1
$value2 = true;                           //定义一个变量value2
```

```
$value3 = 0;                                //定义一个变量value3
if($value1) echo "value1为表达式本身，由于value1为false，因此代码不执行<br/>";
if($value2) echo "value2为表达式本身，由于value2为true，因此代码执行<br/>";
if($value3) echo "value3为表达式本身，由于value3为0，0等同于假，因此代码不执行<br/>";
if($value1 == false) echo "虽然value1值为假，但是表达式为真，因此代码执行<br/>";
```

上述程序运行会输出：value2为表达式本身，由于value2为true，因此代码执行；虽然value1值为假，但是表达式为真，因此代码执行。

4. if语句嵌套

if语句可以在内部多层嵌套，一个if语句里可以包括多条if语句。if与else一般都是成对出现的。else if语句中也可以嵌套if…else语句。条件语句多重嵌套给分支逻辑判断带来了很大的自由度。

动手写5.1.8是一个猜数字的小程序，由于猜数字会出现数字格式错误、数字范围错位、数字大、数字小、数字正确和猜数次数用完等多种情况，因此使用了if和else语句的嵌套。

动手写5.1.8

```
<?php
$count = 4;                             //猜数字小游戏，定义猜测次数，最多4次
function guess($number, &$count)        //猜数字函数，假定正确数字是17
{
  echo "<hr />输入的数字是：$number <br/>"; //hr在html中代表一条横线分割
  if(!is_numeric($number))              //判断参数是否为数字，如果不是则函数直接返回
  {
    echo "输入的内容格式错误，请输入正确的数字<br/>";
    return;
  }
  if($number < 1 || $number > 20)       //number不是1到20的数字，函数直接返回
  {
    echo "输入的数字范围错误，请输入1到20中的任意数字<br/>";
    return;
  }
  if($number == 17)                     //猜对了数字
  {
    echo "恭喜你，猜对了，幸运数字是77<br/>";
  }
  else                                  //如果没有猜对，那么进入大小判断，并减少猜词次数1次
  {
    if($count <= 0)                     //进入次数用完的逻辑分支
```

```
        {
            echo "对不起，猜数字机会已经全部用完<br/>";
            return;
        }
        if($number > 17)                    //进入猜数大于的逻辑分支
            echo "数字猜大了，请猜小一些的数字<br/>";
        else                                //进入猜数小于的逻辑分支
            echo "数字猜小了，请猜大一些的数字<br/>";
        $count--;                           //减少一次猜词机会
    }
}
guess(30, $count);
guess(3, $count);
guess(7, $count);
guess(9, $count);
guess(20, $count);
guess(19, $count);
```

运行结果如图5.1.8所示：

图5.1.8　使用if语句嵌套实现猜数字小程序

多层嵌套的if语句会在语义上造成困惑，而且代码维护成本较大，因为每个条件与条件之间的关系较为复杂。良好的代码中不会出现大段难以维护的if语句嵌套，动手写5.1.9就是一个不好的示例。

动手写5.1.9

```
<?php
function check_number($number)
{
  if ($number <= 0)                          //一层if语句嵌套
  {
    echo "欢迎与零壹快学一起学习编程美妙的世界";
  }
  else if($number <= 2)                      //一层else if语句嵌套
  {
    if($number > 2)                          //两层嵌套，上层为else if
    {
      echo "逻辑判断不合理，上层判断为number小于等于2，当前判断却是大于2";
    }
    else if($number <2)                      //两层嵌套，上层为else if
    {
      if($number % 2 == 0)                   //三层嵌套，嵌套层级较深
      {
        if($number >0)                       //四层嵌套，代码难以理解
        {
          echo "这种条件分支逻辑很混乱，很难梳理如何执行代码";
        }
      }
    }
  }
  else echo "else语句";
}
```

5.1.2　switch语句

如果一个程序需要多条相似的条件判断，尤其是在表达式简单并相同（“变量+操作符+数值”的形式），只是判断的值不同的情况下，可以使用if语句来进行多条判断。但此刻代码会非常臃肿，后期维护时需要分别对各个条件进行测试，例如下面的代码：

动手写5.1.10

```
<?php
$language = 'PHP';
if($language == 'JAVA')                      //判断language变量是否是JAVA
```

```
{
   echo "零基础JAVA从入门到精通";            //进入JAVA判断逻辑分支
}
if($language == 'Linux')                    //判断language变量是否是Linux
{
   echo "零基础Linux从入门到精通";           //进入Linux判断逻辑分支
}
if($language == 'MySQL')                    //判断language变量是否是MySQL
{
   echo "零基础MySQL从入门到精通";           //进入MySQL判断逻辑分支
}
if($language == 'PHP')                      //判断language变量是否是PHP
{
   echo "零基础PHP从入门到精通";             //进入PHP判断逻辑分支
}
```

PHP中可以使用switch语句统一待判断变量和判断值，避免if语句过于冗长，不仅代码整洁，也便于对各个条件和执行语句进行阅读和维护。switch语句定义格式如下：

```
switch(变量或者表达式)
{
   case 值1:
      程序块1;
      break;
   case 值2:
      程序块2;
      break;
…
   case 值n:
      程序块n;
      break;
default:
   程序块n+1;
}
```

switch语句是一种多分支并行语句，它允许多个分支语句并行存在，并用关键字case标识。执行时，switch语句首先计算参数的值，如果和某一个分支语句标识的值相同，则执行这个分支语句中的代码，直到遇到关键字break为止。如果该分支语句中没有关键字break，则会继续判断后面的

case分支语句，直到遇到break为止。switch语句同时提供了默认执行的机制，当没有一个分支语句的值与switch传入参数的值相同时，会执行关键字default分支中的语句。

switch语句流程控制图如图5.1.9所示：

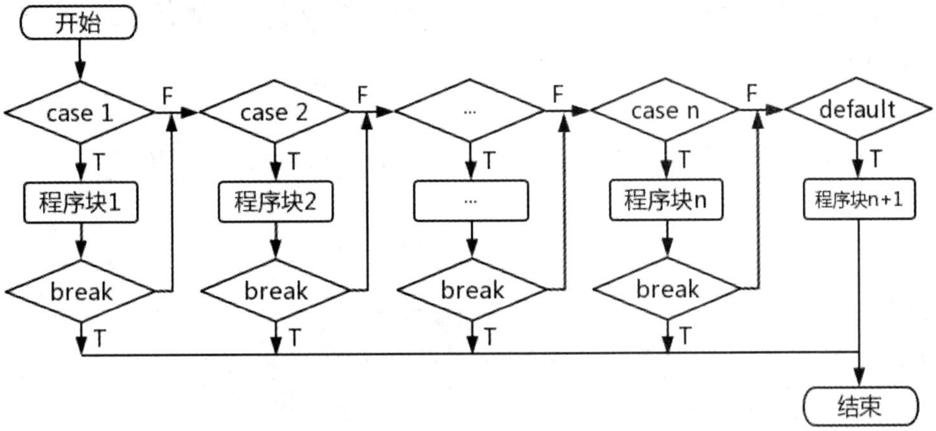

图5.1.9　switch语句流程控制图

switch语句中待判断的变量可以是字符串、数字类型等，case中的判断值通常为常量，并且case互相之间定义的常量值不能相同，否则可能会重复执行。

动手写5.1.11

```
<?php
$language = 'PHP';
switch($language)                           //switch获取传递的变量language
{
    case 'JAVA':                            //对language值进行判断，是否等于JAVA
        echo "零基础JAVA从入门到精通";
        break;
    case 'Linux':                           //对language值进行判断，是否等于Linux
        echo "零基础Linux从入门到精通";
        break;
    case 'MySQL':                           //对language值进行判断，是否等于MySQL
        echo "零基础MySQL从入门到精通";
        break;
    case 'PHP':                             //对language值进行判断，是否等于PHP
        echo "零基础PHP从入门到精通";
        break;
    default:                                //对language值进行判断，全部失败
        echo "没有找到符合要求的书籍";
}
```

程序运行结果为：零基础PHP从入门到精通。

提示

switch是弱类型判断，case对值的匹配相当于使用两个等号“==”进行判断，而不是三个等号“===”的强判断。

对于给定变量值为int类型的“123”，case的值为字符串123，也会匹配成功。

动手写5.1.12

```
<?php
$number = 123;                          //int类型变量number
switch($number)                         //switch获取变量number
{
  case "123":                           //对number值进行判断，是否等于string 123
    echo "字符串类型123被匹配到<br/>";
    break;
  default:                              //对number值进行判断，匹配失败
    echo "没有找到符合要求的匹配<br/>";
}
```

运行结果：字符串类型123被捕获到。

5.2 循环控制语句

循环语句，又称迭代语句，是指在满足布尔表达式一直为“真”的情况时一直重复执行语句，直到表达式为“假”为止。一般情况下，在循环开始时会计算一次布尔表达式的值，在下次迭代循环开始前也会判断一次布尔表达式的值（do…while循环是后置判断布尔表达式的值）。PHP中提供了两种关键字来表示循环语句，分别是while和for。

5.2.1 while循环语句

while是循环语句中最为简单的一种方式，它提供两种形式：一种是直接的while循环语句，另一种是do…while循环语句。接下来分别介绍这两种方式的用法。

1. while循环语句

while语句中，每次循环开始前会先判断表达式，表达式为真则会继续执行循环体中的语句，直到表达式为假为止。while循环语句定义格式如下：

```
while(表达式)
{
  程序块;
}
```

while循环语句流程控制图如图5.2.1所示：

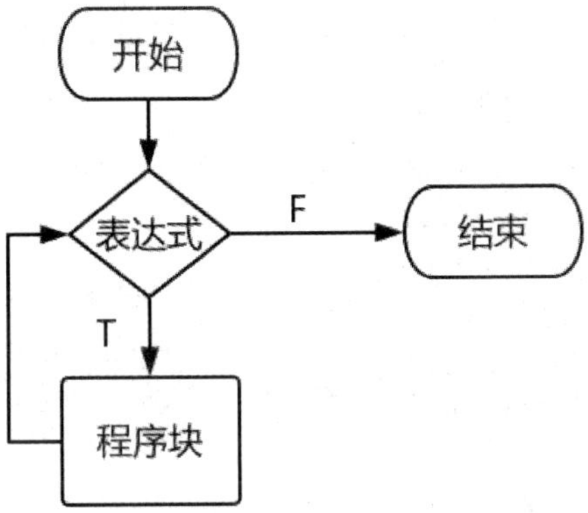

图5.2.1　while语句流程控制图

从图中可以清晰地看到，当表达式为真（T），执行程序块以后，会再次进入表达式判断的流程，从而形成不断循环的代码执行。

动手写5.2.1

```
<?php
/*
 * 质数又称素数。
 * 一个大于1的自然数，除了1和它自身外，不能被其他自然数整除的数叫作质数；否则称为合数。
 */
function check_prime_number($number)                //判断是否为质数（素数）的方法
{
  $i = $number - 1;
  while($i > 1)                                     //当i小于等于1时，while语句结束，跳出循环
  {
    if($number % $i == 0)                           //能够被i整除，不是质数
    {
      echo "$number 不是质数，它可以被 $i 整除<br/>";
      return;                                       //return语句终止函数运行，跳出循环，直接返回
    }
    $i--;                                           //如果不能被i整除，i减1，进入下一次循环
```

```
    }
        echo "$number 是质数，它不能被其他自然数整除<br/>";
    }
check_prime_number(25);
check_prime_number(19);
```

动手写5.2.1使用while语句实现了质数的判断，定义变量i等于number-1，再用number除以i判断能否除尽（余数为0）。如果除尽说明不是质数，函数返回“不是质数”；如果无法除尽，变量i的值减1，继续执行除尽判断操作；一直循环，直到i的值为1为止，说明number无法除尽任何整数，返回“是质数”。

图5.2.2　质数判断检测函数

2. do…while循环语句

do…while语句和简单while语句类似。不同的是，在第一次执行时，do…while中的语句至少会执行一次，即便表达式第一次的值就为假（在简单while语句中，第一次布尔表达式为假时后面的语句不会被执行）。

do…while语句定义格式如下：

```
do
{
  程序块;
} while(表达式);
```

do…while语句的流程控制图如图5.2.3所示：

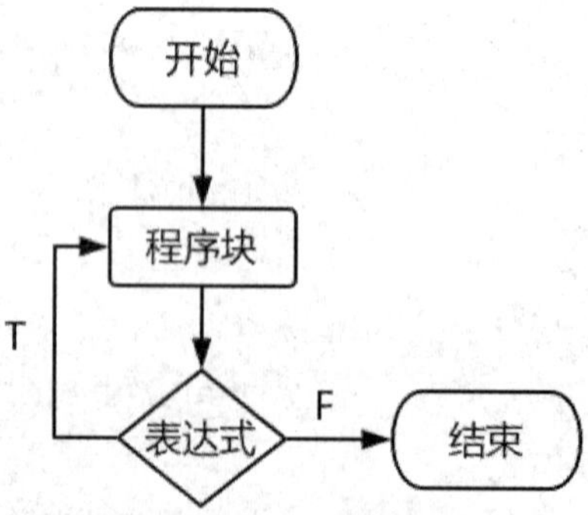

图5.2.3　do…while语句流程控制图

使用do…while语句将质数判断检测函数重写。

动手写5.2.2

```
<?php
/*
 * 质数又称素数。
 * 一个大于1的自然数，除了1和它自身外，不能被其他自然数整除的数叫作质数；否则称为合数。
 */
function check_prime_number($number)             //判断是否为质数（素数）的方法
{
   $i = $number - 1;
   do
   {
      if($number % $i == 0)                      //能够被i整除，不是质数
      {
         echo "$number 不是质数，它可以被 $i 整除<br/>";
         return;                                 //return语句终止函数运行，跳出循环，直接返回
      }
      $i--;                                      //如果不能被i整除，i减1，进入下一次循环
   } while($i > 1);                              //当i小于等于1时，while语句结束，跳出循环
   echo "$number 是质数，它不能被其他自然数整除<br/>";
}
check_prime_number(25);
check_prime_number(19);
```

下面通过动手写5.2.3，分别使用while和do…while语句判断相同表达式，直观讲解它们的不同之处。

动手写5.2.3

```
<?php
echo "<hr/>使用while语句，判断语句为number不为1，number为1时程序不执行<br/>";
$number = 1;                                     //number变量值设置为1
while($number != 1)                              //使用while语句判断number不等于1时执行
{
   echo "while语句代码执行";                      //输出number的值
}
echo "<hr/>使用do…while语句，判断语句为number不为1，number为1时程序依旧执行了<br/>";
```

```
do{
  echo "do…while语句代码执行";                    //输出number的值
}while($number != 1);                             //使用do…while语句判断不等于1时执行
```

运行结果如图5.2.4所示：

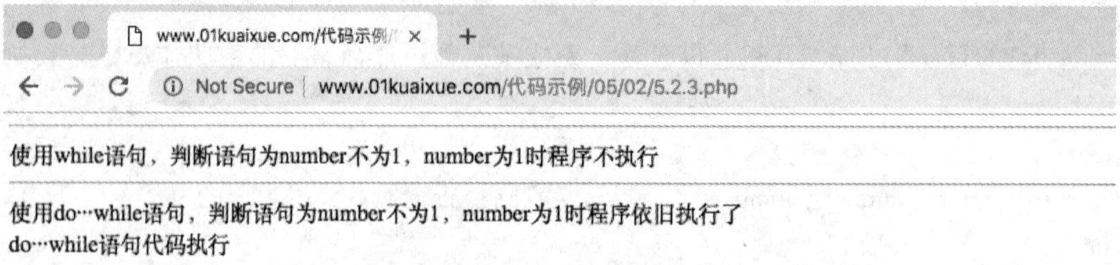

图5.2.4　while循环语句和do…while循环语句的区别

5.2.2　for循环语句

和while语句相比，for循环语句的循环结构更为复杂，定义格式如下：

```
for([初始化表达式];[条件表达式];[步进表达式])
{
  循环体内执行语句;
}
```

初始化表达式可以给循环体定义一个新的变量并赋予一个初始值，一般是int变量。每次循环开始前，都会判断条件表达式，如果条件表达式为真（T），则执行循环，如果为假（F）则跳出中断当前循环。一般条件表达式中判断的变量即初始化表达式中定义的变量。步进表达式则是一种对表达式中判断的变量进行变更的操作，变更一般是数值的增加或减少，使循环语句可以被跳出中断。每次循环结束时会执行一次步进表达式。循环代码体中，可以根据定义的int变量按序列去访问数据。

for循环语句的流程控制图如图5.2.5所示：

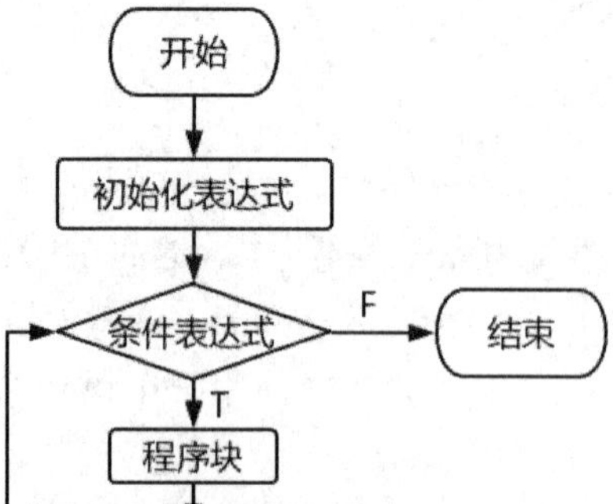

图5.2.5　for语句流程控制图

动手写5.2.4

```
<?php
for($i = 0; $i < 3; $i++)                    //通常使用i作为for循环中的临时变量
{
   echo "每次循环i都会加1，当前i等于：" . $i . "<br/>";
}
echo "<hr/>";                                //使用hr将输出内容分开
for($i = 0; $i <= 3; $i++)                   //将条件表达式改成i小于等于3{
   echo "每次循环i都会加1，当前i等于：" . $i . "<br/>";
}
```

动手写5.2.4中给出了两个循环的示例，由于每个for循环的初始化表达式中都会重新对i进行初始化，因此每个循环之间并不会互相影响。条件表达式的区别是，一个是变量i的值小于3，另一个是变量i的值小于等于3，运行结果如图5.2.6所示：

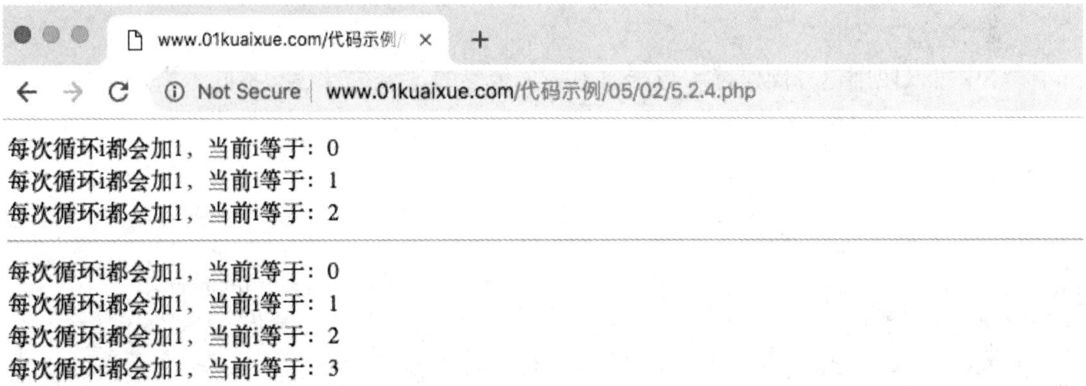

图5.2.6　for语句循环示例

初始化表达式、条件表达式和步进表达式都可以为空，比如变量的初始化可以完全在循环语句外面提前声明。在for循环内，初始化变量也是一种良好的编程风格，即在适当作用域和应该出现的代码块处声明变量，这样也会节省内存资源。

动手写5.2.5中，初始化表达式为空。

动手写5.2.5

```
<?php
$i = 0;                                      //设置变量i的值为0
for(; $i < 3; $i++)                          //初始化表达式为空，直接使用for循环外面的变量i
{
   echo "每次循环i都会加1，当前i等于：" . $i . "<br/>";
}
```

动手写5.2.6中，将步进表达式设置为空。

动手写5.2.6

```
<?php
$i = 0;                                    //设置变量i的值为0
for(; $i < 3; )                            //初始化表达式为空，步进表达式为空
{
  echo "每次循环i都会加1，当前i等于：" . $i . "<br/>";
  $i++;                                    //在代码中对变量i进行自增操作
}
```

提示

使用for循环语句时，应该避免将条件表达式设置为空，因为当条件表达式为空时，for循环语句将会一直循环下去，死循环会导致程序无法正常执行。

for循环中可以使用逗号操作符（与函数中隔离传参的逗号符号含义不同）来定义多个相同类型的变量，如动手写5.2.7。

动手写5.2.7

```
<?php
for($i = 0, $j = 0; $i < 3; $i++,$j++)     //使用逗号,对两个变量i和j同时操作
{
  echo "当前i等于$i ，当前j等于 $j<br/>";      //同时输出i和j的值
}
```

使用for循环语句，计算从1到100所有数字相加的和，如动手写5.2.8。

动手写5.2.8

```
<?php
$total = 0;                                //total为求和，初始化为0
for($i = 1; $i <= 100; $i++)               //循环语句中，变量i的值从1到100
{
  $total = $total + $i;                    //将i值加入到求和中
}
echo "1+2+3+...+98+99+100=" . $total;
```

运行结果：1+2+3+...+98+99+100=5050。

5.3 跳转语句

如果程序设计了一个循环语句，当计算到中间某个循环时计算已经结束，因而并不希望进行后面多余的循环，进而造成执行时间和系统内存资源不必要的浪费的话，这时就需要使用跳转语句来进行流程控制。

PHP中提供了两个跳转关键字：“continue”和“break”。continue和break都可以在for循环和while循环中使用，使用方法和作用是一样的。下面的内容将以for循环为主，对两个关键字进行介绍。

5.3.1　continue语句

当循环语句执行到某一次循环时，若满足某种条件，希望不再执行后面未执行的语句，而是直接跳到下一次循环时，可以使用关键字continue。

如果使用continue并不是要直接跳出整个循环语句，而是跳出当前这次循环而进入到下一次循环中的话，循环语句中原有的条件表达式仍需要进行判断。

动手写5.3.1

```
<?php
for($i = 0; $i < 5; $i++)                    //for循环，变量i值从0到4
{
  if ($i == 3)                               //增加if分支，并触发continue语句
  {
    echo "执行continue语句，跳出i=3当前循环<br/>";
    continue;                                //continue会结束本次循环，进入下一次for循环
  }
  echo "此时i=" . $i . "<br/>";              //输出i值随着循环的变化
}
```

动手写5.3.1中，当i等于3时，会执行if条件语句中的continue语句，continue之后的i=3语句不会被打印出来，而是跳过当前循环去执行下次循环，运行结果如图5.3.1所示：

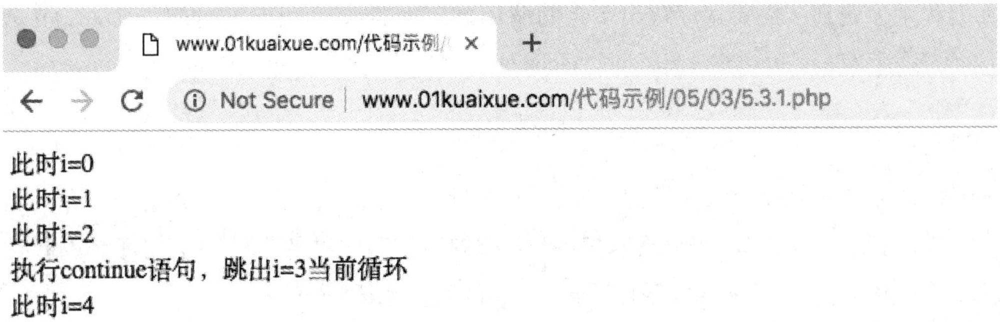

图5.3.1　continue中断当前循环并进入下一次循环

如果是多个循环嵌套，内部循环语句中的continue语句只能中断当前循环，并不能影响外层循环语句。

动手写5.3.2

```
<?php
for($j = 0; $j < 3; $j++)                          //外层for循环，变量j值从0到2
{
  for($i = 0; $i < 3; $i++)                        //内层for循环，变量i值从0到2
  {
    if ($i == 1)                                   //增加if分支，并触发continue语句
    {
      echo "执行continue语句，跳出i=1当前循环；";
      continue;                                    //continue会结束内层循环，并不影响外层
    }
    echo "此时i=" . $i . "；";                      //输出i值随着循环的变化
  }
  echo "此时j=" . $j . "<br/>";                    //输出j值随着循环的变化
}
```

从动手写5.3.2中可以看到，内层循环语句中的continue语句只影响到内层循环语句，并没有影响到外层循环语句。continue运行之后，外层循环继续执行，并不会中断。结果如图5.3.2所示：

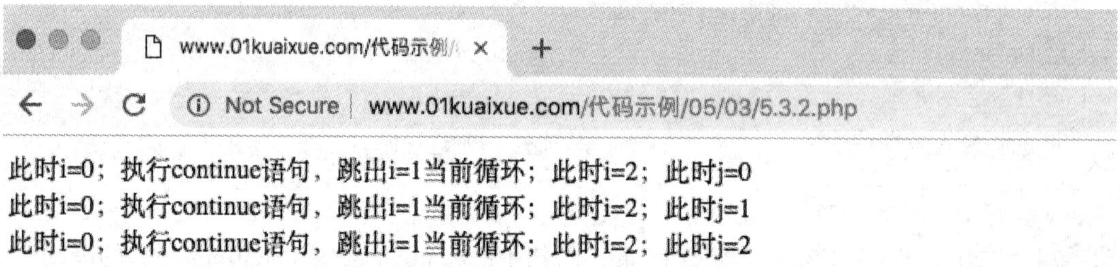

图5.3.2　内层循环continue不影响外层循环

实际编程中会遇到“需要程序跳出指定的循环语句”的情况，PHP中提供了continue增加数字的实现方式，语法为：

```
continue n;
```

数字n代表第几层循环，默认n值为1，表示仅影响当前循环语句，只会终止当前循环语句中的代码块，并进入到下一次循环；当n等于2时，会影响当前循环以及再外一层循环。以此类推，如果有5层循环语句的嵌套，最内层的循环语句中continue最大可以接受5。

动手写5.3.3

```
<?php
for($j = 0; $j < 3; $j++)                         //外层for循环，变量j值从0到2
{
  for($i = 0; $i < 3; $i++)                       //内层for循环，变量i值从0到2
  {
    if ($i == 1)                                  //增加if分支，并触发continue语句
    {
      echo "执行continue语句，跳出当前循环以及最外层循环，进入下一次循环；<br/>";
      continue 2;                                 //continue接受参数2，表示跳出两层之外的循环
    }
    echo "此时i=" . $i . "； ";                   //输出i值随着循环的变化
  }
  echo "此时j=" . $j . "<br/>";                   //输出j值随着循环的变化，这段代码将不会被执行
}
```

上面示例中，当内层循环满足i=1条件时，continue会中断外层的循环，运行结果如下：

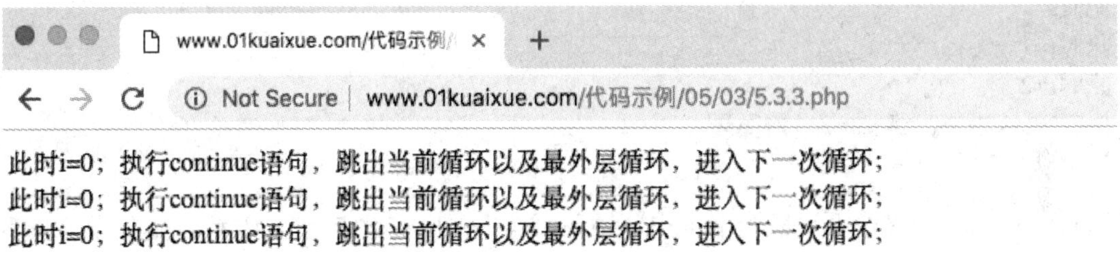

图5.3.3　continue结束外层循环并进入下一次循环

提示

continue标签不仅适用于for语句，也适用于while语句。

5.3.2　break语句

相对于continue语句而言，break语句更为强大。关键字break可以终止当前的循环，使用的范围也比较广，包括while、do…while、for、foreach（foreach将在后面的数组章节进行介绍）和switch语句。

动手写5.3.4

```
<?php
for($i = 0; $i < 5; $i++)                          //for循环，变量i值从0到4
{
  if ($i == 3)                                     //增加if分支，并触发continue语句
  {
    echo "执行break语句，终止i=3当前循环<br/>";
    break;                                         //break会终止整个循环
  }
  echo "此时i=" . $i . "<br/>";                     //输出i值随着循环的变化
}
```

从动手写5.3.4中可以看到，break语句执行后，循环语句就结束了，不再执行i=4的循环。运行结果如图5.3.4所示：

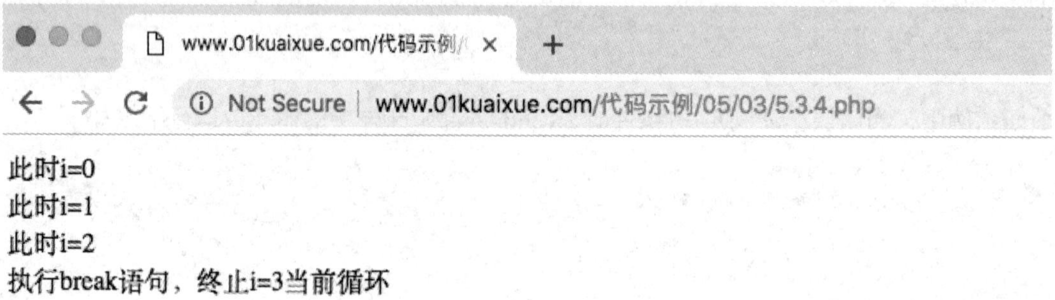

图5.3.4 break语句定义与使用

和continue一样，多个循环嵌套中，内部循环语句中的break语句只能中断内部循环，并不能影响外层循环语句。

动手写5.3.5

```
<?php
for($j = 0; $j < 3; $j++)                          //外层for循环，变量j值从0到2
{
  for($i = 0; $i < 3; $i++)                        //内层for循环，变量i值从0到2
  {
    if ($i == 1)                                   //增加if分支，并触发break语句
    {
      echo "执行break语句，跳出i=1当前循环；";
      break;                                       //break会结束内层循环，并不影响外层
```

```
    }
    echo "此时i=" . $i . "； ";                    //输出i值随着循环的变化
  }
  echo "此时j=" . $j . "<br/>";                   //输出j值随着循环的变化
}
```

从动手写5.3.5中可以看到，内层循环语句中的break语句只影响到内层循环语句，但是并没有影响外层循环语句。break运行后，外层循环继续执行而不会中断。结果如图5.3.5所示：

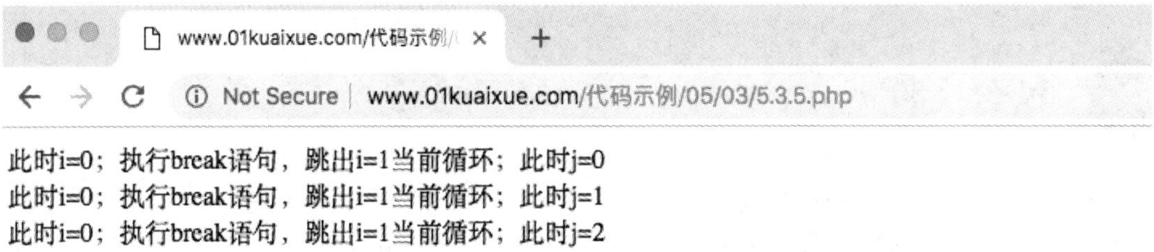

图5.3.5 内层循环break不影响外层循环

break可以用数字参数来结束更外层的循环语句，语法为：

```
break n;
```

数字n代表第几层循环，默认n值为1，表示仅影响当前循环语句，只会结束当前循环；当n等于2时，会影响当前循环以及再外一层循环。以此类推，如果有5层循环语句的嵌套，最内层的循环语句中break最大可以接受5。

动手写5.3.6

```
<?php
for($j = 0; $j < 3; $j++)                         //外层for循环，变量j值从0到2
{
  for($i = 0; $i < 3; $i++)                       //内层for循环，变量i值从0到2
  {
    if ($i == 1)                                  //增加if分支，并触发break语句
    {
      echo "执行break语句，终止当前循环以及最外层循环<br/>";
      break 2;                                    //break接受参数2，表示终止两层之外的循环
    }
    echo "此时i=" . $i . "； ";                    //输出i值随着循环的变化
  }
  echo "此时j=" . $j . "<br/>";                   //输出j值随着循环的变化，这段代码将不会被执行
}
```

上面示例中，当内层循环满足i=1条件时，break会终止外层的循环，整个程序结束。运行结果如图5.3.6所示：

图5.3.6　break终止外层循环

5.4 包含文件

在PHP中，我们可以在服务器执行PHP文件时，将另一个PHP文件包含到当前文件中。包含文件很有用，当需要在网站的多个页面上引用相同的PHP、HTML或文本文件时可以自由使用。

PHP提供了多种文件包含语句，分别是include()、require()、include_once()和require_once()。通过这些语句，可以将PHP文件的内容插入到另一个PHP文件并执行。包含文件可以对工作进行优化，对于重复使用的文件和内容，通过包含文件可以减少很多重复的工作。本节会详细讲述包含文件的使用。

5.4.1　include()和require()

include()和require()语句一般在执行的PHP文件代码中插入，插入的内容可以是其他PHP文件。下面展示的代码一共有三个文件，分别是：

◇ hello.php，被其他文件引入的文件。

◇ 5.4.1.include.php文件，使用include语句将hello.php文件包含。

◇ 5.4.1.reuqire.php文件，使用require语句将hello.php文件包含。

动手写5.4.1 hello

```
<?php
echo "hello";
```

动手写5.4.1 include

```
<?php
include('5.4.1.hello.php');                    //使用include引入5.4.1.hello.php文件
echo " world";                                 //输出一个单词
```

动手写5.4.1 require

```
<?php
require('5.4.1.hello.php');                    //使用require引入5.4.1.hello.php文件
echo " world";                                 //输出一个单词
```

分别运行5.4.1.include.php文件和5.4.1.require.php文件，程序均会输出"hello world"，说明包含的文件也会被运行。

include()和require()的使用语法如下：

```
include ‘filename.php’;                        //支持空格，加单（双）引号文件名
include(‘filename.php’);                       //支持括号包含文件名
require ‘filename.php’;                        //支持空格，加单（双）引号文件名
require(‘filename.php’);                       //支持括号包含文件名
```

include()语句和require()语句功能相同，都是包含一个文件并执行，它们的区别在于错误处理方面：

◇ 执行require()时，只会读取一次文件，所以常放在程序开头；文件包含进来后，PHP会将文件重新编译，让引入的文件成为原先网页的一部分，如果文件不存在，会报出一个“FATAL ERROR”信息并停止程序运行。

◇ 执行include()时，每次执行PHP文件都会读取文件，因此常用于流程控制中，比如条件判断或循环时，如果文件不存在，会给出“WARNING”信息，但程序会继续执行。

提示

require是无条件包含，即如果一个流程里加入require，无论条件成立与否，都会先执行require。

动手写5.4.2展示了require()和include()包含一个不存在的php文件时，会有什么区别。

动手写5.4.2 include

```
<?php
include('nothing.php');                        //使用include包含一个不存在的文件
echo " world";                                 //输出一个单词，这句代码会执行
```

动手写5.4.2 require

```
<?php
require('nothing.php');                        //使用require包含一个不存在的文件
echo " world";                                 //输出一个单词，这句代码不会执行
```

运行5.4.2.includ.php时，如图5.4.1所示，程序虽然报错，但是单词world会被打印出来。

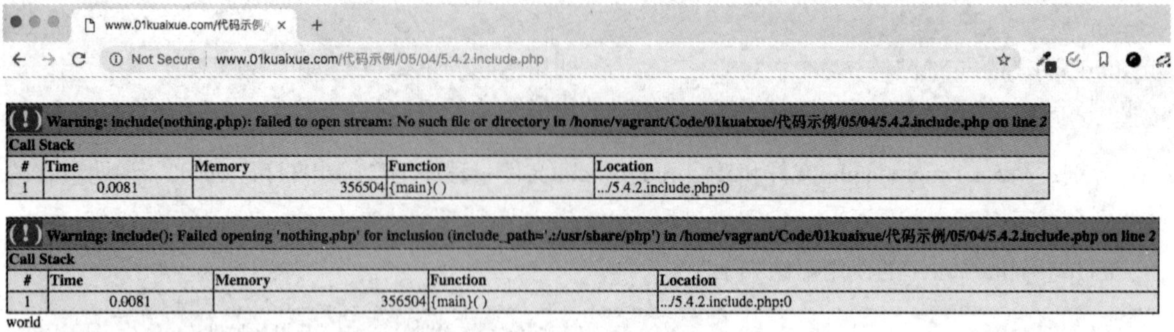

图5.4.1 include()包含一个不存在的文件

运行5.4.2.requir.php时，如图5.4.2所示，程序报错并终止，单词world没有被打印出来。

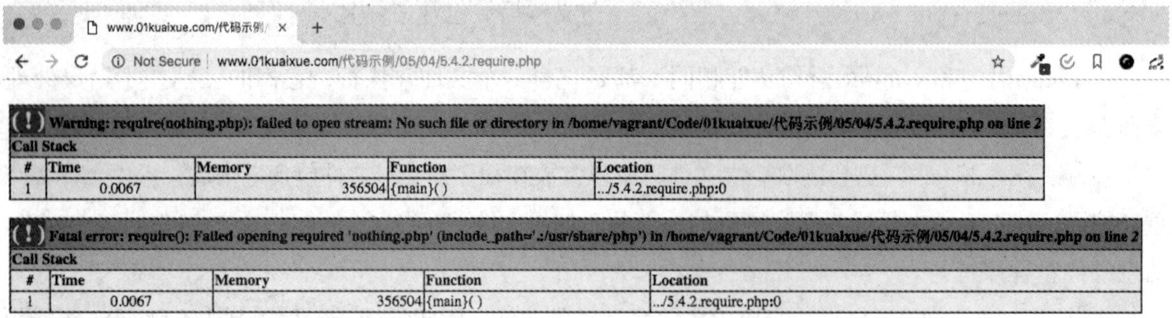

图5.4.2 require()包含一个不存在的文件

5.4.2 include_once()和require_once()

include()包含一个文件时，会执行这个文件中的PHP代码，如果多次include同一个文件，那么文件代码也会触发多次执行。假设被引入的文件中包含了许多函数，那么include()多次包含文件时，每一个函数也会被定义多次。而PHP不支持函数重名，否则会导致程序报错。为了避免这样的事情发生，PHP提供了include_once()语句来代替include()，保证即使多次包含同一个文件，程序也不会报错。

include_once()语法和include()是一样的，动手写5.4.3展示了在两次包含相同文件时，include()和include_once()的结果。

动手写5.4.3 hello

```
<?php
function hello()                              //定义一个hello()的函数
{
  echo "hello";                               //输出单词hello
}
```

动手写5.4.3 include

```
<?php
include('5.4.3.hello.php');                    //使用include引入5.4.3.hello.php文件
include('5.4.3.hello.php');                    //使用include再次引入5.4.3.hello.php文件
hello();                                       //调用外部的hello()函数
echo " world";                                 //输出一个单词
```

动手写5.4.3 include_once

```
<?php
<?php
include_once('5.4.3.hello.php');               //使用include_once()引入5.4.3.hello.php文件
include_once('5.4.3.hello.php');               //使用include_once()再次引入5.4.3.hello.php文件
hello();                                       //调用外部的hello()函数
echo " world";                                 //输出一个单词
```

include()程序运行结果如图5.4.3所示，由于hello文件被包含两次，提示函数名字重复。

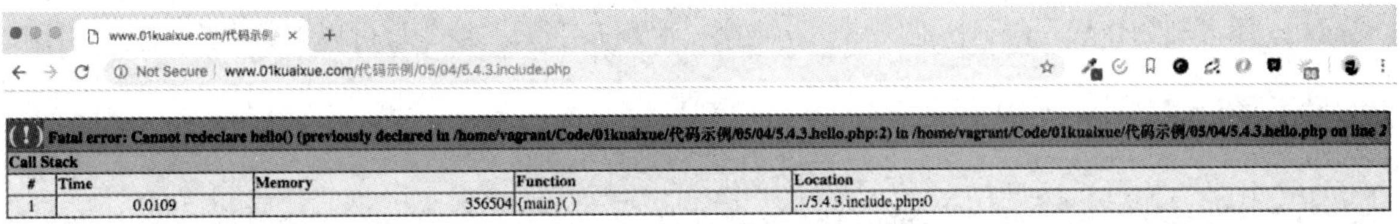

图5.4.3　include()连续两次包含同一个文件

include_once()程序运行结果如图5.4.4所示，虽然hello文件被包含两次，但include_once()会先检查目标文件的内容是不是在之前已经被导入，如果是则不会再次包含该文件，因此程序只有一个hello()函数，不会出错。

图5.4.4　include_once()连续两次包含同一个文件

require_once()和require()对比，就像include_once()和include()对比一样，require_once()语句和require()语句完全相同，唯一区别是PHP会检查该文件是否已经被包含过，如果是则不会再次包含。

5.5 变量作用域

在第4章函数中，我们提到，函数外部无法访问函数内部的变量，而函数内部无法访问外部变量，需要通过参数传递方式才可以，这些表现形式都和PHP变量作用域有关。变量的作用域是PHP中变量可被引用或使用的范围，一共有四种：

◇ local，局部作用域。

◇ global，全局作用域。

◇ static，静态变量。

◇ parameter，函数参数作用域。

1. 局部作用域和全局作用域

函数之外定义的所有变量，都拥有global全局作用域。也就是说，这些变量在外部可以被任意调用，而函数内部的变量则为局部作用域变量。如果A文件包含B文件，那么所有B文件中的全局变量可以直接被A文件使用。动手写5.5.1和5.5.2演示了全局变量在不同文件中的调用。

动手写5.5.1

```
<?php
$name = '零基础PHP从入门到精通';          //定义一个name变量，该变量可以被其他文件直接引用
```

动手写5.5.2

```
<?php
require '5.5.1.php';
echo "5.5.2.php文件包含了5.5.1.php文件<br/>可以直接使用name变量<br/>值为：$name";
```

运行结果如图5.5.1所示：

图5.5.1　全局变量的使用

函数内部可以通过使用关键字global来访问全局变量。

动手写5.5.3

```
<?php
$value1 = "我是全局变量1";
```

```
$value2 = "我是全局变量2";
function test_global_func()
{
    echo "没有global情况下，获取value1的值为 $value1 <br/>";
    global $value2;
    echo "声明global情况下，获取value1的值为 $value2 <br/>";
}
test_global_func();
```

运行结果如图5.5.2所示：

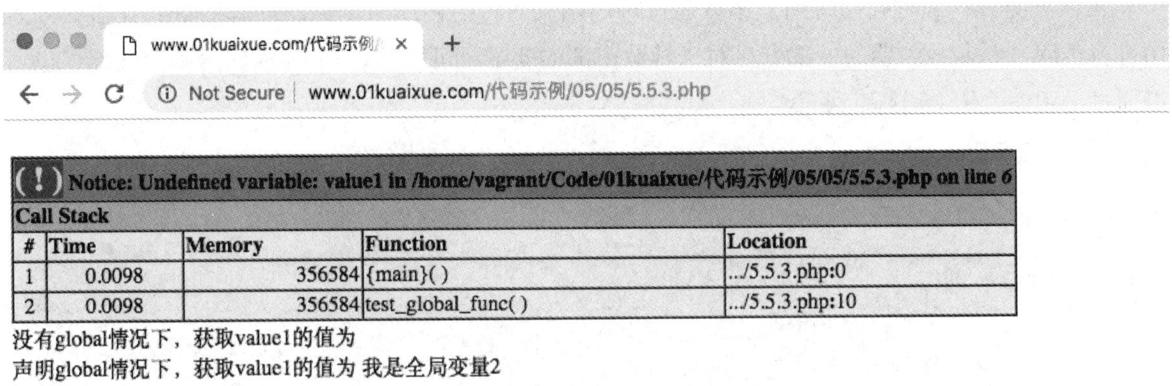

图5.5.2　函数内部使用global调用全局变量

2. static作用域

当一个函数执行结束后，函数内部的所有变量都会被删除。但如果在变量前面增加static关键字，那么这个变量就不会被删除，函数在下一次执行时，会直接使用上一次的变量值。

动手写5.5.4

```
<?php
function test()
{
    static $value_1 = 0;                    //static关键字，函数内部静态变量
    $value_2 = 0;                           //普通的函数内部变量
    echo $value_1 . ' ' . $value_2 . '<br/>';
    $value_1++;                             //value_1自增
    $value_2++;                             //value_2自增
}
test();
test();
test();
```

运行结果如图5.5.3所示：

图5.5.3　static关键字的使用

3. parameter参数作用域

在学习函数一章时我们讲到，参数通过调用函数时将值传递给函数的局部变量，在参数列表中进行声明，是函数声明的一部分。对于函数内部的变量，可以通过return返回给函数外部，也可以通过引用方式传递给函数外部。

动手写5.5.5

```
<?php
function test(&$value_1)
{
   $value_1 = '我是变量1';
   $value_2 = '我是变量2';
   return $value_2;
}
$value_2 = test($value_1);
echo $value_1 . "<br/>";
echo $value_2;
```

运行结果如图5.5.4所示：

图5.5.4　参数作用域的使用

5.6 小结

本章主要介绍了PHP程序中的流程控制和语言结构，讲解了条件流程语句if…else语句和switch语句、循环控制语句while语句和for语句、跳转语句continue和break、包含语句include和require，以及变量作用域等知识点。通过本章的学习，相信读者会对PHP程序的语言结构有一定的了解。

5.7 知识拓展

5.7.1 无限循环

前面第4章讲到了有趣的函数自身调用：递归调用函数时会出现无限循环的情况，错误使用循环语句亦是如此。循环语句给编程带来了方便，但使用不当也会变成一场“噩梦”。前文提到，循环语句中必须有条件判定语句，如果判定语句不存在或者判定语句永远为真，就会导致程序无法从循环的代码块中跳出执行接下来的代码，这种场景就是“无限循环”（也称“死循环”）。

动手写5.7.1

```php
<?php
while(true)
{
    echo 1;
}
```

在实际生活中，没有电脑拥有无限的内存。如果不加以限制，无限循环会产生大量的数据。如果没有及时处理，就会导致系统内存泄漏，严重时更会导致系统崩溃。在开发中，要避免出现无限循环，因而需要谨慎地设计循环判断条件。必要时，需要在关键地方设置break语句强行跳出循环语句，这样一来其他正常逻辑的代码块才会被执行。

5.7.2 输出乘法表

熟练掌握循环语句后，可以做很多复杂的业务逻辑处理，比如可以使用两层for循环语句实现乘法表。为了让在浏览器中显示的乘法表内容对齐，可以使用HTML的table表单。

动手写5.7.2

```html
<html>
<head><style type="text/css">table{text-align:center;}</style></head>
<body>
<center>
```

```
<table cellspacing=0 width=500 border=1>
    <thead><tr><td  align="center" colspan=9>PHP实现乘法表</td></tr></thead>

<?php
for($i = 1; $i <= 9; $i++)
{
  echo "<tr>";
  for($j = 1; $j <= $i; $j++)
  {
    echo "<td> $j * $i </td>";                          //使用双重for循环实现乘法表
  }
  while($j <= 9)                                        //补齐空表格数据
  {
    echo "<td bgcolor='grey'></td>";                    //空表格背景色换成灰色
    $j++;
  }
  echo "</tr>";
}
?>

  </table>
</center>
</body>
</html>
```

运行结果如图5.7.1所示：

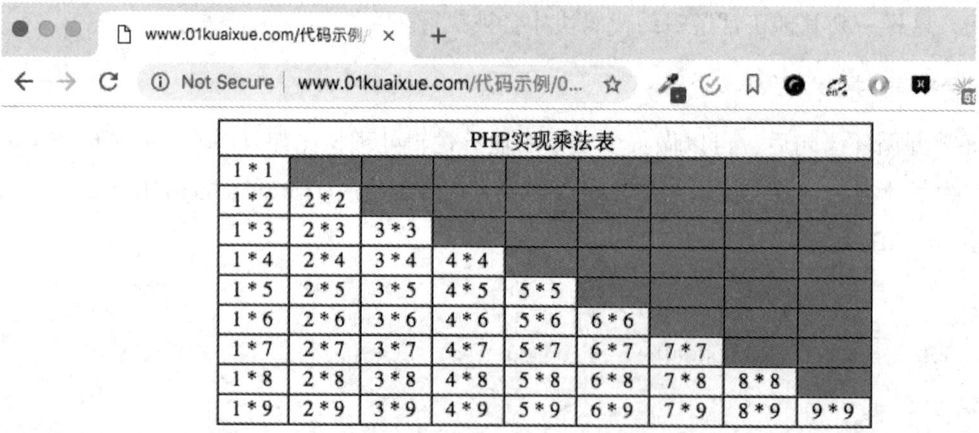

PHP实现乘法表								
1 * 1								
1 * 2	2 * 2							
1 * 3	2 * 3	3 * 3						
1 * 4	2 * 4	3 * 4	4 * 4					
1 * 5	2 * 5	3 * 5	4 * 5	5 * 5				
1 * 6	2 * 6	3 * 6	4 * 6	5 * 6	6 * 6			
1 * 7	2 * 7	3 * 7	4 * 7	5 * 7	6 * 7	7 * 7		
1 * 8	2 * 8	3 * 8	4 * 8	5 * 8	6 * 8	7 * 8	8 * 8	
1 * 9	2 * 9	3 * 9	4 * 9	5 * 9	6 * 9	7 * 9	8 * 9	9 * 9

图5.7.1　PHP实现输出乘法表

5.7.3　命名空间namespace

命名空间（namespace），是一种封装事物的抽象方法，很多编程语言都有这一概念。形象地讲，命名空间就像操作系统中的文件夹和文件，对于系统中的每一个目录而言，文件test.php可以同时存在于目录D:/01kuaixue/lib中和目录D:/01kuaixue/core中，但是同一个目录不能存在两个test.php。另外，在目录D:/01kuaixue/lib中如果想访问外部的test.php，那么需要将“目录名”和“文件名”写清楚，才知道使用的是哪个test.php。上面这个原理，应用在PHP编程设计中，就是“命名空间”。

我们通常使用require或者include引入文件，如果两个文件中存在相同的函数或者类，就会发生函数或者类重复定义的错误。为了避免命名冲突，PHP采用了namespace。关于什么是“类”，将在第9章面向对象编程一章中讲述，这里使用函数作为示例。

动手写5.7.3中一共有两个php文件，分别是5.7.3.hello.php和5.7.3.world.php，文件中都定义了一个hello_world()函数，为了避免函数冲突，5.7.3.hello.php采用了namespace命名空间。

动手写5.7.3 hello

```
<?php
namespace lingyikuaixue;                    //命名空间为lingyikuaixue
function hello_world()                      //外部文件调用该方法时，需要加lingyikuaixue
{
    echo "Hello! 01kuaixue!<br/>";
}
```

动手写5.7.3 world

```
<?php
//没有定义命名空间的PHP文件，相当于在顶级命名空间
require "5.7.3.hello.php";                  //引入其他PHP文件
function hello_world()                      //顶级命名空间下的函数
{
    echo "Hello! World!<br/>";
}
hello_world();                              //直接调用顶级命名空间下的函数
\lingyikuaixue\hello_world();               //调用lingyikuaixue命名空间下的函数
```

运行5.7.3.world.php，调用了两个不同的hello_world，结果输出如图5.7.2所示：

图5.7.2　命名空间的使用

提示

命名空间namespace后面的命名定义不区分大小写，以下三种方式含义相同：

1. namespace lingyikuaixue;

2. namespace LingYiKuaiXue;

3. namespace LINGYIKUAIXUE。

在同一个PHP文件中可以含有多个命名空间namespace，为了避免namespace之间发生冲突，需要使用大括号将各自的代码块括起来，以便程序能区分清楚。

动手写5.7.4 hello

```
<?php
namespace lingyikuaixue                    //命名空间为lingyikuaixue
{
  function hello_world()                   //外部文件调用该方法时，需要加lingyikuaixue
  {
    echo "Hello! 01kuaixue!<br/>";
  }
}
namespace lingyikuaixue2                   //命名空间为lingyikuaixue2
{
  function hello_world()                   //外部文件调用该方法时，需要加lingyikuaixue2
  {
    echo "Hello! 01kuaixue! Copy!<br/>";
  }
}
```

动手写5.7.4 world

```
<?php
//没有定义命名空间的PHP文件，相当于在顶级命名空间
require "5.7.4.hello.php";                 //引入其他PHP文件
function hello_world()                     //顶级命名空间下的函数
{
  echo "Hello! World!<br/>";
}
hello_world();                             //直接调用顶级命名空间下的函数
```

```
\lingyikuaixue\hello_world();                    //调用lingyikuaixue命名空间下的函数
\lingyikuaixue2\hello_world();                   //调用lingyikuaixue2命名空间下的函数
```

运行结果如图5.7.3所示：

图5.7.3　同时使用多个namespace

namespace后面可以写类似文件路径的较长的名字，使用use则可以相应地缩短命名空间。use的用法如下：

```
namespace a\b\c\d;
\a\b\c\d\myfunction();
等价于
use a\b\c\d;
d\myfunction();
```

用use…as可以改写命名空间的名字，主要用于缩短名字，语法如下：

```
namespace hello\world\myfirstfilelib;
use hello\world\myfirstfilelib as mylib;
mylib\myfunction();
```

提示

使用use调用函数或者类时，最前面没有反斜杠“\”；直接使用命名空间调用函数或者类时，最前面需要加上反斜杠“\”。

动手写5.7.5 hello

```
<?php
namespace lingyikuaixue\book\php                 //命名空间可以设置较长的路径
{
  function hello_world()                         //外部文件调用该方法时，需要加lingyikuaixue
  {
    echo "Hello! 01kuaixue!<br/>";
```

```
  }
}
namespace lingyikuaixue\book\java                    //命名空间可以设置较长的路径
{
  function hello_world()                             //外部文件调用该方法时，需要加lingyikuaixue2
  {
    echo "Hello! 01kuaixue! Copy!<br/>";
  }
}
```

动手写5.7.5 world

```
<?php
//没有定义命名空间的PHP文件，相当于在顶级命名空间
require "5.7.5.hello.php";                           //引入其他PHP文件
function hello_world()                               //顶级命名空间下的函数
{
  echo "Hello! World!<br/>";
}
echo "<hr/><strong>hello_world()</strong><br/>";
hello_world();                                       //直接调用顶级命名空间下的函数
echo "<hr/><strong>\lingyikuaixue\book\php\hello_world()</strong><br/>";
\lingyikuaixue\book\php\hello_world();               //命名空间全路径
echo "<hr/><strong>\lingyikuaixue\book\java\hello_world()</strong><br/>";
\lingyikuaixue\book\java\hello_world();              //命名空间全路径
echo "<hr/><strong>use lingyikuaixue\book\php</strong><br/>";
use lingyikuaixue\book\php;                          //通过use缩短命名空间
php\hello_world();                                   //使用命名空间最后的php
echo "<hr/><strong>use lingyikuaixue\book\java as myjava</strong><br/>";
use lingyikuaixue\book\java as myjava;               //use…as可以修改命名空间
myjava\hello_world();                                //as将java重命名为myjava
```

提示

namespace划分PHP代码块的区域，区分函数和类是属于哪个命名空间下的；而use则是给命名空间起个别名，方便调用。

第6章 字符串

字符串（string），可以理解为由零个或多个字符组成的序列，也可以理解为“一句话”，由多个字符拼接的文本值。在编程中我们经常会遇到字符串，可以说任何语句都可以被认为或者被转换成字符串，比如“Hello,零壹快学”就是一个字符串，一个字母“a”也是一个字符串。字符串的长度是1，我们还可以定义空字符串。本章将对字符串和字符串的常见操作进行详细的介绍。

6.1 字符串定义

一个字符串由一系列的字符组成，每个字符可以是字母、数字、各种文字和符号。一个字符串可以用四种方式表达：单引号、双引号、heredoc语法结构、nowdoc语法结构。在第3章中，我们已经对每一种方式的使用进行了讲解，下面的动手写6.1.1将分别使用四种方式创建字符串。

动手写6.1.1

```
<?php
$name = '你好';
$str1 = 'lingyikuaixue.com，$name';                //使用单引号
$str2 = "lingyikuaixue.com，$name";                //使用双引号
//使用heredoc语法
$str3 = <<<EOD
lingyikuaixue.com，$name
EOD;
//使用nowdoc语法
$str4 = <<<'EOD'
lingyikuaixue.com，$name
EOD;
```

```
echo $str1 . '<br/>';
    echo $str2 . '<br/>';
    echo $str3 . '<br/>';
    echo $str4 . '<br/>';
```

6.2 字符串常见操作

在实际编程中，字符串的操作是很常见的，例如从字符串中删除特定的字符或将多个字符串按照一定规则拼接起来。PHP中提供了大量可以操作字符串的方法，下面将对其中一些常见的操作和方法进行介绍。

6.2.1 字符串连接

在PHP中，只有一个字符串运算符——点号“.”，用来将两个字符串连接在一起。点号左右两边可以是字符串变量，也可以是单（双）引号定义的字符串内容本身，将多个不同的字符串变量组成一句话进行输出。

动手写6.2.1

```
<?php
$name = '零壹快学';
$language = 'PHP';
echo '欢迎来到' . $name . '，我们学习' . $language . '课程';
```

运行结果：欢迎来到零壹快学，我们学习PHP课程。

6.2.2 字符串长度

strlen()方法用于获取字符串长度。在很多场景中，我们都会用到字符串长度判断，例如用户在网站注册时的密码长度判断、用户名长度判断、一篇帖子内容的长度限制判断、评论的字数限制判断等。

语法如下：

```
int strlen ( string $str )
```

功能：获取字符串str的长度。

参数说明：

◇ str：字符串变量，需要计算该字符串长度。

返回值：返回长度数值，如果字符串是空字符串，那么返回0。

动手写6.2.2

```
<!DOCTYPE html>
<head><meta charset="utf-8"/><title>零壹快学用户注册</title></head>
<body>
<form action="6.2.2.php">
   <input type="text" name="name" value="<?=@$_GET['name'] ?>" placeholder="用户名至少3位"
><br/>
   <input type="password" name="password" value="<?=@$_GET['password'] ?>" placeholder="密码长
度6到10位"><br/>
   <button type="submit">提交数据</button>
</form>
</body></html>
<?php
if(!isset($_GET['name']) || !isset($_GET['password']))
{
   return;
}
$name = $_GET['name'];
$password = $_GET['password'];
if(strlen($name) < 3)
{
   echo "<div style='color: red'>用户名不符合要求</div>";
}
else if(strlen($password) < 6 || strlen($password) > 10)
{
   echo "<div style='color: red'>密码不符合要求</div>";
}
else
{
   echo "注册成功";
}
```

动手写6.2.2展示了一个注册的网页，要求输入用户名和密码，用户名至少是3位，密码长度要求6到10位。当用户名输入“01”和密码输入“01kuaixue”时，由于字符串“01”的长度只有2位，少于要求的3位以上，因此会提示用户名不符合要求。运行结果如图6.2.1所示：

图6.2.1　strlen()函数判断用户名和密码的长度

当用户名输入汉字“倩倩”时，则提示注册成功，这是因为strlen()函数对于汉字“倩倩”会返回长度数字6，而不是2。运行结果如图6.2.2所示：

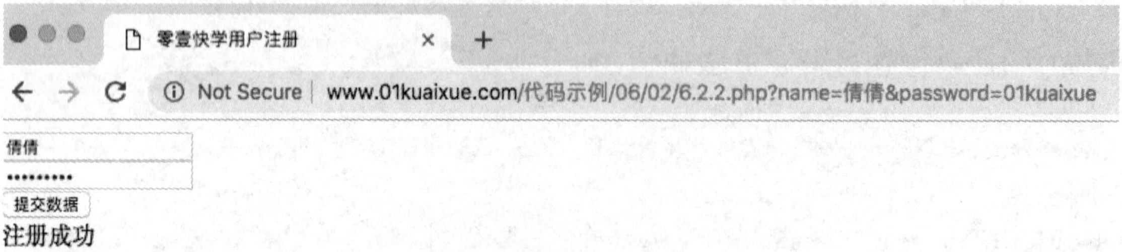

图6.2.2　strlen()函数判断中文用户名的长度

提示

PHP内置的字符串长度函数strlen无法正确处理中文字符串，它得到的只是字符串所占的字节数，在UTF-8编码下，一个中文字符占用3个字节。

为了解决UTF-8编码的长度问题，PHP提供了mb_strlen()方法，可以接受具体的编码参数。

动手写6.2.3

```
<?php
$string = '01快学PHP';
echo "字符串 $string 使用strlen函数获取的长度值为" . strlen($string) . "<br/>";
echo "字符串 $string 使用mb_strlen函数获取的长度值为" . mb_strlen($string, 'UTF-8') . "<br/>";
```

strlen()函数在计算字符串长度时，汉字“快学”计数为6，而mb_strlen()计数为2。运行结果如图6.2.3所示：

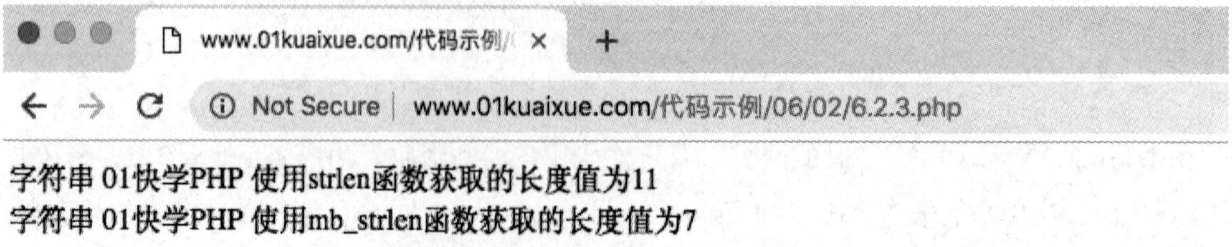

图6.2.3　strlen()函数和mb_strlen()函数的区别

6.2.3　查找字符串

可以使用多种方法查找字符串，不同的查找方法适用于不同的场景：

◇ strstr()：查找字符串首次出现的位置，对于大小写敏感，返回查找位置之后的所有字符串。

◇ stristr()：和strstr()函数的功能一致，忽略大小写敏感。

◇ strchr()：strstr()函数的别名。

◇ strpos()：查找字符串首次出现的位置，并返回具体位置。

◇ strrpos()：查找字符串最后一次出现的位置，并返回具体位置。

1. strstr()

语法如下：

```
string strstr ( string $haystack , mixed $needle [, bool $before_needle = FALSE ] )
```

参数说明：

◇ haystack：输入字符串。

◇ needle：准备搜索的字符串。

◇ before_needle：默认为false，返回查找位置之后的字符串，如果设置为true则返回之前的字符串。

动手写6.2.4

```
<?php
$string = '01快学PHP，零基础PHP从入门到精通';
var_dump(strstr($string, '01'));
echo '<hr/>';
var_dump(strstr($string, 'PHP'));
echo '<hr/>';
var_dump(strstr($string, 'php'));
echo '<hr/>';
var_dump(strstr($string, 'PHP', true));
```

运行结果如图6.2.4所示：

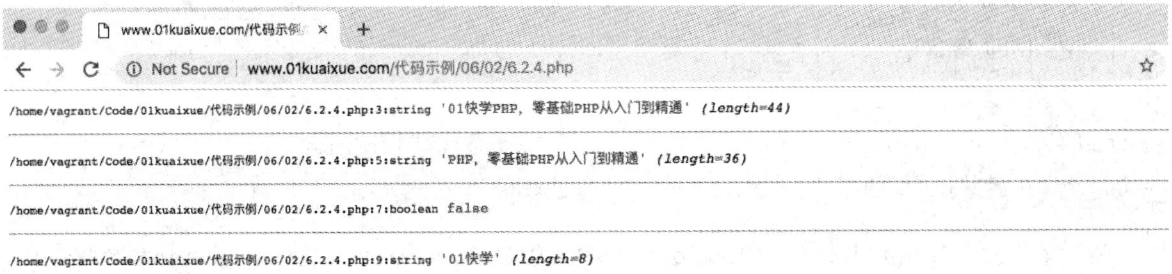

图6.2.4　strstr()函数的使用

2. stristr()

stristr()函数和strstr()函数的功能类似，只是对大小写不敏感。对于同样的字段内容查找，如果不确定大小写，建议使用stristr()函数。动手写6.2.5中，分别使用这两种方法查找字符串。

动手写6.2.5

```
<?php
$string = '01快学PHP，零基础PHP从入门到精通';
var_dump(strstr($string, 'php'));
echo '<hr/>';
//stristr忽略大小写，小写的php字符串可以被搜索到
var_dump(stristr($string, 'php'));
```

strchr()是strstr()的别名，功能完全一致，不再演示。由于stristr()是忽略大小写进行字符串查找，因此在查找过程中需要进行大小写转换再比较，程序的执行速度会慢一些。执行一次字符串查找的速度非常快，无法进行客观对比，需要分别对strstr()和stristr()进行10万次相同的循环执行，再进行时间对比。

动手写6.2.6

```
<?php
$string = '01快学PHP，零基础PHP从入门到精通';
$time_start = microtime(true);                          //记录当前的时，精确到毫秒
for($i = 0; $i < 100000; $i++)
{
    strstr($string, 'php');
}
$spend = microtime(true) – $time_start;                 //程序执行的时间
echo "strstr()函数执行时间为" . $spend * 1000 . "毫秒<br/>";
$time_start = microtime(true);                          //记录当前的时，精确到毫秒
for($i = 0; $i < 100000; $i++)
{
    stristr($string, 'php');
}
$spend = microtime(true) – $time_start;                 //程序执行的时间
echo "stristr()函数执行时间为" . $spend * 1000 . "毫秒<br/>";
```

运行结果为：strstr()函数执行时间为5.6178569793701毫秒；stristr()函数执行时间为16.98899269104毫秒。

因此，从运行结果可以看出，stristr()的速度明显要比strstr()的慢。

提示

进行性能对比时，如果程序执行速度过快，可以通过增加循环次数的方式进行对比。通过多次对比，降低电脑环境的干扰概率。

3. strpos()

strpos()函数查找字符串首次出现的位置，返回的是位置数字；如果没有查找到字符串，则返回false。

语法如下：

```
int strpos ( string $haystack , mixed $needle [, int $offset = 0 ] )
```

参数说明：

◇ haystack：输入字符串。

◇ needle：准备搜索的字符串。

◇ offset：参数默认为0，如果提供了该参数，搜索会从字符串的offset位置开始进行查找。

PHP7.1版本开始支持offset为负数，表示从字符串结尾指定位置开始计算。

动手写6.2.7

```
<?php
$string = 'hello world hello world';
echo strpos($string, 'world') . '<br/>';          //从初始位置开始查找并计数
echo strpos($string, 'world', 10);                //从字符串第10个位置开始查找并计数
```

运行结果：6，18。

提示

strpos()的查找位置是从0开始计数，如果被查找字符串就在头部，则函数返回0。找不到字符串会返回false，不要将0和false弄混。

动手写6.2.8

```
<?php
$string = 'hello world';
//这是一个错误的示例
if(strpos($string, 'hello'))                      //由于返回0，if语句判断失败
```

```
{
    //代码逻辑不会执行
    echo "错误示例，查找到字符串hello";
}
//这是正确的示例，使用了强判断是否为false
if(strpos($string, 'hello') !== false)
{
    echo "正确示例，查找到字符串hello";
}
```

6.2.4 字符串替换

本节介绍三种PHP字符串替换函数，分别是strtr()、str_replace()和substr_replace()。

1. strtr()

语法如下：

```
string strtr ( string $string , string $from , string $to )
string strtr ( string $string , array $arr_replace )
```

功能：strtr()函数会对string字符串内容进行替换，支持两种传参方式的调用，一种是将from的每一个字符替换为to的每一个字符，另一种是接受数组，将所有的数组key替换成数组value。

参数说明：

◇ string：要处理的字符串。

◇ from：搜索字符串。

◇ to：替换字符串。

◇ arr_replace：数组格式，可以取代to和from参数，以array('from' => 'to', ...) 格式出现。

返回值：string替换后的字符串值。

使用strtr()函数，将一句英文的每一个字符进行替换，生成一个加密的句子；对加密后的句子再反向进行字符串替换，就可以得到原始的句子。一个简单的加密过程就实现了。

动手写6.2.9

```
<?php
$from = 'abcdefghijklmnopqrstuvwxyz';
$to   = 'txmovbrjylnagdzqwhukspiefc';
$string = 'to the world you may be one person, but to one person you may be the world. <br/>';
$security_string = strtr($string, $from, $to);                    //将语句加密
echo "加密后的句子是：<br/>" . $security_string . "<br/>";
```

```
$new_string = strtr($security_string, $to, $from);
echo "将句子进行解密：<br/>" . $new_string;
```

运行结果如图6.2.5所示：

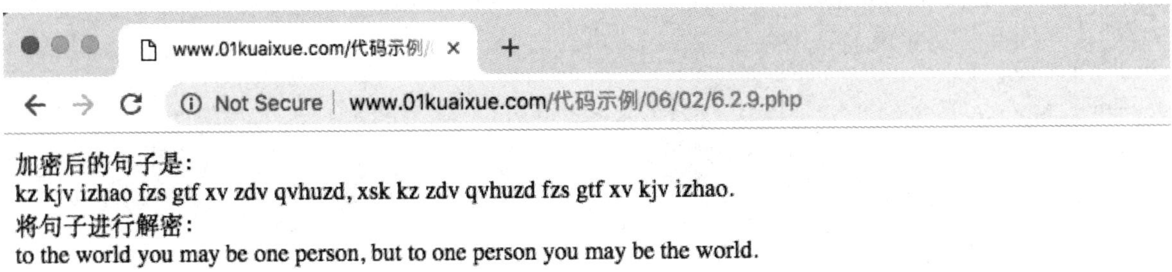

图6.2.5　strtr()函数进行字符串替换

2. str_replace()

语法如下：

```
mixed str_replace ( mixed $search , mixed $replace , mixed $string [, int &$number ] )
```

功能：给定一个字符串或者字符串数组$string，将所有的search内容替换成replace内容。

参数说明：

◇ search：搜索的字符串，支持数组格式，即搜索多个字符串准备替换。

◇ replace：替换的字符串，支持数组格式，search的替换值。

◇ string：执行替换的字符串或者数组，如果是数组，会替换数组中的每一个字符串。

◇ number：可选参数，指定替换的次数。

返回值：返回替换后的字符串或者数组。

使用str_replace()可以将一段内容进行替换。如图6.2.6所示为一个模板网页，网页文件参见6.2.10.html文件，页面中的文字内容为字符串，分别是“$name”“$language”“$site”“$book”和“$about”，等待被填充。

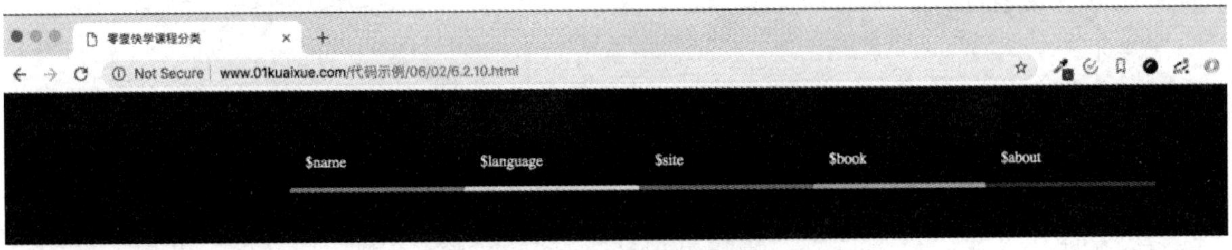

图6.2.6　html模板静态页面

代码6.2.10.php文件读取html文件，并将内容进行变量替换，生成动态网页。

动手写6.2.10

```
<?php
$content = file_get_contents('6.2.10.html');                    //获取6.2.10.html文件内容
$content = str_replace('$name', '零壹快学', $content);
$content = str_replace('$language', 'PHP编程', $content);
$content = str_replace('$site', '01kuaixue.com', $content);
$content = str_replace('$book', '零基础PHP学习', $content);
$content = str_replace('$about', '关于我们', $content);
echo $content;                                                  //输出网页内容
```

运行结果如图6.2.7所示：

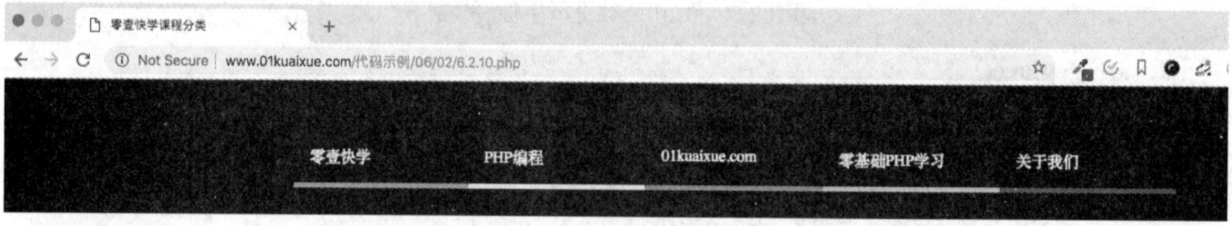

图6.2.7 PHP使用str_replace()处理html页面

由于有五个变量需要进行替换，一共使用了五次str_replace()函数。为了简化流程，str_replace()函数支持数组替换，动手写6.2.11的效果等同于动手写6.2.10，但只需要调用一次函数。

动手写6.2.11

```
<?php
$content = file_get_contents('6.2.10.html');                    //获取6.2.10.html文件内容
$arr_search = array('$name', '$language', '$site', '$book', '$about');
$arr_replace = array('零壹快学', 'PHP编程', '01kuaixue.com', '零基础PHP学习', '关于我们');
$content = str_replace($arr_search, $arr_replace, $content);
echo $content;                                                  //输出网页内容
```

3. substr_replace()

语法如下：

```
mixed substr_replace ( mixed $string , mixed $replace , mixed $start [, mixed $length ] )
```

功能：将字符串$string中从位置start开始，长度为length的字符串，替换成字符串replace。

参数说明：

◇ string：执行替换的字符串或者数组，如果是数组，会替换数组中的每一个字符串。

◇ replace：替换的字符串。

◇ start：字符串位置，从0开始计数表示字符串头部。如果start为负数，从字符串末尾处开始计数。

◇ length：可选参数，指定替换的长度。如果length为正数，表示string中被替换的长度；如果为负数，表示替换的长度为字符串结尾处距离string末端的字符个数。如果没有提供此参数，那么会替换start开始之后的整个内容长度。如果length值为0，表示替换长度为0，即在start位置处插入字符串。

返回值：返回替换后的字符串或者数组。

substr_replace()将字符串中指定位置和长度的子串进行替换。除了可以用来替换，当长度length设置为0时，还可以实现字符串插入功能。下面是不同情况下的字符串替换情况。

动手写6.2.12

```
<?php
$var = 'abcdefghijklmn';
echo $var . '<br/>';
//val字符串，开始位置0即a，长度为3，即abc将被替换
echo substr_replace($var, '1234567', 0, 3) . '<br/>';
//val字符串，从0开始的第3位置即d，长度为1，即字母d将被替换
echo substr_replace($var, '1234567', 3, 1) . '<br/>';
//val字符串，从–4开始的位置即倒数第4位置k，长度为2，即kl将被替换
echo substr_replace($var, '1234567', –4, 2) . '<br/>';
//val字符串，从0开始的第5位置即f，第四个参数不传，之后的所有字符都被替换
echo substr_replace($var, '1234567', 5) . '<br/>';
//val字符串，从0开始，长度为0，即字符串开始位置进行插入
echo substr_replace($var, '1234567', 0, 0) . '<br/>';
```

运行结果如图6.2.8所示：

图6.2.8 substr_replace()函数的使用

substr_replace()有很多使用场景，例如对身份证号后6位进行隐藏处理、对电话号码中间4位进行混淆处理等。

动手写6.2.13

```
<?php
//处理身份证号码，将后6位进行混淆处理，使用*号覆盖
$code = '170405199001010018';
echo substr_replace($code, '******', –6) . '<br/>';
$code = '321123199805090216';
echo substr_replace($code, '******', –6) . '<br/>';
$code = '193122200612120733';
echo substr_replace($code, '******', –6) . '<br/>';
echo '<hr/>';
//处理手机号码，将中间4位进行混淆处理，使用#号覆盖
$code = '13011110101';
echo substr_replace($code, '####', 3, 4) . '<br/>';
$code = '18966660909';
echo substr_replace($code, '####', 3, 4) . '<br/>';
$code = '17711112222';
echo substr_replace($code, '####', 3, 4) . '<br/>';
```

运行结果如图6.2.9所示：

图6.2.9　substr_replace()函数对身份证和手机号进行混淆

6.2.5　字符串截取

熟练使用substr_replace()函数后，对于字符串截取函数substr()就不难理解了。

语法如下：

```
string substr ( string $string , int $start [, int $length ] )
```

substr()函数返回截取的字符串内容。

动手写6.2.14

```
<?php
$var = 'abcdefghijklmn';
echo $var . '<br/>';
//val字符串，开始位置0即a，长度为3，即abc
echo substr($var, 0, 3) . '<br/>';
//val字符串，从0开始的第3位置即d，长度为1，即字母d
echo substr($var, 3, 1) . '<br/>';
//val字符串，从-4开始的位置即倒数第4位置k，长度为2，即kl
echo substr($var, -4, 2) . '<br/>';
//val字符串，从0开始的第5位置即f，第四个参数不传，之后的所有字符fghijklmn
echo substr($var, 5) . '<br/>';
```

运行结果如图6.2.10所示：

图6.2.10　substr()函数截取字符串

6.2.6　字符串首尾去空格

PHP在处理用户通过网站提交上来的数据时，由于用户的习惯，会出现数据前后带有空格或者换行等情况。处理这些数据时，就需要将字符串中的空格和特殊字符去除。在PHP字符串函数中，提供了三种函数以解决这种问题：trim()函数可以去除字符串中左右两边的空格和特殊字符；ltrim()函数可以去除字符串中左边的空格和特殊字符；rtrim()函数可以去除字符串中右边的空格和特殊字符。

1. trim()

语法如下：

```
string trim ( string $string [, string $charlist = " \t\n\r\0\x0B" ] )
```

功能：去除字符串左右两边的空白字符或者其他字符。

参数说明：

◇ string：被操作的字符串。

◇ charlist：可选参数，一般要列出所有希望过滤的字符，也可使用“..”列出一个字符范围。

返回值：过滤后的字符串值。

如果不设置参数charlist，则删除默认的指定字符，如表6.2.1所示：

表6.2.1　trim()函数charlist参数默认值

参数值	解释
\t	TAB，制表符
\n	换行符
\r	回车符
\0	NULL，表示空值
\x0B	垂直制表符
" "	空格

提示

charlist参数除了空格及特殊字符，可以接受其他字符，也会对其进行过滤。

动手写6.2.15

```
<?php
$str = "   @@零壹快学，零基础PHP从入门到精通@@\r\n";
echo trim($str);                                //过滤空格和换行
echo '<br/>';                                   //网页换行
echo trim($str, " \r\n@");                      //过滤换行之外，过滤@符号
```

运行结果：

@@零壹快学，零基础PHP从入门到精通@@

零壹快学，零基础PHP从入门到精通

2. ltrim()

ltrim()函数可以去除字符串中左边的空格和特殊字符，用法和trim()类似。

动手写6.2.16

```
<?php
$str = "   @@零壹快学，零基础PHP从入门到精通@@   ";
echo ltrim($str);                               //过滤空格
```

```
echo '<br/>';                                    //网页换行
echo ltrim($str, " @");                          //过滤空格和@符号
```

运行结果（为了便于看出空格，字符串用括号括起来）：

(@@零壹快学，零基础PHP从入门到精通@@   )

(零壹快学，零基础PHP从入门到精通@@   )

3. rtrim()

rtrim()函数用于去除字符串中右边的空格和特殊字符，用法和trim()、ltrim()类似。

动手写6.2.17

```
<?php
$str = "    @@零壹快学，零基础PHP从入门到精通@@    ";
echo rtrim($str);                                //过滤空格
echo '<br/>';                                    //网页换行
echo rtrim($str, " @");                          //过滤空格和@符号
```

运行结果：

(@@零壹快学，零基础PHP从入门到精通@@)

(@@零壹快学，零基础PHP从入门到精通)

6.2.7 字符串大小写转化

在处理英文文字的时候，需要对字符串的大小写进行转换。处理字母大小写转换有几种常用函数：

◇ lcfirst()：把字符串中的首字符转换为小写。

◇ strtolower()：把字符串转换为小写。

◇ strtoupper()：把字符串转换为大写。

◇ ucwords()：把字符串中每个单词的首字符转换为大写。

动手写6.2.18

```
<?php
$string = 'This is a cat.';
echo lcfirst($string);
```

运行结果：this is a cat.

动手写6.2.19

```
<?php
$email = 'XiaoMing@LingYiKuaixue.com';
echo strtolower($email);
```

运行结果：xiaoming@lingyikuaixue.com

动手写6.2.20

```
<?php
$email = 'XiaoMing@LingYiKuaixue.com';
echo strtoupper($email);
```

运行结果：XIAOMING@LINGYIKUAIXUE.COM

动手写6.2.21

```
<?php
$email = 'ling yi kuai xue';
echo ucwords($email);
```

运行结果：Ling Yi Kuai Xue

6.3 字符串比较函数

6.3.1 按字节顺序进行字符串比较

比较字符串是任何编程语言的字符串处理功能中重要的特性之一。在PHP中除了可以使用比较运算符号（如“==”“<”“>”）加以比较外，还可以通过一系列的比较函数进行更复杂的字符串比较，如strcmp()、strcasecmp()和strnatcmp()等函数。

语法如下：

```
int strcmp( String $str1, String str2 )
```

功能：区分字符串中字母大小写的比较。

```
int strcasecmp ( String $str1, String str2 )
```

功能：忽略字符串中字母大小写的比较。

参数说明：

◇ $str1：被操作的字符串。

◇ $str2：被操作的字符串。

返回值：0、>0、<0。如果str1等于str2则返回0；如果str1大于str2则返回>0；如果str1小于str2则返回<0。

提示

通过比较后的返回值，判断两个字符串的大小。使用strcmp()函数进行区分字母大小写的字符串比较，使用strcasecmp()函数则是忽略字母大小写的字符串比较。

动手写6.3.1

```
<?php
$username = "Kuaixue";
$password = "01kuaixue";
//不区分大小写的比较，如果两个字符串相等返回0
if (strcasecmp($username, "kuaixue") == 0) {
  echo "两个字符串相等<br/>";
}
//区分字符串中字母的大小写比较
if (strcmp($password, "01kuaixue") == 0) {
echo "两个字符串相等<br>";
} elseif (strcmp($password, "01kuaixue") > 0) {
echo "第一个字符串大于第二个字符串<br>";
} elseif (strcmp($password, "01kuaixue") < 0) {
  echo "第一个字符串小于第二个字符串<br>";
}
```

运行结果如图6.3.1所示：

图6.3.1 strcmp()和strcasecmp()函数处理字符串

6.3.2 按自然排序进行字符串比较

除了可以按照字节位的字典顺序进行比较外，PHP还提供了按照“自然排序法”对字符串进行比较。所谓自然排序，是指按照人们日常生活中的思维习惯进行排序，即将字符串中的数字部分按照数字大小进行比较。例如：按照字节比较时“4”大于“33”，因为“4”大于“33”中的第一个字符“3”；而按照自然排序法，则“33”大于“4”。PHP中使用strnatcmp()函数按自然排序法来比较两个字符串，其使用格式与strcmp()函数相似。

语法如下：

```
int strnatcmp ( String $str1, String str2 )
```

功能：strnatcmp()函数使用一种“自然”算法来比较两个字符串。在自然算法中，数字“2”小于数字“10”。而在计算机排序中，“10”小于“2”，这是因为“10”中的第一个数字“1”小于“2”。

参数说明：

◇ $str1：被操作的字符串。

◇ $str2：被操作的字符串。

返回值：0、1、-1。如果str1等于str2则返回0；如果str1大于str2则返回1；如果str1小于str2则返回-1。

提示

strnatcmp()函数对大小写敏感。

动手写6.3.2

```
<?php
echo strnatcmp("2Hello 01!","10Hello 01!");
echo "<br>";
echo strnatcmp("10Hello 01!","2Hello 01!");
```

运行结果如图6.3.2所示：

图6.3.2 strnatcmp()函数处理字符串

6.4 小结

本章主要介绍了PHP中字符串的常用操作，包括字符串的连接、替换、截取等函数的使用，并讲解了字符串的常见排序方法，这些操作在日常开发中会经常使用到。通过本章的学习，读者可以熟练使用常见的字符串处理函数来解决实际问题。

6.5 知识拓展

6.5.1　字符串常用方法整理

本节给出字符串操作最常见的一些相关函数，在使用这些函数时，读者可以到PHP官网查阅其具体用法，也可以根据编辑器的提示来直接使用。

表6.5.1　字符串操作常见函数

函数名	函数功能
strpos()	查找search在$str中第一次出现的位置，从int开始
stripos()	函数返回字符串在另一个字符串中第一次出现的位置。该函数对大小写不敏感
substr()	从$str中start位置开始提取[length长度的字符串]
strstr()	从$str1(第一个的位置)搜索$str2并从它开始截取到结束字符串；若没有则返回false
stristr()	功能同strstr()，只是不区分大小写
str_replace()	替换字符串中的一些字符（对大小写敏感）
substr_replace()	把字符串的一部分替换为另一个字符串
str_split()	把字符串分割到数组中
ltrim、rtrim、trim()	去除空格
htmlspecialchars()	页面正常输出HTML代码参数是转换方式
implode()	将字符串数组按指定字符连接成一个字符串
addcslashes()	返回在指定的字符前添加反斜杠的字符串
bin2hex()	把ASCII字符的字符串转换为十六进制值
chop()	删除字符串右侧的空白字符或其他字符
chr()	从指定的ASCII值返回字符
chunk_split()	把字符串分割为一系列更小的部分
convert_cyr_string()	把字符串由一种Cyrillic字符集转换为另一种
convert_uudecode()	解码uuencode编码字符串
crypt()	单向的字符串加密法（hashing）
echo	输出一个或多个字符串
explode()	把字符串打散为数组
fprintf()	把格式化的字符串写入到指定的输出流

（续上表）

函数名	函数功能
hebrev()	把希伯来文本转换为可见文本
md5()	计算字符串的MD5散列
money_format()	返回格式化为货币字符串的字符串
nl2br()	在字符串中的每个新行之前插入HTML换行符
number_format()	以千位分组来格式化数字
print	输出一个或多个字符串
ucfirst()	把字符串中的首字符转换为大写
ucwords()	把字符串中每个单词的首字符转换为大写
vprintf()	输出格式化的字符串

6.5.2　中文字符串和UTF-8

在项目开发中，经常会用到字符串截取函数substr()，但是使用substr()函数来截取汉字字符串时，可能会导致返回乱码。

动手写6.5.1

```
<?php
echo substr("01Kuaixue", 4);
echo "<br>";
echo substr("零壹快学", 4);
```

运行结果如图6.5.1所示：

图6.5.1　substr()函数截取字符串

上述例子中返回结果出现了乱码，这是为什么呢？因为一个GBK编码的汉字占2个字节，UTF-8编码的汉字占3个字节，而substr()函数无法识别汉字，所以，当需要取4个字节时，相当于把第二个汉字强行拆开显示，所以就会出现乱码。那么，当我们遇到需要截取汉字的情况，一般要怎么处理呢？

PHP已经为我们封装了函数mb_substr()，该函数和substr()函数的使用方法类似，但需要开启php.ini里面的php_mbstring扩展，在PHP 7默认为已开启。下面来动手体验一下这个便利的函数吧。

mb_substr()函数语法如下：

```
mb_substr($str, $start, $len, $encoding)
```

功能：用于中文字符串的截取，在相应的编码页面输入相应的$encoding。

动手写6.5.2

```
<?php
echo mb_substr('从入门到精通', 0, 3, 'UTF-8');
```

运行结果如图6.5.2。

图6.5.2　mb_substr()函数处理字符串

动手写6.5.3

```
<?php
echo mb_substr('零基础PHP从入门到精通', 0, 5, 'UTF-8');
```

运行结果如图6.5.3所示：

图6.5.3　mb_substr()函数处理字符串

提示

mb_substr()函数比substr()函数多一个参数，用来指定字符串编码。

第 7 章 数组

7.1 数组介绍

数组是PHP最为重要的数据类型之一。数组能解决不同开发场景下复杂数据的处理，可以对数据进行快速存储、灵活读取，以及高效的增、删、改、查、排序等操作。PHP拥有大量关于数组操作的函数，从而提高了程序的开发效率。

7.1.1 什么是数组

数组是一种数据结构，将一个或多个数值存储在单个值中。例如，如果你想存储100个数字，那么不用定义100个变量，可以简单地通过定义一个长度为100的数组来实现。数组是一组数据的集合，这些数据统一成一个整体，例如：1年有12个月份，可以将12个月份存储在一个数组里；班级有30名学生，所有学生的姓名存储在一个数组里；Web网站中，用户注册时提交的一组表单数据也会存放在一个数组里。

7.1.2 数组的构成

一个数组由一个或多个元素组成。每个元素都有一个键（key）和一个对应的值（value）。如表7.1.1所示，一个班级的几名学生组成一个数组，学号是key，而value就是对应的每个学生的姓名。

表7.1.1　学生key与value对照

Key	Value
180001	张三
180002	李四
180007	王五
180014	张三

那么，对应的数组就是：

```
array( '180001' => '张三', '180002' => '李四', '180007' => '王五', '180014' =>
 '张三' )
```

通过例子可以看出，数组中的key值是唯一的，每一个key值都和其他key值不相同，但是value却是可以相同的，比如班里有两个叫张三的学生。由于key的唯一性，我们在操作数组时，往往都是通过key来进行操作。

和其他一些编程语言（如C语言）相比，PHP数组的构成更为灵活，key可以是数字、字符串等不同类型，value也可以由不同数据类型组成。比如：

```
array(0 => 123, 'hello' => 'world', 'name' => false)
```

提示

数组的键值可以叫key，也可以叫“数组索引”，表达的是同一个概念。

7.2 数组创建

PHP有三种不同类型的数组，每个数组值都可以使用key来访问。

◇ 数字数组：具有数字索引的数组，数值以线性方式存储和访问，并以0作为开始。

◇ 关联数组：包含字符串作为索引的数组，将元素值与键值相关联进行存储，而不是以严格的线性索引顺序存储。

◇ 多维数组：数组中的元素的值又是一个数组。

7.2.1 数组创建方法

创建数组一般有两种方法：一种是使用PHP内置函数array()声明数组，另一种是直接通过为数组元素直接赋值的方式声明数组。array()函数声明数组时，函数接受mixed参数，语法为key=>value形式；如果有多个mixed，可以用逗号分开。对于直接赋值的方式，只需要在数组变量后面加方括号（如[key]）进行赋值即可。下面，我们分别创建数字数组、关联数组和多维数组。

7.2.2 数组数字索引

数字数组的key默认从0线性自增，因此不需要将key写出来。

动手写7.2.1

```
<?php
// 使用函数array()创建数组
$arr1 = array('苹果', '橘子', '梨', '西瓜');
```

```
// 对于数据内容较多情况，可以分多行写
$arr2 = array(
    '零基础PHP从入门到精通',
    '零基础JAVA从入门到精通',
    '零基础PYTHON从入门到精通',
    '零基础MYSQL从入门到精通'
);
// 使用直接赋值方式创建数组
$arr3[] = '张三';
$arr3[] = '李四';
$arr3[] = '王五';
$arr3[] = '张三';
// 分别输出三个数组
var_dump($arr1);
echo '<br/>';
var_dump($arr2);
echo '<br/>';
var_dump($arr3);
```

最终结果如图7.2.1所示，三个数组都含有四个元素，每个元素对应的key值都是从0开始计数。

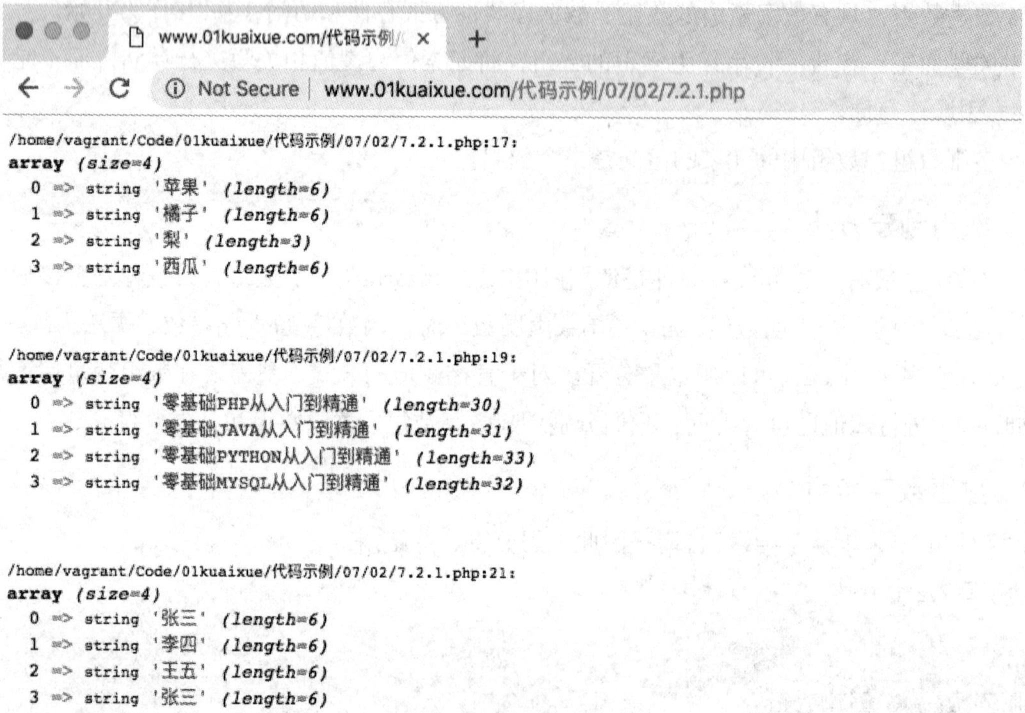

图7.2.1　数字数组的创建

提示

自PHP 5.4版本起，可以使用短数组定义语法，用方括号“[]”替代array()。

```
<?php
$arr = ['张三', '李四', '王五', '张三'];
var_dump($arr);
```

7.2.3　数组关联索引

就功能而言，关联数组与数字数组非常相似，但它们在索引方面有所不同。关联数组的索引可以是字符串，这样就可以在键和值之间建立更强的关联；而有些时候，使用数字索引很难表达清楚一个值的含义，这个时候就会使用关联索引。

提示

关联数组的key可以是整数或者字符串，当key为字符串时，需要给key加上单引号或者双引号。

动手写7.2.2

```
<?php
// 使用函数array()创建数组
$arr1 = array(
    'name' => '李小明',
    'age' => 8,
    'sex' => 'boy',
    'class' => '2年1班'
);
// 使用直接赋值方式创建数组
$arr2['name'] = '李小明';
$arr2['age'] = 8;
$arr2['sex'] = 'boy';
$arr2['class'] = '2年1班';
// arr1和arr2内容一样
var_dump($arr1);
echo '<br/>';
var_dump($arr2);
```

结果如图7.2.2所示：

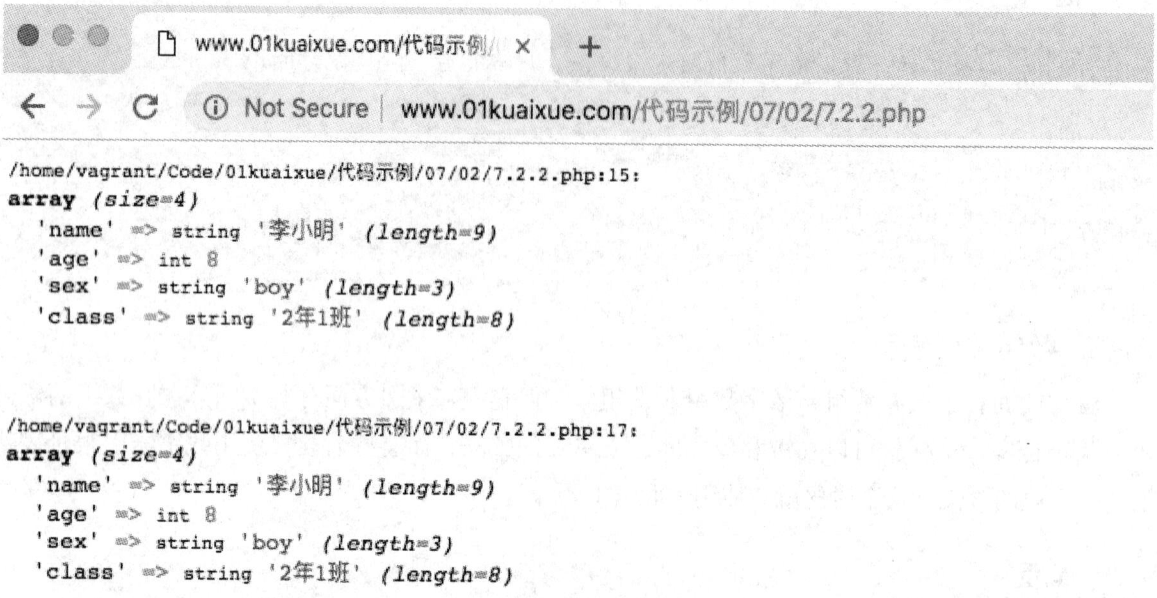

图7.2.2　关联数组的创建

提示

数组的key如果是字符串类型的数字，输出时会变成字符串，因此不要创建一个“索引既有数字1又有字符串1”的数组。

7.2.4　多维数组

多维数组的含义是，数组中的每个元素也可以是一个数组，并且这些子数组中的每个元素依旧可以是一个数组。由于多维数组中的值也是一个数组，因此可以使用索引进行访问。在动手写7.2.3中，我们创建了一个二维数组来存储三个学生的三门考试成绩，这个例子使用了关联数组，即字符串，作为key值。

动手写7.2.3

```
<?php
$marks = array(
    "zhangsan" => array (
        "physics" => 95,
        "maths" => 90,
        "chemistry" => 99
```

```
    ),
    "lisi" => array (
        "physics" => 90,
        "maths" => 82,
        "chemistry" => 79
    ),

    "wangwu" => array (
        "physics" => 91,
        "maths" => 92,
        "chemistry" => 89
    )
);

echo "张三的数学成绩是" . $marks['zhangsan']['maths'] . "<br/>";
echo "李四的物理成绩是" . $marks['lisi']['physics'] . "<br/>";
echo "王五的化学成绩是" . $marks['wangwu']['chemistry'] . "<br/>";
```

结果如图7.2.3所示：

图7.2.3　多维数组的创建

7.3 数组的遍历与输出

之前的章节我们用到过几种输出方式，分别是echo、print、var_dump和print_r。对于数组类型的数据，如果使用echo、print这种语句，是无法输出数组中的每一个元素的。本节会讲述如何遍历一个数组并输出一个数组。

7.3.1 数组输出函数

使用print_r()函数进行数组格式化输出。

语法如下：

```
bool print_r(mixed expression)
```

print_r()函数接受的mixed expression参数可以是整型、字符串等类型的变量，输出结果为变量本身。它也可以接受数组变量，会根据key和value按顺序进行内容输出。

动手写7.3.1

```
<?php
$marks = array(
   "zhangsan" => array (
      "physics" => 95,
      "maths" => 90,
      "chemistry" => 99
   ),

   "lisi" => array (
      "physics" => 90,
      "maths" => 82,
      "chemistry" => 79
   ),

   "wangwu" => array (
      "physics" => 91,
      "maths" => 92,
      "chemistry" => 89
   )
);

print_r($marks);
```

由于浏览器显示时会忽略换行符号，为了更好地查看print_r()函数的效果，我们直接查看浏览器源码，结果如图7.3.1所示：

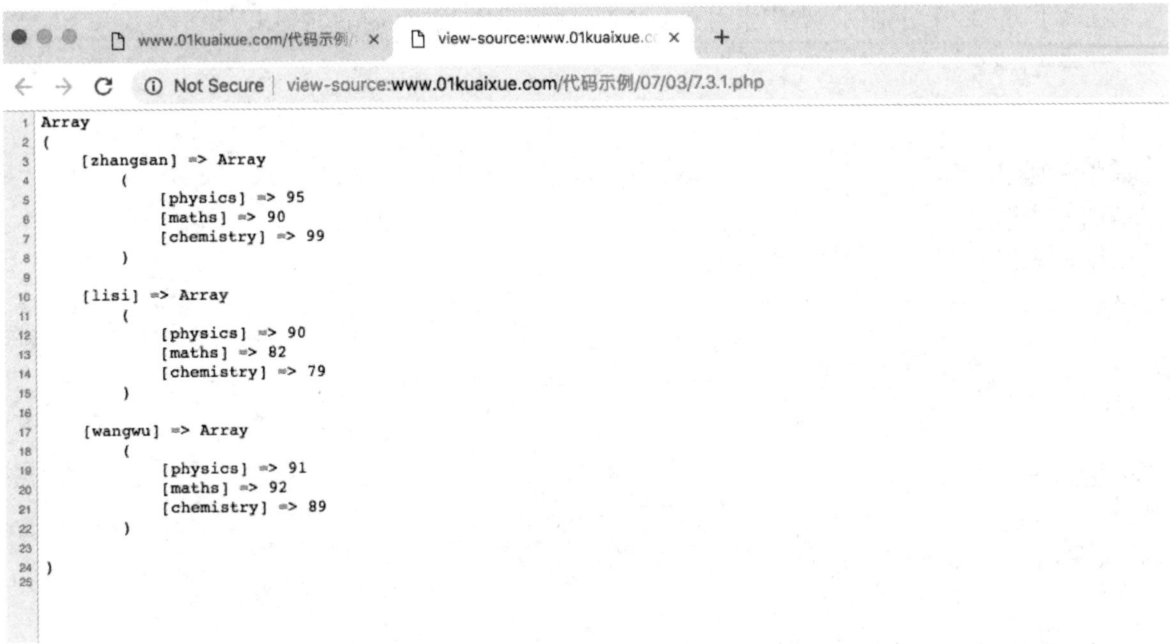

图7.3.1 print_r()函数的内容输出

提示

echo适合打印单数据，如整型、字符串和浮点型；print_r适合打印复合数据，如数组和对象，打印效果简洁清晰；而var_dump适合在代码调试时使用，可以打印BOOL、NULL等各种数据，不仅会打印数值，也会打印类型和长度。

7.3.2 foreach遍历

数组有多个元素，实际应用中会获取数组中的各个元素，这个过程就叫遍历数组。遍历数组的使用场景有很多，比如通过遍历数组分别输出数组的每个元素、查找某个符合要求的元素等。PHP最常用的数组遍历方法是使用foreach结构，foreach作用于数组，可以对数组进行遍历。

foreach有两种用法。第一种格式遍历给定的array_expression数组。每次循环中，当前元素位置的值被赋给$value，并且数组内部的指针向前移一步，下一次循环中将会得到下一个元素，以此类推，直到把整个数组遍历完，跳出foreach语句。

```
foreach (array_expression as $value)
{
    statement
}
```

在动手写7.3.2中分别创建数字索引和关联索引数组，使用foreach进行输出。

动手写7.3.2

```
<?php
$arr1[] = '张三';
$arr1[] = '李四';
$arr1[] = '王五';
foreach ($arr1 as $value)
{
   echo $value . "<br/>";
}
$arr2['name'] = '李小明';
$arr2['age'] = 8;
$arr2['sex'] = 'boy';
$arr2['class'] = '2年1班';
foreach ($arr2 as $value)
{
   echo $value . "<br/>";
}
```

结果会逐行输出：张三、李四、王五、李小明、8、boy、2年1班。

第二种foreach的用法和第一种做同样的事，不同的是，除了元素值被获取之外，数组中的每一个键值key也会被获取。第二种格式除了能像第一种格式一样得到数组内元素的值外，还能得到元素的索引值，并保存到$key变量中，如果数组的索引值未经过人工设定，则返回系统默认的设定值。

```
foreach (array_expression as $key => $value)
{
   statement
}
```

在动手写7.3.3中，使用foreach的第二种用法进行遍历并输出。

动手写7.3.3

```
<?php
$arr1[] = '张三';
$arr1[] = '李四';
$arr1[] = '王五';
```

```
foreach ($arr1 as $key => $value)
{
    echo $key . ' ' . $value . "<br/>";
}
$arr2['name'] = '李小明';
$arr2['age'] = 8;
$arr2['sex'] = 'boy';
$arr2['class'] = '2年1班';
foreach ($arr2 as  $key => $value)
{
    echo $key . ' ' . $value . "<br/>";
}
```

运行结果如图7.3.2所示，不仅获取到value，同时key也被获取；数字索引的数组key使用默认的递增数字。

图7.3.2　foreach遍历数组

提示

数组创建后是有顺序的，其顺序根据每个元素的创建先后而定，不会因为key的大小而变化。

动手写7.3.4

```
<?php
$arr[4] = 'key为4，创建顺序为1';
$arr[3] = 'key为3，创建顺序为2';
$arr[2] = 'key为2，创建顺序为3';
```

```
$arr[1] = 'key为1，创建顺序为4';
foreach ($arr as $value)
{
    echo $value . "<br/>";
}
```

结果如图7.3.3所示，数组顺序与key的大小无关。

图7.3.3　foreach数组顺序测试

7.3.3　for遍历

数字索引数组的key是有规律的。如果数组长度为8，那么索引key是从0一直到7，我们可以通过for循环进行索引遍历。下面的代码将直接使用for进行遍历数组，使用css样式对文字效果化输出。

动手写7.3.5

```
<style type="text/css">
.press {
    background:url(data:image/gif;base64,iVBORw0KGgoAAAANSUhEUgAAAAQAAAAECAIAAAAmkw
kpAAAAHklEQVQImWNkYGBgYGD4//8/A5wF5SBYyAr+//8PAPOCFO0Q2zq7AAAAAElFTkSuQmCC)
repeat;
     text-shadow: 5px -5px black, 4px -4px white;
     font-weight: bold;
     -webkit-text-fill-color: transparent;
     -webkit-background-clip: text
}
</style>
<?php
$arr = array(
     '对酒当歌，人生几何！譬如朝露，去日苦多。',
```

```
    '慨当以慷，忧思难忘。何以解忧？唯有杜康。',
    '青青子衿，悠悠我心。但为君故，沉吟至今。',
    '呦呦鹿鸣，食野之苹。我有嘉宾，鼓瑟吹笙。',
    '明明如月，何时可掇？忧从中来，不可断绝。',
    '越陌度阡，枉用相存。契阔谈讌，心念旧恩。',
    '月明星稀，乌鹊南飞。绕树三匝，何枝可依？',
    '山不厌高，海不厌深。周公吐哺，天下归心。'
);
for($i = 0; $i < 8; $i++)
{
    echo '<h1 class="press">' . $arr[$i] . '</h1>';
}
```

效果如图7.3.4所示：

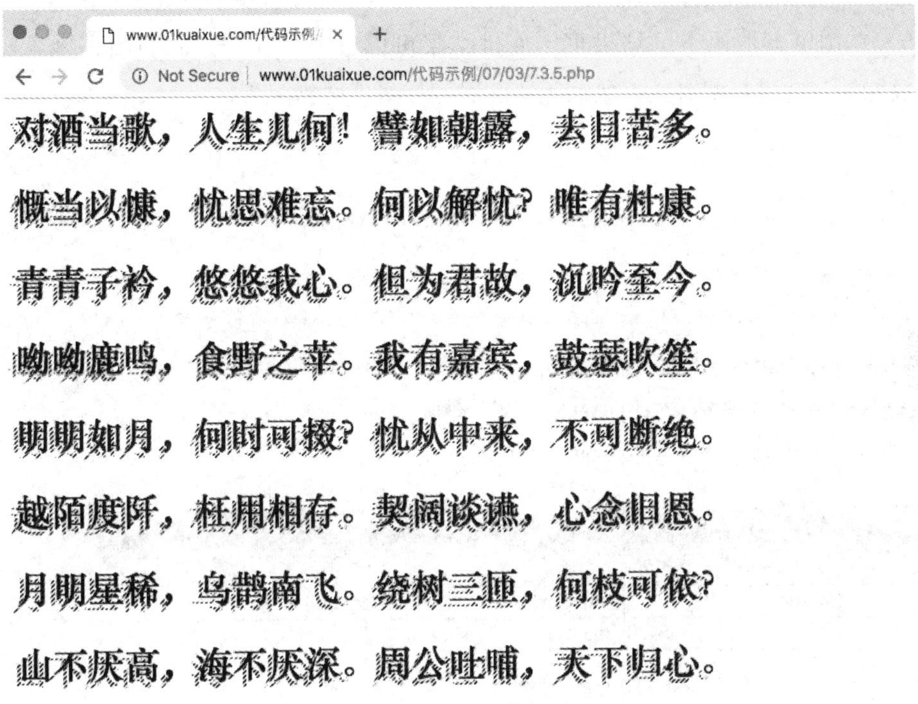

图7.3.4　for遍历数组

7.3.4　list()函数

list()函数用于在一次操作中为一组变量赋值，可以将数组中的值赋给这些变量。list函数只用于数字索引的数组，且数字索引从0开始。

在动手写7.3.6中，结合explode()函数，将一段文字拆分成数组，并赋值给变量。

动手写7.3.6

```
<?php
$str = '颐和园，八达岭古长城，天安门广场';
$arr = explode('，', $str);
// 使用list将数组值元素赋给三个变量
list($name1, $name2, $name3) = $arr;
var_dump($name1, $name2, $name3);
// 变量数量小于数组长度时，只赋值数组前面的元素
list($name4, $name5) = $arr;
var_dump($name4, $name5);
// 变量数量大于数组长度时，会提示Notice错误，最后的变量值为NULL
list($name6, $name7, $name8, $name9) = $arr;
var_dump($name6, $name7, $name8, $name9);
```

图7.3.5为在浏览器源码下的结果页，通过结果可以看出，在变量和数组长度不一致的情况下，list()函数能够自动进行配对，并忽略无法配对的变量或数组元素。

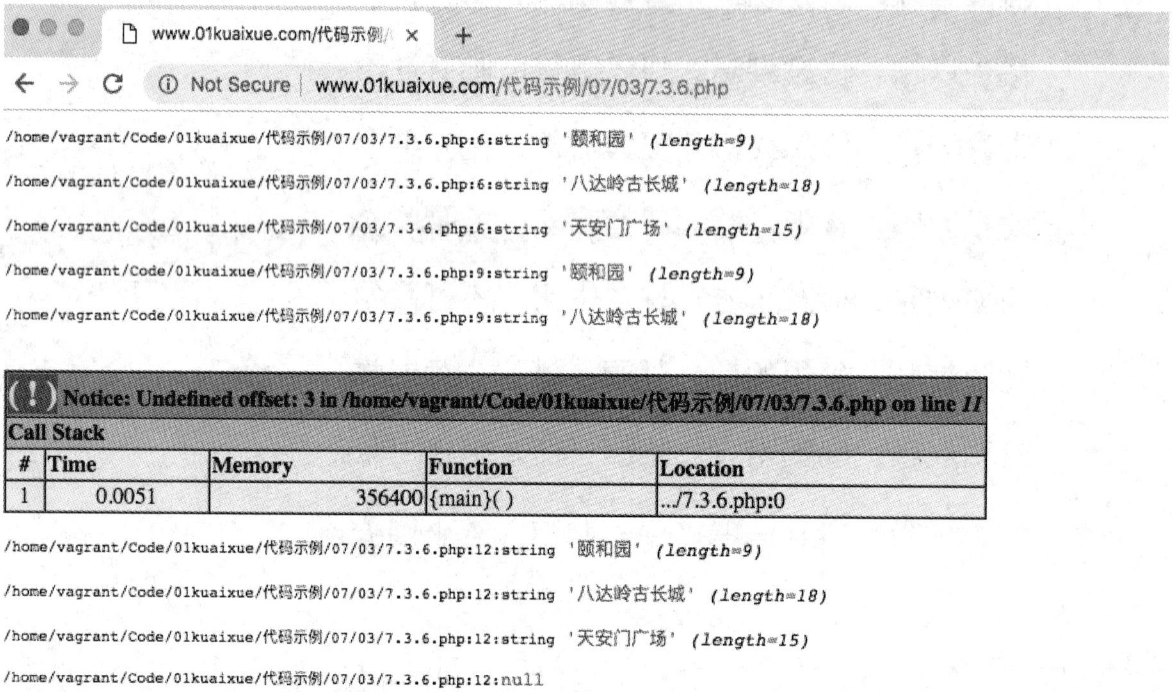

/home/vagrant/Code/01kuaixue/代码示例/07/03/7.3.6.php:6:string '颐和园' *(length=9)*

/home/vagrant/Code/01kuaixue/代码示例/07/03/7.3.6.php:6:string '八达岭古长城' *(length=18)*

/home/vagrant/Code/01kuaixue/代码示例/07/03/7.3.6.php:6:string '天安门广场' *(length=15)*

/home/vagrant/Code/01kuaixue/代码示例/07/03/7.3.6.php:9:string '颐和园' *(length=9)*

/home/vagrant/Code/01kuaixue/代码示例/07/03/7.3.6.php:9:string '八达岭古长城' *(length=18)*

(!) Notice: Undefined offset: 3 in /home/vagrant/Code/01kuaixue/代码示例/07/03/7.3.6.php on line *11*				
Call Stack				
#	**Time**	**Memory**	**Function**	**Location**
1	0.0051	356400	{main}( )	.../7.3.6.php:0

/home/vagrant/Code/01kuaixue/代码示例/07/03/7.3.6.php:12:string '颐和园' *(length=9)*

/home/vagrant/Code/01kuaixue/代码示例/07/03/7.3.6.php:12:string '八达岭古长城' *(length=18)*

/home/vagrant/Code/01kuaixue/代码示例/07/03/7.3.6.php:12:string '天安门广场' *(length=15)*

/home/vagrant/Code/01kuaixue/代码示例/07/03/7.3.6.php:12:null

图7.3.5　list()函数获取数组元素

7.4 数组常见操作

本节主要讲述一些常见的操作数组的函数。熟练掌握这些函数有助于在项目中处理复杂的数据逻辑。

7.4.1 数组长度

PHP中使用count()函数统计数组中的元素数量。

语法如下：

```
int count ( mixed $array [, int $mode = COUNT_NORMAL ] )
```

功能：使用count()对数组中的元素进行统计。

参数说明：

◇ array：输入数组。

◇ mode：可选参数，默认值为0，当mode参数值为COUNT_RECURSIVE（或1），将递归地对数组计数，适用于计算多维数组的所有元素。

返回值：数组元素的个数。

动手写7.4.1

```
<?php
// 创建一个二维数组，数组和子数组都由多个元素组成
$marks = array(
  "zhangsan" => array (
    "physics" => 95,
    "maths" => 90,
    "chemistry" => 99
  ),

  "lisi" => array (
    "physics" => 90,
    "maths" => 82,
    "chemistry" => 79
  ),

  "wangwu" => array (
    "physics" => 91,
    "maths" => 92,
    "chemistry" => 89
```

```
    )
);
echo '使用非递归方式统计共有' . count($marks) . '个元素<br/>';
echo '使用递归方式统计共有' . count($marks, COUNT_RECURSIVE) . '个元素';
```

动手写7.4.1中，marks数组一共有3个元素，每个元素又是一个新的子数组，每个子数组分别也有3个元素，共计3 × 3=9个元素。因此，使用非递归方式时直接返回3，使用递归方式时会返回包括子数组在内的所有元素个数12。

结果如图7.4.1所示：

图7.4.1　count统计数组个数

提示

for循环语句遍历数组时，往往和count结合使用。

7.4.2　向数组添加元素

向一个数组添加元素，可以直接使用方括号（如[key]）来实现。对于数字索引数组可以不填写key，即使用方括号“[]”新增元素。

动手写7.4.2

```
<?php
// 数字索引数组添加元素
$arr1 = array('零基础PHP从入门到精通', '零基础JAVA从入门到精通');
$arr1[] = '零基础PYTHON从入门到精通';
print_r($arr1);
// 关联索引数组添加元素
$arr2 = array('php' => '零基础PHP从入门到精通', 'java' => '零基础JAVA从入门到精通');
$arr2['python'] = '零基础PYTHON从入门到精通';
print_r($arr2);
```

除了最常用的方括号方式，PHP还提供了两个函数array_push()和array_unshift()。

array_push()函数语法如下：

```
int array_push ( array &$array , mixed $value1 [, mixed $... ] )
```

功能：array_push()函数接受value变量，并将其加入到数组的尾部，可以同时向数组尾部插入多个元素值。

参数说明：

◇ array：输入数组。

◇ value1：向数组中插入的元素，支持多个，用逗号分隔。

返回值：插入之后数组的长度。

array_unshift()函数语法如下：

```
int array_unshift ( array &$array , mixed $value1 [, mixed $... ] )
```

功能：和array_push()函数类似，接受value变量，区别是array_unshift()函数将value变量加入到数组的头部，同时支持向数组头部插入多个元素值。

参数说明：

◇ array：输入数组。

◇ value1：向数组中插入的元素，支持多个，用逗号分隔。

返回值：插入之后数组的长度。

提示

array_push()和array_unshift()函数接受引用方式传递的变量参数，函数执行后，原始数组变量会被改成新的数组，返回值仅返回新数组的长度。

在动手写7.4.3中，使用array_push()和array_unshift()函数分别向数组插入元素。

动手写7.4.3

```
<?php
$arr = array('零基础PHP从入门到精通', '零基础JAVA从入门到精通');
// 使用array_push向数组$arr尾部加入元素
$number = array_push($arr, '零基础PYTHON从入门到精通', '零基础Linux从入门到精通');
echo "array_push的返回值是" . $number . "，当前数组长度是" . count($arr) . "。\n";
print_r($arr);
// 使用array_unshift向数组$arr头部加入元素
$number = array_unshift($arr, '零基础MySQL从入门到精通', Null);
```

```
echo "array_unshift" . $number . "，当前数组长度是" . count($arr) . "。\n";
print_r($arr);
```

查看浏览器源码，结果如图7.4.2所示：

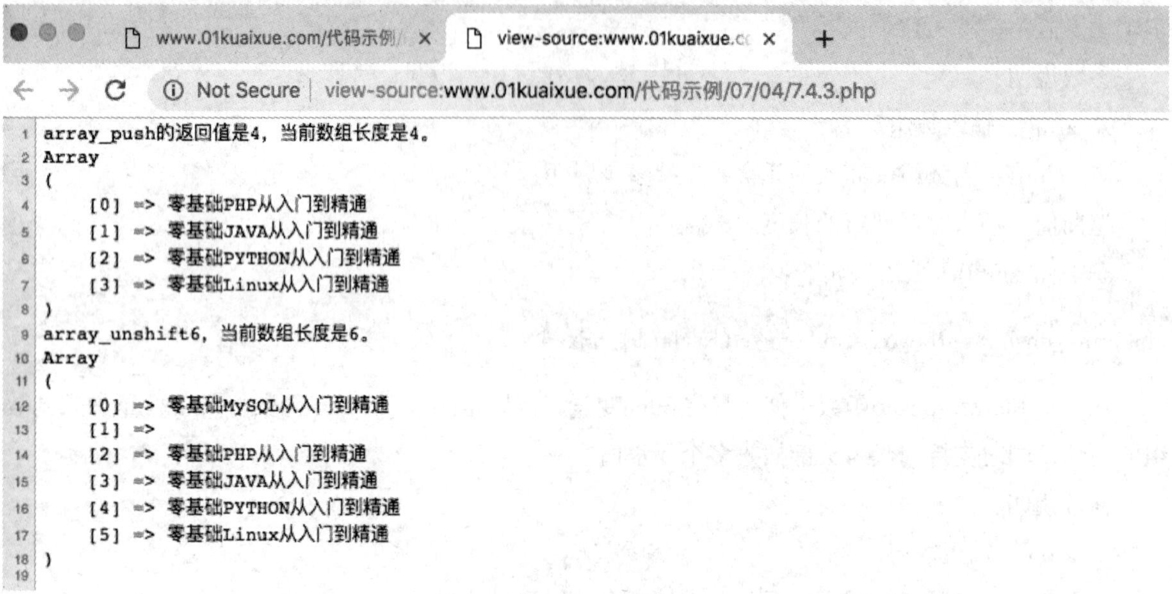

图7.4.2　向数组尾部和头部添加元素

7.4.3　删除数组元素

删除数组有多种方法，本小节介绍几种常用的方法。

1. 使用unset()函数

在动手写7.4.4中，使用unset()函数直接删除指定key的数组元素，为了让数组的索引保证连续性，代码中使用了array_values()方法，返回数组中所有的值并为其建立数字索引。

动手写7.4.4

```
<?php
$arr = ['零基础PHP从入门到精通', '零基础JAVA从入门到精通', '零基础PYTHON从入门到精通', '
零基础Linux从入门到精通'];
//使用unset()删除数组后，索引1的位置会存在空缺
unset($arr[1]);
print_r($arr);
//array_values()函数可以获取数组所有元素，并按顺序生成新的数组
$arr = array_values($arr);
print_r($arr);
```

结果如图7.4.3所示：

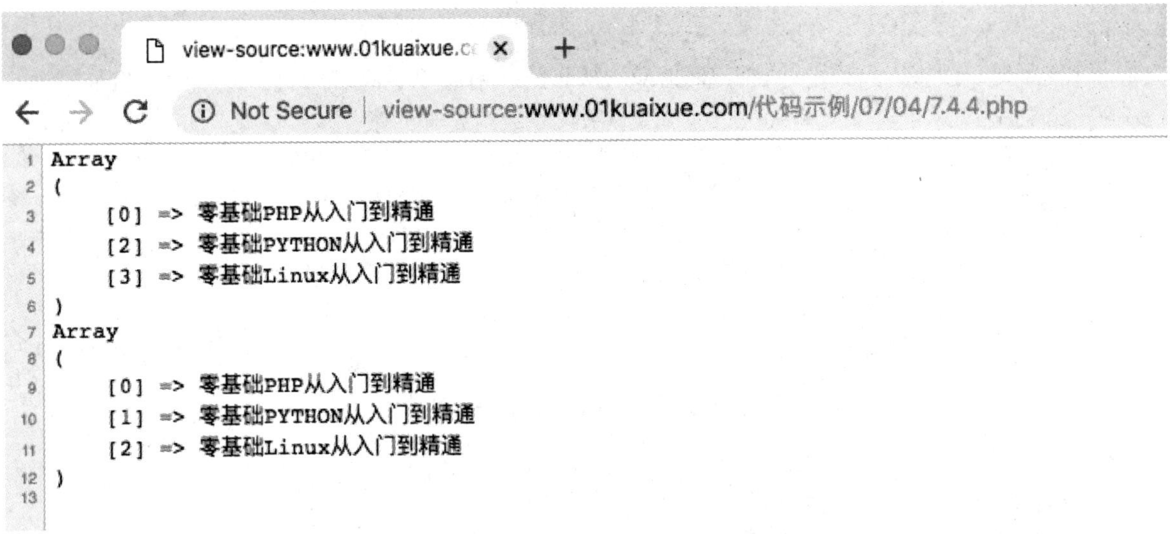

图7.4.3 unset()方式删除数组元素

2. 移除数组头部元素或尾部元素

数组有可以向头部和尾部添加元素的函数，对应地，也有移除头部和尾部数组元素的函数。

array_pop()函数语法如下：

```
mixed array_pop ( array &$array )
```

功能：array_pop()函数会移除数组尾部的最后一个元素，并以返回值的形式将该元素返回。

参数说明：

◇ array：需要移除元素的数组。

返回值：返回被移除的元素值，如果array是个空数组，将会返回NULL。

array_shift()函数语法如下：

```
mixed array_shift ( array &$array )
```

功能：array_shift()函数会移除数组头部第一个元素，并以返回值的形式将该元素返回。如果数组是数字索引，那么索引将从0重新计数；如果是关联索引数组，则key值不变。

参数说明：

◇ array：需要移除元素的数组。

返回值：返回被移除的元素值，如果array是个空数组，将会返回NULL。

在动手写7.4.5中，使用array_pop()和array_shift()两种方式删除数组元素。

动手写7.4.5

```
<?php
$arr = ['零基础PHP从入门到精通', '零基础JAVA从入门到精通', '零基础PYTHON从入门到精通'];
array_pop($arr);                                    //移除数组尾部元素
print_r($arr);
array_shift($arr);                                  //移除数组头部元素
print_r($arr);
```

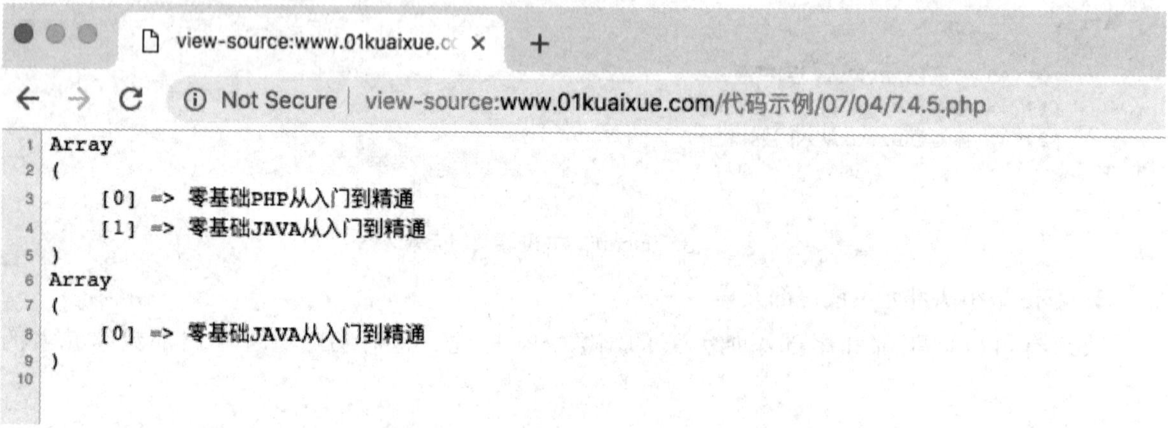

图7.4.4　删除数组头部和尾部的元素

3. 根据元素值，删除数组的多个元素

array_diff函数()语法如下：

```
array array_diff ( array $array1 , array $array2 [, array $... ] )
```

功能：array_diff()函数会计算数组的差集，可以接受多个数组，对比array1的元素和其他数组元素，返回在array1中有但在其他数组中没有的元素。

参数说明：

◇ array1：原始数组，等待做对比求差集。

◇ array2、3…：删除元素的数组。

返回值：array1和其他数组求差集，返回一个新的数组。

动手写7.4.6

```
<?php
$arr = ['零基础PHP从入门到精通', '零基础JAVA从入门到精通', '零基础PYTHON从入门到精通'];
$arr = array_diff($arr, ['零基础PHP从入门到精通', '零基础PYTHON从入门到精通']);
print_r($arr);
```

图7.4.5 求差集方式删除数组元素

7.4.4 数组去重

数组去重的应用场景比较多，例如：通讯录的所有电话号码存储在一个数组中，使用数组去重可以实现电话号码去重功能；商品网站收录了很多商品，商品信息存于一个数组中，数组去重后再求长度，可以得到所有不同商品的个数。

array_ unique函数()语法如下：

```
array array_unique ( array $array [, int $sort_flags = SORT_STRING ] )
```

功能：array_ unique()函数接受一个数组，将数组中重复的元素删除，返回一个去重后的数组。

参数说明：

◇ array：输入数组。

◇ sort_flags：可选参数，支持四种方式。SORT_REGULAR是通常方法比较，不去修改类型；SORT_NUMERIC用于转换成数字再比较；SORT_STRING是参数默认值，转换成字符串再比较；SORT_LOCALE_STRING是本地化设置，按照字符串比较。

返回值：数组去除重复元素后，生成新的数组。

提示

默认去重方式为SORT_STRING，对于数组中的任意两个元素value1和value2，当(string) $value1=== (string) $value2时两个元素被认为相同，触发去重操作。

动手写7.4.7

```
<?php
$arr = ['123', 123, 'abc', 0, false];
var_dump(array_unique($arr));
var_dump(array_unique($arr, SORT_NUMERIC));
```

运行结果如图7.4.6所示：

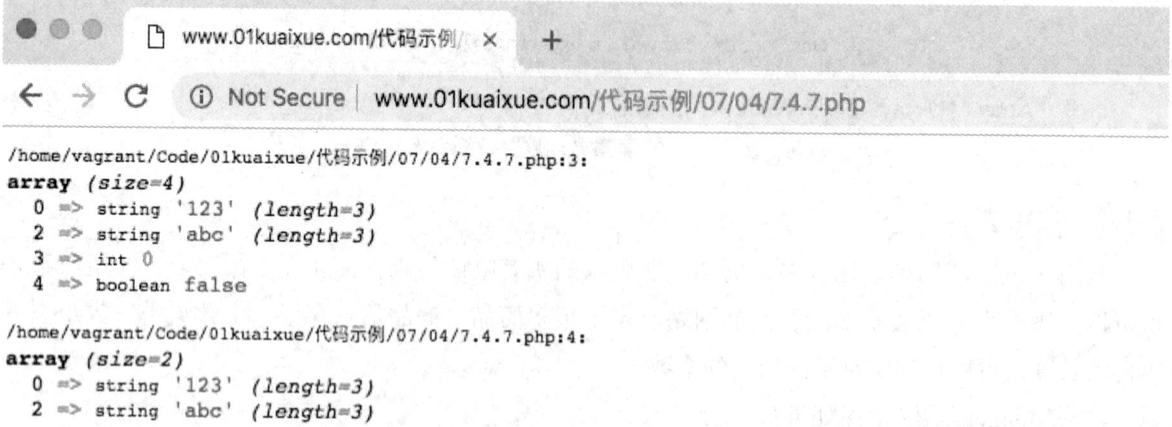

图7.4.6　数组去除重复元素

其中，数组$arr初始有五个元素：字符串123、数字123、字符串abc、数字0和布尔值false。array_unique()函数去重默认采用SORT_ STRING方式，将元素转换为字符串后再比较。由于数字123转换成字符串后和字符串123重复，因此去重最终结果为字符串123、字符串abc、数字0和布尔值false。

第二次去重采用SORT_NUMERIC方式，字符串123和数字123转换为数字后对比重复，删除数字123；字符串abc、数字0和布尔值false转换成数字后全部为0，重复，删除数字0和布尔值false，去重最终结果为字符串123和字符串abc。

提 示

数组去重时，保留键值排在前面的元素，后面的重复元素被删除。

7.4.5　数组查找

数组查找就是查询一个数组中是否存在某个元素。有多个函数提供了查询功能，分别是in_array()、array_search()和array_keys()。下面介绍这三个函数的使用。

1. in_array()

语法如下：

```
bool in_array ( mixed $needle , array $haystack [, bool $strict = FALSE ] )
```

功能：给定一个元素值needle，查找数组haystack中是否含有该元素。

参数说明：

◇ needle：待查找的元素值。

◇ haystack：待查找的数组。

◇ strict：可选，默认为false，使用宽松比较。当设置为true时，会比较needle的类型和haystack数组中的元素类型是否相同。

返回值：如果从数组haystack中找到了needle值，返回true，否则返回false。

动手写7.4.8

```
<?php
$arr = ['01PHP', '01JAVA', '01PYTHON', '01NodeJS', '123456'];
var_dump(in_array('01PHP', $arr));                  //true
var_dump(in_array(123456, $arr));                   //true
var_dump(in_array(123456, $arr, true));             //强类型判断，返回false
```

2. array_search()

语法如下：

```
bool array_search ( mixed $needle , array $haystack [, bool $strict = FALSE ] )
```

array_search()的语法功能与in_array()是一模一样的，唯一区别就是，如果找到了needle元素，则返回数组对应的键值key。

动手写7.4.9

```
<?php
$arr = ['01PHP', '01JAVA', '01PYTHON', '01NodeJS', '123456'];
var_dump(array_search('01PHP', $arr));              //返回0，01PHP在数组中的位置
var_dump(array_search(123456, $arr));               //返回4，123456在数组中的位置
var_dump(array_search(123456, $arr, true));         //强类型判断，返回false
```

3. array_keys()

语法如下：

```
array array_keys ( array $array [, mixed $search_value = null [, bool $strict = false ]] )
```

功能：在不传递search_value时，返回数组array的所有键名；如果传递search_value，则返回和search_value值相同的所有键名。

参数说明：

◇ array：待查找的数组。

◇ search_value：可选，待搜索的元素值。

◇ strict：可选，默认为false，使用宽松比较。

返回值：一个新的数组，包含所有符合要求的键名。

动手写7.4.10

```
<?php
$array = array(0 => '01PHP', 'language' => '01JAVA');
print_r(array_keys($array));

$array = array('01PHP', '01JAVA', '01PHP', '01NodeJS', '01PHP');
print_r(array_keys($array, '01PHP'));

$array = array('01' => array('01PHP', '01JAVA', '01PHP'),
          'kuaixue'  => array('01PHP', '01NodeJS'));
print_r(array_keys($array));
```

运行结果如图7.4.7所示：

图7.4.7　使用array_keys查询数组元素位置

提示

array_keys()返回数组中的所有索引key值，对应还有一个类似的函数——array_values()，返回数组中的所有元素value值。

7.4.6　数组合并

将两个数组合并，使用array_merge()方法，其支持同时将多个数组合并。

语法如下：

```
array array_merge ( array $array1 [, array $... ] )
```

功能：array_merge()接受一个或多个数组，将这些数组元素进行合并。

参数说明：

◇ array1：第一个要合并的数组。

◇ array …：其他待合并的数组，可传递多个。

返回值：合并之后的新数组。

提示

当被合并的数组之间存在相同的键名时，若键名是非数字，那么后面的值将会被覆盖；若键名是数字，则不会被覆盖，而是追加新的键名。

动手写7.4.11

```
<?php
$array1 = array('name' => '小明', 'love' => 'PHP', 0 => 'hello');
$array2 = array('name' => '小强', 'like' => 'PHP', 0 => 'word');
print_r(array_merge($array1, $array2));
```

运行结果如图7.4.8所示：

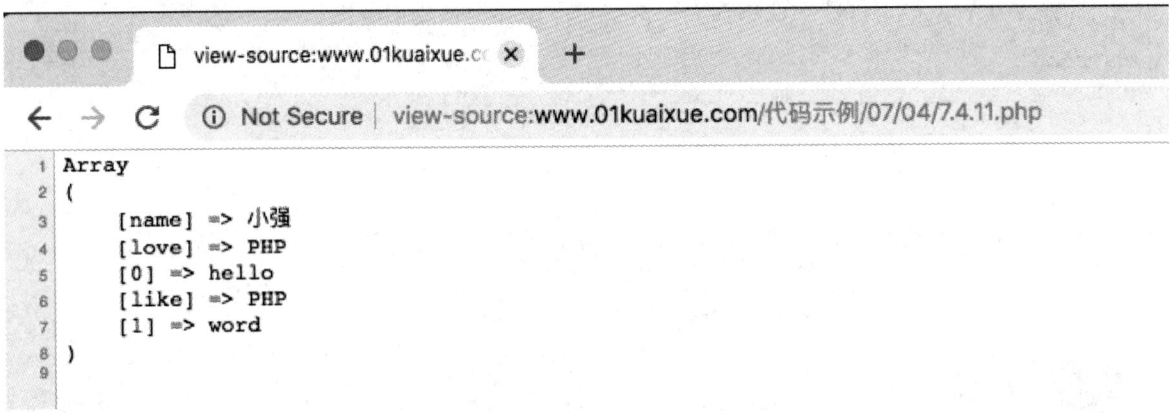

图7.4.8　数组去除重复元素

数组合并函数array_merge()通常会配合数组去重函数array_unique()使用，有很多应用场景。比如一个旅游网站，数组a存储了一个用户某年去过的所有城市，而数组b存储了该用户第二年去过的所有城市，那么将数组a和数组b合并然后去重，就能得到两年间该用户去过的所有不同的城市。

7.4.7 数组排序

排序，就是让PHP数组中的元素能以字母或数字顺序进行升序或降序排序。以下函数均实现了数组排序功能，可以在不同场景使用。

◇ sort()，以升序对数组排序。

◇ rsort()，以降序对数组排序，和sort()函数正好相反。

◇ asort()，根据值，以升序对关联数组进行排序，并保持索引关系。

◇ ksort()，根据键，以升序对关联数组进行排序。

◇ arsort()，根据值，以降序对关联数组进行排序，并保持索引关系。

◇ krsort()，根据键，以降序对关联数组进行排序。

动手写7.4.12

```
<?php
$arr = ['m','z','F','b','c','f',9,'h','d','a',3,4,5,'e','A',7];
sort($arr); // 从A-Z，a-z，数字从小到大，进行排序
print_r($arr);
$arr = ['m','z','F','b','c','f',9,'h','d','a',3,4,5,'e','A',7];
rsort($arr); // 数字从大到小，从z-a，Z-A，进行排序
print_r($arr);
$arr = ['m','z','F','b','c','f',9,'h','d','a',3,4,5,'e','A',7];
asort($arr); // 从A-Z，a-z，数字从小到大，进行排序，并保持索引关系
print_r($arr);
```

提示

数组排序的相关函数，接受的参数均以引用方式传递，因此会改变数组原始值。

7.5 小结

本章主要介绍PHP中数组的构成和使用方法、常用的数组创建方式、数组的遍历、常见的数组操作（包括数组去重、查找、合并和排序）等。PHP的数组类型为程序开发带来了极大的便利，通过对数组的学习可以大大提高开发者的效率。

7.6 知识拓展

7.6.1 数组函数速查表

本节给出数组操作的相关函数，在使用这些数组时，可以通过PHP官网查阅具体用法，也可以根据编辑器的提示直接使用。

表7.6.1 数组操作函数

函数名	函数功能
array_change_key_case()	将数组的索引全部改成大写或者小写，数字索引不作修改
array_chunk()	将一个数组拆分成多个数组
array_column()	返回数组中指定的某一列
array_combine()	将两个数组相结合生成新的数组，一个数组作为key，一个数组作为value
array_count_values()	统计数组元素中不同的值分别出现的次数
array_diff_assoc()	计算数组的差集，同时比较key和value
array_diff_key()	通过键名比较计算数组的差集
array_diff_uassoc()	与array_diff_assoc()功能类似，支持接受回调函数
array_diff_ukey()	与array_diff_key()功能类似，支持接受回调函数
array_diff()	计算数组的差集
array_fill_keys()	使用指定的键填充成新的数组
array_fill()	使用指定的值填充成新的数组
array_filter()	过滤数组中的元素，支持接受回调函数
array_flip()	将数组中的key和value进行反转
array_intersect_assoc()	计算数组的交集，同时比较key和value
array_intersect_key()	通过键名比较计算数组的交集
array_intersect_uassoc()	与array_intersect_assoc()功能类似，支持接受回调函数
array_intersect_ukey()	与array_intersect_key()功能类似，支持接受回调函数
array_intersect()	计算数组的交集
array_key_exists()	判断数组中是否存在给定的索引key
array_keys()	返回数组中的索引key
array_map()	通过回调函数，对每个元素进行操作

（续上表）

函数名	函数功能
array_merge_recursive()	合并数组，使用递归方式
array_merge()	合并一个或多个数组
array_multisort()	多维数组的排序
array_pad()	使用指定的值填充数组到指定的长度
array_pop()	移除数组尾部最后一个元素
array_product()	计算数组中所有值的乘积
array_push()	添加一个元素到数组尾部
array_rand()	从数组中随机抽取某个元素
array_reduce()	使用回调方式，将数组简化为单一的值
array_replace_recursive()	使用递归方式进行数组替换操作
array_replace()	数组替换
array_reverse()	反转数组中的所有元素
array_search()	数组搜索
array_shift()	将数组头部元素移除
array_slice()	从数组中获取指定的一段
array_splice()	删除数组中指定的一段，并用其他数组代替
array_sum()	计算数组中所有值的和
array_unique()	数组元素去重
array_unshift()	插入一个元素到数组的头部
array_values()	返回数组中所有的值
array_walk_recursive()	接受回调函数，递归的遍历数组并触发回调函数功能
array_walk()	接受回调函数，遍历数组并触发回调函数功能
arsort()	根据值，以降序对关联数组进行排序，并保持索引关系
asort()	根据值，以升序对关联数组进行排序，并保持索引关系
compact()	创建一个数组，数组中的变量名成为键名而变量的内容成为该键的值
count()	计算数组长度
current()	返回数组当前单元

（续上表）

函数名	函数功能
each()	返回数组中当前的键值对，并将数组指针移动一步
end()	数组指针指到最后位置
extract()	和compact()相反，将数组导出到当前变量中
in_array()	判断变量是否在数组中
key_exists()	array_key_exists()函数的别名
key()	获取关联数组中的键名
krsort()	根据键，以降序对关联数组进行排序
ksort()	根据键，以升序对关联数组进行排序
list()	将数组中的值赋给一组变量
next()	数组指针向前移动一位
pos()	current()函数的别名
prev()	将数组指针倒回一位
range()	根据指定的范围区间，创建一个数组
reset()	重置数组指针，指到第一个元素位置
rsort()	以降序对数组排序，和sort()函数正好相反
shuffle()	打乱一个数组顺序
sizeof()	count()函数的别名
sort()	以升序对数组排序
uasort()	支持回调函数，根据值对数组进行排序，并保持索引关系
uksort()	支持回调函数，根据键对数组进行排序
usort()	支持回调函数，对数组进行排序

7.6.2　多维数组操作

本小节以一个例子介绍多维数组操作。某次学校考试，一共三个班级，分别为1、2、3，四门考试分别是数学（maths）、物理（physics）、化学（chemistry）和英语（english）。所有班级学生的单科成绩都出来了，现在需要统计每名学生的四门考试总成绩排名。

动手写7.6.1

```
<?php
$arr = array(
    '1' => array(
        '李明' => array('maths' => 77, 'physics' => 80, 'chemistry' => 75, 'english' => 89),
        '张洋' => array('maths' => 90, 'physics' => 97, 'chemistry' => 87, 'english' => 90),
        '孙涛' => array('maths' => 81, 'physics' => 84, 'chemistry' => 79, 'english' => 88),
        '王其' => array('maths' => 92, 'physics' => 90, 'chemistry' => 90, 'english' => 89),
        '李宇' => array('maths' => 80, 'physics' => 77, 'chemistry' => 85, 'english' => 93),
        '赵春' => array('maths' => 75, 'physics' => 78, 'chemistry' => 80, 'english' => 75),
        '鹤佳' => array('maths' => 94, 'physics' => 90, 'chemistry' => 77, 'english' => 90)
    ),
    '2' => array(
        '吕倬' => array('maths' => 88, 'physics' => 92, 'chemistry' => 85, 'english' => 91),
        '景刚' => array('maths' => 84, 'physics' => 88, 'chemistry' => 89, 'english' => 85),
        '宋仁' => array('maths' => 93, 'physics' => 94, 'chemistry' => 94, 'english' => 90),
        '郑夏' => array('maths' => 79, 'physics' => 84, 'chemistry' => 89, 'english' => 90),
        '刘明' => array('maths' => 96, 'physics' => 93, 'chemistry' => 95, 'english' => 95),
        '张岩' => array('maths' => 99, 'physics' => 98, 'chemistry' => 95, 'english' => 94),
        '赵盟' => array('maths' => 80, 'physics' => 83, 'chemistry' => 85, 'english' => 83)
    ),
    '3' => array(
        '张辉' => array('maths' => 91, 'physics' => 95, 'chemistry' => 93, 'english' => 90),
        '高洁' => array('maths' => 82, 'physics' => 77, 'chemistry' => 79, 'english' => 80),
        '相靓' => array('maths' => 73, 'physics' => 80, 'chemistry' => 80, 'english' => 75),
        '王可' => array('maths' => 85, 'physics' => 85, 'chemistry' => 74, 'english' => 80),
        '孙曦' => array('maths' => 86, 'physics' => 92, 'chemistry' => 90, 'english' => 88),
        '陈勇' => array('maths' => 93, 'physics' => 93, 'chemistry' => 89, 'english' => 86),
        '洪光' => array('maths' => 90, 'physics' => 89, 'chemistry' => 90, 'english' => 96)
    ),
);
// 创建一个学生数组，用于存储每个学生的总成绩
$ar_student = array();
// 获取每个学生的成绩
foreach ($arr as $class_name => $class_student)
{
```

```
  foreach ($class_student as $name => $value)
  {
    $student = array();
    $student['class'] = $class_name;
    $student['name'] = $name;
    // 计算学生的总成绩
    $student['score'] = array_sum($value);
    // 获取学生的单科成绩，并合并到$ar_student数组中
    $student = array_merge($student, $value);
    $ar_student[] = $student;
  }
}
// 根据成绩对二维数组进行排序
$arr1 = array_map(create_function('$n', 'return $n["score"];'), $ar_student);
array_multisort($arr1, SORT_DESC, $ar_student);
?>
<html>
<head><style type="text/css">table{text-align:center;}</style></head>
<body>
<center>
  <table cellspacing=0 width=500 border=1>
    <thead><tr><td  align="center" colspan=7>学生考试成绩表</td></tr></thead>
      <tr><td rowspan=2>班级</><td rowspan=2>姓名</td><td colspan=4>单项成绩</td><td
rowspan=2>总成绩</td></>
    <tr><td>数学</td><td>物理</td><td>化学</td><td>英语</td></tr>
    <?php foreach ($ar_student as $student){ ?>
    <tr>
      <td><?=$student['class']?></td>
      <td><?=$student['name']?></td>
      <td><?=$student['maths']?></td>
      <td><?=$student['physics']?></td>
      <td><?=$student['chemistry']?></td>
      <td><?=$student['english']?></td>
      <td><?=$student['score']?></td>
    </tr>

 <?php } ?>
```

```
  </table>
  </center>
</body>
</html>
```

上面的例子中，使用了array_merge()将学生单科成绩和学生基础信息进行合并，使用array_sum()对数组元素进行求和，使用array_map()和array_multisort()对二维数组进行排序，最终用foreach()输出到浏览器中。

运行结果如图7.6.1所示；

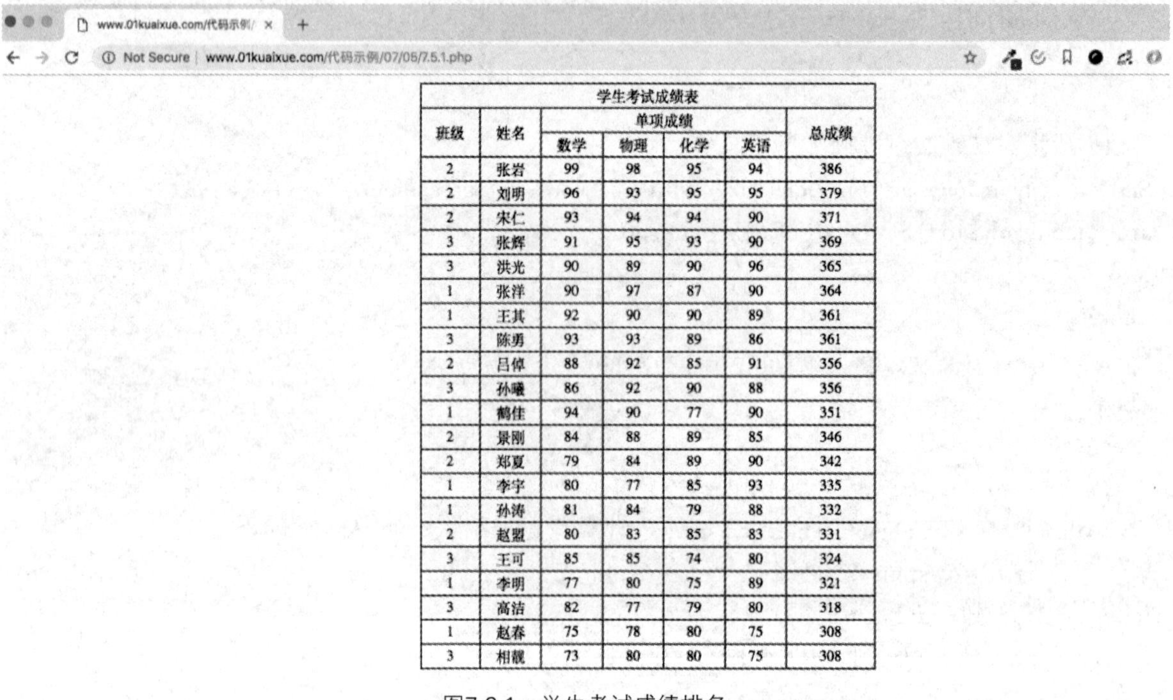

学生考试成绩表						
班级	姓名	单项成绩				总成绩
		数学	物理	化学	英语	
2	张岩	99	98	95	94	386
2	刘明	96	93	95	95	379
2	宋仁	93	94	94	90	371
3	张辉	91	95	93	90	369
3	洪光	90	89	90	96	365
1	张洋	90	97	87	90	364
1	王其	92	90	90	89	361
3	陈勇	93	93	89	86	361
2	吕倬	88	92	85	91	356
3	孙曦	86	92	90	88	356
1	鹤佳	94	90	77	90	351
2	景刚	84	88	89	85	346
2	郑夏	79	84	89	90	342
1	李宇	80	77	85	93	335
1	孙涛	81	84	79	88	332
2	赵盟	80	83	85	83	331
3	王可	85	85	74	80	324
1	李明	77	80	75	89	321
3	高洁	82	77	79	80	318
1	赵春	75	78	80	75	308
3	相靓	73	80	80	75	308

图7.6.1　学生考试成绩排名

第8章 正则表达式

8.1 正则表达式介绍

正则表达式（Regular Expression，在代码中常简写为regex、regexp或RE），又称正规表示式、正规表示法、正规表达式、规则表达式、常规表示法，是计算机科学的一个概念。

顾名思义，正则表达式是符合一定规则的表达式，是用于匹配字符串中字符组合的模式，是使用单个字符串来描述、匹配一系列符合某个句法规则的字符串。在很多文本编辑器里，正则表达式通常被用来检索、替换那些匹配某个模式的文本（字符串）。

字符串是在编程中经常涉及的一种数据结构，对字符串的操作也是各式各样、形式多变。因此，如何快速、方便地处理字符串非常重要。

例如，当我们要判断用户输入的E-mail地址是否合法时，如果我们不使用正则表达式来判断用户输入的E-mail地址，我们就会自定义一个函数提取“@”关键字，然后分割前后的字符串，再分别进行判断是否合法等步骤。又例如，我们在各大网站注册用户时常看到对用户名的要求（如要求6~18个字符，可使用字母、数字、下划线，需以字母开头等），如果我们不是用正则表达式来判断，那么我们就要写一堆麻烦的代码来判断用户输入的用户名是否合法。这样的代码不但冗长，而不能一目了然，且难以被重复利用，甚至在应对多变的需求时，更不方便维护。

正则表达式就是为了这种匹配判断文本类型的工作而诞生的。有了正则表达式，上述工作便简单多了。

正则表达式的设计思想就是使用一些描述性的符号和文字，为字符串定义一个规则。凡是符合这个规则的，程序就认为文本是“匹配”的，否则就认为文本是“不匹配”的。正则表达式的匹配过程，通俗地讲，就是逐字匹配表达式的描述规则，如果每个字符都匹配，那么程序就认为匹配成功，只要有一个匹配不成功，那么匹配就失败。

8.2 正则表达式语法

8.2.1 普通字符

普通字符是正则表达式中最基本的结构之一。要理解正则表达式，自然也要从普通字符开始。本节主要介绍普通字符。

普通字符包括没有显式指定为元字符的所有可打印和不可打印字符，这包括所有大写和小写字母、所有数字、所有标点符号和一些其他符号。

我们先以数字为例。假设我们想判断一个长度为1的字符串是不是数字（即这个位置上的字符只能是“0”“1”“2”“3”“4”“5”“6”“7”“8”“9”这十个数字）。如果我们使用程序去判断，那么一个可能的思路是用十个条件分支去判断这个字符串是否等于这十个字符。伪代码如下：

```
num == "0" or num == "1" or num == "2" … or num == "9"
```

这不失为一种有效的办法，但太过于烦琐。如果我们判断的是英文字母或长度非常长并且可能是各种字符混合的字符串时，代码就几乎无法阅读了。但是，我们使用普通字符就可以非常简单地解决此类问题。

```
[0123456789]
```

这就是判断一个长度为1的字符串是不是数字的正则表达式。方括号“[]”表示这是一个字符组，代表一位字符。方括号中的数字“0123456789”表示只要我们匹配的字符串与其中任何一个字符相同，那么我们就会认为匹配成功，反之则认为匹配失败。

当然，还有更简单的写法：

```
[0-9]
```

如果符合规则的字符范围是连续的，我们可以用“-”省略中间字符，相当于汉字中的“到”，可以直接读成“零到九”。

为什么是0-9而不是9-0呢？要理解这个问题，就必须要了解字符的本质。在正则中所有的字符类型都有对应的编码，图8.2.1是一张ASCII编码表。“0”对应的是十进制中的“48”，“9”对应的是十进制的“57”。码值小的在前，码值大的在后，所以判断数字需写成“[0-9]”。

Dec	Bin	Hex	Char	Dec	Bin	Hex	Char	Dec	Bin	Hex	Char	Dec	Bin	Hex	Char
0	0000 0000	00	[NUL]	32	0010 0000	20	space	64	0100 0000	40	@	96	0110 0000	60	`
1	0000 0001	01	[SOH]	33	0010 0001	21	!	65	0100 0001	41	A	97	0110 0001	61	a
2	0000 0010	02	[STX]	34	0010 0010	22	"	66	0100 0010	42	B	98	0110 0010	62	b
3	0000 0011	03	[ETX]	35	0010 0011	23	#	67	0100 0011	43	C	99	0110 0011	63	c
4	0000 0100	04	[EOT]	36	0010 0100	24	$	68	0100 0100	44	D	100	0110 0100	64	d
5	0000 0101	05	[ENQ]	37	0010 0101	25	%	69	0100 0101	45	E	101	0110 0101	65	e
6	0000 0110	06	[ACK]	38	0010 0110	26	&	70	0100 0110	46	F	102	0110 0110	66	f
7	0000 0111	07	[BEL]	39	0010 0111	27	'	71	0100 0111	47	G	103	0110 0111	67	g
8	0000 1000	08	[BS]	40	0010 1000	28	(	72	0100 1000	48	H	104	0110 1000	68	h
9	0000 1001	09	[TAB]	41	0010 1001	29	)	73	0100 1001	49	I	105	0110 1001	69	i
10	0000 1010	0A	[LF]	42	0010 1010	2A	*	74	0100 1010	4A	J	106	0110 1010	6A	j
11	0000 1011	0B	[VT]	43	0010 1011	2B	+	75	0100 1011	4B	K	107	0110 1011	6B	k
12	0000 1100	0C	[FF]	44	0010 1100	2C	,	76	0100 1100	4C	L	108	0110 1100	6C	l
13	0000 1101	0D	[CR]	45	0010 1101	2D	-	77	0100 1101	4D	M	109	0110 1101	6D	m
14	0000 1110	0E	[SO]	46	0010 1110	2E	.	78	0100 1110	4E	N	110	0110 1110	6E	n
15	0000 1111	0F	[SI]	47	0010 1111	2F	/	79	0100 1111	4F	O	111	0110 1111	6F	o
16	0001 0000	10	[DLE]	48	0011 0000	30	0	80	0101 0000	50	P	112	0111 0000	70	p
17	0001 0001	11	[DC1]	49	0011 0001	31	1	81	0101 0001	51	Q	113	0111 0001	71	q
18	0001 0010	12	[DC2]	50	0011 0010	32	2	82	0101 0010	52	R	114	0111 0010	72	r
19	0001 0011	13	[DC3]	51	0011 0011	33	3	83	0101 0011	53	S	115	0111 0011	73	s
20	0001 0100	14	[DC4]	52	0011 0100	34	4	84	0101 0100	54	T	116	0111 0100	74	t
21	0001 0101	15	[NAK]	53	0011 0101	35	5	85	0101 0101	55	U	117	0111 0101	75	u
22	0001 0110	16	[SYN]	54	0011 0110	36	6	86	0101 0110	56	V	118	0111 0110	76	v
23	0001 0111	17	[ETB]	55	0011 0111	37	7	87	0101 0111	57	W	119	0111 0111	77	w
24	0001 1000	18	[CAN]	56	0011 1000	38	8	88	0101 1000	58	X	120	0111 1000	78	x
25	0001 1001	19	[EM]	57	0011 1001	39	9	89	0101 1001	59	Y	121	0111 1001	79	y
26	0001 1010	1A	[SUB]	58	0011 1010	3A	:	90	0101 1010	5A	Z	122	0111 1010	7A	z
27	0001 1011	1B	[ESC]	59	0011 1011	3B	;	91	0101 1011	5B	[	123	0111 1011	7B	{
28	0001 1100	1C	[FS]	60	0011 1100	3C	<	92	0101 1100	5C	\	124	0111 1100	7C	|
29	0001 1101	1D	[GS]	61	0011 1101	3D	=	93	0101 1101	5D	]	125	0111 1101	7D	}
30	0001 1110	1E	[RS]	62	0011 1110	3E	>	94	0101 1110	5E	^	126	0111 1110	7E	~
31	0001 1111	1F	[US]	63	0011 1111	3F	?	95	0101 1111	5F	_	127	0111 1111	7F	[DEL]

图8.2.1　ASCII编码表

同理，如果想判断一个长度为1的字符串是不是英文小写字符，我们可以写成：

```
[a-z]
```

注意，虽然在ASCII编码表中，大写字母在小写字母之前，但是我们不应该用“[A-z]”来包括所有大小写英文字母，因为在这个范围中包含了其他特殊字符，严谨的写法应该是“[A-Za-z]”或者“[a-zA-Z]”。

那么如何判断一个长度为2的字符串是不是数字呢？

```
[0-9][0-9]
```

没错，只要写两遍就行了（下一节将会介绍更简洁的办法）。假设想判断用户输入的是“Y”或者“y”，正则表达式只需写成：

```
[Yy]
```

当允许的字符范围只有一个时，可以省略“[]”。例如，判断用户输入的是“Yes”或者“yes”：

```
[Yy]es
```

8.2.2 字符转义

在上一节中，我们看到代表数字范围“0”到“9”使用的是“[0-9]”，其中“-”表示范围，并不代表字符“-”本身。此类字符我们称之为元字符。不只是“-”，例子中的“[”“]”都是元字符，这些字符在匹配中都有着特殊的意义。那么，如果我们想匹配“-”字符本身的话，就需要做一下特殊处理了。

其实在正则表达式中，这类字符转义都有通用的方法，就是在字符前加上“\”。例如，匹配“[”本身，正则表达式可以写成：

```
[\[]
```

如果想匹配“0”“-”和“9”则可以写成：

```
[0\-9]
```

这样就只会匹配“0”“-”和“9”三个字符，而不是“0”到“9”这十个字符。

8.2.3 元字符

就如上文所说，元字符是在正则表达式中有特殊意义的字符。以下是正则表达式中常见的元字符：

表8.2.1 正则表达式中常见的元字符

元字符	描述
\	将下一个字符标记为特殊字符或字面值。例如，n 匹配字符 n，而 \n 匹配换行符。序列 \\ 匹配 \，而 \(匹配 (
^	匹配输入的开始部分
$	匹配输入的结束部分
*	零次或更多次匹配前面的字符。例如，zo*匹配z或 zoo
+	一次或更多次匹配前面的字符。例如，zo+匹配zoo，但是不匹配z
?	零次或一次匹配前面的字符。例如，a?ve?匹配never中的ve
.	匹配任何单个字符，但换行符除外
(pattern)	匹配模式并记住匹配项。通过使用以下代码，匹配的子串可以检索自生成的匹配项集合：Item [0]...[n]。要匹配圆括号字符 ()，请使用 \(或 \)

（续上表）

<table>
<tr><th>元字符</th><th>描述</th></tr>
<tr><td>x|y</td><td>匹配x或y。例如，z|wood 匹配z或wood。(z|w)oo匹配zoo或wood</td></tr>
<tr><td>{n}</td><td>n是一个非负整数，精确匹配n次。例如，o{2}不匹配Bob中的o，但是匹配foooood中的前两个o</td></tr>
<tr><td>{n,}</td><td>在此表达式中，n是一个非负整数，至少n次匹配前面的字符。例如，o{2,} 不匹配Bob中的o，但是匹配foooood中的所有o。o{1,} 表达式等效于o+，o{0,}等效于o*</td></tr>
<tr><td>{n,m}</td><td>m和n变量是非负整数，至少n次且至多m次匹配前面的字符。例如，o{1,3} 匹配fooooood中的前三个o，o{0,1} 表达式等效于o?</td></tr>
<tr><td>[xyz]</td><td>一个字符集，匹配任意一个包含的字符。例如，[abc] 匹配plain中的a</td></tr>
<tr><td>[^xyz]</td><td>一个否定字符集，匹配任何未包含的字符。例如，[^abc] 匹配plain中的p</td></tr>
<tr><td>[a-z]</td><td>字符范围，匹配指定范围中的任何字符。例如，[a-z] 匹配英语字母中的任何小写的字母字符</td></tr>
<tr><td>[^m-z]</td><td>一个否定字符范围，匹配未在指定范围中的任何字符。例如，[m-z] 匹配未在范围m到z之间的任何字符</td></tr>
<tr><td>\A</td><td>仅匹配字符串的开头</td></tr>
<tr><td>\b</td><td>匹配某个单词的边界，即某个单词和空格之间的位置。例如，er\b匹配never中的er，但是不匹配verb中的er</td></tr>
<tr><td>\B</td><td>匹配非单词边界。ea*r\B表达式匹配never early中的ear</td></tr>
<tr><td>\d</td><td>匹配数字字符</td></tr>
<tr><td>\D</td><td>匹配非数字字符</td></tr>
<tr><td>\f</td><td>匹配换页字符</td></tr>
<tr><td>\n</td><td>匹配换行符</td></tr>
<tr><td>\r</td><td>匹配回车字符</td></tr>
<tr><td>\s</td><td>匹配任何空格，包括空白、制表符、换页字符等</td></tr>
<tr><td>\S</td><td>匹配任何非空格字符</td></tr>
<tr><td>\t</td><td>匹配跳进字符</td></tr>
<tr><td>\v</td><td>匹配垂直跳进字符</td></tr>
<tr><td>\w</td><td>匹配任何单词字符，包括下划线。此表达式等效于 [A-Za-z0-9_]</td></tr>
<tr><td>\W</td><td>匹配任何非单词字符。此表达式等效于 [^A-Za-z0-9__]</td></tr>
<tr><td>\z</td><td>仅匹配字符串的结尾</td></tr>
<tr><td>\Z</td><td>仅匹配字符串的结尾，或者结尾的换行符之前</td></tr>
</table>

元字符较多，本章后面几节将会对常见的元字符展开介绍。

8.2.4 限定符

限定符用来指定输入中必须存在字符、组或字符类的多少实例才能找到匹配项。上一节中的“*”“+”“?”“{n}”“{n,}”和“{n, m}”都是限定符。

我们先来介绍“{n}”。“{n}”限定符表示精确匹配上一元素n次，其中n是任何非负整数，例如：“y{5}”只能匹配“yyyyy”；“3{2}”只能匹配“33”；“\w{3}”可以匹配任意三位英文字母，“yes”“Yes”“abc”和“ESC”都是可以匹配的，但是“No”“123”“No1”都不能被匹配。

“{n,}”限定符表示至少匹配上一元素n次，其中n是任何非负整数。例如，“y{3,}”既可以匹配“yyy”也可以匹配“yyyyyy”；同理，“[0-9]{3,}”可以匹配任意三位数及以上的数字。

“{n, m}”限定符表示至少匹配上一元素n次，但不超过m次，其中n和m是非负整数。例如，“y{2,4}”可以匹配“yy”“yyy”和“yyyy”；同理，“[0-9]{8,11}”表示可以匹配任意八位至十一位的数字。

“*”限定符表示与前面的元素匹配零次或多次，它相当于“{0,}”限定符。例如，“91*9*”可以匹配“919”“9119”“9199999”等，但是不能匹配“9129”“929”等。

“+”限定符表示匹配上一元素一次或多次，它相当于“{1,}”限定符。例如，“an\w+”可以匹配“antrum”等以“an”开头的包含三个及以上字母的单词，但是不能匹配“an”。

“? ”限定符表示匹配上一元素零次或一次，它相当于“{0,1}”。例如“an?”可以匹配“a”和“an”，但是不能匹配“antrum”。

8.2.5 定位符

定位符能够把正则表达式固定到行首或行尾，还能创建一些在一个单词里、一个单词的开头或者一个单词的结尾出现的正则表达式。

定位符用来描述字符串或单词的边界。“^”和“$”分别指字符串的开始与结束，“\b”描述单词的前或后边界，“\B”表示非单词边界。

正则表达式的定位符如下表所示：

表8.2.2 正则表达式的定位符

字符	描述
^	匹配输入字符串的开始位置，如果设置Multiline属性，^也匹配'\n'或'\r'之后的位置。除非在方括号表达式中使用，此时它表示不接受该字符集合。要匹配^字符本身，请使用\^
$	匹配输入字符串结尾的位置。如果设置了Multiline属性，$还会与\n或\r之前的位置匹配
\b	匹配一个单词边界，即单词与空格间的位置
\B	非单词边界匹配

“^”定位符指定以下模式必须从字符串的第一个字符位置开始。例如：“\w+”能匹配“123abc”中的“abc”，但“^\w+”不能匹配“123abc”中的“abc”，只能匹配到“abc123”中的“abc”，因为整个字符串必须是以字母开头。

“$”定位符指定前面的模式必须出现在输入字符串的末尾，或出现在输入字符串末尾的“\n”之前。例如：“\w+”可以匹配“abc123”中的“abc”，但“\w+$”不能匹配“abc123”中的“abc”，却能匹配“123abc”中的“abc”，因为整个字符串必须是以字母结尾。

“\b”定位符指定匹配必须出现在单词字符（“\w”语言元素）和非单词字符（“\W”语言元素）之间的边界上。单词字符包括字母、数字字符和下划线；非单词字符包括不是字母、数字字符或下划线的任何字符。匹配也可以出现在字符串开头或结尾处的单词边界上。“\b”定位符经常用于确保子表达式与整个单词，而不仅仅与单词的开头或结尾匹配。例如：字符串“area bare arena mare”使用正则表达式“\bare\w*\b”去匹配，“area”“arena”都是满足此正则表达式的。

“\B”定位符指定匹配不得出现在单词边界上，它与“\b”定位符正好相反。例如：字符串“equity queen equip acquaint quiet”使用正则表达式“\Bqu\w+”去匹配，“quity”“quip”和“quaint”是满足此正则表达式的。

8.2.6 分组构造

分组构造描述了正则表达式的子表达式，用于捕获输入字符串的子字符串。以下分组构造捕获匹配的子表达式：

（子表达式）

其中“子表达式”为任何有效正则表达式模式。使用括号的捕获按正则表达式中左括号的顺序从一开始由左到右自动编号。

例如，对于字符串“He said that that was the correct answer.”我们使用“(\w+)\s(\w+)\W”来匹配，结果是：

He said 一组，其实“He”和“said”各分别为一个子组。

that that 一组，其中“that”和“that”各分别为一个子组。

was the 一组，其中“was”和“the”各分别为一个子组。

correct answer. 一组，其中“correct”和“answer.”各分别为一个子组。

8.2.7 匹配模式

匹配模式指的是匹配时使用的规则。使用不同的匹配模式可能会改变正则表达式的识别，也可能会改变正则表达式中字符的匹配规定。本节将会介绍几种常见的匹配规则。

不区分大小写模式，指的是在匹配单词时，正则表达式将不会区分字符串中字母的大小写。例如期望用户输入“yes”，但用户也有可能输入“Yes”或者“yES”等，如果区分大小写，那么正则表达式就要写成“[yY][eE][sS]”。这样做确实可以匹配到想要的结果，但是写起来就很麻烦。如果启用了“不区分大小写模式”匹配字符串，我们只需使用正则“yes”就可以匹配用户输入的各种大小写混合的“Yes”“yes”“yEs”等。

单行模式（或者叫点号通配）会改变元字符“.”的匹配方式。元字符“.”几乎可以匹配任何字符，但是默认情况下，“.”不会匹配“\n”换行符。然而有时候确实想要匹配“任何字符”，那么使用单行模式就可以让“.”匹配任何字符（当然也可以使用例如“[\s\S]”“[\w\W]”等技巧来匹配所有字符）。

多行模式改变的是“^”和“$”的匹配方式。默认模式下，“^”和“$”匹配的是整个字符串的起始位置和结束位置；但是在多行模式下，它们将会匹配字符串内部某一行文本的起始位置和结束位置。

8.3 PCRE库

PHP在处理正则表达式方面提供了两套函数库，分别是PCRE函数库和POSIX函数库。

出于性能考虑，开发中主要使用PCRE库。PCRE库是一组使用与Perl编程语言相同的语法和语义实现正则表达式模式匹配的函数。PCRE具有自己的本地API以及一组与POSIX正则表达式API对应的包装函数，而且PCRE库是免费的，即便是用于构建专有软件。PCRE最初是为Exim MTA编写的，但现在被许多开源项目使用，包括Apache、PHP、KDE、Postfix、Analog和Nmap。PCRE也进入了一些众所周知的商业产品，如Apple Safari。本节会重点讲解PHP中常用的PCRE函数。

8.3.1 preg_grep()函数

语法如下：

```
array preg_grep ( string $pattern , array $input [, int $flags = 0 ] )
```

功能：给定一个正则模式pattern和一个数组input，返回数组input中与模式pattern匹配的元素所组成的数组。

参数说明：

◇ pattern：字符串类型，要搜索的正则模式。

◇ input：输入数组。

◇ flags：可选参数，如果设置为PREG_GREP_INVERT，这个函数返回输入数组中与给定模式pattern不匹配的元素所组成的数组。

返回值：数组，使用与input中相同的索引。

动手写8.3.1

```
<?php
$arr = array(
 'Jim' => '021-3456789',                    //符合正则表达式匹配
   'Mike' => '021-1234567',                 //符合正则表达式匹配
   'Jack' => '021-1100335a',                //不符合正则表达式匹配，含有字母a
   'Tom' => '021-77881313'                  //符合正则表达式匹配
);
$result = preg_grep('/021-\d+$/', $arr);
print_r($result);
```

动手写8.3.1中，$arr数组有四个元素，正则匹配的是电话号码，而Jack的电话号码由于结尾有个字母a，因此无法匹配。$result返回匹配后的结果，除去Jack共有三个满足要求，最终结果如图8.3.1所示：

图8.3.1　preg_grep()函数使用

提示

如果数组中的所有元素都不满足正则模式，那么preg_grep()函数将返回空数组。

8.3.2　preg_match()函数

语法如下：

```
int preg_match ( string $pattern , string $subject [, array &$matches [, int $flags = 0 [, int $offset = 0 ]]] )
```

功能：给定一个正则模式pattern和一个字符串subject，从subject中搜索符合正则表达式条件的匹配。

参数说明：

◇ pattern：字符串类型，要搜索的正则模式。

◇ subject：输入字符串。

◇ matches：可选参数，用来存储搜索的结果，$matches[0]为完整匹配字符串，$matches[1]存储捕获分组的内容，如果分组多，那么存储到$matches[2]，以此类推。

◇ flags：可选参数，如果设置为PREG_OFFSET_CAPTURE，会返回匹配到的字符串偏移量。

◇ offset：可选参数，指定字符串从某一位置开始进行正则匹配，默认起始位置0。

返回值：0或者1，0表示没有符合要求的正则匹配值。

动手写8.3.2

```
<?php
//模式分隔符后的"i"标记是一个大小写不敏感的搜索
if(preg_match("/php/i", "欢迎走进零基础PHP从入门到精通"))
   echo "忽略大小写情况下，匹配php关键字成功<br/>";
$str = "PHP, JAVA, Python, MySQL, Linux， JavaScript";  //定义一句话，包括常见编程语言
preg_match('/(\w+),\s(\w+)/', $str, $matches);
print_r($matches);
```

动手写8.3.2中，第一个正则匹配的是忽略大小写的“php”，而字符串中含有大写的“PHP”，因此匹配成功。第二个正则匹配的是连续两个“\w+”，它们之间由逗号和空格（\s）分割，并将这两个“\w+”进行了捕获分组。最终结果如图8.3.2所示：

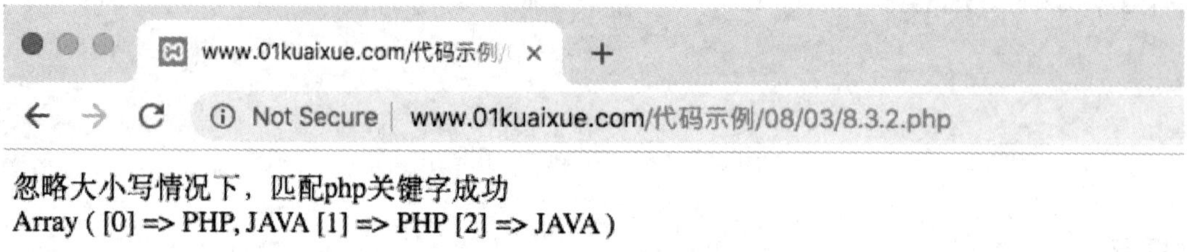

图8.3.2　preg_match()函数使用

提示

捕获分组可以从符合正则要求的字符串匹配中提取有效的信息。

8.3.3　preg_match_all()函数

语法如下：

```
int preg_match_all ( string $pattern , string $subject [, array &$matches [, int $flags = PREG_PATTERN_
ORDER [, int $offset = 0 ]]] )
```

功能：与preg_match()功能类似，preg_match()匹配一个字符串，而preg_match_all()进行全局匹配，获取所有符合要求的正则匹配。

参数说明：

◇ pattern：字符串类型，要搜索的正则模式。

◇ subject：输入字符串。

◇ matches：可选参数，用来存储搜索的结果，$matches[0]为完整匹配字符串，$matches[1]存储捕获分组的内容，以此类推。

◇ flags：可选参数，标记功能。

◇ offset：可选参数，指定字符串从某一位置开始进行正则匹配，默认起始位置为0。

返回值：符合要求的正则匹配次数。

动手写8.3.3

```
<?php
$str = "PHP, JAVA, Python, MySQL, Linux, JavaScript";  //定义一句话，包括常见编程语言
preg_match_all('/(\w+),\s(\w+)/', $str, $matches);
print_r($matches);
```

动手写8.3.3中，preg_match_all()会获取所有符合正则匹配的字符串，因此当找到第一个符合要求的匹配“PHP, JAVA”后，会继续向后寻找，直到找完为止。输出结果如图8.3.3所示：

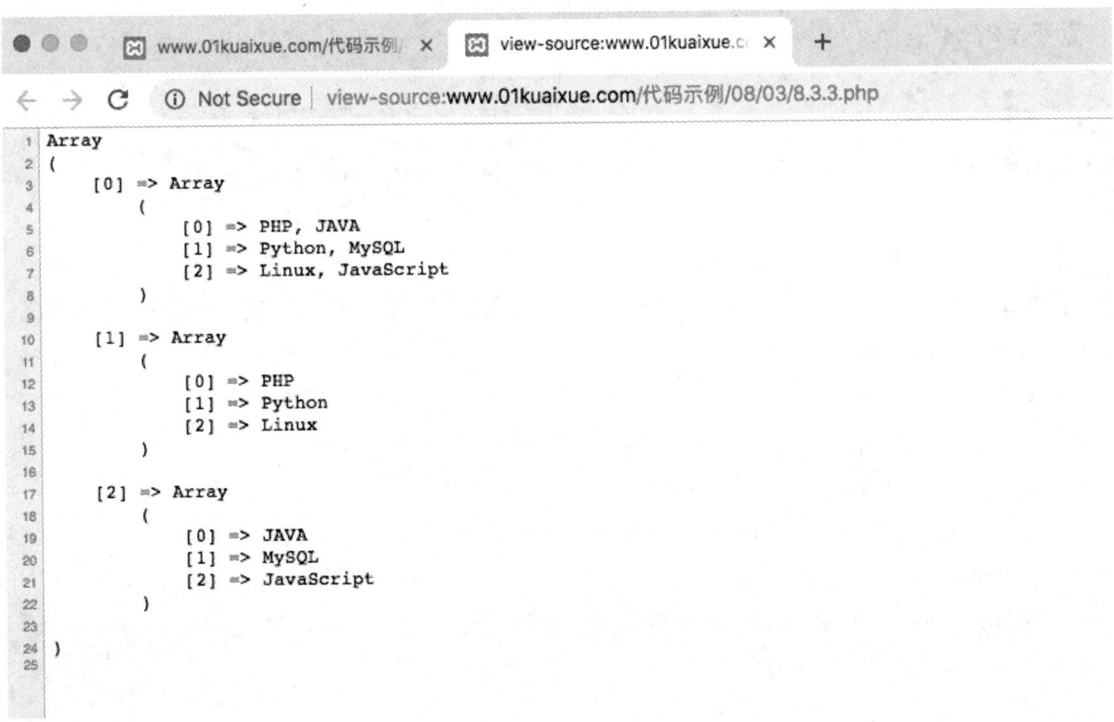

图8.3.3　preg_match_all()函数使用

提示

preg_match()函数和preg_match_all()函数是处理正则表达式业务场景中最常用的两个函数。

8.3.4 preg_replace()函数

语法如下：

```
mixed preg_replace ( mixed $pattern , mixed $replacement , mixed $subject [, int $limit = -1 [, int &$count ]] )
```

功能：给定一个正则模式pattern，搜索subject中匹配pattern的部分，以replacement进行替换。

参数说明：

◇ pattern：字符串类型，要搜索的正则模式。

◇ replacement：用于替换的字符串或者字符串数组。

◇ subject：被替换元素，可以是字符串或者字符串数组。如果是数组，则针对数组中的每一个字符串分别执行替换。

◇ limit：可选参数，替换的最大次数，默认为-1，即无限制。

◇ count：可选参数，制定替换的次数。

返回值：返回匹配后的字符串或者字符串数组。

动手写8.3.4

```
<?php
$str = "Hello PHP 123456789 ABCDEFG 正则表达式替换 abcdefg   TabTab";
echo "<div style='font-weight: bold;'>初始字符串的值是：</div> $str <br/>";
echo "<div style='font-weight: bold;'>去除所有数字：</div>";
echo preg_replace("/[0-9]/", "", $str) . "<br/>";          //匹配所有数字，替换成空，即去除所有数字
echo "<div style='font-weight: bold;'>去除所有小写字母：</div>";
echo preg_replace("/[a-z]/", "", $str) . "<br/>";          //[a-z]代表所有小写字母
echo "<div style='font-weight: bold;'>去除所有大写字母：</div>";
echo preg_replace("/[A-Z]/", "", $str) . "<br/>";          //[A-Z]代表所有大写字母
echo "<div style='font-weight: bold;'>去除所有字母，包括大写和小写：</div>";
echo preg_replace("/[a-z,A-Z]/", "", $str) . "<br/>";   //[a-z,A-Z]代表所有字母，包括大写和小写
echo "<div style='font-weight: bold;'>只保留汉字：</div>";
echo preg_replace("/[\w]/","",$str);                      //只保留汉字
```

preg_replace()可以进行正则匹配并替换，当替换的字符串为空时，功能变为正则匹配并删除。输出结果如图8.3.4所示：

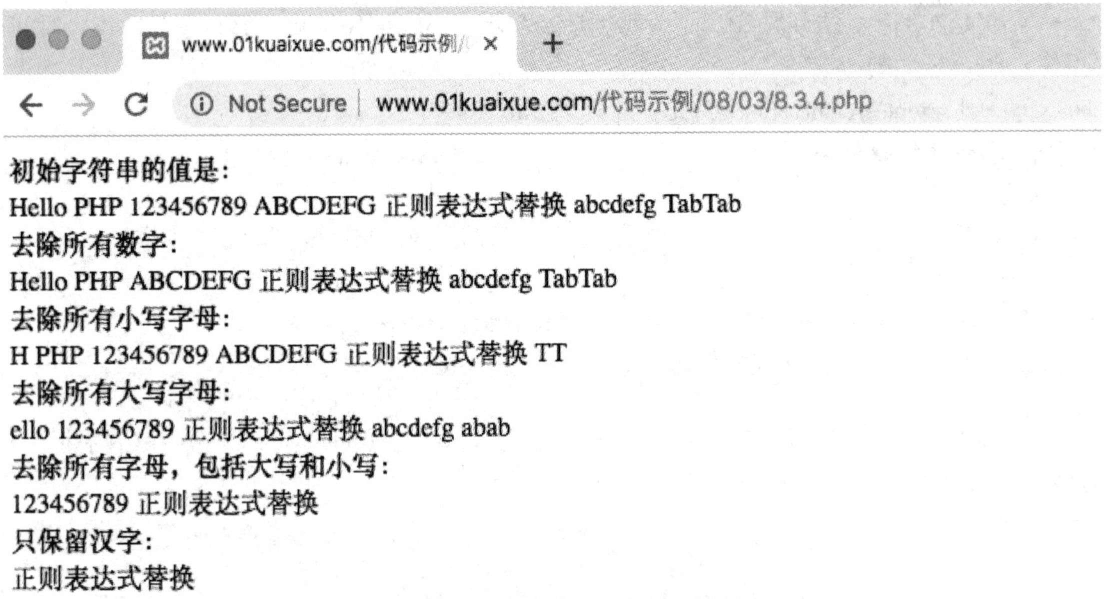

图8.3.4　preg_replace()函数使用

8.3.5　preg_replace_callback()函数

语法如下：

```
mixed preg_replace_callback ( mixed $pattern , callable $callback , mixed $subject [, int $limit = -1 [, int &$count ]] )
```

功能：与preg_replace()功能类似，唯一区别是preg_replace()接受replace字符串作为替换，而preg_replace_callback()接受回调函数callback作为替换。

参数说明：

◇ pattern：字符串类型，要搜索的正则模式。

◇ callback：一个回调函数，在每次需要替换时调用此回调函数。

◇ subject：被替换元素，可以是字符串或者字符串数组。如果是数组，则针对数组中的每一个字符串分别执行替换。

◇ limit：可选参数，替换的最大次数，默认为-1，即无限制。

◇ count：可选参数，制定替换的次数。

返回值：返回匹配后的字符串或者字符串数组。

动手写8.3.5

```
<?php
$str = "今年是2025年，去年是2024年，明年是2026年。还记得10年前，那时才2015年，时间过得很快。<br/>";
echo "<div style='font-weight: bold;'>这是一段标语</div>$str";
function add_year($matches)                         //回调函数将向后调整一年
{
  return $matches[0] + 1;                           //回调函数，将匹配到的数字内容加1
}
echo "<div style='font-weight: bold;'>一年以后，被调整为：</div>";
echo preg_replace_callback("/2\d\d\d/", "add_year", $str) . "<br/>";
```

动手写8.3.5建立了一个函数add_year()，通过preg_replace_callback()匹配所有4位数字年，并进行加1处理。结果如图8.3.5所示：

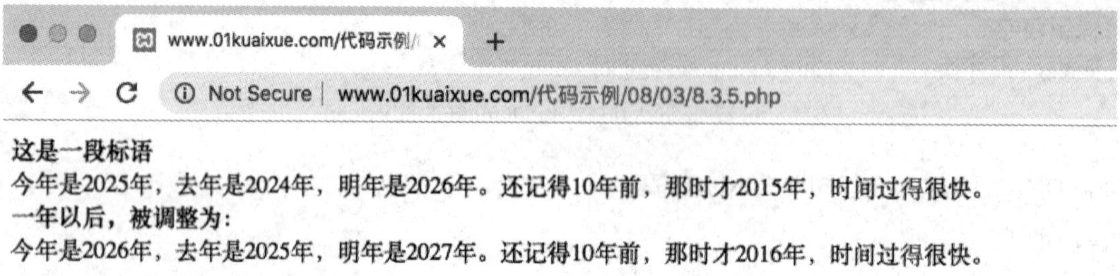

图8.3.5　preg_replace_callback()函数使用

提示

callback函数通常被用于preg_replace_callback()的调用，我们可以定义一个匿名函数作为preg_replace_callback()调用时的回调，避免回调函数污染命名空间。

可以将动手写8.3.5修改为动手写8.3.6，采用匿名函数方式实现preg_replace_callback()。

动手写8.3.6

```
<?php
$str = "今年是2025年，去年是2024年，明年是2026年。还记得10年前，那时才2015年，时间过得很快。<br/>";
echo "<div style='font-weight: bold;'>这是一段标语</div>$str";
echo "<div style='font-weight: bold;'>一年以后，被调整为：</div>";
echo preg_replace_callback("/2\d\d\d/", function($m){return $m[0]+1;}, $str) . "<br/>";
```

8.3.6　PCRE相关函数汇总

表8.3.1　PCRE相关函数汇总

函数名	函数功能
preg_filter()	执行一个正则表达式搜索和替换
preg_grep()	正则匹配，返回符合匹配要求的数组元素
preg_last_error()	获取最近一次正则匹配错误的代码
preg_match_all()	正则匹配，获取所有符合要求的内容
preg_match()	正则匹配，获取一次符合要求的内容
preg_quote()	转义正则表达式字符
preg_replace_callback_array()	PHP 7最新加入，支持提供callback数组进行替换
preg_replace_callback()	正则匹配，利用callback回调函数进行正则替换
preg_replace()	正则匹配并进行字符串替换
preg_split	通过正则表达式进行字符串分割

8.4　小结

本章主要讲解了PHP中正则表达式的使用方法，并对其基本的语法如普通字符、字符转义、元字符等概念，以及PHP提供的与正则相关的函数preg_grep()、preg_match()等的使用方式进行了介绍。

8.5　知识拓展

8.5.1　正则表达式的分组

从“正则表达式语法”中我们学到，正则表达式可以分组。分组就是用一对圆括号“()”标注起来的正则表达式，匹配出的内容就表示一个分组。从正则表达式的左边开始，看到的第一个左括号“(”表示第一个分组，第二个表示第二个分组，照此类推。需要注意的是，有一个隐含的全局分组（就是0），就是整个正则表达式。

动手写8.5.1

```
<?php
$str = "在众多编程语言中，PHP语言容易上手，该语言被广泛使用。<br/>";
```

```
$str .= "在众多编程语言中，Java语言功能强大，该语言被广泛使用。<br/>";
$str .= "在众多编程语言中，Html语言擅长网页渲染，该语言被广泛使用。<br/>";
preg_match_all('/([a-zA-Z]+语言)/', $str, $matches);        //使用括号进行分组
print_r($matches);                                              //查看结果，数组包括正则表达式的分组
```

运行结果如图8.5.1所示：

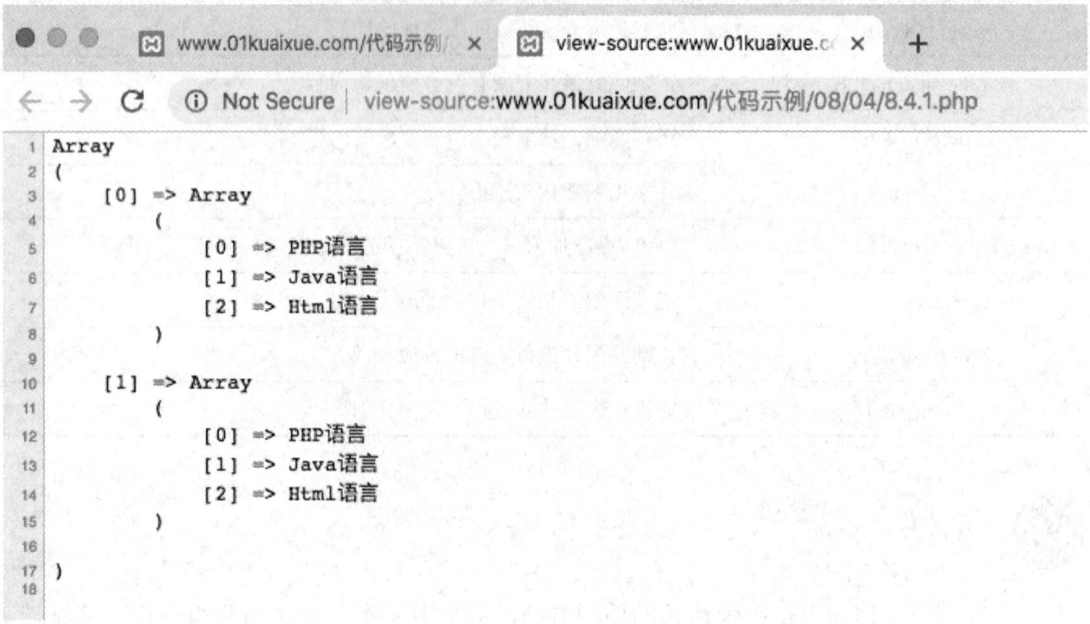

图8.5.1　正则表达式的分组

分组除了可以从匹配结果中获取有用的内容，还可以用在正则替换中。

动手写8.5.2

```
<?php
$str = "今年是2025年，去年是2024年，明年是2026年。还记得10年前，那时才2015年，时间过得很快。<br/>";
echo "<div style='font-weight: bold;'>这是一段标语</div>$str";
echo "<div style='font-weight: bold;'>将年数颜色标红：</div>";
echo preg_replace("/(2\d\d\d)/", "<font color='red'>$1</font>", $str);
```

动手写8.5.2中，由于使用了括号将年份包括起来，因此年份被存放在数组中，在替换字符串中可以使用“$1”代表括号里面的内容。当有多个括号时，替换字符串中可以使用“$1”“$2”“$3”等表示。字符串内容被替换成：

今年是<font color='red'>2025</font>年，去年是<font color='red'>2024</font>年，明年是<font color='red'>2026</font>年。还记得10年前，那时才<font color='red'>2015</font>年，时间过得很快。

8.5.2　贪婪与非贪婪匹配

贪婪与非贪婪模式一般指的是限定符操作是尽可能多地匹配字符串还是尽可能少地匹配字符串。

“贪婪”指的是限定符尽可能多地匹配字符串。默认情况下限定符都是贪婪匹配。

“非贪婪”指的则是限定符尽可能少地匹配字符串。在限定符后加上“?”表示非贪婪匹配。

PHP正则表达式默认采用贪婪模式，但贪婪模式往往会导致匹配内容超出预期，动手写8.5.3就是贪婪模式的例子。点号“.”代表匹配任意值，而在贪婪模式下，“.*”就会尽可能多地匹配所有内容。

动手写8.5.3

```
<?php
$str = "<td>方便面</td><td>啤酒</td>";                     //匹配一段html内容，获取td标签中的元素值
preg_match_all('/<td>(.*)<\/td>/', $str, $matches);        //使用括号进行分组获取
print_r($matches);
```

预期匹配<td>和</td>中间的元素内容，但实际上得到的结果并不是，如图8.5.2所示：

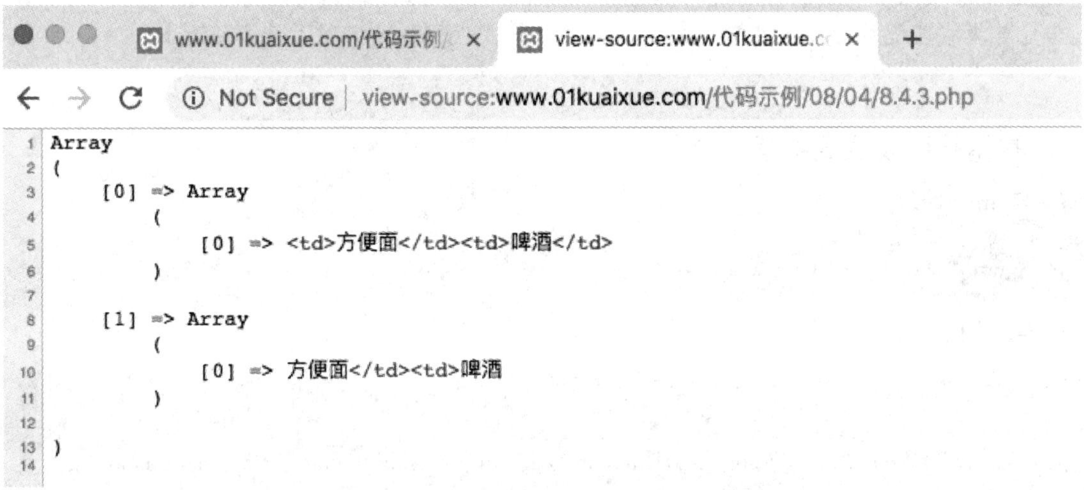

图8.5.2　贪婪模式下的正则匹配

非贪婪模式下，“.*”会尽可能少地匹配内容，并满足整个正则表达式。

动手写8.5.4

```
<?php
$str = "<td>方便面</td><td>啤酒</td>";                     //匹配一段html内容，获取td标签中的元素值
preg_match_all('/<td>(.*?)<\/td>/', $str, $matches);       //使用括号进行分组获取
print_r($matches);
```

结果如图8.5.3所示：

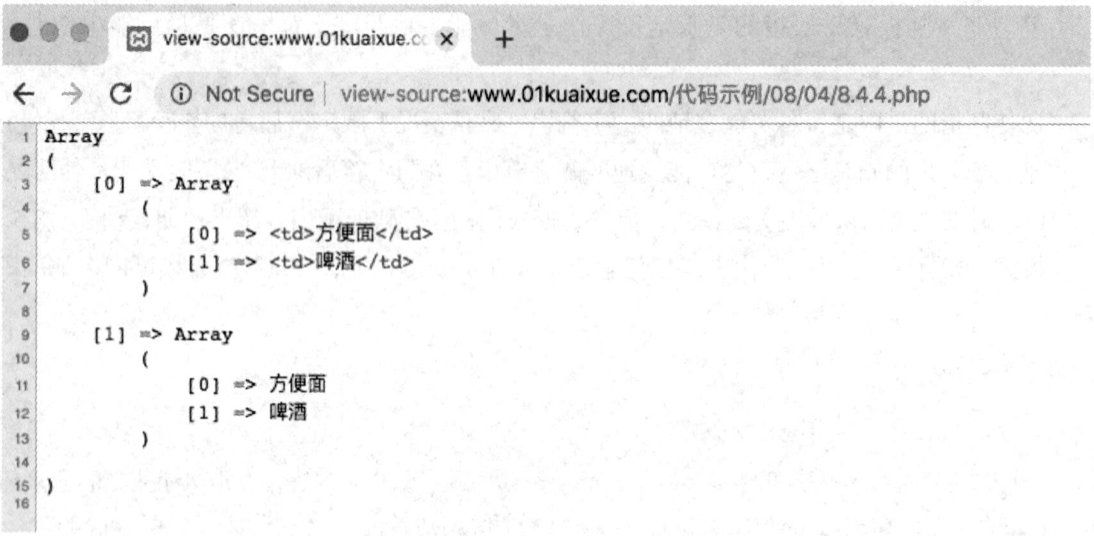

图8.5.3　非贪婪模式下的正则匹配

提示

非贪婪模式匹配的速度比贪婪模式快，而贪婪模式匹配的内容往往比非贪婪模式多。

8.5.3　常用正则表达式参考

1. E-mail地址

```
^\w+([-+.]\w+)*@\w+([-.]\w+)*\.\w+([-.]\w+)*$
```

动手写8.5.5

```
<?php
$ar_str = array("01kuaixue@163.com", "01kuaixue@", "support@baidu.com", "www.baidu.com");
$pattern = '/^\w+([-+.]\w+)*@\w+([-.]\w+)*\.\w+([-.]\w+)*$/';
foreach($ar_str as $str)
{
    if(preg_match($pattern, $str)) echo "这是一个有效的email地址: $str <br/>";
    else echo "这是一个无效的email地址: $str <br/>";
}
```

运行结果：

```
这是一个有效的email地址: 01kuaixue@163.com
这是一个无效的email地址: 01kuaixue@
这是一个有效的email地址: support@baidu.com
这是一个无效的email地址: www.baidu.com
```

2. URL地址

```
^(https?:\/\/)?([\da-z.-]+)\.([a-z.]{2,6})([\/\w .-])\/?$
```

动手写8.5.6

```
<?php
$ar_str = array("c:/windows", "thisIsAUrl", "support@baidu", "www.baidu.com");
$pattern = '/^(https?:\/\/)?([\da-z.-]+)\.([a-z.]{2,6})([\/\w .-])\/?$/';
foreach($ar_str as $str)
{
    if(preg_match($pattern, $str)) echo "这是一个有效的url地址: $str <br/>";
    else echo "这是一个无效的url地址: $str <br/>";
}
```

运行结果：

```
这是一个无效的url地址: c:/windows
这是一个无效的url地址: thisIsAUrl
这是一个无效的url地址: support@baidu
这是一个有效的url地址: www.baidu.com
```

这个例子中只有“www.baidu.com”是满足Internet URL地址的，其他的“c:/windows”“thisIsAUrl”和“support@baidu”都不是有效的Internet URL地址。

3. 匹配首尾空白字符的正则表达式

```
^\s|\s$
```

动手写8.5.7

```
<?php
$ar_str = array("<span>01</span>", " text ", " string", "www.baidu.com");
$pattern = '/^\s|\s$/';
foreach($ar_str as $str)
{
```

```
    if(preg_match($pattern, $str)) echo "前或者后有空白字符: $str <br/>";
    else echo "前后都没有空白字符: $str <br/>";
}
```

运行结果：

```
前后都没有空白字符: <span>01</span>
前或者后有空白字符: text
前或者后有空白字符: string
前后都没有空白字符: www.baidu.com
```

4. 手机号码

```
^(13[0-9]|14[0-9]|15[0-9]|166|17[0-9]|18[0-9]|19[8|9])\d{8}$
```

动手写8.5.8

```
<?php
$ar_str = array("13888888888", "110", "4008517517", "www.baidu.com");
$pattern = '/^(13[0-9]|14[0-9]|15[0-9]|166|17[0-9]|18[0-9]|19[8|9])\d{8}$/';
foreach($ar_str as $str)
{
    if(preg_match($pattern, $str)) echo "这是一个有效的手机号码: $str <br/>";
    else echo "这是一个无效的手机号码: $str <br/>";
}
```

运行结果：

```
这是一个有效的手机号码: 13888888888
这是一个无效的手机号码: 110
这是一个无效的手机号码: 4008517517
这是一个无效的手机号码: www.baidu.com
```

提示

近些年来，我们国家增加了很多新的手机号段，因此手机号码正则也要及时更新。

5. 电话号码

```
^(\d{3,4}-)?\d{7,8}$
```

电话号码类型较多，包括××××-×××××××、××××-××××××××、×××-×××××××、×××-××××××××、×××××××和××××××××等。例如0511-1234567、021-12345678。

动手写8.5.9

```
<?php
$ar_str = array("021-88888888", "0755-83765566", "01kuaixue", "www.baidu.com");
$pattern = '/^(\d{3,4}-)?\d{7,8}$/';
foreach($ar_str as $str)
{
   if(preg_match($pattern, $str)) echo "这是一个有效的电话号码: $str <br/>";
   else echo "这是一个无效的电话号码: $str <br/>";
}
```

运行结果：

```
这是一个有效的电话号码: 021-88888888
这是一个有效的电话号码: 0755-83765566
这是一个无效的电话号码: 01kuaixue
这是一个无效的电话号码: www.baidu.com
```

6. 18位身份证号码（数字、字母x结尾）

```
^((\d{18})|([0-9x]{18})|([0-9X]{18}))$
```

动手写8.5.10

```
<?php
$ar_str = array("021-88888888", "0755-83765566", "440000197608163750", "www.baidu.com");
$pattern = '/^((\d{18})|([0-9x]{18})|([0-9X]{18}))$/';
foreach($ar_str as $str)
{
   if(preg_match($pattern, $str)) echo "这是一个有效的身份证号码: $str <br/>";
   else echo "这是一个无效的身份证号码: $str <br/>";
}
```

运行结果：

```
这是一个无效的身份证号码: 021-88888888
这是一个无效的身份证号码: 0755-83765566
这是一个有效的身份证号码: 440000197608163750
这是一个无效的身份证号码: www.baidu.com
```

7. 账号是否合法（字母开头，允许5～16字节，允许字母、数字、下划线）

```
^[a-zA-Z][a-zA-Z0-9_]{4,15}$
```

动手写8.5.11

```
<?php
$ar_str = array("01_kuaixue", "01@163.com", "c:/windows", "kuaixue_01");
$pattern = '/^[a-zA-Z][a-zA-Z0-9_]{4,15}$/';
foreach($ar_str as $str)
{
    if(preg_match($pattern, $str)) echo "这是一个有效的账号: $str <br/>";
    else echo "这是一个无效的账号: $str <br/>";
}
```

运行结果：

```
这是一个无效的账号: 01_kuaixue
这是一个无效的账号: 01@163.com
这是一个无效的账号: c:/windows
这是一个有效的账号: kuaixue_01
```

8. 一年的12个月（01～09和1～12）

```
^(0?[1-9]|1[0-2])$
```

动手写8.5.12

```
<?php
$ar_str = array("03", "3", "12", "20");
$pattern = '/^(0?[1-9]|1[0-2])$/';
foreach($ar_str as $str)
{
    if(preg_match($pattern, $str)) echo "这是一个有效的月份: $str <br/>";
    else echo "这是一个无效的月份: $str <br/>";
}
```

运行结果：

```
这是一个有效的月份: 03
这是一个有效的月份: 3
这是一个有效的月份: 12
这是一个无效的月份: 20
```

9. 日期格式（2018-01-01只做粗略匹配格式，不限制2月有30天等）

```
^\d{4}-\d{1,2}-\d{1,2}$
```

动手写8.5.13

```
<?php
$ar_str = array("1990-10-1", "2028-3-05", "180114", "2000");
$pattern = '/^\d{4}-\d{1,2}-\d{1,2}$/';
foreach($ar_str as $str)
{
   if(preg_match($pattern, $str)) echo "这是一个有效的日期格式: $str <br/>";
   else echo "这是一个无效的日期格式: $str <br/>";
}
```

运行结果：

```
这是一个有效的日期格式: 1990-10-1
这是一个有效的日期格式: 2028-3-05
这是一个无效的日期格式: 180114
这是一个无效的日期格式: 2000
```

10. 一个月里的31天（01～09和1～31）

```
^((0?[1-9])|((1|2)[0-9])|30|31)$
```

动手写8.5.14

```
<?php
$ar_str = array("05", "5", "30", "118");
$pattern = '/^((0?[1-9])|((1|2)[0-9])|30|31)$/';
foreach($ar_str as $str)
{
   if(preg_match($pattern, $str)) echo "这是一个有效的天数: $str <br/>";
   else echo "这是一个无效的天数: $str <br/>";
}
```

运行结果：

```
这是一个有效的天数: 05
这是一个有效的天数: 5
这是一个无效的天数: 33
这是一个无效的天数: 118
```

11. IP地址

```
^(([0-9]|[1-9][0-9]|1[0-9]{2}|2[0-4][0-9]|25[0-5])\.){3}([0-9]|[1-9][0-9]|1[0-9]{2}|2[0-4][0-9]|25[0-5])$
```

动手写8.5.15

```
<?php
$ar_str = array("127.0.0.1", "8.8.8.8", "256.188.888.10", "100.3.266.1");
$pattern = '/^(([0-9]|[1-9][0-9]|1[0-9]{2}|2[0-4][0-9]|25[0-5])\.){3}([0-9]|[1-9][0-9]|1[0-9]{2}|2[0-4][0-
9]|25[0-5])$/';
foreach($ar_str as $str)
{
   if(preg_match($pattern, $str)) echo "这是一个有效的IP地址: $str <br/>";
   else echo "这是一个无效的IP地址: $str <br/>";
}
```

运行结果：

```
这是一个有效的IP地址: 127.0.0.1
这是一个有效的IP地址: 8.8.8.8
这是一个无效的IP地址: 256.188.888.10
这是一个无效的IP地址: 100.3.266.1
```

第 9 章 面向对象编程

9.1 面向对象介绍

计算机编程中最常被提到的就是类和对象。掌握类和对象，有助于使用PHP编程语言快速实现复杂的项目。

早期的计算机编程语言都是面向过程的，程序即由数据和算法构成，数据可以构成复杂的数据结构，算法也是由上到下的复杂逻辑控制，这是一种将数据与操作算法分离开的编程思想，而这种程序设计的思想重点都是在代码中各个方法的执行上。C语言中提供了结构体来解决数据复杂度的问题，可将一部分数据或属性包装起来，定义出一个复杂的数据结构，如Person结构体（包括姓名、年龄、身高、体重等一些系列数据）。

```
#include <stdio.h>
int main(){
    // 定义结构体 Person
    struct Person{
        // 结构体包含的变量
        char *name;
        int age;
        float height;
        float weight;
    };
    // 通过结构体来定义变量
    struct Person person;
    // 操作结构体的成员
    person.name = "小王";
    person.age = 25;
    person.height = 181.2;
    person.weight = 75.0;

    return 0;
}
```

上面的代码是C语言设计中的结构体，但是这种结构也只能支持复杂的数据结构，对于每个数据的处理都要单独提供方法，而且这些方法与这个整体的结构体并没有关系。后来在PHP、C++、Java、Python等语言中，人们对C语言中的结构体进行升级，引入了一种新的编程思想——面向对象编程，即程序操作都是在操作对象的。对象中不仅可以定义复杂的数据结构，也可以定义复杂的算法方法。对象将数据和方法封装起来，开发者需要负责对象内部的数据和算法，同时对外暴露接口供调用方使用；而调用方不需要关心实际对象内部的复杂逻辑，只需要调用接口。下面给出了PHP中相同Person结构的示例，与C语言结构体不同的是这里加入了算法方法。

动手写9.1.1

```
<?php
class Person
{
  // Person类中的数据
  public $name;
  public $age;
  public $height;
  public $weight;
  // 算法方法
  function __construct($name, $age, $height, $weight)
  {
    $this->name = $name;
    $this->age = $age;
    $this->height = $height;
    $this->weight = $weight;
  }
  // 算法方法
  public function printPerson()
  {
      echo "姓名：{$this->name}，年龄：{$this->age}岁，身高：{$this->height}米，体重：{$this->weight}公斤";
  }
}
$person = new Person('零壹快学', 1, 1.8, 70);
$person->printPerson();
```

开发人员发现这种编程思想更能解决实际问题，程序是对象的集合，并且能够描述高度复杂的各类模型和算法。因为现实生活中人的思考是抽象的，会将遇到的事物抽象化，相同或类似的对象可以进一步进行抽象，这时就出现了对象的类型——类。先定义类，然后由类去创建对象，最后由对象去管理整个程序。这就像人类思考一样，先抽象后实例化，最后去执行。面向对象编程也因此变得广泛起来。

值得注意的是，类的产生是抽象的结果，人们在认识复杂的世界时会将事物或者说是对象的一些近似特征抽出来，并且不考虑其中每个个体的细节。面向对象编程就是一种不断抽象数据和不断抽象方法的过程。

提 示

面向对象编程在软件执行效率上并没有绝对的优势，主要是一种方便开发者组织管理代码、快速梳理熟悉各个业务领域逻辑的思想方法，是一种更贴近现实生活的编程设计方法。

9.1.1　对象

万物皆是对象。现实世界中能见到的、能触碰到的所有事物和人，都是对象，如人、猫、狗、汽车等；而计算机世界则是用虚拟的编程代码来对现实世界的事物进行抽象，得出对象，然后用面向对象编程思想来解决现实世界中的种种难题。对象可以是有形的，也可以是无形的。人们在认识世界时，会将对象简单处理为两个部分——属性和行为。

对象具有属性，可以称为状态，也可以称为变量，如每个人都有姓名、年龄、身高、体重等，这些数据可以用来描述对象的属性。如图9.1.1所示：

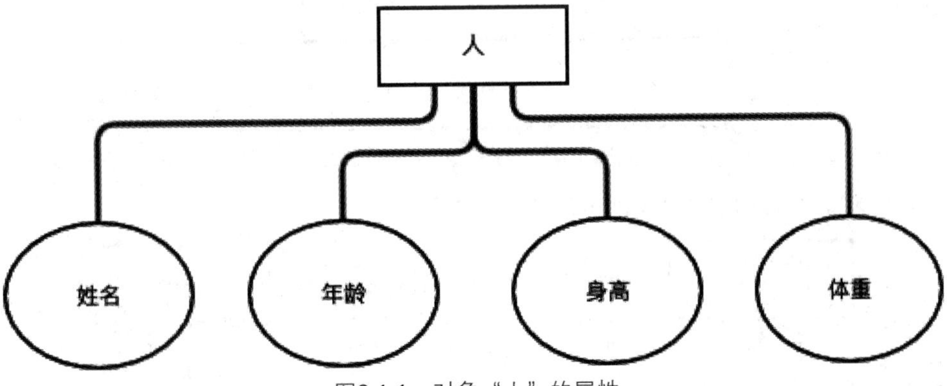

图9.1.1　对象“人”的属性

同一类的对象虽然都有这些属性，但是每个对象是不同的，这表现在每个对象各自的属性值并不相同。如图9.1.2所示：

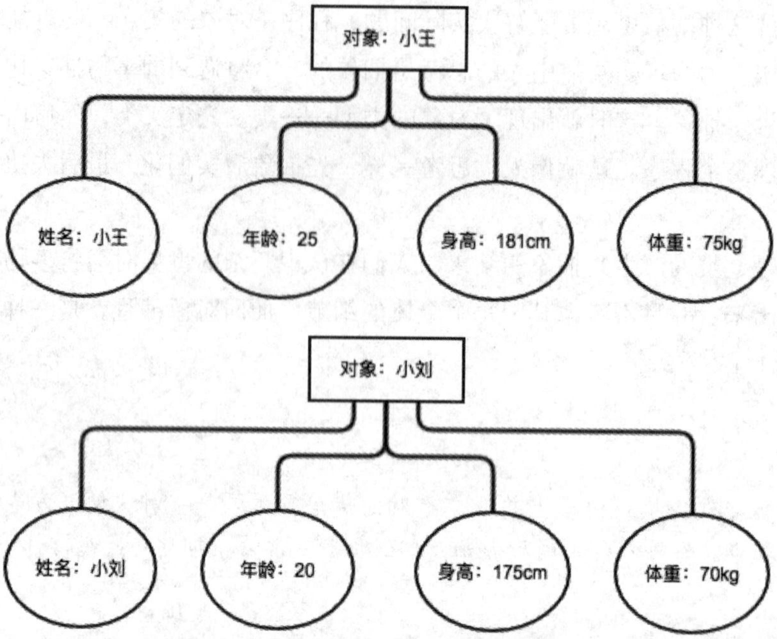

图9.1.2 不同对象属性的示例

对象具有行为，也可以称为方法，如每个人都要吃饭、睡觉、运动等，如图9.1.3所示。面向对象编程将完成某个功能的代码块定义为方法，方法可以被其他程序调用，也可以被对象自身调用。举一个简单的例子，人可以自己去睡觉，小孩可以被大人喂饭。

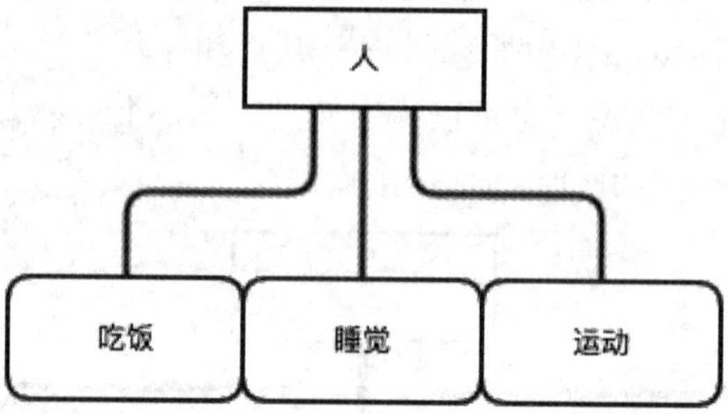

图9.1.3 对象“人”的行为

同样，每个对象的行为也是不相同的，如图9.1.4所示：

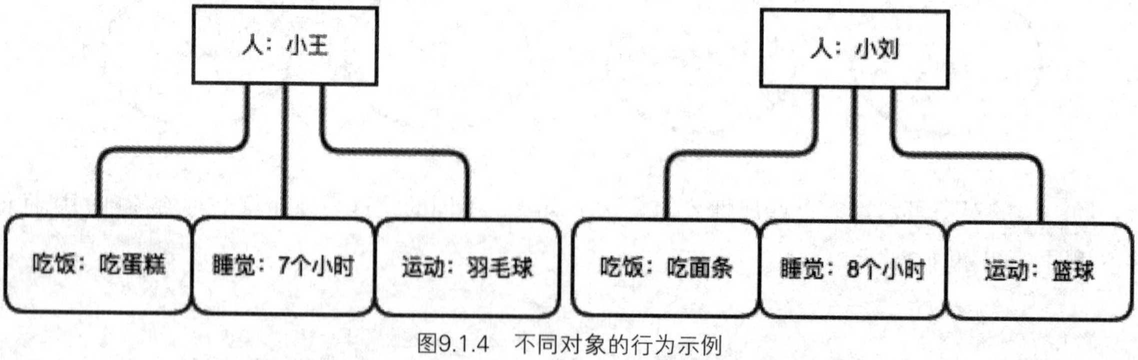

图9.1.4 不同对象的行为示例

从上面的几个示例可以看到，实际的对象“小王”和“小刘”都有“人”的属性和行为，这里的“人”就是类。

9.1.2　类

前面提到，类是相同或类似对象的统称。人就是一种类，每个人——即人类的对象，都有姓名、年龄、身高、体重等属性，每个人也都有吃饭、睡觉、运动等行为。类是对象的抽象，对象则是类的实例化、具体化，每个对象都包括了类中定义的属性和行为。如图9.1.5所示的是“人”类的结构：

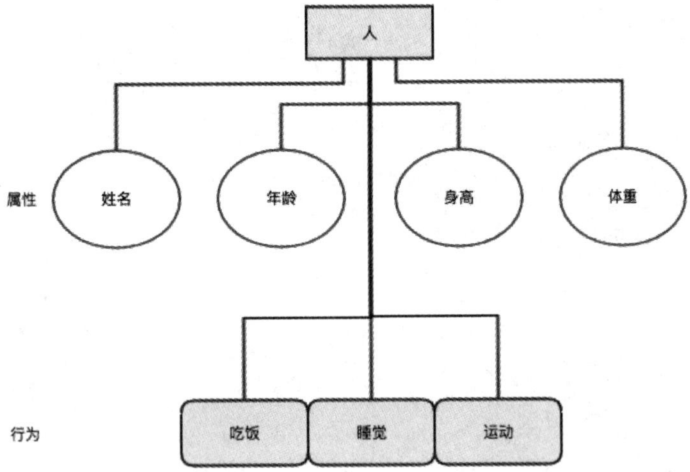

图9.1.5　“人”类的结构示意图

类是对象的属性和行为被进一步封装的模板，不同的类之间属性和行为都是不同的。如图9.1.6所示的是“人”类和“家具”类的区分：

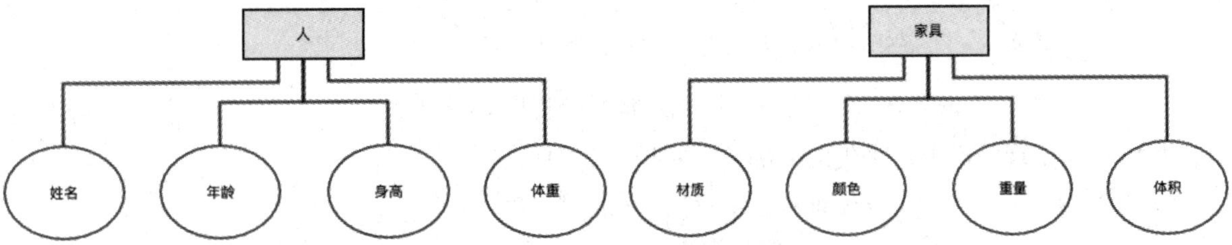

图9.1.6　“人”类和“家具”类的区分

在编程语言中，类的属性是以成员属性（也可称为“成员变量”）出现定义的，而类的行为是以成员方法出现定义的，后续章节将对类和对象的具体使用进行介绍。

9.2　PHP与面向对象

PHP语言是一门面向对象的语言。PHP中对象的成员变量即对象的状态，存储对象状态的数据值；PHP中对象的成员方法即对象的行为，描述了对象可以进行的操作。上一节已经对类和对象进行了初步认识，本节将对PHP中类和对象的使用做进一步的介绍。

9.2.1 类的声明

类必须被定义后才能使用。定义一个类也就是定义这一类对象的模板，定义属性和定义方法。PHP中提供了关键字class来声明一个类，class中有成员属性和成员方法。PHP中类的定义格式如下：

```
class [类名]
{
        成员属性声明;
        成员方法声明;
}
```

类名的首字母大写，上面大括号中的内容就是类的全部内容。类是一个不可分割的整体，不能在类的内容中间使用<?php ... ?>将类分割。

动手写9.2.1

```
<?php
class EmptyClass
{

}
```

动手写9.2.1创建了一个空的类，虽然什么功能都没有，但并不影响它的存在。

9.2.2 成员方法

类中的函数叫“成员方法”，函数和方法都可以实现一系列操作，唯一的区别是，函数是独立的代码功能实现，而方法是类的一部分，实现了类的功能。

下面创建一个工作类，并添加两个成员方法findJob()和jobList()。

动手写9.2.2

```
<?php
class Job
{
  function findJob($job_name)
  {
    echo '找到工作，工作职位是' . $job_name;
  }
```

```
    function jobList()
    {
        return ['PHP工程师', 'JAVA工程师', 'PYTHON工程师', 'LINUX工程师'];
    }
}
```

在Job类中，findJob()方法提供了找工作的功能，接受职位并输出。jobList()方法提供工作列表，返回一个数组。

9.2.3 类的实例化

类的实例化也称为创建对象。创建对象和创建变量类似，需要先声明对象是哪个类，同时指明变量名称。实例化是通过关键字new来声明，然后通过使用“对象名->成员”方法的形式，调用类中方法。

上一节中的动手写9.2.2创建了一个Job类的对象，如果想要使用这个对象，可以通过new来实现。如果想要使用类中的方法或者访问类中的变量，就要把类落实到具体的对象上，通过对象实体来调用。

动手写9.2.3

```
<?php
class Job
{
    function findJob($job_name)
    {
        echo '找到工作，工作职位是' . $job_name;
    }

    function jobList()
    {
        return ['PHP工程师', 'JAVA工程师', 'PYTHON工程师', 'LINUX工程师'];
    }
}
$my_job = new Job();
$job_list = $my_job->jobList();
$my_job->findJob($job_list[0]);
```

Job为类，而my_job就是Job类的一个实例化，并且通过my_job调用类中的成员。结果为：找到工作，工作职位是PHP工程师。

9.2.4 成员属性（成员变量）

成员属性，也称为成员变量，是类中的变量。成员属性保存类中的数据信息。成员方法之间通过成员属性进行信息传递和功能交互。定义一个成员属性的格式是：

```
[访问权限关键字] [变量名]
```

动手写9.2.4和动手写9.2.3的功能一致，不过在动手写9.2.4中声明了成员属性job_list并对其赋值，而jobList()方法直接返回了job_list属性；值得注意的是，在属性和方法前面，加上了关键字private或者public。

动手写9.2.4

```
<?php
class Job
{
    private $job_list = ['PHP工程师', 'JAVA工程师', 'PYTHON工程师', 'LINUX工程师'];

    public function findJob($job_name)
    {
        echo '找到工作，工作职位是' . $job_name;
    }

    public function jobList()
    {
        return $this->job_list;
    }
}
$my_job = new Job();
$job_list = $my_job->jobList();
$my_job->findJob($job_list[0]);
```

在类的方法和变量前面，都可以加上访问权限的关键字，通过这些关键字可以对方法和成员属性做一定的限制。

1. public（公共成员）

public标识该成员属性、成员方法是对其他所有代码公开的，外部代码都可以直接进行调用。一般情况下，如果没有调用方面的限制，使用public作为声明即可，在不写任何关键字时默认为public处理。

2. private（私有成员）

private标识该成员属性、成员方法只可以在自己类的代码中使用，其他任何外部代码都无法访问和使用这个属性或方法。这也意味着，即使是它的子类，也无法访问。子类的概念将在9.4一节进行讲述。

3. protected（保护成员）

protected和private关键字类似，都是禁止外部代码的直接访问，但是子类无法调用private的成员，却可以调用protected成员。也就是说，被protected修饰的成员属性、成员方法，可以在本类和子类中被调用，其他地方则不可以。

动手写9.2.5中，将成员方法findJob()和jobList()分别加上了private和protected。

动手写9.2.5

```
<?php
class Job
{
    private $job_list = ['PHP工程师', 'JAVA工程师', 'PYTHON工程师', 'LINUX工程师'];

    private function findJob($job_name)
    {
        echo '找到工作，工作职位是' . $job_name;
    }

    protected function jobList()
    {
        return $this->job_list;
    }
}
$my_job = new Job();
$job_list = $my_job->jobList();
$my_job->findJob($job_list[0]);
```

当函数外部调用时，两处代码均会报错，报错内容为：

```
Fatal error: Uncaught Error: Call to protected method Job::jobList() from context '' in 代码示例/09/02/9.2.5.php:17 Stack trace: #0 {main} thrown in 代码示例/09/02/9.2.5.php on line 17。
```

提示

private和protected放在类中变量的前面，可以防止变量在类的外部直接被调用和修改，起到一定的保护作用。

9.2.5 类中常量

在类中，变量叫作“属性”，函数叫作“方法”，而常量也可以放在类中使用，一般叫作“类中常量”或“类常量”。可以把在类中始终保持不变的值定义为常量。和定义普通常量一样，在定义和使用常量的时候不需要使用“$”符号，定义类常量使用关键字const。

提示

PHP 5.6版本以后，支持使用数学公式定义一个常量。

动手写9.2.6

```
<?php
class Job
{
    const JOB_LIST = ['PHP工程师', 'JAVA工程师', 'PYTHON工程师', 'LINUX工程师'];

    public function findJob($job_name)
    {
        echo '找到工作，工作职位是' . $job_name;
    }
}
$my_job = new Job();                          //变量和方法，需要通过对象调用，如findJob
$my_job->findJob(JOB::JOB_LIST[0]);           //使用类常量，直接通过类调用，JOB_LIST常量为一
个数组
```

可以看到，在输出常量时，与使用类中变量和方法不一样，常量不需要实例化对象和“->”符号，而是直接使用“类名::常量名”的形式。

9.2.6 静态变量

被static修饰的成员属性称为“静态变量”。在类加载时，静态变量最先被分配内存存储空间，同一个类的不同对象共享同一个静态变量。静态变量的使用有三种情况：

1. 在类中时，调用静态变量形式为“self::静态变量”。

2. 在类的外部，调用静态变量形式为“类名::静态变量”。

3. 在类的外部，调用静态变量还可以通过“对象名::静态变量”。

当一个对象对这个类的静态变量进行修改时，其他该类的对象访问的静态变量值也是会更改的，这是因为静态变量在初始化时只会被分配到一块内存空间。

动手写9.2.7

```
<?php
class Visitor                                  //访客Visitor类
{
  static $number = 0;                          //网站访客统计，number表示访客总人数，初始0
  public function visit()                      //访问网站时，调用该方法
  {
    self::$number++;                           //访问次数number自增
    $this->show();
  }
  private function show()
  {
    echo "当前网站总访问人数为" . self::$number . "人。<br/>";
  }
}
$visitor1 = new Visitor();                     //创建访客1对象
$visitor1->visit();                            //访客1访问网站
$visitor2 = new Visitor();                     //创建访客2对象
$visitor2->visit();                            //访客2访问网站
// 获取静态变量值，类中使用的是self::$number，类外使用的是Visitor::$number
echo "直接在类的外部调用静态变量，通过类名调用：" . Visitor::$number . "人。<br/>";
echo "直接在类的外部调用静态变量，通过对象调用：" . $visitor1::$number . "人。<br/>";
```

运行结果如图9.2.1所示：

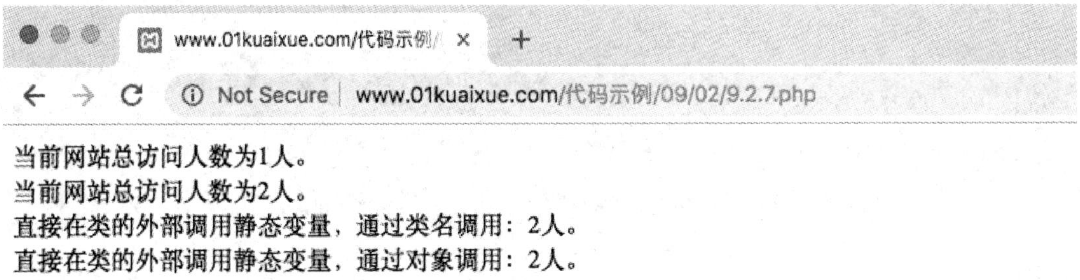

图9.2.1　静态变量的使用

如果将变量$number的声明改为public $number，那么$number就变成普通变量，最终结果也会不一样。

9.2.7　静态方法

被static修饰的成员方法称为“静态方法”。同理，静态方法也是在程序最开始时被分配单独

一块的内存空间，静态方法是被共享的。静态方法在被调用时可以直接通过“类名::方法名”形式调用，也可以直接实例化对象，通过“对象::方法名”形式调用。

提示

在静态方法中，不能调用普通变量，但是普通方法可以调用静态变量。因为静态属性和方法被创建时，可能还没有任何这个类的实例可以被调用。

动手写9.2.8

```
<?php
class Math        //Math类，提供数字比较大小
{
   //比较两个数字大小，使用static声明
   public static function max($number1, $number2)
   {
      return $number1 > $number2 ? $number1 : $number2;
   }
   //比较三个数字大小，借助max()函数来实现
   public static function max3($number1, $number2, $number3)
   {
      $number1 = self::max($number1, $number2);
      $number2 = self::max($number2, $number3);
      return self::max($number1, $number2);
   }
}
echo Math::max(17, 36) . '<br/>';
echo Math::max3(92, 110, 36) . '<br/>';
echo Math::max(Math::max(66, 77), Math::max(44, 55)) . '<br/>';
```

运行结果为：36，110，77。

提示

静态变量和静态方法，在所有对象中保持唯一性，由于提前申请内存因而访问速度较快，但是过多地声明静态变量和静态方法会导致内存被大量占用。

9.3 构造方法和析构方法

9.3.1 构造方法

一个类可以有多个成员变量，当类被实例化时，根据需要，这些成员变量也可能被初始化。例如，创建一个Student类和多个成员属性类的形式如下：

动手写9.3.1

```
<?php
class Student                          //Student类
{
  public $name;                        //定义姓名成员变量
  public $class;                       //定义班级成员变量
  public $number;                      //定义学号成员变量
  public $sex;                         //定义性别成员变量
  public $age;                         //定义年龄成员变量
}
```

动手写9.3.2创建一个Student类的对象，并通过对象对变量进行赋值。

动手写9.3.2

```
<?php
class Student                          //Student类
{
  public $name;                        //定义姓名成员变量
  public $class;                       //定义班级成员变量
  public $number;                      //定义学号成员变量
  public $sex;                         //定义性别成员变量
  public $age;                         //定义年龄成员变量

  public function description()
  {
    echo '大家好，我叫' . $this->name . '，很高兴认识大家。<br/>';
    echo '我来自' . $this->class . '，我的学号是' . $this->number . '。<br/>';
    echo '我今年' . $this->age . '岁了。<br/>';
    echo '我是一个快乐的' . ($this->sex=='boy'?'男孩':'女孩') . '！ <br/>';
  }
}
```

```
$student = new Student();                 //实例化Student类
$student->name = '零壹快学';               //通过对象为name变量赋值
$student->class = '三年一班';              //通过对象为class变量赋值
$student->number= 3145;                   //通过对象为number变量赋值
$student->sex= 'boy';                     //通过对象为sex变量赋值
$student->age= 9;                         //通过对象为age变量赋值
$student->description();
```

从上述代码中可以看到，一个类有多个成员变量时，创建并赋值就要写多行代码，特别是有多个对象要创建的时候，代码行数会更多，那么此时就可以通过构造方法来解决这类问题。类有一种特殊的成员方法叫作“构造方法”，它的作用是创建对象并初始化成员变量。构造方法也叫“__construct()”，在创建类的对象时，会自动调用类的构造方法。构造方法没有返回类型，一般都应用public类型来说明，这样才能在程序任意的位置创建类的实例化对象。

提示

构造方法“__construct()”由两个下划线“__”作为开始，可以接受参数，也可以不接受参数。如果类中没有构造方法，PHP会自动生成一个构造方法，自动生成的构造方法没有任何参数，不做任何操作处理。

动手写9.3.3使用构造方法“__construct()”重写了Student类，由于有了构造方法，在创建对象实例处也有代码调整，一行代码就可以创建好一个对象。

动手写9.3.3

```
<?php
class Student                             //Student类
{
  public $name;                           //定义姓名成员变量
  public $class;                          //定义班级成员变量
  public $number;                         //定义学号成员变量
  public $sex;                            //定义性别成员变量
  public $age;                            //定义年龄成员变量
  //定义构造方法，并接受传参
  public function __construct($name, $class, $number, $sex, $age)
  {
    $this->name = $name;                  //成员变量name赋值
    $this->class = $class;                //成员变量class赋值
```

```
        $this->number = $number;                //成员变量number赋值
        $this->sex = $sex;                      //成员变量sex赋值
        $this->age = $age;                      //成员变量age赋值
    }
    public function description()
    {
        echo '大家好，我叫' . $this->name . '，很高兴认识大家。<br/>';
        echo '我来自' . $this->class . '，我的学号是' . $this->number . '。<br/>';
        echo '我今年' . $this->age . '岁了。<br/>';
        echo '我是一个快乐的' . ($this->sex=='boy'?'男孩':'女孩') . '！<br/>';
    }
}
$student1 = new Student('零壹快学', '三年一班', 3145, 'boy', 9);
$student1->description();
$student2 = new Student('01快学', '三年二班', 3208, 'girl', 8);
$student2->description();
```

运行结果如图9.3.1所示：

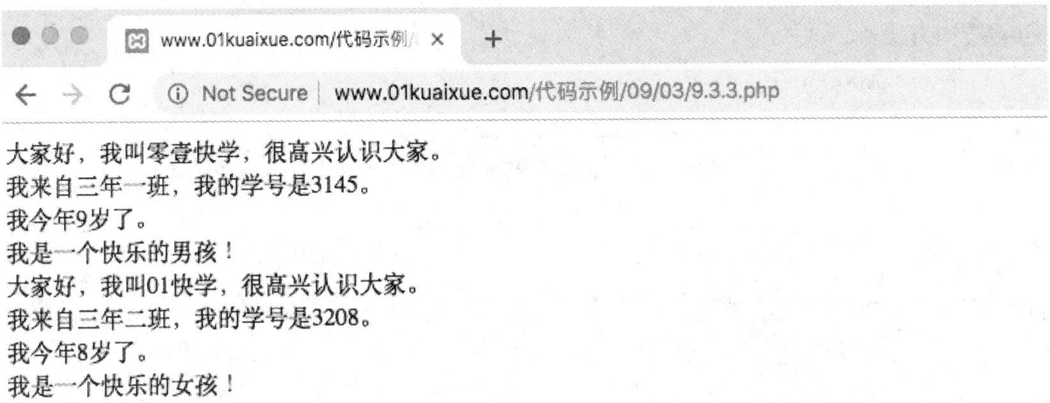

图9.3.1　通过构造方法创建对象

9.3.2　析构方法

与构造方法“__construct()”相反，析构方法是在对象销毁时被调用的，最终释放内存。通常情况下不需要编写析构方法，因为PHP编程语言有垃圾回收机制，当对象不再使用时，会自动释放内存，自动调用“__destruct()”方法。

动手写9.3.4

```
<?php
class Student                                  //Student类
{
   public $name;                               //定义姓名成员变量
   public $class;                              //定义班级成员变量
   public $number;                             //定义学号成员变量
   public $sex;                                //定义性别成员变量
   public $age;                                //定义年龄成员变量
   // 定义构造方法，并接受传参
   public function __construct($name, $class, $number, $sex, $age)
   {
      $this->name = $name;                     //成员变量name赋值
      $this->class = $class;                   //成员变量class赋值
      $this->number = $number;                 //成员变量number赋值
      $this->sex = $sex;                       //成员变量sex赋值
      $this->age = $age;                       //成员变量age赋值
   }
   // 定义析构方法
   public function __destruct()
   {
      echo '<strong>注意，对象被释放。</strong>';
   }
}
$student1 = new Student('零壹快学', '三年一班', 3145, 'boy', 9);
$student1 = new Student('01快学', '三年二班', 3208, 'girl', 8);
unset($student1);
```

定义了析构方法后，在函数被销毁时会触发“__destruct()”方法运行，并输出“注意，对象被释放”字样。首先，创建一个Student类对象，并赋值给$student变量；然后，再次创建了一个Student类对象并赋值给$student变量时，会将第一次的Student对象覆盖，因此触发析构方法，销毁第一个Student对象；最终，使用unset()销毁第二次创建的Student对象。

这段程序触发了两次对象销毁，最终结果会输出：“注意，对象被释放。注意，对象被释放。”

9.4 类的继承和多态

面向对象编程具有三大特性——封装性、继承性和多态性。这些特性使得程序设计具有良好的扩展性和健壮性。本节将重点介绍面向对象中的继承和多态。

9.4.1 继承

继承，是一种将类进行层级划分的概念。继承的基本思想是，在一个类的基础上制定出一个新的类，这个新的类不仅可以继承原来类的属性和方法，也可以增加新的属性和方法。原来的类被称为“父类”，新的类被称为“子类”。

举一个简单的例子，如图9.4.1所示的是公司和不同行业公司之间的关系。

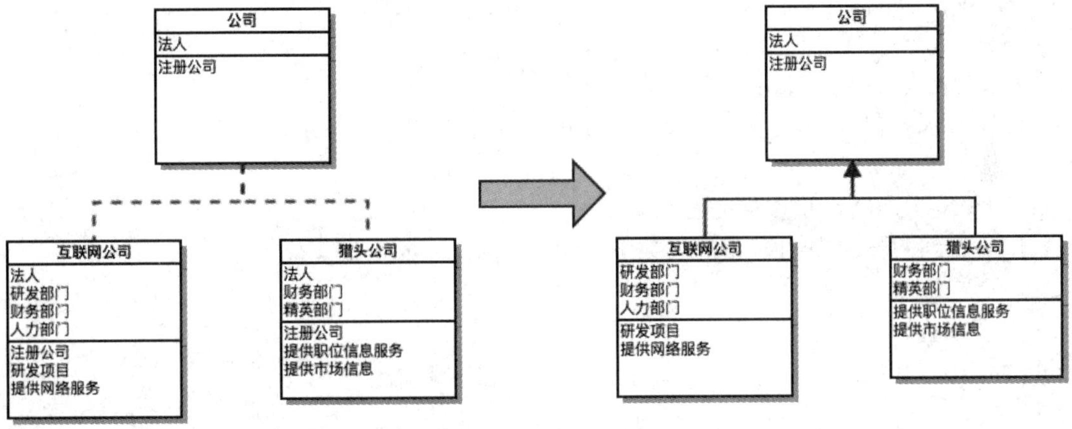

图9.4.1　继承关系示例图

上图示例中，公司类具有法人属性和注册公司方法两个成员，互联网公司类和猎头公司类都有法人和注册公司，除此之外，还分别有研发部门、财务部门、研发项目、提供市场信息等各自的成员。这三个类中，公司类是父类，具有通用的属性和方法，互联网公司和猎头公司都是公司类的子类，继承了父类的法人和注册公司，并且还各自具有自定义的属性和方法。

一般情况下，编程语言没有限制一个类可以继承的父类数量，因此一个子类可以有多个父类，如图9.4.2所示：

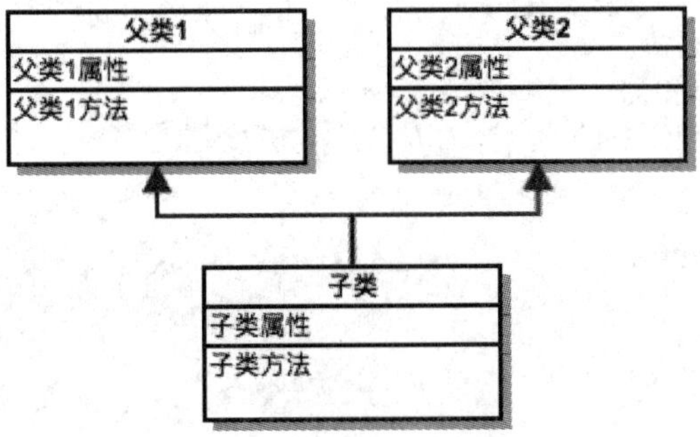

图9.4.2　一个子类继承多个父类

在PHP中，一个子类只能唯一继承一个父类，不支持多重继承。但是PHP提供了接口（interface）的概念，因此一个子类可以实现多个接口。接口的概念会在后续章节进行介绍。

PHP中提供了关键字extends来声明一个子类继承了父类，关键字extends后面只允许出现一个类名。子类可以继承父类的所有非私有的成员属性。

动手写9.4.1

```
<?php
class ParentClass                              //ParentClass父类
{
   public $parent_name = "FULEI";
}
class ChildClass extends ParentClass           //继承ParentClass类
{
   private $child_name = "ZILEI";
   public function say()                       //可以直接调用父类中的属性
   {
      echo '我是' . $this->child_name . '。<br/>';
      echo '我继承了父类属性，我的父类是' . $this->parent_name . '。<br/>';
   }
}
$child = new ChildClass();
$child->say();
```

执行结果：我是ZILEI。我继承了父类属性，我的父类是FULEI。

子类也可以定义与父类属性名相同的属性，这时子类属性将覆盖父类的属性，也称为“重写（override）”。动手写9.4.2中，ChildClass类中的name属性就覆盖了ParentClass类中的name属性，此时子类操作的属性就是自己定义的成员属性，覆盖了从父类继承来的成员属性。

动手写9.4.2

```
<?php
class ParentClass                              //ParentClass父类
{
   public $name = "I am ParentClass";          //父类成员变量
}
class ChildClass extends ParentClass           //继承ParentClass类
{
   public $name = "I am ChildClass";           //子类覆盖父类
}
```

同时，子类也可以继承父类所有非私有的成员方法，这里是指权限修饰词为public或protected的方法，子类无法访问private修饰的方法。动手写9.4.3中，子类直接调用了父类的方法。

动手写9.4.3

```
<?php
class ParentClass                          //ParentClass父类
{
   public function say()
   {
      echo '我是父类中的方法，我的方法可以被子类调用，也可以被子类重写。<br/>';
   }
}
class ChildClass extends ParentClass{}           //继承ParentClass类
$child = new ChildClass();
$child->say();    //由于子类没有say方法，因此调用父类say方法
```

子类也可以重写父类的方法，方法命名与父类方法一致，同时子类重写的方法不能缩小父类方法的访问权限。重写方法的好处在于，子类可以根据需要定义属于自己的行为。动手写9.4.4中，子类将会重写父类方法。

动手写9.4.4

```
<?php
class ParentClass                          //ParentClass父类
{
   public function say()
   {
      echo '我是父类中的方法，我的方法可以被子类调用，也可以被子类重写。<br/>';
   }
}
class ChildClass extends ParentClass             //继承ParentClass类
{
   public function say()
   {
      echo '我是子类中的方法，我将父类中的方法重写，父类中的方法不会被执行。<br/>';
   }
}
$child = new ChildClass();
$child->say();
```

程序运行结果：我是子类中的方法，我将父类中的方法重写，父类中的方法不会被执行。

提示

在PHP 5.3版本之后，子类重写父类时，要保证参数和父类一致，访问级别只可以等于或者宽松于父类，不可以提升访问级别。例如父类的public方法不能被子类重写为protected或者private，protected方法不能被重写为private。

动手写9.4.4中子类方法重写了父类方法，这时父类方法不再执行，如果希望依旧可以在子类中执行父类方法，那么可以使用“parent::”方式调用父类中的方法。例如，动手写9.4.5中子类会调用父类方法。

动手写9.4.5

```
<?php
class ParentClass                              //ParentClass父类
{
   public function say()
   {
      echo '我是父类中的方法，我的方法可以被子类调用，也可以被子类重写。<br/>';
   }
}
class ChildClass extends ParentClass           //继承ParentClass类
{
   public function say()
   {
      parent::say();                           //通过parent::方式，调用父类中的say方法
         echo '我是子类中的方法，虽然我将父类中的方法重写，但是我调用了父类中的方法。
<br/>';
   }
}
$child = new ChildClass();
$child->say();
```

运行结果如图9.4.3所示：

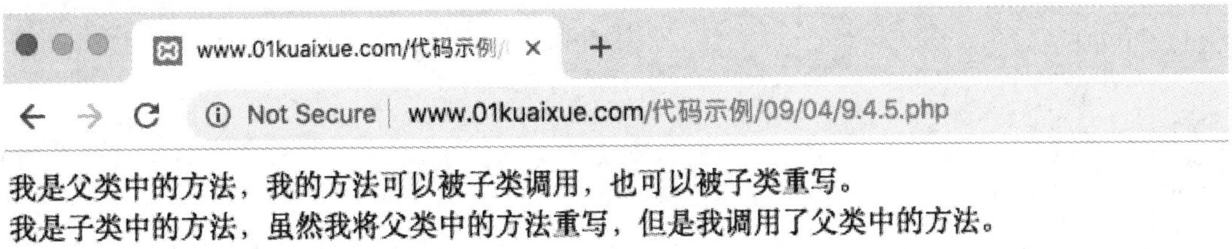

图9.4.3　子类调用父类方法

9.4.2　多态

多态是面向对象编程另一个重要的特性，它是指一个对象的行为可以有多种不同的表现形式。多态性是指相同的操作或函数、过程可作用于多种类型的对象上并获得不同的结果，即不同的对象收到同一消息将可以产生不同的结果。多态性允许每个对象以适合自身的方式去响应共同的消息。多态性增强了软件的灵活性和重用性。

动手写9.4.6

```
<?php
class Animal                                  //定义父类，Animal类
{
  function fun(){}
}
class Cat extends Animal                      //继承Animal类，Cat类
{
  function fun()                              //重写父类方法，实现Cat的fun()方法
  {
    echo "这是Cat类，一只猫正在玩耍。<br/>";
  }
}
class Dog extends Animal                      //继承Animal类，Dog类
{
  function fun()                              //重写父类方法，实现Dog的fun()方法
  {
    echo "这是Dog类，一只狗正在玩耍。<br/>";
  }
}
function fun($obj)                            //函数fun()，根据参数会返回不同的操作
{
  if($obj instanceof animal)
```

```
    {
        $obj->fun();                        //调用fun()方法，不同的obj将会输出不同结果
    }
}
work(new Cat());                            //传递Cat类对象，触发Cat中fun()方法
work(new Dog());                            //传递Dog类对象，触发Dog中fun()方法
```

9.4.3 “this->”与“::”的区别

9.4.1继承一节中提到，子类不仅可以调用自己的变量和方法，还可以通过“parent::”方式调用父类中的变量和方法。在类和对象的使用中，PHP是通过伪变量“this->”和作用域操作符“::”来实现不同场景下的变量和方法调用的。

1. “this->”

当一个类实例化之后，调用变量和方法会分别使用“对象名->变量”和“对象名->方法”。而在定义一个类时，由于还没有实例化成对象，也就无法知道对象名是什么，因此这个时候会使用“this->”，“this->”只在类的内部使用。

动手写9.4.7

```
<?php
class Student                               //Student类
{
  public $name;                             //定义姓名成员变量
                                            // 定义构造方法，并接受传参
  public function __construct($name, $class, $number, $sex, $age)
  {
    $this->name = $name;                    //成员变量name赋值
    $this->class = $class;                  //成员变量class赋值
    $this->number = $number;                //成员变量number赋值
    $this->sex = $sex;                      //成员变量sex赋值
    $this->age = $age;                      //成员变量age赋值
    echo '$this是指：' . get_class($this) . '类';
  }
}
$student1 = new Student('零壹快学', '三年一班', 3145, 'boy', 9);
```

get_class()函数返回对象所属的类型，this即为Student类。最终结果输出：

$this是指：Student类

2. “::”

两个冒号是作用域操作符，除了在类中使用，还可以在其他作用域中使用。在类没有声明实例的情况下，“::”依旧可以使用，因此使用范围很广，通常格式为：

关键字::变量名/方法名/常量名

关键字包括以下三种情况：

◇ 类名：调用该类中的变量、常量以及方法。

◇ self：仅在类内部使用，调用当前类中的静态变量、静态方法和常量。

◇ parent：类继承时使用，parent代表父类，通过parent调用父类中的变量、常量以及方法。

动手写9.4.8

```
<?php
class ParentClass                                  //ParentClass父类
{
  const NAME = '我是父类中的常量NAME';
  static public $name = '我是父类中的静态变量$name';
  static public function say()
  {
    echo ParentClass::NAME . '<br/>';              //通过::调用类常量
    echo ParentClass::$name . '<br/>';             //通过::调用静态变量
  }
}
ParentClass::say();
```

9.5 抽象类与接口

PHP语言中提供了抽象类和接口，这是一种将接口和实现分离的结构化编程思想，使代码变得整洁和便于维护。

9.5.1 抽象类

面向对象编程中，所有对象都是通过类来描述的，但是并不是所有的类都有对应的对象。比如猫继承猫科类，猫科类继承了动物类，但是动物类是一个很抽象的概念，并不会直接用来定义对象，因为这个类并没有包括足够的信息来描绘对象，甚至这个类只具有一些通用的属性和行为描述，同时又没有提供这些通用行为的具体内容。因此像动物类这样的类就被称作“抽象类”。

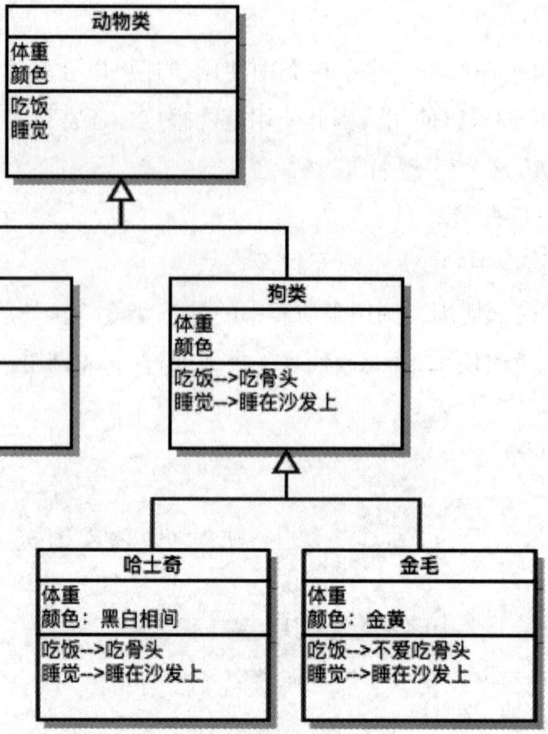

图9.5.1　抽象类动物类示例

抽象类一般被设计出来作为最基础的类，包含一些通用的基本成员属性和成员方法。在抽象类中甚至可以只给出方法的定义而不实现，具体实现由继承的子类来完成，这些方法也被称为“抽象方法”。抽象类不能用来实例化对象，所以抽象类的构造方法是不能定义为抽象方法的，它的子类也必须重写该类的所有抽象方法。

PHP提供了关键字abstract，以定义一个抽象类或抽象方法，定义格式如下：

```
<?php
abstract class AbstractName
{
   abstract function abstractName();
}
```

抽象类和普通类的声明相似，只是开头多了关键字abstract。抽象类可以有成员变量和成员方法，而抽象方法没有实际内容，其功能由子类完成。抽象方法也是由abstract开头，值得注意的是抽象方法后面要有一个分号“;”。

动手写9.5.1

```
<?php
abstract class AbstractAnimal                    //创建一个动物抽象类AbstractAnimal
```

```
{
    public $name;                              //声明成员变量name
    public $food;                              //声明成员变量food
    abstract function eat();                   //抽象方法eat()
}
class Cat extends AbstractAnimal               //定义子类继承父类
{
    public function eat()                      //将抽象方法实现
    {
        echo $this->name . '喜欢吃' . $this->food . '<br/>';
    }
}
class Dog extends AbstractAnimal               //定义子类继承父类
{
    public function eat()                      //将抽象方法实现
    {
        echo $this->name . '喜欢啃' . $this->food . '<br/>';
    }
}
$cat = new Cat();                              //实例化Cat类
$cat->name = '大花猫';                         //赋值成员变量name
$cat->food = '金枪鱼';                         //赋值成员变量food
$cat->eat();                                   //调用cat对象的eat()方法
$dog = new Dog();                              //实例化Dog类
$dog->name = '小黑狗';                         //赋值成员变量name
$dog->food = '骨头';                           //赋值成员变量food
$dog->eat();                                   //调用cat对象的eat()方法
```

运行结果如图9.5.2所示：

图9.5.2　抽象类的使用

9.5.2 接口

"类继承"这一特性简化了类的创建，增强了代码的可重用性，但正如前面章节提到的，PHP中的类并不支持多重继承，这就给实际编程的扩展性带来了一定的挑战，而PHP提供了接口来解决这个问题。

接口是一种更抽象的类，其定义的方法不允许实现方法（没有方法体，只是定义了方法入参、方法名和返回值类型），没有任何与接口相关的存储。接口的子类也不称为"继承"，而是称为"实现类"。PHP提供了关键字interface来定义一个接口类，这里需要注意的是，关键字class被替代了。

```
<?php
interface InterfaceName                    //interface定义一个接口
{
    function interfaceFunc1();
    function interfaceFunc2();
}
```

提示

在接口中，所有的方法都要由外部类来实现，因此不要用public以外的关键字来修饰方法，默认建议不写任何关键字。

一个类可以实现多个接口，通过关键字implements来实现，每个接口之间应使用逗号","连接，类要将所有接口里的方法实现。

动手写9.5.2

```
<?php
interface Fly                              //定义飞行接口Fly
{
    function fly();                        //具有飞行的方法
}
interface Animal                           //定义动物接口Animal
{
    function desc();                       //用于自我描述的方法
}
class Bird implements Fly,Animal           //Bird鸟类实现了Fly和Animal两个接口
{
```

```
    public function fly()                           //实现Fly接口的fly()方法
    {
        echo '前肢特化成翼，宽大的翼又增加了飞行的升力，所以，鸟类可以不用扇动翅膀就可以滑翔很远的距离。<br/>';
    }
    public function desc()                          //实现Animal接口的desc()方法
    {
        echo '鸟的骨骼中空，重量很轻；鸟没有牙齿，而且不储存粪便，可以减轻身体的重量。<br/>';
    }
}
$bird = new Bird();
$bird->fly();
$bird->desc();
```

动手写9.5.2中，Bird类实现了两个接口Fly和Animal，并实现了接口中对应的方法fly()和desc()。结果如图9.5.3所示：

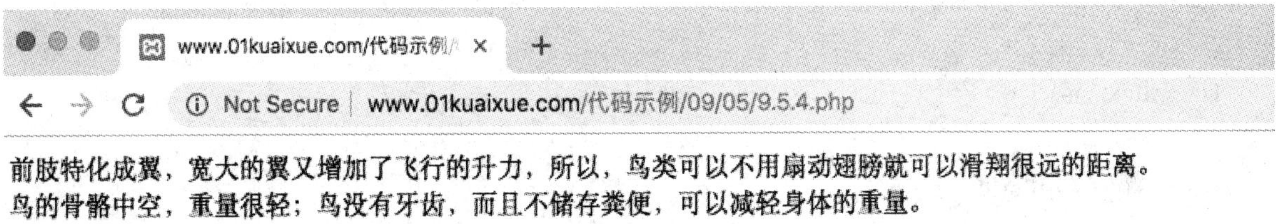

图9.5.3　接口的使用

提示

接口和抽象类比较像，抽象类的优势是可以实现公共方法，而接口的优点则是实现了PHP的类多继承功能。

9.5.3　Trait

从PHP 5.4.0版本开始，PHP提供了一种全新的代码复用的概念，那就是trait。trait的字面意思是“特性”“特点”，我们可以理解为：使用关键字trait，可以为PHP中的类添加新特性。trait和class类似，但trait使用更细粒度的方式来组合功能，优点是随意组合、耦合性低、可读性高。

trait的声明使用，是将关键字class换成关键字trait。

动手写9.5.3

```
<?php
class BaseClass                                     //基础类BaseClass
{
   public function saySomething()                   //实现saySomething()公共方法
   {
      echo 'Hello ';
   }
}
trait TraitName                                     //trait声明TraitName
{
   public function saySomething()                   //实现saySomething()方法
   {
      parent::saySomething();
      echo 'World!';
   }
}
class MyHelloWorld extends BaseClass
{
   use TraitName;                                   //使用trait
}
$o = new MyHelloWorld();
$o->saySomething();                                 //调用saySomething()方法
```

动手写9.5.3中，MyHelloWorld类继承了基础类BaseClass（父类）的方法sayHello，并引入了trait。优先级方面，类中的方法会覆盖trait方法，trait方法覆盖父类方法。因此，当MyHelloWorld对象调用saySomething()时，会触发trait方法，而trait方法中通过"parent::"调用父类BaseClass方法，因此最终结果输出为"Hello World!"。

9.6 高级特性

9.6.1 final的使用

PHP中提供了关键字final，标识该类或方法在程序中"不想被改变"。许多编程语言都有final，它会告知编译器某一块数据是不可变更的。PHP中final有两个地方可以使用，分别是类和方法。

被final修饰的类不能被继承。这种设计方法是为了保证该类的设计永远不做任何改动，而且不希望该类有子类出现，例如动手写9.6.1，继承一个final类时，程序会报错。

动手写9.6.1

```
<?php
final class One
{
    function say()
    {
        echo '我是一个final类，我不被继承，任何继承我的其他子类都将报错';
    }
}
class Two extends One{}
```

报错内容为：Fatal error: Class Two may not inherit from final class (One) in 代码示例/09/05/9.6.1.php on line 9。

同理，当一个方法被final修饰时，子类如果重写父类的该方法，也将会报错，参见动手写9.6.2。

动手写9.6.2

```
<?php
class One
{
    final public function say()
    {
        echo '我是一个final类，我不被继承，任何继承我的其他子类都将报错';
    }
}
class Two extends One
{
    public function say(){}
}
```

报错内容为：Fatal error: Cannot override final method One::say() in 代码示例/09/05/9.6.2.php on line 12。

9.6.2 对象克隆

1. 关键字clone

对象可以通过类的实例化来实现，有3种情况进行复制：一种是$obj=new class()操作，创建类；一种是普通的对象赋值$obj1= $obj；还有一种引用的赋值方式$obj1 = &$obj。

动手写9.6.3

```
<?php
class Test
{
   public $name = 'Test class name';
}
$obj1 = new Test();
echo 'Test类实例化，对象obj1的name变量值为：' . $obj1->name . '<br/>';
$obj2 = $obj1;                              //通过赋值方式，将obj1赋值给obj2
$obj3 = &$obj1;                             //通过引用方式，将obj1赋值给obj3
$obj2->name = 'obj2 name';     //修改obj2对象的name值
echo '当前obj1对象的name变量值为：' . $obj1->name . '<br/>';     //输出obj1的name变量
echo '当前obj2对象的name变量值为：' . $obj2->name . '<br/>';     //输出obj2的name变量
echo '当前obj3对象的name变量值为：' . $obj3->name . '<br/>';     //输出obj3的name变量
```

结果如图9.6.1所示：

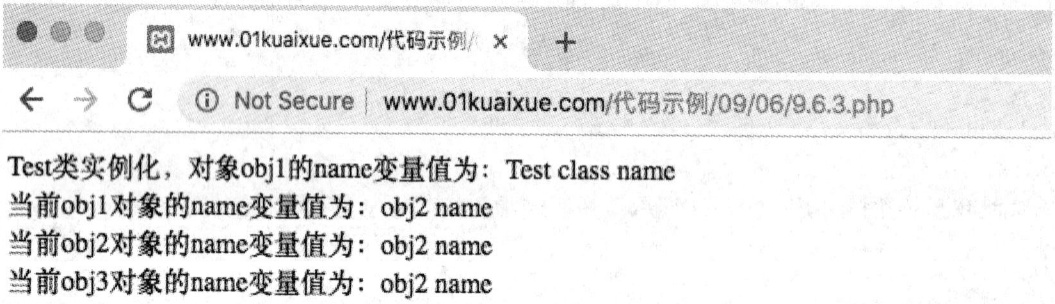

图9.6.1　对象赋值的测试

提示

在PHP的类对象操作中，$obj1=$obj和$obj1=&$obj这两种赋值方式的效果一致，指向的是同一个对象、同一块内存空间。

在开发中声明另外一个一模一样的对象时，直接通过赋值的方式是不可行的，需要将对象复制，使用关键字clone来实现，即在对象前面加关键字clone。

动手写9.6.4

```
<?php
class Test
{
    public $name = 'Test class name';
}
$obj1 = new Test();
echo 'Test类实例化，对象obj1的name变量值为：' . $obj1->name . '<br/>';
$obj2 = clone $obj1;                        //通过clone方式，将obj1赋值给obj2
$obj3 = clone $obj1;                        //通过clone方式，将obj1赋值给obj3
$obj2->name = 'obj2 name';     //修改obj2对象的name值
echo '当前obj1对象的name变量值为：' . $obj1->name . '<br/>';     //输出obj1的name变量
echo '当前obj2对象的name变量值为：' . $obj2->name . '<br/>';     //输出obj2的name变量
echo '当前obj3对象的name变量值为：' . $obj3->name . '<br/>';     //输出obj3的name变量
```

动手写9.6.4中，将$obj2 = $obj1修改为$obj2 = clone $obj1，$obj3 = &$obj1修改为$obj3 = clone $obj1，采用引用方式赋值。最终结果是只有obj2对象的name变量被修改，其他对象保持不变。

2. __clone()方法

在对象类中定义一个__clone()方法来调整对象的克隆行为时，__clone()方法的代码将在克隆操作期间执行。而且，这个方法除了将所有现有对象成员复制到目标对象之外，还会执行__clone()方法指定的操作。

对象的__clone()方法在正常情况下是不能直接被调用的，只有当通过关键字clone克隆一个对象时，才会触发__clone()方法。当创建对象的一个副本时，PHP将会检查__clone()方法是否存在，如果不存在，则调用默认的__clone()方法，复制对象的所有属性；如果__clone方法存在，则__clone()方法就会设置新对象的属性。所以，在__clone()方法中，只需要覆盖那些需要更改的属性就可以了。

动手写9.6.5

```
<?php
class Test
{
    public $name = 'Test class name';
    public function __clone()                    //声明__clone()方法
    {
        $this->name = 'Clone class name';
    }
```

```
}
$obj1 = new Test();
echo 'Test类实例化，对象obj1的name变量值为：' . $obj1->name . '<br/>';
$obj2 = clone $obj1;                              //通过clone方式，将obj1赋值给obj2
$obj3 = clone $obj1;                              //通过clone方式，将obj1赋值给obj3
$obj2->name = 'obj2 name';     //修改obj2对象的name值
echo '当前obj1对象的name变量值为：' . $obj1->name . '<br/>';     //输出obj1的name变量
echo '当前obj2对象的name变量值为：' . $obj2->name . '<br/>';     //输出obj2的name变量
echo '当前obj3对象的name变量值为：' . $obj3->name . '<br/>';     //输出obj3的name变量
```

动手写9.6.5中，obj2和obj3都是通过clone方式赋值，因此均触发__clone()方法，对应的name变量值将会被修改为“Clone class name”。结果如图9.6.2所示：

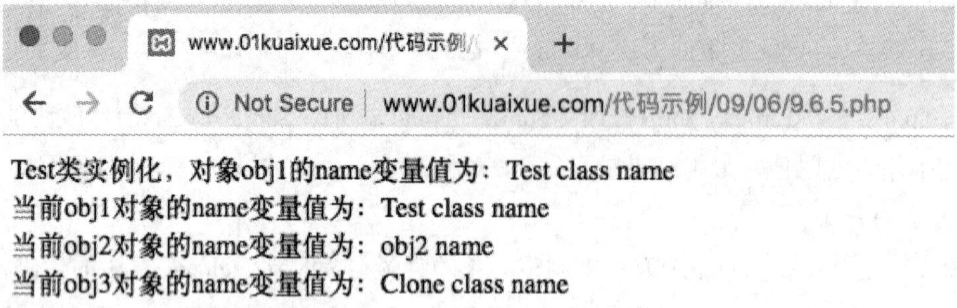

图9.6.2　__clone()方法使用

9.6.3　检测对象类型

instanceof操作符用于检测对象是否属于某个类，格式如下：

```
object instanceof class
```

提示

一个对象如果属于一个子类，那么它也属于这个子类对应的父类。

动手写9.6.6

```
<?php
class BaseTestClass{}
class InstanceTestClass extends BaseTestClass{}
$instance_object = new InstanceTestClass();
if($instance_object instanceof InstanceTestClass)              //使用instanceof判断
```

```
  echo '$instance_object对象属于InstanceTestClass类<br/>';
if($instance_object instanceof BaseTestClass)                    //使用instanceof判断
  echo '$instance_object对象属于BaseTestClass类<br/>';
```

输出结果为：$instance_object对象属于InstanceTestClass类，$instance_object对象属于BaseTestClass类。

9.6.4　魔术方法

在前面章节中，我们使用过以两个下划线“__”开头的方法，比如__construct()、__clone()等，PHP中把以两个下划线“__”开头的方法称为魔术方法（Magic Methods）。

提示

PHP将所有以“__”（两个下划线）开头的类方法保留为魔术方法。所以在定义类方法时，除了使用规定的魔术方法，其他方法建议不要以“__” 为前缀。

表9.6.1展示了PHP中常见的魔术方法。

表9.6.1　PHP魔术方法

魔术方法名称	功能介绍
__autoload()	尝试加载未定义的类
__construct()	类的构造函数，每次创建新对象时先调用此方法，所以非常适合在使用对象之前做一些初始化工作
__destruct()	类的析构函数，当对象的所有引用都被删除或者当对象被显式销毁时执行
__call()	在对象中调用一个不可访问的方法时，被触发调用
__callStatic()	静态方式中调用一个不可访问的方法时调用
__get()	读取不可访问属性值时，调用__get()方法
__set()	给不可访问属性赋值时，调用__set()方法
__isset()	当对不可访问属性调用isset()或empty()时，调用__isset()方法
__unset()	当对不可访问属性调用unset()时，调用__unset()方法
__sleep()	执行序列化操作serialize()时，先会调用__sleep()方法
__wakeup()	与之相反，unserialize()会检查是否存在一个__wakeup()方法，并触发调用
__toString()	类被当成字符串时的回应方法

（续上表）

魔术方法名称	功能介绍
__invoke()	当尝试以调用函数的方式调用一个对象时，触发__invoke()
__set_state()	以调用函数的方式调用一个对象时的回应方法
__clone()	克隆（复制）对象时的方法
__debugInfo()	打印调试信息的方法

本节将针对几个魔术方法进行详细讲解。

1. __call()与__callStatic()

◇ __call()：在对象中调用一个不可访问的方法时，被触发调用。

◇ __callStatic()：静态方式中调用一个不可访问的方法时调用。

动手写9.6.7

```
<?php
class Animal                                    //动物类Animal
{
  private function eat()  //类中只定义一个方法，eat()方法
  {
    echo 'Animal eat food.<br/>';
  }
  public function __call($name, $arguments)    //定义__call()魔术方法
  {
    //$name变量的值区分大小写
    echo "调用的对象方法名是 '$name'，传递的参数列表是 " . implode(', ', $arguments). "<br/>";
  }
  public static function __callStatic($name, $arguments)      //定义__callStatic()魔术方法
  {
    echo "调用的对象方法名是 '$name'，传递的参数列表是 " . implode(', ', $arguments). "<br/>";
  }
}
$animal = new Animal();
$animal->drink('water', 1000);
Animal::laugh('hahaha~', 'lalala~', 'hohoho~');
```

运行结果如图9.6.3所示：

图9.6.3　__call()魔术方法和__callStatic()魔术方法

2.　__set()与__get()

◇ __set()：给不可访问属性赋值时，调用__set()方法。

◇ __get()：读取不可访问属性值时，调用__get()方法。

动手写9.6.8

```
<?php
class SportObject                                  //创建运动类SportObject
{
  public $sport_name = 'football';                 //成员变量
  public function __get($name)
  {
    echo '触发__get方法，变量' . $name . '没有被定义<br/>';
  }
  public function __set($name, $value)
  {
    $this->$name = $value;                         //对成员变量进行赋值
    echo '触发__set方法，变量' . $name . '值被设置为' . $value . '<br/>';
  }
}
$mySport = new SportObject();
echo '获取mySport对象的sport_name变量，值为：<br/>';
echo $mySport->sport_name . '<br/>';               //调用已存在的变量，将会直接输出
echo '获取mySport对象的sport_name2变量，值为：<br/>';
echo $mySport->sport_name2 . '<br/>';              //调用未存在的变量，触发__get魔术方法
echo '修改mySport对象的sport_name变量，修改为basketball<br/>';
$mySport->sport_name = 'basketball';               //修改已存在的变量，直接修改
echo '修改mySport对象的sport_name2变量，修改为basketball<br/>';
$mySport->sport_name2 = 'basketball';              //修改未存在的变量，触发__set魔术方法
```

运行结果如图9.6.4所示；

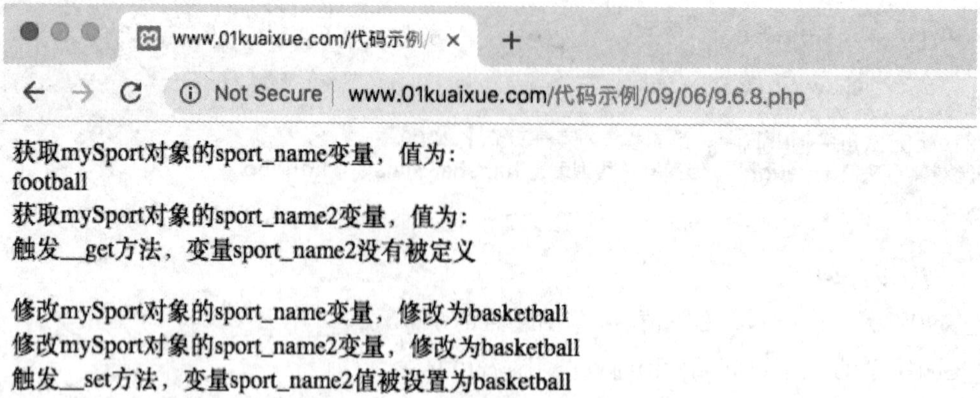

图9.6.4　__set()魔术方法和__get()魔术方法

9.7 小结

本章主要介绍PHP的面向对象编程的思想，讲解了类和对象的概念，PHP中类的声明方式、类的实例化、类的属性，类的构造和析构方法，类的三大特性，抽象类和接口的定义与使用方式，以及面向对象的高级特性的使用。

9.8 知识拓展

到本章为止，PHP所有基础语法的相关知识都已经讲解完毕。在多人协作的项目中让代码风格保持一致，有利于互相的代码理解，也有利于项目本身风格的统一。也就是说，良好的代码规范能够促进协同工作。不同的企业、开发团队对于代码规范的要求存在差异，因此没有绝对的代码规范，只要在未来的工作和学习中能够编写风格统一、易于理解、格式清晰的代码，就是好的代码规范。本节将会介绍PHP代码规范的若干相关建议，以供读者作为项目参考使用。

9.8.1　命名规范

1. 变量名称命名规范

（1）变量包括全局变量、局部变量、成员变量以及类变量。

（2）命名尽量都用小写英文字母，以“_”为单词的分隔符，变量的首字母尽量使用能体现该变量类型的单词来表示。

（3）常用类型前缀如下：

◇ 整数：i

◇ 浮点数：f

◇ 字符串：s

◇ 布尔值：b

◇ 日期：d

◇ 数组：ar

◇ 对象：o

◇ 资源：rs

◇ 混合类型：m

（4）当变量为私有的成员或类变量时，应以“_”开头。

示例如下：

```
$i_age_max = 10;                              //定义一个整形
$f_price = 22.5;                              //定义一个浮点型变量
$s_name = 'happy';                            //定义一个普通字符串类型
$b_flag = true;                               //定义一个布尔型变量
$d_date = '2013-08-17';                       //定义一个日期字符串
$ar_price = array(1, 2, 3, 4, 5);             //定义一个数组
$o_object = new Object();                     //实例化一个对象
$rs_input = fopen('input.txt', 'w+');         //定义一个资源对象
$m_var = array_combine($a_name, $a_flag);     //定义一个混合类型变量

class Sample
{
  private $_var_for_instance;                 //私有的成员变量
  private static $_var_for_class;             //私有的类变量
}
```

提示

在实际编程中，对于字符串类型、整型和浮点型变量，如果变量名代表的意义比较明确，则可以忽略前缀以便快速书写，如$user_name、$user_age等。

2. 常量命名

（1）全局常量使用“_”分割每个单词。

（2）所有字母使用大写。

示例如下：

```
$o_object = new Object();
define('E_ERROR_MISSING_PARA', 501);            // 使用define定义的常量
const MSG_API_PREFIX = 'msg';                   // 使用const声明的常量
class Sample
{
   const MAX_EXE_TIME = 50;                     // 类常量
}
```

3. 类命名

（1）名字的首字母使用大写，词的分隔使用大写字母，其他字母均使用小写，即“驼峰格式”，例如 UserModel。

（2）不要使用下划线“_”。

（3）类名和文件名一致（字母的大小写也要保持一致），例如UserAction类的文件命名是UserAction.class.php。

（4）interface接口最好使用大写字母“I”，并以Interface结尾。

示例如下：

```
$class NameOneTwo

interface IExampleInterface ()
```

4. 方法命名

（1）方法名尽量只由字母组成，首字母小写，其后每个单词首字母要大写，即所谓的“驼峰式命名法”，越详细越好，且能够描述清楚该方法的功能，例如“switchModel”“findPasswd”。

（2）方法名若声明为“private”或“protected” 类型，一般使用“_”为前缀，其他情况下尽量不要使用“_”。

（3）对象的访问器总是以“get”或“set”为前缀，当使用设计模式如单态模式（Singleton）或工厂模式（Factory Pattern），方法的名字应当包含模式的名字，这样容易从名字识别设计模式。

示例如下：

```
class schoolStudent
{
   public function doIt()
   {
```

```
    }
    protected function _handleError()
    {
    }
    private function _sayHello()
    {
    }
    public function getUserName()
    {
    }
}
```

5. 函数命名

普通函数的命名使用小写字母和下划线的方式，且越详细越好，要能清楚描述该函数的功能。

示例如下：

```
function get_client_ip()
{
}
function check_wap()
{
}
```

9.8.2　缩紧与换行规范

1. 不同级代码

不同级的代码之间，使用制表符缩进（Tab键，显示效果为四个空格）。例如：

```
function some_function()
{
    if(true)
    {
        // code
    }
}
```

2. 运算符号

等号和其他运算符的两边各有一个空格。例如：

```
$inum = 10;
$inum = 10 + 20;
if($i > 10)
```

3. 并列的各项

并列的各项中间用逗号分隔，后面要有一个空格。例如：

```
array(1, 2, 3);
```

4. if语句

在if语句中，关键字if后不能有空格。例如：

```
if($inum == 55)
{
   // code
}
```

5. 语句过长

如果语句过长，则需要换行；如果数组含有多个元素，则要避免写在一行。例如：

```
array(
   'a' => '字符串一',
   'b' => '字符串二',
   'c' => '字符串三',
)
```

9.8.3 表达式书写规范

判断相等时，总是将恒量（字面常量或常量）放在等号或不等号的左边。例如：

```
if(6 == $errorNum)
{
   // code
}
// or
const MAX_NUM = 1000;
if(MAX_NUM === $current)
{
   // code
}
```

这样做的好处是：

◇ 假如你在等式中漏了一个等号，语法检查器会为你报错。

◇ 程序员可以立刻找到数值，而不是在你的表达式的末端找到它。

由于PHP的弱语言特性，在比较内容时，需要注意自动类型转换问题。

```
if('1kfdgs6w7eu867sjdnw9223h' == 1)
{
    echo 1;
}
else
{
    echo 2;
}
if('kfdgs6w7eu867sjdnw9223h' == 1)
{
    echo 1;
}
else
{
    echo 2;
}
// 将会输出12
```

9.8.4　流程控制语句书写规范

1. if…else语句

```
if(condition1)
{
    // do something
}
else if(condition2)
{
    // do something
}
else
{
    // do something
}
```

2. switch语句

default应该一直存在并不被到达，如果到达了，就会触发错误。如果要创立一个变量，那就把所有的代码放在块中。例如：

```
// case中代码只有一两行
switch ($var)
{
   case 1:
      // code
      break;
   case 2:
      // code
      break;
   default:
      // code
      break;
}
// case中代码过长，可以在代码外添加大括号
switch ($var)
{
   case 1:
   {
      // code
      break;
   }
   case 2:
   {
      // code
      break;
   }
   default:
   {
      // code
      break;
   }
}
```

9.8.5　类相关规范

1. 类继承方法覆盖，参数声明要完全一致。例如：

```
class Parent
{
    public function doSomething($param1, $param2 = array())
    {
        // do something by parent
    }
}

// 正确继承
class Son extends Parent
{
    public function doSomething($param1, $param2 = array())
    {
        // do something by son
    }
}
// 错误继承
class Son extends Parent
{
    public function doSomething($param1)        // 覆盖的方法和被覆盖的方法的参数数目不一致
    {
        // do something by son
    }
}
// 错误继承
class Son extends Parent
{
    public function doSometing($param1, $param2) // 覆盖的方法和被覆盖的方法的参数定义不一致
（参数$param2，父类有声明默认值，而子类没有）
    {
        // do something by son
    }
}
```

2. 静态方法要严格声明。例如：

```
class Sample
{
    public function test()
    {
        self::notStaticFunc();                    //错误，静态调用非静态声明的方法
        self::staticFunc();                       //正确，静态调用静态声明的方法
    }

    public function notStaticFunc()               //未声明为静态方法
    {
        // do something
    }

    public static function staticFunc()           //声明为静态方法
    {
        // do something
    }
}

Sample::notStaticFunc();                          //错误，静态调用非静态声明的方法
Sample::staticFunc();                             //正确，静态调用静态声明的方法
```

第10章 错误与异常处理

作为PHP初学者，在刚学习PHP编程时可能会写出有问题的代码，运行程序时也经常会看到一些报错信息。在前几章里，我们或多或少接触了一些错误信息，但是都没有详细地提及其中的细节，本章我们将着重介绍PHP中的语法错误和异常。

10.1 异常与错误概述

PHP中的异常是指程序在运行中出现不符合预期的情况——允许发生，但它是不正常的情况，属于逻辑和业务流程上的错误，而不是编译或者语法上的错误。

PHP中的错误是指属于PHP脚本自身的问题，大部分情况是由错误的语法、服务器环境导致，使得编译器无法通过检查，甚至出现无法运行的情况。“warning”和“notice”都属于错误，只是它们的级别不同而已。

提示

PHP的异常是后期新增特性，与Java和C#的异常不同，PHP的异常需要手动抛出：“throw new Exception”，而不是系统自动抛出。

PHP的错误与异常是两个不同的概念，但有共同点：如果异常不做捕获处理，程序将会终止，并报出Fatal Error错误。当异常捕获后程序可以继续执行，而真正的Fatal Error错误出现后，程序就必须终止。

10.2 错误处理

10.2.1 错误的处理

在PHP中，默认的错误处理很简单：一条消息会被发送到浏览器，这条消息包含文件名、行号和一条描述错误的消息。PHP提供了用于报告错误的函数，可以触发不同类型的错误，例如致命错误、运行时错误、编译时错误、启动错误以及用户触发的错误等。例如，打开一个不存在的文件，程序会报错。

动手写10.2.1

```
<?php
$file = fopen("kuaixue.doc", "r");
```

运行结果如图10.2.1所示：

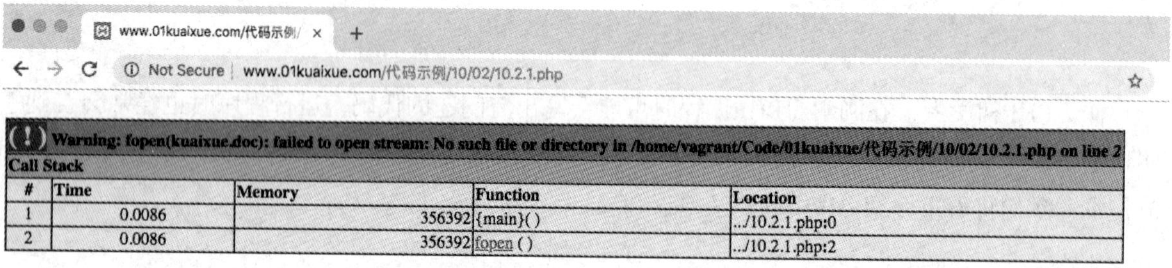

图10.2.1　程序报出warning错误

错误提示“No such file”，说明找不到“kuaixue.doc”这个文件，我们可以在程序中手动添加判断的方式，以避免这样的报错。

动手写10.2.2

```
<?php
if(!file_exists("kuaixue.doc"))
{
  die("没有找到文件哦。");
}
else
{
  $file = fopen("kuaixue.doc", "r");
}
```

运行结果如图10.2.2所示：

图10.2.2　增加文件是否存在的判断

上面的代码采用了一个简单的错误处理机制，在错误之后终止了脚本。不过，简单地终止脚本并不总是恰当的方式，让我们来研究一下项目中常用的错误处理方式。

PHP 7改变了大多数错误的报告方式，且不同于PHP 5的传统错误报告机制，现在大多数错误被作为Error异常抛出。这种Error异常可以像普通异常一样，被try/catch块所捕获；如果没有匹配的try/catch块，则调用异常处理函数（由set_exception_handler()注册）进行处理；如果尚未注册异常处理函数，则按照传统方式处理，被报告为一个致命错误（Fatal Error）。

提示

Error类并不是从Exception类扩展出来的，所以用“catch (Exception $e) { ... }”这样的代码是捕获不到Error的，因此你可以用“catch (Error $e) { ... }”这样的代码或者通过注册异常处理函数的操作来捕获Error。

动手写10.2.3

```
<?php
$kuaixue = 'PHP';
try
{
        $kuaixue->nofunction();
}
catch (Exception $e)
{
        echo "变量kuaixue并不是一个对象～";
}
catch (Error $e)
{
        echo $e->getCode();
}
```

运行结果如图10.2.3所示：

图10.2.3　getCode()方法会返回异常代码

从结果可以看出，报错信息被Error类捕获到了，而非Exception类。

10.2.2 错误控制运算符

PHP支持错误控制运算符“@”。当将其放置在一个PHP表达式之前时，该表达式可能产生的任何错误信息都会被忽略掉。

如果用set_error_handler()设定了自定义的错误处理函数，当发生错误时该函数仍然会被调用，但是此错误处理函数可以（并且也应该）调用error_reporting()，而该函数在出错语句前有“@”时将返回0。

如果激活了track_errors特性，表达式所产生的任何错误信息都将被存放在变量$php_errormsg中。此变量在每次出错时都会被覆盖，所以如果想使用它的话就要尽早检查。

动手写10.2.4

```
<?php
$conn = mysqli_connect("localhost", "username", "password");
var_dump($conn);
```

运行10.2.4.php脚本，结果如图10.2.4所示：

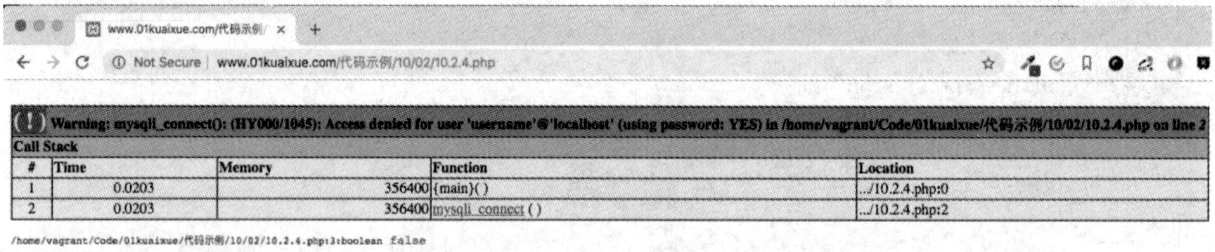

图10.2.4　报出mysqli_connect()函数连接错误

然后给10.2.4.php中的mysqli_connect()函数前面加上“@”符号，参见动手写10.2.5。

动手写10.2.5

```
<?php
$conn = @mysqli_connect("localhost", "username", "password");
var_dump($conn);
```

运行10.2.5.php脚本，结果如图10.2.5所示：

图10.2.5　符号@可以忽略错误信息

10.3 异常处理

10.3.1　异常的使用

当异常被抛出时，其后面的代码不会继续执行，PHP会尝试查找匹配的“catch”代码块。如果异常没有被捕获，而且又没有使用set_exception_handler()做相应处理的话，那么将发生一个严重的错误（致命错误），并且输出“Uncaught Exception（未捕获异常）”的错误消息。

动手写10.3.1

```
<?php
try
{
  checkNum(2);
  echo '没有发生异常 ~ ';
}
catch (Exception $e)
{
  echo '异常信息: ' . $e->getMessage();
}
function checkNum($num)
{
  if ($num > 1) {
    throw new Exception("变量值不可以大于1");
  }
  return true;
}
```

运行结果如图10.3.1所示：

图10.3.1　输出异常信息

上面的代码checkNum()中抛出了一个异常，“catch”代码块接收到该异常，并创建了一个包含异常信息的对象($e)，exception对象调用 $e->getMessage()，输出来自该异常的错误消息。

10.3.2 创建一个自定义的Exception类

创建自定义的异常处理程序非常简单。创建了一个专门的类之后，当PHP中发生异常时，可调用其函数；该类必须是exception类的一个扩展，这个自定义的customException类继承了PHP的exception类的所有属性，可向其添加自定义的函数。

动手写10.3.2

```
<?php
class userException extends Exception
{
    public function errorMessage()
    {
        // 错误信息
        $errorMsg = '错误行号 ' . $this->getLine() . ' <br/>错误文件 ' . $this->getFile()
        . ': <b>' . $this->getMessage() . '</b> 不是一个合法的 E-Mail 地址';
        return $errorMsg;
    }
}
```

动手写10.3.3

```
<?php
require './10.3.2.php';
$email = "someone@example...com";
try
{
    if (filter_var($email, FILTER_VALIDATE_EMAIL) === false)
    {
        // 如果是个不合法的邮箱地址，抛出异常
        throw new userException($email);
    }
}
catch (userException $e)
{
    echo $e->errorMessage();
}
```

运行10.3.3.php脚本，结果如图10.3.2所示：

图10.3.2　异常被自定义异常类成功捕获

10.3.3　多个异常

一段脚本可以使用多个异常来检测多种情况，使用多个if…else代码块或一个switch代码块，或者嵌套多个异常。这些异常能够使用不同的exception类，并返回不同的错误消息。

动手写10.3.4

```
<?php
require './10.3.2.php';
$email = "someone@example.com";
try
{
    if (filter_var($email, FILTER_VALIDATE_EMAIL) === false)
    {
        // 如果是个不合法的邮箱地址，抛出异常
        throw new userException($email);
    }
    if(strpos($email, "example") !== FALSE)
    {
        throw new Exception($email."是example邮箱");
    }
}
catch (userException $e)
{
    echo $e->errorMessage();
}
catch (Exception $e)
{
    echo $e->getMessage();
}
```

运行10.3.4.php脚本，结果如图10.3.3所示：

图10.3.3　异常捕获

10.3.4　重新抛出异常

当异常被抛出时，你也许希望以不同于标准的方式对它进行处理，这时可以在一个“catch”代码块中再次抛出异常。例如，脚本应该对用户隐藏系统错误。对程序员来说，系统错误也许很重要，但是用户对它们并不感兴趣。为了让用户更容易使用，你可以再次抛出带有对用户更友好的消息的异常。

动手写10.3.5

```
<?php
require './10.3.2.php';
$email = "someone@example.com";
try
{
    try
    {
        if (strpos($email, "example") !== false)
        {
            throw new Exception($email);
        }
    }
    catch (Exception $e)
    {
        // 重新抛出异常
        throw new userException($email);
    }
}
catch (userException $e)
{
    // 显示自定义信息
    echo $e->errorMessage();
}
```

运行10.3.5.php脚本，结果如图10.3.4所示：

图10.3.4　报出错误信息

10.3.5　设置顶层异常处理器

set_exception_handler()函数可设置处理所有未捕获异常的用户定义函数。

动手写10.3.6

```
<?php
function myException($exception)
{
  echo "<b>Exception:</b> ", $exception->getMessage();
}
set_exception_handler('myException');
throw new Exception('Uncaught Exception occurred');
```

运行10.3.6.php脚本，结果如图10.3.5所示：

图10.3.5　异常信息

10.4 PHP错误类型与异常记录

本节内容包含PHP的错误类型和错误级别、PHP代码中显式的错误处理机制，以及PHP代码中的错误信息记录内容等。

10.4.1　PHP中的错误类型

表10.4.1　PHP中的错误类型

错误类型常量	说明
E_CORE_ERROR	在PHP初始化启动过程中发生的致命性错误，该错误类似E_ERROR，但它是由PHP引擎核心产生的

（续上表）

错误类型常量	说明
E_CORE_WARNING	PHP初始化启动过程中发生的警告（非致命错误），类似E_WARNING，但它是由PHP引擎核心产生的
E_COMPILE_ERROR	致命编译时错误，类似E_ERROR，但它是由Zend脚本引擎产生的
E_COMPILE_WARNING	编译时警告（非致命错误），类似E_WARNING，但它是由Zend脚本引擎产生的
E_WARNING	运行时警告（非致命错误），仅给出提示信息，但是脚本不会停止运行
E_PARSE	编译时语法解析发生错误，也是致命错误，脚本会终止运行，解析错误仅仅由分析器产生
E_NOTICE	运行时通知（非致命错误），表示PHP代码中遇到了非合理的、但暂时可以忽略的代码错误
E_USER_ERROR	用户产生的错误信息，类似E_ERROR，但它是由用户自己在代码中使用PHP函数trigger_error()而产生的
E_USER_WARNING	用户产生的警告信息，类似E_WARNING， 但它是由用户自己在代码中使用PHP函数trigger_error()而产生的
E_USER_NOTICE	用户产生的通知信息，类似E_NOTICE，但它是由用户自己在代码中使用PHP函数trigger_error()而产生的
E_STRICT	启用PHP对代码的修改建议，以确保代码具有最佳的互操作性和向前兼容性
E_RECOVERABLE_ERROR	可被捕捉的致命错误， 它表示发生了一个可能非常危险的错误，但是还没有导致PHP引擎处于不稳定的状态， 如果该错误没有被用户自定义句柄捕获（参见set_error_handler()），将成为一个E_ERROR，从而导致脚本终止运行
E_DEPRECATED	运行时通知，启用后将会对在未来版本中可能无法正常工作的代码给出警告
E_USER_DEPRECATED	用户产生的警告信息， 类似E_DEPRECATED，但它是由用户自己在代码中使用PHP函数trigger_error()而产生的
E_ALL	E_STRICT除外的所有错误和警告信息

接下来，我们特意写一个有错误的程序，用一个没有被定义的变量$kuaixue和实例化一个未定义的类PHP来给$php赋值，并在两次赋值下面echo输出字符串“01快学”，看看代码在哪一句终止。

动手写10.4.1

```
<?php
$php = $kuaixue;
$php = new PHP;
echo '01快学';
```

运行10.4.1.php脚本，结果如图10.4.1所示：

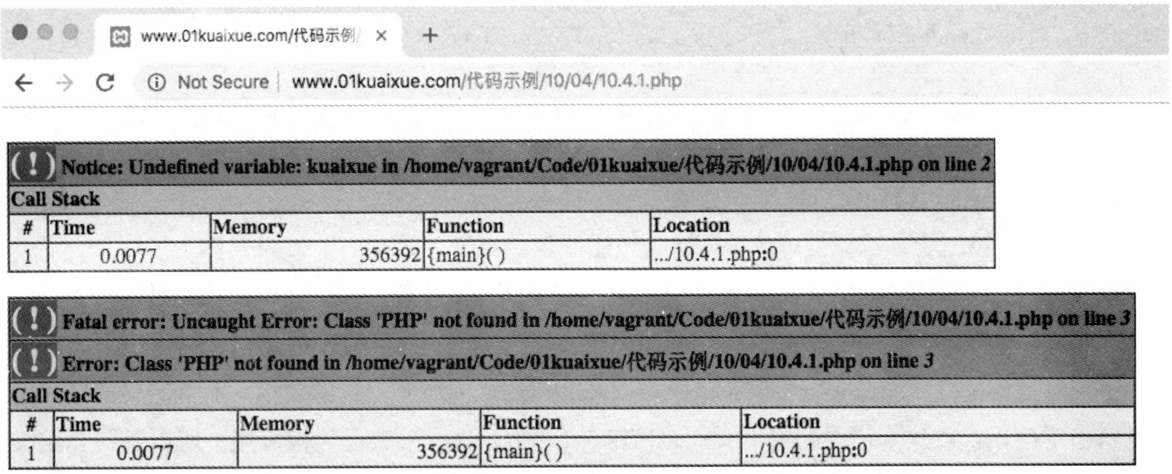

图10.4.1　报出警告信息

结果说明，$php的两次赋值语句都有被执行，Notice没有终止代码的继续执行，而Fatal error终止了程序，所以下面的echo语句就没有被执行。

10.4.2　PHP中与错误日志有关的配置

表10.4.2　PHP中与错误日志有关的配置

名字	默认值	作用说明
error_reporting	NULL	设定错误报告的级别与类型，例如：E_ALL & ~E_NOTICE
display_errors	"1"	设定是否在输出结果中显示错误信息，也就是说“是否将错误信息显示在浏览器中”。取值Off、On或stderr
display_startup_errors	"0"	设定是否把启动过程的错误信息显示在页面上
log_errors	"0"	设定是否将PHP中的错误信息记录到Web服务器日志中或下方error_log置顶的文件中。取值Off、On
log_errors_max_len	"1024"	设定记录log_errors的最大字节数；log_errors配置值为On时生效，记录至error_log中时会添加有关错误源的信息。默认值为1024，如果设置为0表示不限长度
error_log	NULL	当log_errors处于开启状态时，配置PHP脚本中错误信息记录的文件位置；该文件必须是Web服务器运行用户可写。如果特殊值syslog被设置，则将错误信息发送到系统的syslog系统进行日志记录。经过测试：若此处设置的文件位置运行Web服务器的Linux系统用户无写入权限，则会被当作没有设置这个值。如果该配置没有设置，则错误信息会被发送到SAPI错误记录器，最终被Web服务器所记录

PHP提供的set_error_handler()函数用于设置用户自定义的错误处理函数。

语法如下：

```
mixed set_error_handler ( callable $error_handler [, int $error_types = E_ALL | E_STRICT ] )
```

参数说明：

◇ errno：包含了错误级。

◇ errstr：包含了错误的信息。

◇ errfile：第三个参数，是可选项，包含发生错误的文件名，是一个string类型。

◇ errline：第四个参数，是一个可选项，包含错误发生的行号，是一个integer类型。

◇ errcontext：第五个可选参数，是一个指向错误发生时活动符号表的array（错误上下文的变量数组）。也就是说，errcontext会包含错误触发处的作用域内所有变量的数组，而自定义的错误处理逻辑中不应该修改这个错误的上下文。自PHP 7.2开始，这个参数已经被弃用，所以编写自定义错误处理函数时只用前四个参数即可。

返回值：如果之前有定义过错误处理程序，则返回该程序名称的string；如果是内置的错误处理程序，则会返回NULL；如果指定了一个无效的回调函数，同样会返回NULL；如果之前的错误处理程序是一个类的方法，此函数会返回一个带类和方法名的索引数组（indexed array）。

提示

errcontext是第五个可选参数，在PHP 7.2后，此参数被弃用了，强烈建议不要依赖此参数。

动手写10.4.2

```
<?php
error_reporting(E_ALL | E_STRICT);
//设定显示错误日志
ini_set('display_errors', 'On');
//定义当前环境
define('LOCAL', true);
set_error_handler(function ($errno, $errstr, $errfile, $errline)
{
  if (LOCAL)
  {
    // 开发环境提示
    echo '<p>' . $errstr . '： ' . $errfile . '</p>' . "\r\n";
  }
  else
```

```
    {
        // 生产环境提示
        echo '系统正在内测 ~ ';
    }
    return true;
});
$kuaixue + 1;
1 / 0;
trigger_error('Trigger Error');
```

运行10.4.2.php脚本，结果如图10.4.2所示：

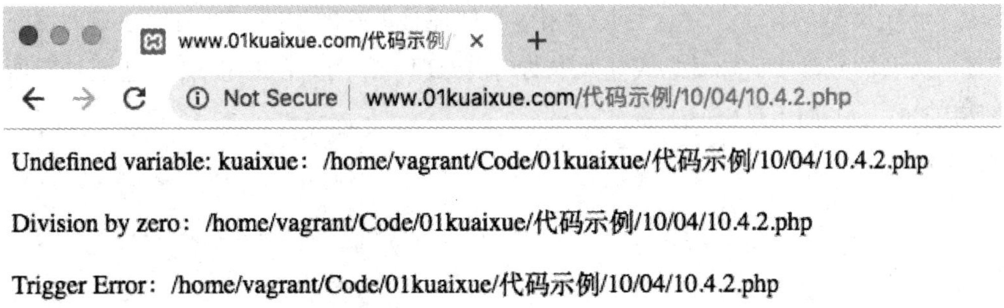

图10.4.2　用set_error_handler()函数自定义设置错误处理函数

10.5 小结

本章主要介绍了错误与异常在PHP中的概念与区别、对于错误的处理方式、错误控制运算符的使用、对异常的捕获和使用以及如何自定义异常处理机制。

10.6 知识拓展

10.6.1　PHP 7中的异常与错误处理

在PHP 7中，当致命错误（E_ERROR）和可捕获的错误（E_RECOVERABLE_ERROR）发生时会抛出异常，而不会直接停止脚本的运行。在某些情况下，比如内存溢出，致命错误则会仍然像之前一样，直接停止脚本执行。在PHP 7中，一个未捕获的异常也会是一个致命错误，这意味着在PHP 5.X中致命错误抛出的异常未捕获，在PHP 7中也是致命错误。

为了统一两个异常分支，Exception和Error都实现了一个全新的接口：

```
Throwable {
/* Methods */
abstract public string getMessage ( void )
abstract public int getCode ( void )
abstract public string getFile ( void )
abstract public int getLine ( void )
abstract public array getTrace ( void )
abstract public string getTraceAsString ( void )
abstract public Throwable getPrevious ( void )
abstract public string __toString ( void )
}
```

Throwable可以用于try/catch块中捕获Exception和Error对象（或是任何未来可能的异常类型），记住捕获更多特定类型的异常，并且对其做相应的处理是更好的实践。然而，在某种情况下，我们想捕获任何类型的异常（比如日志或框架中的错误处理），例如在PHP 7中，想要捕获所有的异常，应该使用Throwable而不是Exception。

动手写10.6.1

```
<?php
try {
// Code that may throw an Exception or Error.
}
catch (Throwable $t)
{
// Handle exception
}
```

用户定义的类不可以实现Throwable接口。做出这个决定，一定程度上是为了预测性和一致性——只有Exception和Error的对象可以被抛出。此外，异常需要携带对象在追溯堆栈中创建位置的信息，而用户定义的对象不会自动地生成参数来存储这些信息。

Throwable可以被继承，从而创建特定的包接口或者添加额外的方法。一个继承自Throwable的接口，只可以由Exception或Error的子类来实现。

动手写10.6.2

```
<?php
interface MyPackageThrowable extends Throwable {}
class MyPackageException extends Exception implements MyPackageThrowable {}
throw new MyPackageException();
```

为了在同样的代码中捕获任何PHP 5.X和PHP 7的异常，可以使用多个catch，先捕获Throwable，然后是Exception。当PHP 5.X不再需要支持时，捕获Exception的catch块就可以移除了。

动手写10.6.3

```
<?php
try {
// Code that may throw an Exception or Error.
}
catch (Throwable $t)
{
// Executed only in PHP 7, will not match in PHP 5.x
}
catch (Exception $e)
{
// Executed only in PHP 5.x, will not be reached in PHP 7
}
```

第 11 章 日期和时间

在日常程序开发中，日期和时间的处理非常常见。日期时间函数库是PHP内置函数库，通过它可以获得服务器的日期、时间等相关内容，包括获取当前日期和时间、按照一定格式输出日期时间、创建日期和时间，以及计算比较日期时间等。本章将对PHP中常用的日期和时间类的使用进行介绍。

11.1 操作系统时区

11.1.1 时区划分

地球总是自西向东自转，东边的地区总是会比西边的地区更早看到太阳，时间也会早一些。为了避免时间上的混乱，1884年在华盛顿召开的一次国际经度会议上，规定将全球划分为24个时区。它们是中时区（零时区）、东1～12区，西1～12区。每个时区横跨经度15°，时间正好是1小时。最后的东、西第12区各跨经度7.5°，以东、西经180°为界。每个时区的中央经线上的时间就是这个时区内统一采用的时间，称为“区时”，相邻两个时区的时间相差1小时。

对于横跨多个时区的大国，为了在全国范围内采用统一的时间，通常都把某一个时区的时间作为全国统一采用的时间。例如，我国把北京所在的东8区的时间作为全国统一的时间，称为“北京时间”。又例如，英国、法国、荷兰和比利时等国，虽地处中时区，但为了和欧洲大多数国家的时间相一致，则采用东1区的时间。

因此，全球分为24个时区，每个时区都有自己的本地时间，同一时间内各时区的本地时间相差1～23小时，如英国伦敦本地时间与北京本地时间相差8个小时。在国际无线电通信领域，使用一个统一的时间，该时间称为通用协调时间（UTC），UTC与格林尼治标准时间（GMT）相同。

11.1.2　php.ini设置时区

php.ini文件中的date.timezone选项是用来设置默认时区的，PHP 7版本中默认已经开启，时区为“Europe/Berlin”。如图11.1.1所示：

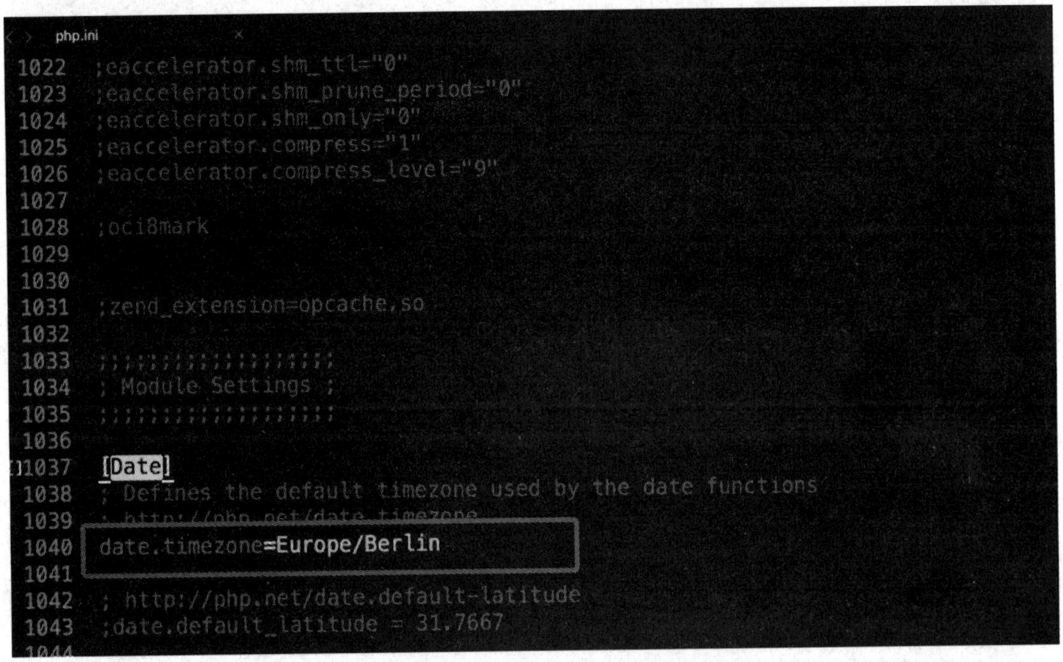

图11.1.1　php.ini 配置参数

除了到php.ini文件中查看当前时区信息，PHP中也提供了函数date_default_timezone_get()，可以用来获取当前服务器的时区信息。

动手写11.1.1

```
<?php
echo date_default_timezone_get();
echo '<br/>';
echo date('Y-m-d H:i:s');
```

运行结果如图11.1.2所示：

图11.1.2　输出时区信息Europe/Berlin同php.ini中的设置信息一致

当前Europe/Berlin的时间为“2019-03-03 08:57:48”，而北京时间如图11.1.3所示：

图11.1.3　北京时间和Europe/Berlin的时间相差大约7个小时

把php.ini中的时区配置改为上海时区Asia/Shanghai，并重新启动PHP服务器，php.ini的配置参数将会更改成如图11.1.4所示：

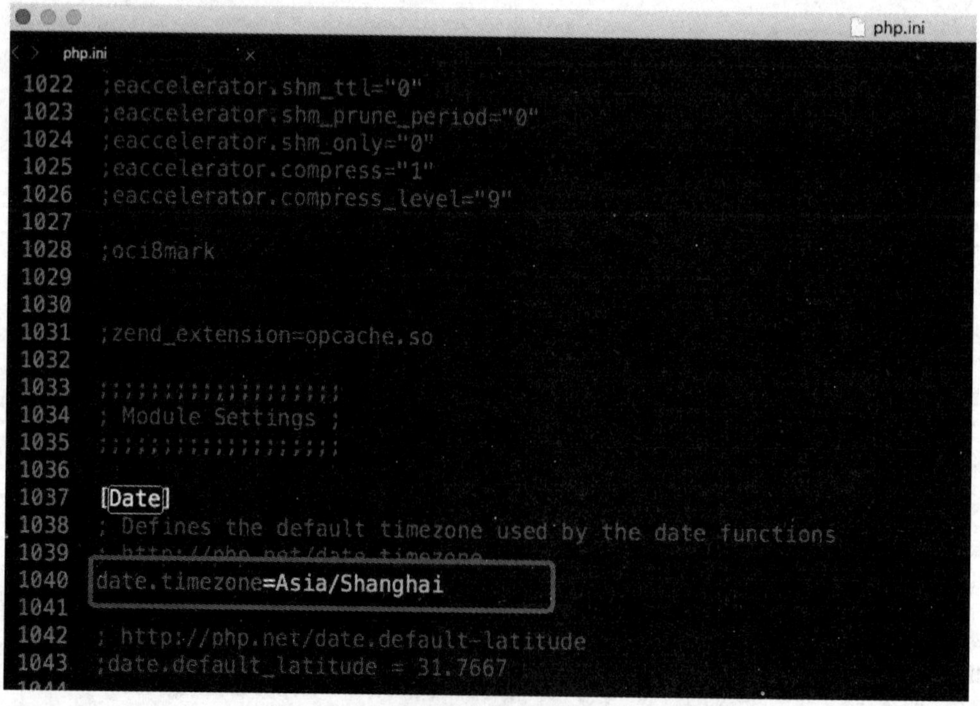

图11.1.4　时区配置改为上海时区Asia/Shanghai

提示

除了在php.ini配置文件中设置时区外，还可以通过PHP提供函数date_default_timezone_set(timezone) 设置脚本中所有日期/时间函数使用的默认时区。

再次访问11.1.1.php，运行结果如图11.1.5所示：

图11.1.5　时区已经更新到Asia/Shanghai

11.2 时间函数

11.2.1　Unix时间戳（Unix timestamp）

在UNIX系统中，日期与时间表示为自1970年1月1日零点起到当前时刻的秒数，这种时间被称为“Unix时间戳”。不同的操作系统均支持这种时间表示方式，因此同一时间在UNIX和Windows系统中均以相同的Unix时间戳表示，不需要在不同的系统中进行转换。

目前，Unix时间戳是以32位二进制数表示的，32位二进制数值范围为-2147483648~+2147483647，由于系统不支持负的时间戳，因此目前Unix时间戳能表示的最大时间为2038年1月19日3点14分7秒，该时刻的时间戳为2147483647。在该时间之后，需要扩展Unix时间戳的二进制位数。

11.2.2　日期和时间的获取

PHP中内置了时间函数time()，用来获取当前时间的Unix时间戳。

语法如下：

```
time()
```

返回值：当前时间的Unix时间戳的整数。

动手写11.2.1

```
<?php
echo time();
```

运行结果如图11.2.1所示：

图11.2.1　输出时间的Unix时间戳

PHP中的date()函数，用于对日期或时间进行格式化，将时间戳格式化为更易读的日期和时间。

语法如下：

```
string date ( string $format [, int $timestamp ] )
```

功能：用于格式化时间或日期。

参数说明：

◇ format：字符串类型变量，需要计算该字符串的长度。

◇ timestamp：可选，规定时间戳，默认为当前的日期和时间。

date()函数的第一个必需参数format，规定了如何格式化日期或时间。

◇ d：代表月中的天（01 ~ 31）。

◇ m：代表月（01 ~ 12）。

◇ Y：代表年（四位数）。

动手写11.2.2

```
<?php
echo date("Y/m/d") . "<br>";
echo date("Y.m.d") . "<br>";
echo date("Y-m-d");
```

运行结果如图11.2.2所示：

图11.2.2　输出不同时间格式

11.2.3　PHP日期时间和Unix时间戳转换

由于Unix时间戳具有更好的适用性，所以很多内置的相关函数获取的时间都是时间戳的格式；但这样的格式对于网站用户来说并不友好，因此很多时候会兼顾系统函数的需要和用户的体验，对时间的格式进行转换。

把Unix时间戳转换成生活中更常见的日期格式，使用上面示例提到的函数date()。把日期转换为时间戳，则需要使用PHP中提供的另外两个函数strtotime()和mktime()。

1. strtotime()

strtotime()函数用于将英文文本字符串表示的日期转换为时间戳。

语法如下：

```
strtotime(time,now);
```

参数说明：

◇ time：必需，规定日期或时间字符串。

◇ now：可选，规定用来计算返回值的时间戳。如果省略该参数，则使用当前时间。

返回值：成功返回时间戳，否则返回false。

提示

请注意m/d/y或d-m-y格式的日期，如果分隔符是斜线“/”，则使用美洲的m/d/y格式；如果分隔符是横杠“-”或者点“.”，则使用欧洲的d-m-y格式。为了避免潜在的错误，建议尽可能使用YYYY-MM-DD格式或者使用date_create_from_format()函数。

动手写11.2.3

```
<?php
echo(strtotime("now") . "<br>");
echo(strtotime("15 October 1980") . "<br>");
echo(strtotime("+5 hours") . "<br>");
echo(strtotime("+1 week") . "<br>");
echo(strtotime("+1 week 3 days 7 hours 5 seconds") . "<br>");
echo(strtotime("next Monday") . "<br>");
echo(strtotime("last Sunday"));
```

运行结果如图11.2.3所示：

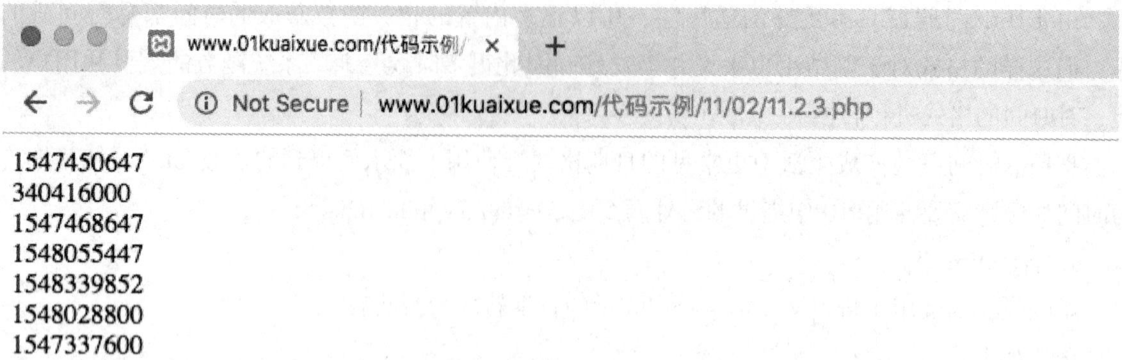

图11.2.3　输出信息均为时间戳格式

接下来，把上面输出的时间转化为更直观的日期格式。

动手写11.2.4

```
<?php
header('Content-Type: text/html; charset=utf-8');
echo '当前的时间：' . date('Y-m-d H-i-s', time());
echo '<br>';
echo '15 October 1980 : ' . date('Y-m-d H-i-s', strtotime("15 October 1980"));
echo '<br>';
echo '5个小时以后 : ' . date('Y-m-d H-i-s', strtotime("+5 hours"));
echo '<br>';
echo '一周以后 : ' . date('Y-m-d H-i-s', strtotime("+1 week"));
echo '<br>';
echo '一周零3天零7小时5秒以后 : ' . date('Y-m-d H-i-s', strtotime("+1 week 3 days 7 hours 5 seconds"));
echo '<br>';
echo '下周一 : ' . date('Y-m-d H-i-s', strtotime("next Monday"));
echo '<br>';
echo '上周日 : ' . date('Y-m-d H-i-s', strtotime("last Sunday"));
strtotime("last Sunday");
echo '<br>';
```

运行结果如图11.2.4所示：

图11.2.4　date()函数将strtotime()返回的时间戳转换为日期格式

2. mktime()

mktime()函数用于将英文文本字符串表示的日期转换为时间戳。

语法如下：

```
mktime(hour,minute,second,month,day,year,is_dst);
```

参数说明：

◇ hour：可选，规定小时。

◇ minute：可选，规定分。

◇ second：可选，规定秒。

◇ month：可选，规定月。

◇ day：可选，规定天。

返回值：成功返回时间戳，否则返回false。

动手写11.2.5

```
<?php
$time = mktime(10, 10, 30, 6, 10, 2018);
echo $time;
echo '<br />';
echo "时间戳转为日期格式： " . date("Y-m-d H:i:s", $time);
```

运行结果如图11.2.5所示：

图11.2.5　mktime()返回结果为时间戳

mktime()在做日期计算和验证方面很有用，它会自动计算超出范围的输入的正确值，下面展示一个具体的例子：

动手写11.2.6

```
<?php
echo date("Y–m–d", mktime(0, 0, 0, 1, 32, 2018));
echo '<br />';
echo date("Y–m–d", mktime(0, 0, 0, 13, 1, 2018));
```

运行结果如图11.2.6所示：

图11.2.6　mktime()函数智能计算

从输出结果可以看出，当输入参数超过合理范围时，时间会自动延伸到下个月或下一年。

11.2.4　日期校验

PHP校验一个日期是否合法时，会使用函数checkdate()，该函数对于年、月、日的合法范围都会做出判断，这对用户输入日期的验证是非常方便的。

语法如下：

```
checkdate(month,day,year)
```

参数说明：

◇ month：必需，规定月。

◇ day：必需，规定日。

◇ year：必需，规定年。

返回值：如果指定的值合法，则该函数返回true，否则返回false。

动手写11.2.7

```
<?php
var_dump(checkdate(12,31,2018));
echo '<br />';
var_dump(checkdate(2,29,2018)); //2月没有29号
echo '<br />';
var_dump(checkdate(13,1,2018)); //每年只有12个月
```

运行结果如图11.2.7所示：

图11.2.7　checkdate()函数检测出错误的日期格式

上面示例中，通过使用checkdate()函数进行测试，一共测试了三个日期格式，其中有两个错误的日期格式，结果和我们的预期一致。但是，在实际开发中还是不建议直接用checkdate()函数来做“用户输入日期格式是否合法”的判断，因为当用户输入类似“checkdate(13,1,'01kuaixue')”这样的格式时，程序会报错终止。

既然是用来做时间格式验证的，便不要相信用户会按规定提交我们需要的格式，我们可以在调用checkdate()函数之前加一层判断：如果输入的年、月、日的数据类型符合要求，再调用checkdate()函数来进一步验证。

动手写11.2.8

```
<?php
/**
 * 校验日期格式是否正确
 * @param  string $date 日期
 * @return boolean
 */
function checkDateFormat($date)
{
  //匹配日期格式
  if(preg_match("/^([0-9]{4})-([0-9]{2})-([0-9]{2})$/", $date, $parts))
  {
    //检测是否为日期
    if(checkdate($parts[2],$parts[3],$parts[1]))
    {
      return true;
    }
    else
    {
       return false;
    }
  }
  else
  {
    return false;
  }

}
//采用Y-m-d的日期格式
var_dump(checkDateFormat("2018-01-10"));
echo '<br/>';
var_dump(checkDateFormat("2018-09-kuaixue"));
echo '<br/>';
var_dump(checkDateFormat("2018-02-29"));
echo '<br/>';
var_dump(checkDateFormat("2018-15-10"));
```

运行结果如图11.2.8所示：

图11.2.8 优化后的时间函数检测结果

封装的checkDateFormat()函数把不符合日期格式的“2018-09-kuaixue”直接返回false，避免了这种情况下调用checkdate()函数的报错。

11.3 小结

本章主要介绍了操作系统中的时区划分，并讲解了在PHP配置文件中如何定义时区，以及在UNIX和PHP中时间函数的使用。

11.4 知识拓展

11.4.1 使用微秒计算程序运行时间

在PHP中，大多数的时间格式都是以Unix时间戳表示的，而Unix时间戳是以s（秒）为最小的时间计量单位。这对某些应用程序来说是不够精确的，因此可以调用PHP函数microtime()返回当前Unix时间戳和微秒数。

语法如下：

```
microtime(get_as_float);
```

参数说明：

◇ get_as_float：可选。当设置为true时，规定函数应该返回浮点数；否则返回字符串，默认为false。

返回值：当前Unix时间戳的微秒数。

提示

默认返回字符串“microsec sec”，其中sec为自Unix纪元（0:00:00 January 1，1970 GMT）起的秒数，microsec为微秒部分。如果get_as_float参数设置为true，则返回浮点数，表示自Unix纪元起精确到微秒的以秒为单位的当前时间。

动手写11.4.1

```
<?php
var_dump(microtime());
```

运行结果如图11.4.1所示：

图11.4.1　打印microtime()函数

因为调用microtime()函数时没有传入参数，默认为false，返回字符串数据类型。

了解microtime()函数的基本用法后，接下来封装一个类，通过类来实现微秒级计算程序运行时间。

动手写11.4.2

```
<?php
class Timer
{
    private $start_time = 0;                    //保存脚本开始执行时的时间（以微秒的形式保存）
    private $stop_time  = 0;                    //保存脚本结束执行时的时间（以微秒的形式保存）

    public function start()
    {
        $this->start_time = microtime(true);    //将获取的时间赋值给成员属性$start_time
    }
    public function stop()
    {
        $this->stop_time = microtime(true);     //将获取的时间赋给成员属性$stop_time
```

```
    }
    public function format()
    {
                                                    //计算后四舍五入保留4位返回
        return round(($this->stop_time - $this->start_time), 4);
    }
}

$timer = new Timer();
$timer->start(); //文件开始执行时调用
usleep(1000); //休眠1毫秒
$timer->stop(); //文件结束处调用
echo "该脚本用时: <b>" . $timer->format() . "</b>";
```

运行结果如图11.4.2所示：

图11.4.2　Timer类运行结果

在11.4.2.php脚本中，分别通过类Timer中的start()方法和stop()方法来获取脚本开始执行的时间和脚本运行结束时的时间，再通过类中的format()方法格式化时间形式，就能获取运行脚本所需的时间了。

11.4.2　输出世界时钟

本章11.1节详细讲述了时区的概念。本节将通过封装一个类来打印当前时间下各个时区对应的当地时间列表。

首先需要了解一个PHP内置的函数timezone_abbreviations_list()，该函数用于获取所有时区信息。

语法如下：

```
timezone_identifiers_list(what,country);
```

参数说明：

◇ what：可选，规定一个DateTimeZone类常量。

1 = AFRICA

2 = AMERICA

4 = ANTARCTICA

8 = ARCTIC

16 = ASIA

32 = ATLANTIC

64 = AUSTRALIA

128 = EUROPE

256 = INDIAN

512 = PACIFIC

1024 = UTC

2047 = ALL

4095 = ALL_WITH_BC

4096 = PER_COUNTRY

◇ country：可选，规定两个字母的ISO3166-1兼容的国家代码。

返回值：成功则返回一个数值数组，失败则返回false。

动手写11.4.3

```
<?php
class WordTimezone {

        public $all_timezone;

        public function __construct()
        {
                $this->all_timezone = $this->getAllTimezone();
        }

        public function getAllTimezone()
        {
            $all_timezone = [];
            foreach(timezone_abbreviations_list() as $timezone)
            {
                foreach($timezone as $val)
                {
                    if (isset($val['timezone_id']))
                    {
```

```
                    $all_timezone[] = $val['timezone_id'];
                }
            }
        }
        return $all_timezone;
    }

    public function world_time($timezone) //获取指定时区当前时间
    {
            date_default_timezone_set($timezone); //设置默认时区为指定时区
            return date('Y-m-d H:i:s', time()); //输出指定时区当前时间


    }

    public function handler_table()
    {
            echo '<h1>世界时钟表</h1>';
            echo '<table style="border:1px solid #F00" >';
            echo '<tr style="border:1px solid #F00">';
            echo '<th style="border:1px solid #F00">时区</th>';
            echo '<th style="border:1px solid #F00">当前时间</th>';
            echo '</tr>';
            foreach ($this->all_timezone as $k => $timezone)
            {
                    echo '<tr style="border:1px solid #F00">';
                    echo '<td style="border:1px solid #F00">'.$timezone.'</td>';
                    echo '<td style="border:1px solid #F00">'. $this->world_time($timezone) .'</
td>';
                    echo '</tr>';
                    date_default_timezone_set('Asia/Shanghai'); //将默认时区调回默认值
            }
            echo '</table>';
    }


}
$word = new WordTimezone;
var_dump($word->handler_table());
```

运行结果如图11.4.3所示：

世界时钟表

时区	当前时间
Australia/Adelaide	2019-01-14 18:05:54
Australia/Broken_Hill	2019-01-14 18:05:54
Australia/Darwin	2019-01-14 17:05:54
Australia/North	2019-01-14 17:05:54
Australia/South	2019-01-14 18:05:54
Australia/Yancowinna	2019-01-14 18:05:54
America/Porto_Acre	2019-01-14 02:35:54
Australia/Adelaide	2019-01-14 18:05:54
Australia/Adelaide	2019-01-14 18:05:54
America/Eirunepe	2019-01-14 02:35:54
America/Rio_Branco	2019-01-14 02:35:54
Brazil/Acre	2019-01-14 02:35:54
Australia/Broken_Hill	2019-01-14 18:05:54
Australia/Darwin	2019-01-14 17:05:54
Australia/North	2019-01-14 17:05:54
Australia/South	2019-01-14 18:05:54
Australia/Yancowinna	2019-01-14 18:05:54
Asia/Jayapura	2019-01-14 16:35:54
Australia/Broken_Hill	2019-01-14 18:05:54
Australia/Darwin	2019-01-14 17:05:54
Australia/North	2019-01-14 17:05:54
Australia/South	2019-01-14 18:05:54
Australia/Yancowinna	2019-01-14 18:05:54
America/Porto_Acre	2019-01-14 02:35:54
America/Eirunepe	2019-01-14 02:35:54
America/Rio_Branco	2019-01-14 02:35:54
Brazil/Acre	2019-01-14 02:35:54

图11.4.3　世界时钟表

通过WordTimezone类中的getAllTimezone()方法获取全部时区信息，以数组形式存入属性$all_timezone中；然后通过调用handler_table()方法来遍历$all_timezone属性，通过world_time()方法获取相应时区的当前时间；最后以表格的形式将时区信息与当前时间一并打印到表格中。

第12章 PHP在Web开发中的应用

12.1 Web工作原理

PHP与Web页面交互是实现PHP网站的基础，学习Web页面的实现和浏览器特性，是学好PHP Web开发的必经之路。

12.1.1 Web工作详细介绍

Web，也称万维网。对于大众而言，只要在浏览器中输入一个地址，即可获取相应的内容展示。这个简单的过程是如何实现的呢？

首先，浏览器会通过DNS服务器查找地址中的域名（例如：www.baidu.com）对应的IP地址；得到IP地址后，浏览器会向该IP对应的服务器发出请求（例如：/s?wd=t）；服务器收到请求后，会根据地址获取相应的数据返回给浏览器；浏览器得到响应后解析返回的结果（最常见的就是HTML文档），然后通过渲染引擎渲染，并显示到屏幕上。

12.1.2 HTTP协议

HTTP协议，全称为超文本传输协议（HyperText Transfer Protocol）。最初设计HTTP的目的是为了传输HTML文档，由于其简单、扩展性强等特点，它逐步成为适合任何格式数据的超媒体传输协议。

HTTP属于TCP/IP协议族，是应用层协议，利用TCP作为其传输层协议。HTTP自1991年首次面世，经历了0.9、1.0、1.1和2.0四个主要的版本。其中1.1版本是最流行的一个版本，现在仍有大部分的网站在使用。

HTTP 1.1版本相对1.0版本，最重要的变化是引入了持久连接。持久连接的意思是，一次请求/响应完成后，不会立即关闭TCP连接，后续的请求/响应可以复用之前的TCP连接。这样的好处是避免了每次请求/响应都需要通过三次握手建立TCP连接，大大降低了网络开销。

12.1.3 HTTPS协议

HTTPS协议是HTTP安全协议（HTTP Secure）的简称。从名字可以看出，其主要的作用是为HTTP协议提供安全的保证。上文说到，HTTP协议是通过TCP协议来传输的，而TCP协议并没有对数据做任何加密的操作。也就是说，通过HTTP协议传输的任何数据，对于任何传输过程中经过的节点都是透明的，这样会带来数据窃听、数据伪造和身份冒充三个方面的安全问题。

HTTPS通过在HTTP协议和TCP协议之间引入SSL协议，解决了HTTP协议的安全问题。SSL协议的核心是非对称加密算法。非对称加密中有两种密钥，分别是公钥和私钥。通过私钥加密的数据，可以用公钥解开；反之，通过公钥加密的数据，可以用私钥解开。当客户端向服务器端发起请求时，服务器会将其包含了公钥的证书返回客户端。客户端用此公钥加密后续用于加密数据的会话密钥和用于验证数据一致性的密钥。由于非对称加密远慢于对称加密，所以SSL只使用公钥加密会话密钥，后面的数据都是使用会话密钥进行加密的。

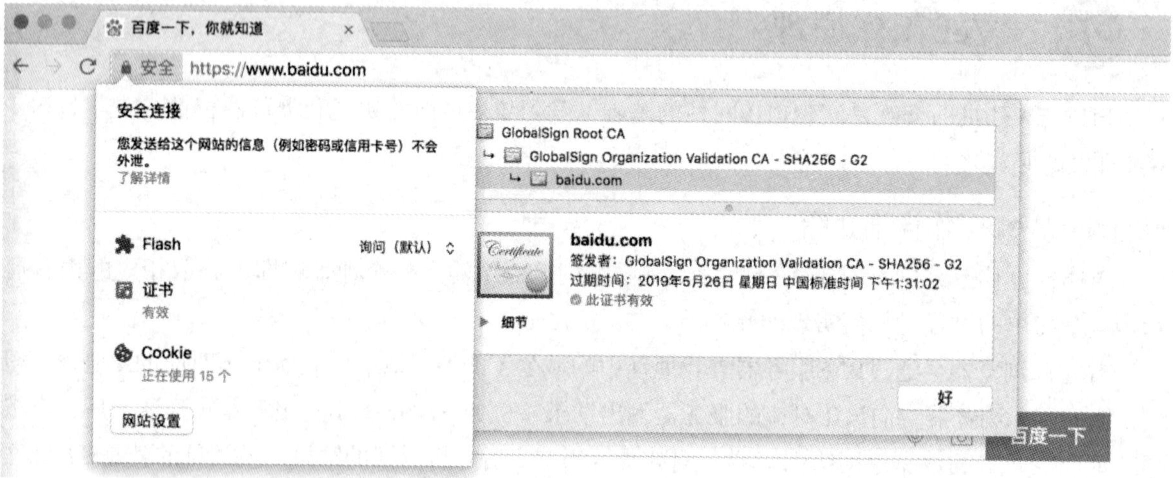

图12.1.1　使用了HTTPS的网站

如图12.1.1所示，对于使用了HTTPS的网站，浏览器会在地址栏显示安全的标识信息。

12.2 HTML表单

HTML表单是用户向站点交互的一种形式。通过表单，用户可以把当前网站页面上的数据提交给网站服务器，并由PHP处理。

12.2.1　表单结构

HTML表单由一个或多个小部件组成，这些部件包括文本字段(单行<input type="text">或多行<textarea>)、选择框<select>、复选框<input type="checkbox">、单选按钮<input type="radio">和按钮<button>等。

表单主要由以下属性组成，如表12.2.1所示：

表12.2.1　HTML表单结构

属性	作用
name	表单的名称
action	表单的提交URL
method	表单的提交方式，可选值："get"或"post"
enctype	表单的编码方式，可选值："application/x-www-form-urlencoded""multipart/form-data"或"text/plain"
target	表单的打开目标，可选值："_blank""_parent""_self"或"_top"

12.2.2　创建表单

在HTML中，可以通过<form>元素定义一个表单，其属性进一步地定义了这个表单的相关行为。创建一个表单，必须要创建<form>元素，并将相关的小部件都放在<form>元素内部。

提示

在<form>元素之外也可以使用小部件，不过这些小部件和这个<form>元素构建的表单没有任何关系。

创建一个表单，表单里面包括姓名、性别和更多信息。用户输入的姓名信息存储在<input type="text" id="name" name="name">标签中；性别由于是可选的，因此分别存储在两个input标签中，并设置type为radio；更多信息使用<textarea id=" note" name="note"></textarea>来实现。

动手写12.2.1

```
<!DOCTYPE html>
<html>
<head>
  <meta charset="utf-8"/>
  <title>注册</title>
</head>
<body>
<form action="12.2.1.php">
  <div>
    <label for="name">姓名：</label>
    <input type="text" id="name" name="name">
  </div>
```

```
    <div>
      <label>性别：</label>
      <input type="radio" id="gender_male" name="gender " value="male">
      <label for="gender_male">男</label>
      <input type="radio" id="gender_female" name="gender " value="female">
      <label for="gender_female">女</label>
    </div>
    <div>
      <label>更多信息：</label>
      <textarea id=" note" name="note"></textarea>
    </div>
    <div>
      <button type="submit">提交</button>
    </div>
  </form>
  </body>
  </html>
```

页面效果如图12.2.1所示：

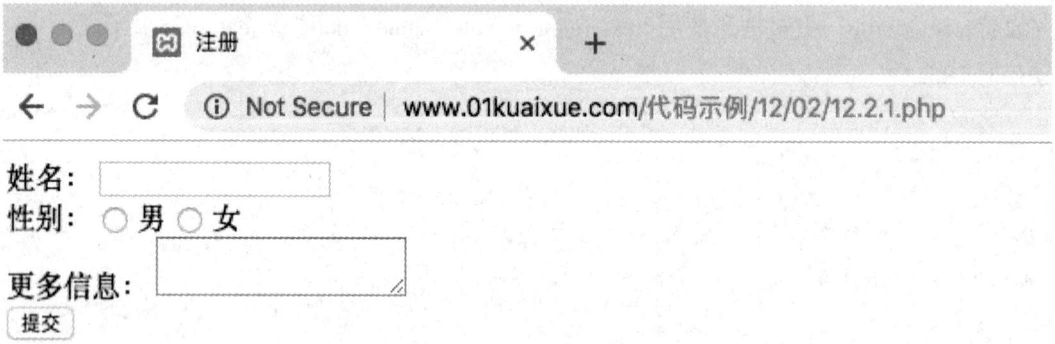

图12.2.1　form表单的展示效果

12.2.3　表单元素——文本类型

上一节中介绍了表单的控件，不同的表单控件组成了满足各种需求的网站页面。接下来的章节将会讲述常见的表单元素以及它们的使用方法。

文本输入类型是最基本的表单元素，大部分都是<input>元素。input文本类型可以根据type属性值的不同，衍生出各式各样的表单元素。

1. 单行文本元素

type为text的<input>元素，由于<input>元素默认的type类型为text，所以直接使用<input>元素即可创建单行文本元素。另外，如果浏览器不支持某一type类型的input元素（例如：type为date，低版本的浏览器不支持这一类型），浏览器就会默认将该类型当作text类型处理。

动手写12.2.2

```
<!DOCTYPE html>
<head><meta charset="utf-8"/><title>单行文本测试</title></head>
<body>
<form action="12.2.2.php">
  <input name="text_1" placeholder="这是一个单行文本输入"><br/>
    <input name="text_2" type="text" name="singe_text2" placeholder="这也是一个单行文本输入
"><br/>
  <button type="submit">提交数据</button>
</form>
</body></html>
<?php
var_dump($_GET);  //$_GET变量，可以获取get方式传递过来的数据变量
```

运行结果如图12.2.2所示：

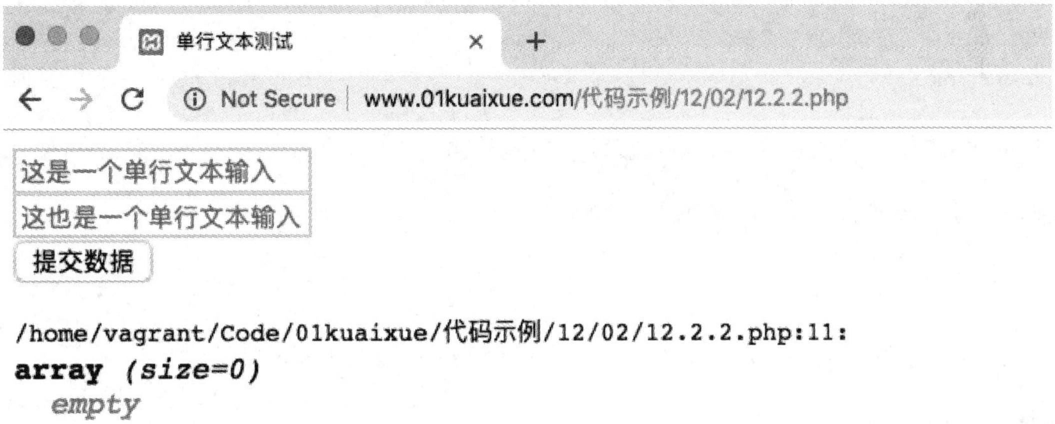

图12.2.2　单行文本显示

我们在第一个input框中输入“零壹快学”，第二个input框中输入“01快学”，点击“提交数据”按钮，可以看到PHP中的$_GET变量有了数据。如图12.2.3所示：

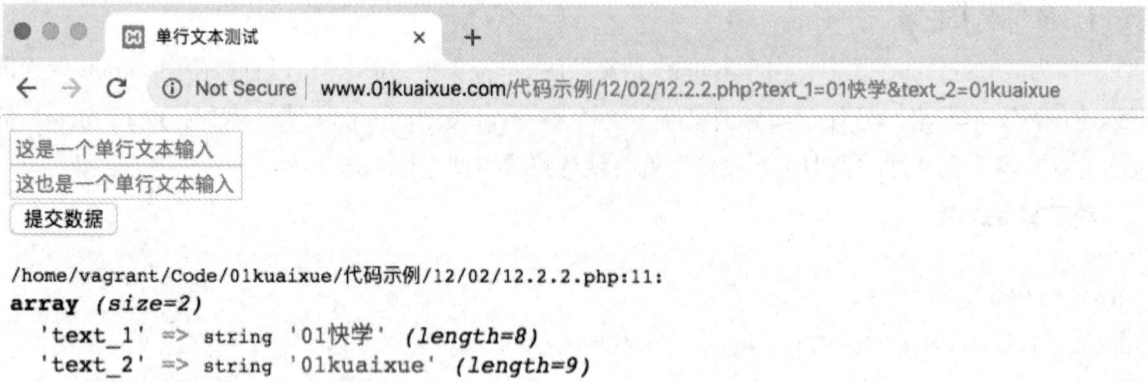

图12.2.3　提交单行文本数据后的显示

2. E-mail类型元素

type为E-mail的<input>元素，该类型元素需要用户输入有效的E-mail地址，如果输入的格式有误，在提交表单时，浏览器会显示错误。

动手写12.2.3

```
<!DOCTYPE html>
<head><meta charset="utf-8"/><title>email文本测试</title></head>
<body>
<form action="12.2.3.php">
   <input type="email" name="email1" value="learn@php.com"><br/>
   <input type="email" name="email2" value="error_error@.com"><br/>
   <button type="submit">提交数据</button>
</form>
</body></html>
<?php
var_dump($_GET);   //$_GET变量，可以获取get方式传递过来的数据变量
```

点击“提交数据”，运行结果如图12.2.4所示：

图12.2.4　E-mail地址元素测试

3. 密码类型元素

type为password的<input>元素，该类型元素会将用户输入的字符串显示为特殊字符（例如“*”）以隐藏用户实际输入的内容。需要注意的是，这只是一个显示的效果，只能避免你在输入敏感数据时被旁边的人看到，它在实际的网络传输中仍然是以原始文本进行传输的。

动手写12.2.4

```
<!DOCTYPE html>
<head><meta charset="utf-8"/><title>password文本测试</title></head>
<body>
<form action="12.2.4.php">
  <input type="password" name="password" placeholder="这是一个密码输入"><br/>
  <input type="password" name="password" value="01_password"><br/>
  <button type="submit">提交数据</button>
</form>
</body></html>
<?php
var_dump($_GET);  //$_GET变量，可以获取get方式传递过来的数据变量
```

点击“提交数据”，运行结果如图12.2.5所示：

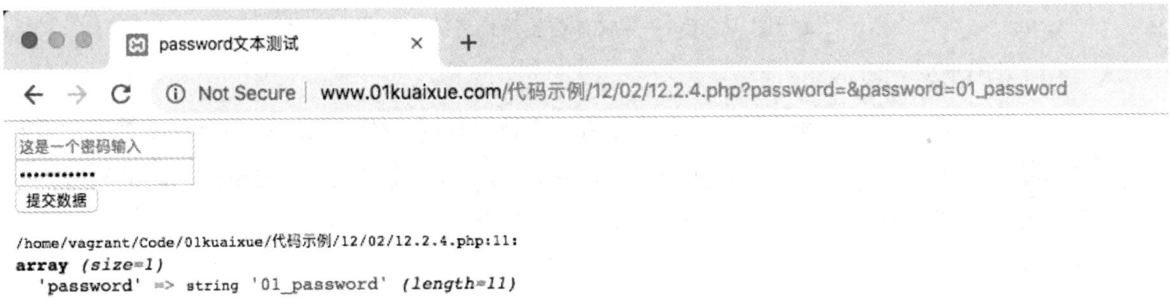

图12.2.5　password文本框

4. 搜索类型元素

type为search的<input>元素，该类型表示这是一个搜索框，和单行文本类型主要的区别是其样式不同。另外，值得注意的是，浏览器会将该类型元素输入的内容记录下来，如果下次在相同的输入框输入字符串，当输入部分字符时，浏览器会进行自动补全。

动手写12.2.5

```
<!DOCTYPE html>
<head><meta charset="utf-8"/><title>search文本测试</title></head>
<body>
<form action="12.2.5.php">
```

```
    <input type="search" name="search" placeholder="这是一个搜索输入"><br/>
    <button style="margin-top: 30px;" type="submit">提交数据</button>
</form>
</body></html>
<?php
var_dump($_GET);  //$_GET变量，可以获取get方式传递过来的数据变量
```

第一次输入“零壹快学”，提交表单后，第二次输入“零”时浏览器就会自动提示补全信息“零壹快学”，如图12.2.6所示：

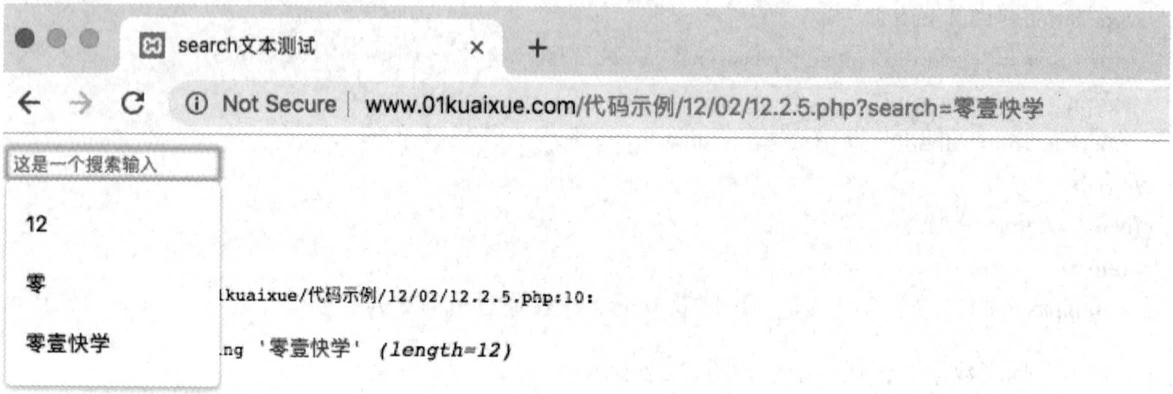

图12.2.6　搜索文本框提示信息补全

5. 手机号码类型元素

type为tel的<input>元素，由于世界各地的电话号码各不相同，因此浏览器不会对该类型元素做任何的限制，其主要作用是语义上的。不过，在移动端的一些浏览器中，点击type为tel的输入框时浏览器会弹出数字虚拟键盘，而其他type类型则弹出字母键盘。

动手写12.2.6

```
<!DOCTYPE html>
<head><meta charset="utf-8"/><title>tel文本测试</title></head>
<body>
<form action="12.2.5.php">
    <input type="tel" name="tel" placeholder="这是一个电话号码输入"><br/>
    <button type="submit">提交数据</button>
</form>
</body></html>
<?php
var_dump($_GET);  //$_GET变量，可以获取get方式传递过来的数据变量
```

6. URL类型元素

type为URL的<input>元素，该类型元素和E-mail地址元素类似，只是其校验的是“是否是符合URL格式的数据”。

动手写12.2.7

```
<!DOCTYPE html>
<head><meta charset="UTF-8"/><title>url文本测试</title></head>
<body>
<form action="12.2.7.php">
  <input type="url" name="url1" value="http://www.php.net"><br/>
  <input type="url" name="url2" value="abcdefgABCDEFG"><br/>
  <button style="margin-top: 50px;" type="submit">提交数据</button>
</form>
</body></html>
<?php
var_dump($_GET);  //$_GET变量，可以获取get方式传递过来的数据变量
```

运行结果如图12.2.7所示：

图12.2.7　URL文本框测试

7. 多行文本元素

和上面的其他文本输入元素不同，多行文本元素使用textarea标签。和input元素最大的不同在于其支持用户的输入中包含硬换行符。

动手写12.2.8

```
<!DOCTYPE html>
<head><meta charset="utf-8"/><title>多行文本测试</title></head>
<body>
<form action="12.2.8.php">
  <textarea name="textarea" style="vertical-align:middle;width:700px;height:100px">
      在苍茫的大海上，狂风卷集着乌云。在乌云和大海之间，海燕像黑色的闪电，在高傲地飞翔。
      一会儿翅膀碰着波浪，一会儿箭一般地直冲向乌云，它叫喊着，——就在这鸟儿勇敢的叫喊声里，乌云听出了欢乐。
      在这叫喊声里——充满着对暴风雨的渴望！在这叫喊声里，乌云听出了愤怒的力量、热情的火焰和胜利的信心。
      海鸥在暴风雨来临之前呻吟着，——呻吟着，它们在大海上飞窜，想把自己对暴风雨的恐惧，掩藏到大海深处。
  </textarea><br/>
  <button type="submit">提交数据</button>
</form>
</body></html>
<?php
var_dump($_GET);  //$_GET变量，可以获取get方式传递过来的数据变量
```

12.2.4 表单元素——选项框

和文本类型元素不同，选项类型为用户提供了元素选择，浏览器会将选择的内容传递给服务器。

1. 选择框

通过<select>元素创建，并且在select元素中包含一个或多个<option>元素作为子元素。

动手写12.2.9

```
<!DOCTYPE html>
<head><meta charset="utf-8"/><title>选择框测试</title></head>
<body>
<form action="12.2.9.php">
  <select name="area">
    <option>北京</option>
    <option>上海</option>
    <option>广州</option>
```

```
    <option>深圳</option>
  </select>
  <button type="submit">提交数据</button>
</form>
</body></html>
<?php
var_dump($_GET);   //$_GET变量，可以获取get方式传递过来的数据变量
```

运行结果如图12.2.8所示：

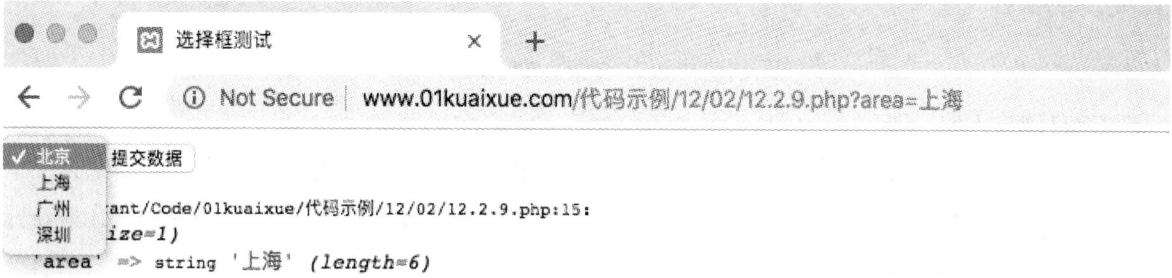

图12.2.8　选择框测试

2. 多选选择框

默认情况下，选择框只能选择一个值。当给<select>添加multiple后，可以允许用户通过系统提供的默认机制来选择多个值（例如：选择的同时按住Ctrl键）。

动手写12.2.10

```
<!DOCTYPE html>
<head><meta charset="utf-8"/><title>多选选择框测试</title></head>
<body>
<form action="12.2.10.php">
  <select multiple style="length:40px" name="area[]">
    <option value="beijing">北京</option>
    <option value="shanghai">上海</option>
    <option value="guangzhou">广州</option>
    <option value="shenzhen">深圳</option>
  </select>
  <button type="submit">提交数据</button>
</form>
</body></html>
<?php
var_dump($_GET);   //$_GET变量，可以获取get方式传递过来的数据变量
```

这里需要注意的是，select的name不是“area”，而是“area[]”，代表提交的数据是一个数组。选择“北京”和“上海”，点击“提交数据”，结果如图12.2.9所示：

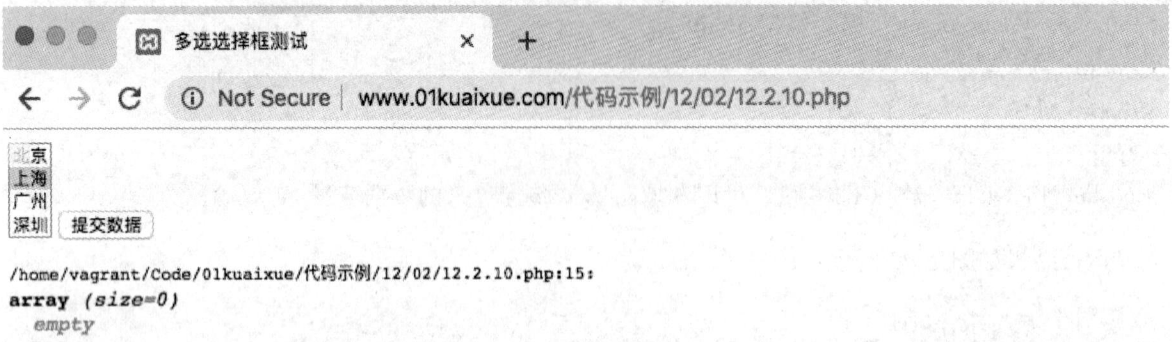

图12.2.9　多选选择框测试

3. 自动输入框

自动输入框通过<datalist>元素创建，使用一个或多个<option>元素作为子元素，一般配合文本输入类型元素使用，可以使用list属性将其绑定到配合使用的输入类型元素上。这是在HTML最新标准中提出的，部分浏览器仍不支持。

动手写12.2.11

```
<!DOCTYPE html>
<head><meta charset="utf-8"/><title>自动输入框测试</title></head>
<body>
<form action="12.2.11.php">
  <input name="area3" list="cities" placeholder="自动进行提示">
  <datalist id="cities">
    <option>北京</option>
    <option>上海</option>
    <option>广州</option>
    <option>深圳</option>
  </datalist>
  <button type="submit">提交数据</button>
</form>
</body></html>
<?php
var_dump($_GET);  //$_GET变量，可以获取get方式传递过来的数据变量
```

4. 复选框

type为checkbox的<input>元素。

动手写12.2.12

```
<!DOCTYPE html>
<head><meta charset="utf-8"/><title>复选框测试</title></head>
<body>
<form action="12.2.12.php">
   <input type="checkbox" checked id="tags1" name="tags[]" value="标签1">标签1<br/>
   <input type="checkbox" id="tags2" name="tags[]" value="标签2">标签2<br/>
   <input type="checkbox" id="tags3" name="tags[]" value="标签3">标签3<br/>
   <button type="submit">提交数据</button>
</form>
</body></html>
<?php
var_dump($_GET);   //$_GET变量，可以获取get方式传递过来的数据变量
```

运行效果如图12.2.10所示：

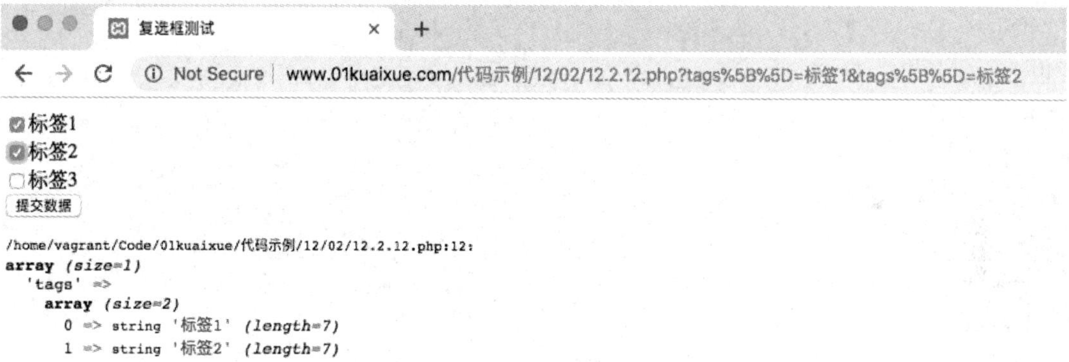

图12.2.10　复选框测试

5. 单选按钮

type为radio的<input>元素。和复选框不同，相同name属性的单选按钮，同一时间只能有一个被选中；当其中一个被选中时，其他自动被设置为未选中。

动手写12.2.13

```
<!DOCTYPE html>
<head><meta charset="utf-8"/><title>单选按钮测试</title></head>
<body>
<form action="12.2.13.php">
   <input type="radio" checked id="gender_male" name="gender" value="男">男<br/>
   <input type="radio" id="gender_female" name="gender" value="女">女<br/>
```

```
    <button type="submit">提交数据</button>
</form>
</body></html>
<?php
var_dump($_GET);   //$_GET变量，可以获取get方式传递过来的数据变量
```

12.2.5 表单提交按钮

按钮元素，即<button>元素，表示一个按钮。一共有三种类型，分别是提交类型（type为submit）、重置类型（type为reset）和匿名类型（没有type属性）。匿名类型，浏览器不会自动执行任何行为，但是可以通过JavaScript定制不同的行为。

动手写12.2.14包含提交和重置两个按钮，点击“重置”后所有输入框将会恢复初始状态。

动手写12.2.14

```
<!DOCTYPE html>
<html>
<head>
    <meta charset="utf-8"/>
    <title>注册</title>
</head>
<body>
<form action="12.2.14.php">
    <div>
        <label for="name">姓名：</label>
        <input type="text" id="name" name="name">
    </div>
    <div>
        <label>性别：</label>
        <input type="radio" id="gender_male" name="gender " value="male">
        <label for="gender_male">男</label>
        <input type="radio" id="gender_female" name="gender " value="female">
        <label for="gender_female">女</label>
    </div>
    <div>
        <label>更多信息：</label>
        <textarea id=" note" name="note"></textarea>
    </div>
```

```
    <div>
      <button type="submit">提交</button>
      <button type="reset">重置</button>
    </div>
</form>
</body>
</html>
```

提示

<form>元素可以提交各种表单，比如当type类型为file时，可以提交文件。HTML表单提交数据，而PHP处理表单数据，建议将两者结合起来学习。

12.3 表单传输

<form>元素的method属性定义了如何发送这些表单数据。表单传输方法主要有两种，分别是GET方法和POST方法。

12.3.1 表单GET传输

当<form>元素的method属性不指定或者值为get时，表单使用GET方式进行传输。

使用GET方式传输，表单的数据会以一系列键/值对的形式被附加到URL中。例如，我们通过表单实现一个登录的逻辑，用户填写完用户名和密码并点击提交，浏览器会将表单的内容附加到URL中，并打开该页面。

提示

大部分浏览器和服务器都对URL的长度有所限制。使用时，需要确保URL的长度不要超过2K。

实现一个简单的登录功能，示例如下：

动手写12.3.1

```
<!DOCTYPE html>
<head><meta charset="utf-8"/><title>GET方式请求数据</title></head>
<body>
<form action="12.3.1.php">
```

```
    <div>用户名:<input id="username" name="username"></div>
    <div>密码:<input type="password" id="password" name="password"></div>
    <div><button type="submit">登录</button></div>
</form>
</body>
</html>
```

运行效果如图12.3.1所示：

图12.3.1　GET方式请求数据示例

从上图中可以看到，用户可以通过浏览器的地址栏直接看到包含在URL中的表单数据。当表单数据中包含账号、密码等保密性信息时，用户的隐私就存在安全隐患。当传递非保密性信息时，可以使用GET方法传递表单数据，否则必须使用下文介绍的POST方法。

提示

除了浏览器地址栏，URL还可能会在浏览器历史记录、HTTP Referer、服务器请求日志等地方暴露。同样地，这些地方都可能泄露用户的表单数据。

12.3.2　表单POST传输

当<form>元素的method属性值为post时，表单使用POST方式进行传输。

使用POST方式传输，表单的数据不是附加于URL中，而是放在请求正文中传输给站点。

动手写12.3.2

```
<!DOCTYPE html>
<head><meta charset="utf-8"/><title>POST方式请求数据</title></head>
<body>
<form action="12.3.2.php" method="post">
    <div>用户名:<input id="username" name="username"></div>
    <div>密码:<input type="password" id="password" name="password"></div>
    <div><button type="submit">登录</button></div>
```

```
</form>
</body>
</html>
```

运行效果如图12.3.2所示：

图12.3.2　POST方式请求数据示例

这种方式下，用户通过浏览器看不到表单的提交数据。相比GET方式传输，POST方式的安全性更好，传输内容的大小也不受URL长度的限制。POST方式适合应用于需要保密的、大数据量的场景。

提示

这里所说的POST方式的不可见性，只是针对普通用户。如果使用HTTP这样的明文协议直接传输，仍然存在被网络的中间设备窃取的风险。

12.4 表单编码类型

<form>元素的enctype属性定义了表单的编码类型。

12.4.1　“application/x-www-form-urlencoded”编码类型

“application/x-www-form-urlencoded”是最常见、最简单的表单编码类型，支持通过GET或POST方式传输。

当通过这种方式编码时，原始数据会按照“key1=value1&key2=value2…”的形式进行编码。如果key或value中包含非法字符（例如“张三”），还需将其编码成类似“%XX”的形式，X是大写的16进制数字，也就是所谓的URL编码。以username为“张三”，password为“123456”作为示例，最终会编码成如下字符串：

```
username=%E5%BC%A0%E4%B8%89&password=123456
```

12.4.2　“multipart/form-data”编码类型

“multipart/form-data”是另一种常见的表单编码类型，其主要特点有：

◇ 表单内容既支持字符串，也支持二进制文件。

◇ 传输方式只支持POST方式传输，不支持GET方式传输。

这种类型的编码更适合传输含有文件内容的表单数据。为实现这种表单类型，浏览器会在请求头中指定请求头Content-Type为“multipart/form-data”，并生成一个${ boundary }值作为boundary属性，形式如下：

Content-Type: multipart/form-data; boundary=${ boundary }

Content-Type头部的boundary属性是该类型表单的实现核心，正文内容就是通过${ boundary }字符串分割成多个部分。每一部分与HTTP请求结构类似，通过一个换行符（CRLF）分成头部和正文，示例如下：

```
--${ boundary }
Content-Disposition: form-data; name="username"

张三
--${ boundary }
Content-Disposition: form-data; name="password"

123456
--${ boundary }
Content-Disposition: form-data; name="avatar"; filename="头像.jpg"
Content-Type: image/jpeg

[BINARY IMAGE DATA]
--${ boundary }--
```

上文的示例中，每个部分都含有Content-Disposition头，form-data表示该部分的数据类型为表单数据，name属性则指定了该部分数据在表单中的键名。

username和password都是字符串类型，值分别是“张三”和“123456”。

avatar稍有不同，多了一个值为“image/jpeg”的Content-Type头，表示它的值是一个JPEG图像文件（注意：由于二进制数据无法直接用字符显示，示例中使用了“[BINARY IMAGE DATA]”代替）。

提示

当表单数据为文件类型时，Content-Type头指定了文件类型。除了示例的“image/jpeg”，还有可能是其他文件类型，例如：“application/pdf”。

12.5 PHP和表单

在PHP中，只要使用几个全局变量即可完美地处理表单数据。常用的全局变量有“$_GET”“$_POST”和“$_FILES”三种，分别用于获取GET方式的表单、POST方式的表单和表单中的文件。

12.5.1　$_GET全局变量

当表单通过GET方式传输时，在PHP中可以通过$_GET全局变量提取出表单提交的内容。使用格式如下：

```
$_GET[param_name]
```

通过这样一个简单的数组操作，即可获取通过GET方式传输的表单中param_name对应的值。

要实现一个用户注册场景，用户需要提交用户名、密码和头像。首先，写一个form表单，表单的action为同目录下的register.php。

动手写12.5.1

```
<!DOCTYPE html>
<head><meta charset="utf-8"/><title>GET全局变量测试</title></head>
<body>
<form action="12.5.1.php" method="get">
  <div>
    <label for="username">用户名:</label>
    <input id="username" name="username">
  </div>
  <div>
    <label for="password">密码:</label>
    <input type="password" id="password" name="password">
  </div>
  <div>
    <label for="avatar">头像:</label>
    <input type="file" id="avatar" name="avatar">
  </div>
  <div>
    <button type="submit">注册</button>
  </div>
</form>
```

```
</body></html>
<?php
var_dump($_GET);  //$_GET变量，可以获取get方式传递过来的数据变量
```

运行效果如图12.5.1所示：

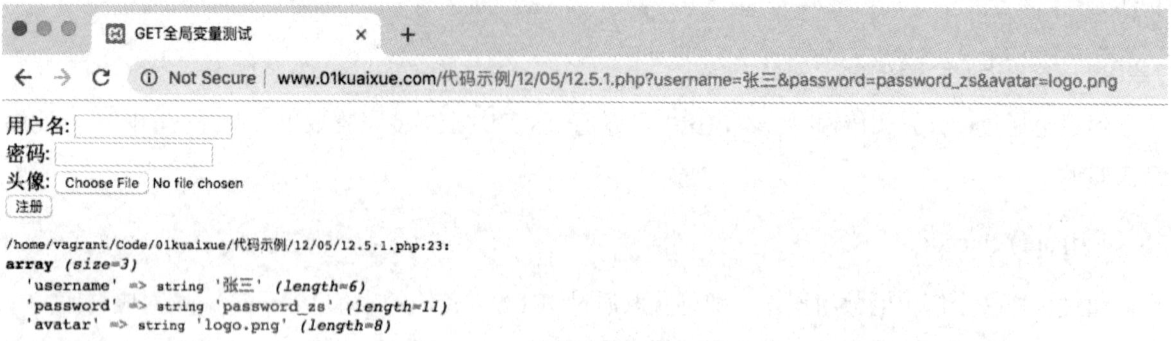

图12.5.1　GET全局变量获取数据

根据结果可知，通过PHP的$_GET参数可以获取提交的数据，用户名为$_GET['username']，密码为$_GET['password']，头像文件名为$_GET['avatar']。

12.5.2　$_POST全局变量

当表单通过POST方式传输时，在PHP中可以通过$_POST全局变量提取出表单提交的内容。使用格式如下：

```
$_POST[param_name]
```

和$_GET全局变量十分相似，通过这样一个简单的数组操作，即可获取通过POST方式传输的表单中param_name对应的值。将动手写12.5.1中<form>元素的method属性从get改成post，并改写register.php文件。

动手写12.5.2

```
<!DOCTYPE html>
<head><meta charset="utf-8"/><title>POST全局变量测试</title></head>
<body>
<form action="12.5.2.php" method="post">
  <div>
    <label for="username">用户名:</label>
    <input id="username" name="username">
  </div>
  <div>
```

```
        <label for="password">密码:</label>
        <input type="password" id="password" name="password">
    </div>
    <div>
        <label for="avatar">头像:</label>
        <input type="file" id="avatar" name="avatar">
    </div>
    <div>
        <button type="submit">注册</button>
    </div>
</form>
</body></html>
<?php
var_dump($_POST);   //$_POST变量，可以获取post方式传递过来的数据变量
```

运行结果如图12.5.2所示：

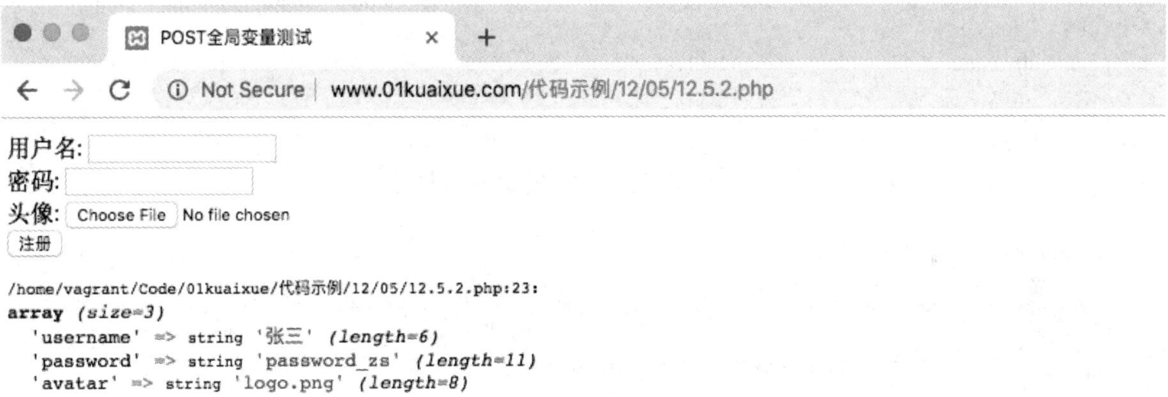

图12.5.2　POST全局变量获取数据

12.5.3　$_FILES全局变量

通过“multipart/form-data”这种类型的表单，可以上传文件。在PHP中，$_FILES全局变量就是用来获取这部分数据的。在动手写12.5.1和动手写12.5.2中，使用的表单类型都不是“multipart/form-data”类型，所以获取不到表单中的文件内容，只能获得一个文件名。以下示例通过使用$_FILES全局变量来获取表单中的文件内容。

动手写12.5.3

```
<!DOCTYPE html>
<head><meta charset="utf-8"/><title>文件全局变量测试</title></head>
<body>
```

```
<form action="12.5.3.php" method="post" enctype="multipart/form-data">
  <div>
    <label for="username">用户名:</label>
    <input id="username" name="username">
  </div>
  <div>
    <label for="password">密码:</label>
    <input type="password" id="password" name="password">
  </div>
  <div>
    <label for="avatar">头像:</label>
    <input type="file" id="avatar" name="avatar">
  </div>
  <div>
    <button type="submit">注册</button>
  </div>
</form>
</body></html>
<?php
var_dump($_POST);
var_dump($_FILES);  //$_FILES变量，可以获取传递的文件数据
```

运行结果如图12.5.3所示：

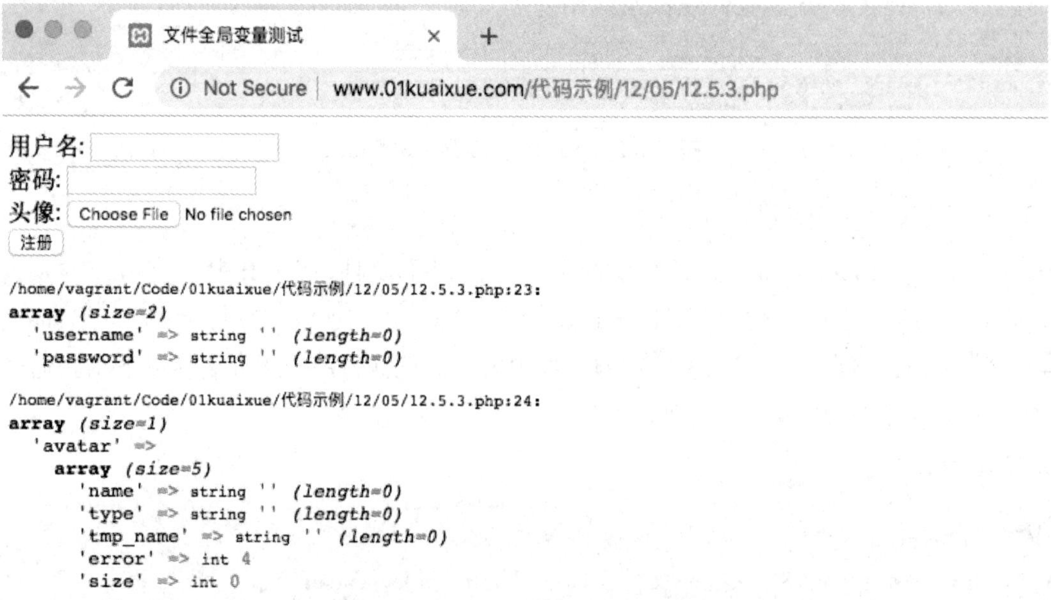

图12.5.3　FILES全局变量获取文件信息

从图中可以看出，当表单类型为“multipart/form-data”时，通过$_POST['avatar']获取不到任何信息。而$_FILES['avatar']数组则获取到一个数组，包含了文件的各种信息：name代表这个文件的名字为“logo.png”；type为“image/png”，代表这是一个PNG图片文件；“tmp_name”表示的是PHP接收完这个图片文件内容后文件临时存储的位置；“size”代表这个文件的大小。

12.6 Web URL

12.6.1 URL参数

URL参数是URL的“?”后面至“#”前面的部分，使用“&”作为连接符，将不同的键/值对连接起来。每一个键/值对都是通过“=”进行连接，“=”前面表示键，“=”后面表示值。上文提到的使用GET方式传输的表单，就是使用URL参数传递表单数据的。为了避免特殊字符导致URL解析错误，因此引入了URL转义这个概念，比如password的值为“abc&name=123”，不做转义的数据格式为“password=abc&name=123”，最终password的值变成了abc。

12.6.2 PHP对URL参数进行转义

在PHP中，对URL参数进行转义十分简单，只需要通过urlencode()函数即可实现。

动手写12.6.1

```
<?php
$password = 'abc&name=123';
$name = '零壹快学';
echo 'https://www.01php.test?name=' . urlencode($name) . '&password=' . urlencode($password);
```

URL结果为：https://www.01php.test?name=%E9%9B%B6%E4%B8%80%E5%AD%A6%E5%A0%82&password=abc%26name%3D123。

反之，如果需要对于URL参数进行反转义，可使用urldecode()函数实现。

动手写12.6.2

```
<?php
$url = 'https://www.01php.test?name=%E9%9B%B6%E4%B8%80%E5%AD%A6%E5%A0%82&passwo
rd=abc%26name%3D123';
echo urldecode($url);
```

URL结果为：https://www.01php.test?name=零壹快学&password=abc&name=123。

如果需要对一系列的URL参数进行转义和拼接，可以使用http_build_query()函数来实现。通过该函数得到的字符串可以直接拼接在URL的“?”后面。

动手写12.6.3

```
<?php
echo http_build_query(array(
    'name' => '零基础PHP从入门到精通',
    'language' => 'php',
    'desc' => '加入了很多特殊字符12345!@#$%<>?hello world'
));
```

结果为：name=%E9%9B%B6%E5%9F%BA%E7%A1%80PHP%E4%BB%8E%E5%85%A5%E9%97%A8%E5%88%B0%E7%B2%BE%E9%80%9A&language=php&desc=%E5%8A%A0%E5%85%A5%E4%BA%86%E5%BE%88%E5%A4%9A%E7%89%B9%E6%AE%8A%E5%AD%97%E7%AC%A612345%21%40%23%24%25%3C%3E%3Fhello+world

提示

URL中的特殊符号、汉字都会被转义，其中空格会被转义成加号“+”。

12.7 小结

本章介绍的主要内容有：在Web开发中的工作原理（网络请求HTTP和HTTPS协议）；HTML表单的使用，包括如何创建、定义参数，如何提交表单，提交表单的方式以及表单的编码等操作；PHP中接收表单参数的全局变量和URL参数的转码。

12.8 知识拓展

一般用户都是通过域名来访问Web站点，例如“www.baidu.com”。很多情况下需要搭建多个域名的站点，但只有一台Web服务器。通过Web服务器的虚拟主机功能，可以实现这一需求。虚拟主机是指当用户通过不同的域名访问同一台服务器时，Web服务器会根据不同的域名，选择不同的目录作为网站基目录。这样，只需将不同的业务域名都指向这台服务器，再配置好虚拟主机即可。

在开发的过程中，项目代码往往部署在本机。此时，只能通过IP地址或者localhost访问站点。为了更接近真实的环境，建议实现通过域名（例如：example.com）访问本机的站点。

通过在hosts文件中添加以下内容：

```
127.0.0.1        localhost example.com
```

可以实现将example.com域名下的请求都指向本机的Web服务器。

12.8.1　$_REQUEST全局变量

上文讲到，$_GET或$_POST全局变量可以分别获取通过GET或POST方式传输的表单数据。$_REQUEST是另一种特殊的全局变量，可以同时获取通过GET或POST方式传输的表单数据。使用格式如下：

```
$_REQUEST [param_name]
```

$_REQUEST全局变量和$_GET全局变量十分相似，通过这样一个简单的数组操作，即可获取通过GET或POST方式传输的表单中param_name对应的值。

需要注意的是，如果对$_GET或$_POST数组中的某个key的值进行修改，并不会影响$_REQUEST数组内相同key的值，反之亦然。

提示

PHP 5.3以上版本，通过$_REQUEST数组可以获取$_GET、$_POST或其他全局变量的数据，获取的顺序也可以通过request_order进行配置。

第13章 AJAX技术

13.1 AJAX介绍

AJAX，全称为Asynchronous JavaScript And XML（中文含义是“异步JavaScript与XML”），是一种可以使用JavaScript发起异步请求的技术。和传统表单每次请求都会导致整个页面刷新不同，利用AJAX技术可以逐步地将获得的数据渲染到网页的不同部分。

13.1.1 AJAX的使用场景

AJAX适用于以下场景：

◇ 页面和服务器有多次复杂的交互，例如：当用户在搜索引擎的搜索框中输入关键词时，网站动态地在输入框下方提示相关关键词。

◇ 页面内容需要滚动式地逐步加载显示，例如：类似花瓣网的瀑布流式页面或类似新浪微博的动态信息页面。

13.1.2 AJAX开发流程

AJAX开发大致有以下几个步骤：

首先，根据前端需要展示或交互的内容，分析设计出AJAX接口的请求参数以及返回的数据格式（最常见的格式就是JSON）；

其次，后端实现获取请求的参数，执行相应的业务逻辑并打包成预定义好的数据格式；

然后，前端需要注册一系列会触发AJAX请求的事件处理器，并在这些事件处理器里，使用原生JavaScript或AJAX封装类库（例如jQuery）实现调用后端接口；

最后，前端需要在AJAX调用的回调中实现根据不同的返回数据调整页面的显示效果的逻辑。

13.2 AJAX应用

13.2.1　XMLHttpRequest对象

XMLHttpRequest是JavaScript中用于发起异步请求的API，是AJAX技术的实现核心，最早由微软提出并实现，之后各大浏览器厂商都实现了自己的版本，现已被W3C组织标准化。

表13.2.1　XMLHttpRequest部分常用属性

属性名	作用
readyState	请求状态：0，未打开；1，未发送；2，响应状态和响应头
onreadystatechange	请求状态变更回调
status	响应状态码，例如：200，请求成功；500，服务器异常
statusText	响应状态文本，例如：success
responseText	响应文本，类型是DomString
responseType	响应类型
response	响应内容，对于不同的responseType类型，response是不同类型的数据

13.2.2　发起AJAX请求

使用原生JavaScript可以发起AJAX请求，下面写一个原生的例子。

动手写13.2.1 index.html

```
<!DOCTYPE html>
<html>
<head>
  <meta charset="utf-8"/>
  <title>AJAX</title>
</head>
<body>
<button id="btn_hello">Hello</button>
<script>
  window.onload = function () {
    document.getElementById('btn_hello').addEventListener('click', function () {
      // new一个XMLHttpRequest对象
      var xhr = new XMLHttpRequest();
      // 打开一个网址
```

```
        xhr.open("GET", "hello.php");
        // 添加readyState变更事件处理器
        xhr.onreadystatechange = function () {
          // 当readyState为4（即请求已完成）且响应状态码为200时
          if (xhr.readyState === 4 && xhr.status === 200) {
            // alert出响应内容
            alert(xhr.responseText);
          }
        };
        xhr.send();
      });
  }
</script>
</body>
</html>
```

再创建一个hello.php代码，用于接受AJAX请求，代码如下：

动手写13.2.2 hello.php

```
<?php
echo 'Hello World!';
```

大多数情况下，我们不会直接使用原生JavaScript发起AJAX请求，而是使用一些封装库（例如jQuery）发起AJAX请求，这样会更简单。

动手写13.2.3 index.html

```
<!DOCTYPE html>
<html>
<head>
  <meta charset="utf-8"/>
  <title>AJAX</title>
</head>
<body>
<button id="btn_hello">Hello</button>
<script src="//code.jquery.com/jquery-3.3.1.js"></script>
<script>
  $(function () {
    $('#btn_hello').bind('click', function () {
```

```
        $.ajax({
            url: "hello.php", // 需要打开的网址
            success: function(result) { // 请求成功的回调
                // alert出响应内容，result直接就是响应内容
                alert(result);
            }
        });
    });
  });
</script>
</body>
</html>
```

运行结果如图13.2.1所示：

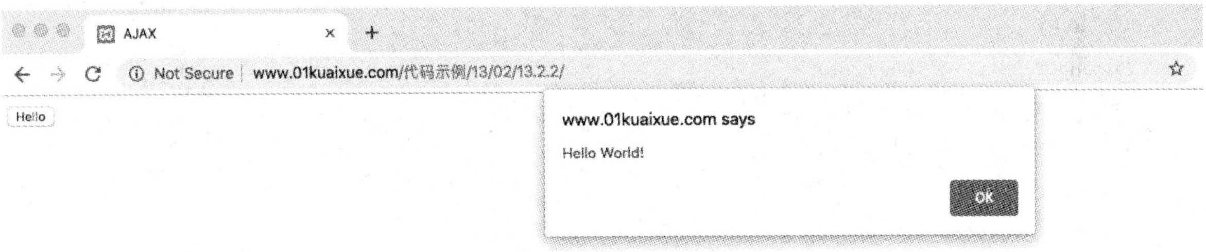

图13.2.1　AJAX发起网络请求

提示

AJAX请求必须遵守同源策略，简单来说，就是只能请求当前页面的域名下的接口。后文的“知识拓展”会着重介绍什么是同源策略以及如何实现跨域请求。

13.2.3　PHP中应用AJAX

下面利用AJAX技术实现一个用户登录的功能。

动手写13.2.4 index.html

```
<!DOCTYPE html>
<html>
<head>
    <meta charset="utf-8"/>
    <title>登录</title>
</head>
```

```
<body>
<div>
  <label for="username">用户名:</label>
  <input id="username" name="username">
</div>
<div>
  <label for="password">密码:</label>
  <input type="password" id="password" name="password">
</div>
<div>
  <button id="btn_login">登录</button>
</div>
<script src="//code.jquery.com/jquery-3.3.1.js"></script>
<script>
  $(function(){
    var $username = $('#username');
    var $password = $('#password');
    $('#btn_login').bind('click', function () {
      $.ajax({
        method: 'post',
        url: 'login.php',
        data: {
          username: $username.val(),
          password: $password.val()
        },
        success: function (data) {
          if (data.code) {
            alert(data.msg)
            return
          }
          alert('登录成功')
        }

      })
    })
  });
</script>
</body>
</html>
```

登录页面向login.php发起登录请求，并根据返回内容显示不同的结果提示。

动手写13.2.5 login.php

```
<?php
function json_resp($code, $data = null)
{
    header('Content-Type: application/json; charset=utf-8');
    if ($code) {
        echo json_encode(array(
            'code' => $code,
            'msg' => $data,
        ));
        return;
    }
    echo json_encode(array(
        'code' => 0,
        'data' => $data,
    ));
}
$username = $_POST['username'];
$password = $_POST['password'];
if (!$username || !$password) {
    json_resp(1, '参数错误');
    return;
}
if ($username !== '张三') {
    json_resp(2, '用户名不存在');
    return;
}
if ($password !== '123456') {
    json_resp(3, '密码不正确');
    return;
}
json_resp(0);
```

执行效果：若登录成功如图13.2.2所示，若信息错误、登录不成功如图13.2.3所示。

图13.2.2　AJAX发起请求登录成功

图13.2.3　AJAX发起请求登录失败

13.3 小结

本章主要介绍了AJAX技术的常见使用场景和开发流程，了解了对象XMLHttpRequest，并且学习了如何发起AJAX请求和常用的AJAX调试方式等知识。

13.4 知识拓展

13.4.1　浏览器调试网络请求

主流的浏览器都提供了用于调试网络请求的控制面板，下面以Chrome浏览器为例演示这一功能。按“F12”（Windows环境下）或“command + shift + J”（Mac环境下）可以打开网络请求调试面板。打开后如图13.4.1所示：

图13.4.1 浏览器网络请求查看面板

从图中可以看到当前页面的所有网络请求，包括页面HTML请求、服务请求以及其他图片等资源的请求。

13.4.2 浏览器同源策略

所谓同源指的是以下几方面相同：

◇ 协议相同，需要注意的是，HTTP和HTTPS是不同的协议。

◇ 域名相同，需要注意的是，类似www.baidu.com和baidu.com这样的两个域名并不相同。

◇ 端口相同，HTTP协议默认端口80，HTTPS协议默认端口443。

同源策略是浏览器保护站点免受恶意网站攻击的一种防护策略。AJAX严格遵循浏览器的同源策略，因此正常情况下无法向非同源的网址发起请求。下面示例中将动手写13.2.4 index.html中的AJAX请求发起部分进行修改，post的URL地址改为http://www.01kuaixue.com/代码示例/13/02/13.2.5/login.php。

动手写13.4.1 index.html

```
<!DOCTYPE html>
<html>
<head>
```

```
    <meta charset="utf-8"/>
    <title>登录</title>
</head>
<body>
<div>
    <label for="username">用户名:</label>
    <input id="username" name="username">
</div>
<div>
    <label for="password">密码:</label>
    <input type="password" id="password" name="password">
</div>
<div>
    <button id="btn_login">登录/button>
</div>
<script src="//code.jquery.com/jquery-3.3.1.js"></script>
<script>
  $(function(){
      var $username = $('#username');
      var $password = $('#password');
      $('#btn_login').bind('click', function () {
          $.ajax({
              method: 'post',
              url: 'http://www.01kuaixue.com/代码示例/13/02/13.2.5/login.php',
              data: {
                  username: $username.val(),
                  password: $password.val()

              },
              success: function (data) {
                  if (data.code) {
                      alert(data.msg)
                      return
                  }
                  alert('登录成功')
              }
          })
```

```
        })
    });
</script>
</body>
</html>
```

由于http://www.01kuaixue.com和http://01kuaixue.com不同源，因此请求会失败，打开网络面板出现如图13.4.2所示的提示：

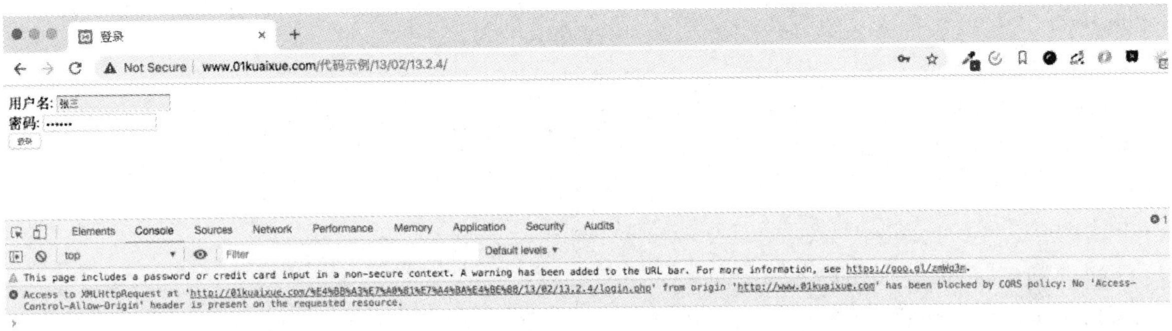

图13.4.2　AJAX跨域请求提示失败

错误提示信息：Failed to load http://www.01kuaixue.com/%E4%BB%A3%E7%A0%81%E7%A4%BA%E4%BE%8B/13/02/13.2.5/login.php: No 'Access-Control-Allow-Origin' header is present on the requested resource. Origin 'http://01kuaixue.com' is therefore not allowed access.

13.4.3　AJAX跨域请求

实现AJAX跨域请求，常见的有两种方式：JSONP和CORS。

1. JSONP

JSONP，全称JSON with Padding，是一种利用<script>不受同源策略限制，从而实现的跨域数据请求的方式。这是一种Hack的方法，并且属于任何浏览器标准。因为使用了浏览器最基本的<script>标签作为实现核心，所以JSONP不存在兼容性问题。

JSONP的实现逻辑如下：

◇ JavaScript创建一个<script>标签，src指向需要请求的地址，并通过查询字符串带上请求参数，除此之外还需要带上一个callback参数，callback参数的值对应的回调函数需要提前创建好；

◇ 将<script>标签添加到页面，发起网络请求；

◇ 服务器端根据callback参数，将需要返回的数据包在回调函数中，并模拟成JavaScript响应返回给前端；

◇ 浏览器会执行请求回来的JavaScript代码，通过预注册的回调函数重新回调给需要获取数据的回调函数。

虽然JSONP的实现逻辑并不复杂，但每个都实现一遍也需要花费很多时间；幸运的是，大多数请求库都封装了JSONP实现。例如，jQuery中的ajax()函数，只需要在传参的对象中指定dataType属性为jsonp，即可实现上述逻辑。下面示例将上例的前端代码做了一些调整，以通过JSONP实现跨域请求。

动手写13.4.2 index.html

```
<!DOCTYPE html>
<html>
<head>
  <meta charset="utf-8"/>
  <title>登录</title>
</head>
<body>
<div>
  <label for="username">用户名:</label>
  <input id="username" name="username">
</div>
<div>
  <label for="password">密码:</label>
  <input type="password" id="password" name="password">
</div>
<div>
  <button id="btn_login">登录</button>
</div>
<script src="//code.jquery.com/jquery-3.3.1.js"></script>
<script>
  $(function(){
    var $username = $('#username');
    var $password = $('#password');
    $('#btn_login').bind('click', function () {
      $.ajax({
        url: 'http://www.01kuaixue.com/代码示例/13/02/13.4.3/login.php',
        dataType: 'jsonp',
        data: {
          username: $username.val(),
          password: $password.val()
        },
```

```
            success: function (data) {
                if (data.code) {
                    alert(data.msg);
                    return
                }
                alert('登录成功');
            }
        })
    })
  });
</script>
</body>
</html>
```

PHP端处理AJAX也做了一些调整，主要是添加了对于callback的处理以及将请求模拟成了JavaScript请求。

动手写13.4.3 login.php

```
<?php
function json_resp($code, $data = null)
{
    header('Content-Type: application/javascript; charset=utf-8');
    if ($code)
    {
        echo $_GET['callback'] . '(' . json_encode(array(
                'code' => $code,
                'msg' => $data,
            )) . ')';
        return;
    }
    echo $_GET['callback'] . '(' . json_encode(array(
            'code' => 0,
            'data' => $data,
        )) . ')';

}
$username = $_GET['username'];
```

```
$password = $_GET['password'];
if (!$username || !$password)
{
    json_resp(1, '参数错误');
    return;
}
if ($username !== '张三')
{
    json_resp(2, '用户名不存在');
    return;
}
if ($password !== '123456')
{
    json_resp(3, '密码不正确');
    return;
}
json_resp(0);
```

运行结果如图13.4.3所示：

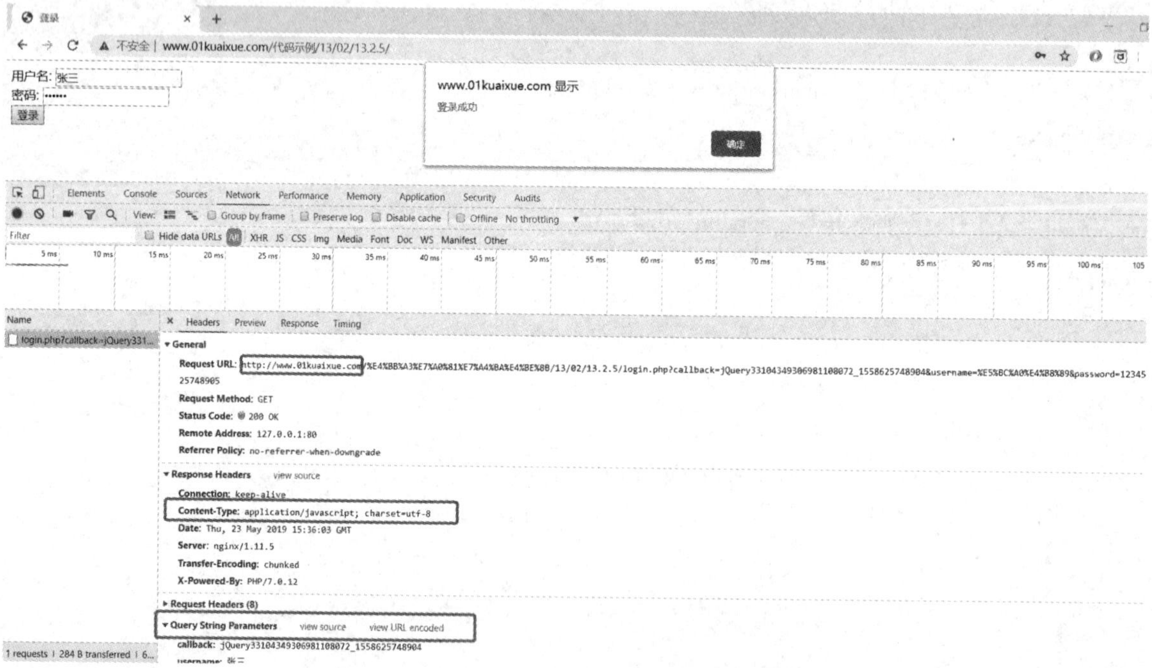

图13.4.3　JSONP实现跨域效果

◇ 页面源为01kuaixue.com。

◇ 请求源为www.01kuaixue.com。

◇ 模拟JavaScript请求。

◇ JSONP回调，页面触发callback执行。

2. CORS

除了JSONP的方式，还有一种方式为CORS，全称为Cross-Origin Resource Sharing，是一种W3C标准的跨域实现方式。这种方法的使用十分简单，只需要添加“Access-Control-Allow-Origin”“Access-Control-Allow-Methods”“Access-Control-Request-Headers”等支持跨域的响应头即可。

下面，将代码再次做一些调整，以通过CORS方式实现跨域请求。

动手写13.4.4 index.html

```
<!DOCTYPE html>
<html>
<head>
  <meta charset="utf-8"/>
  <title>登录</title>
</head>
<body>
<div>
  <label for="username">用户名:</label>
  <input id="username" name="username">
</div>
<div>
  <label for="password">密码:</label>
  <input type="password" id="password" name="password">
</div>
<div>
<button id="btn_login">登录</button>
</div>
<script src="//code.jquery.com/jquery-3.3.1.js"></script>
<script>
  $(function(){
    var $username = $('#username');
    var $password = $('#password');
    $('#btn_login').bind('click', function () {
      $.ajax({
```

```
            url: 'http://www.01kuaixue.com/代码示例/13/02/13.4.5/login.php',
            method: 'post',
            data: {
              username: $username.val(),
              password: $password.val()
            },
            success: function (data) {
              if (data.code) {
                alert(data.msg);
                return
              }
              alert('登录成功');
            }
          })
        })
    });
</script>
</body>
</html>
```

login.php代码中添加“Access-Control-Allow-Origin: *”响应头，以提供CORS支持。

动手写13.4.5 login.php

```
<?php
function json_resp($code, $data = null)
{
  header('Access-Control-Allow-Origin: *');
  header('Content-Type: application/json; charset=utf-8');
  if ($code)
  {
    echo json_encode(array(
      'code' => $code,
      'msg' => $data,
    ));
    return;
  }
  echo json_encode(array(
    'code' => 0,
```

```
        'data' => $data,
    ));

}
$username = $_POST['username'];
$password = $_POST['password'];
if (!$username || !$password)
{
    json_resp(1, '参数错误');
    return;
}
if ($username !== '张三')
{
    json_resp(2, '用户名不存在');
    return;
}
if ($password !== '123456')
{
    json_resp(3, '密码不正确');
    return;
}
json_resp(0);
```

点击“登录”按钮，跨域请求执行成功，通过浏览器的网络面板可以看到Access-Control-Allow-Origin生效。如图13.4.4所示：

```
▼ Response Headers      view source
    Access-Control-Allow-Origin: *
    Connection: Keep-Alive
    Content-Length: 43
    Content-Type: application/json; charset=utf-8
    Date: Tue, 01 May 2018 02:08:04 GMT
    Keep-Alive: timeout=5, max=100
    Server: Apache/2.4.29 (Unix) OpenSSL/1.0.2n PHP/7.2.3 mod_perl/2.0.8-dev Perl/v5.16.3
    X-Powered-By: PHP/7.2.3
```

图13.4.4　CORS请求相应信息

13.4.4　获取响应的头部

原生JavaScript有两个方法可以获取响应的头部信息，分别是getResponseHeader()和getAllResponseHeaders()。

1. getResponseHeader()方法

语法如下：

```
XMLHttpRequest.getResponseHeader(headerName);
```

参数：

◇ headerName：需要获取的头部的名字。

返回值：返回该名字下的头部信息。

2. getAllResponseHeaders()方法

语法如下：

```
XMLHttpRequest.getAllResponseHeaders();
```

返回值：通过换行符（CRLF）连接的所有头部的字符串。

第 14 章 Cookie与Session会话管理

14.1 会话控制

HTTP是一种无状态的协议，每次请求结束后，下一次请求并不清楚上一次请求的用户、执行上下文等状态信息。会话控制就是跟踪和识别用户信息的方法。网站需要跟踪一个变量，通过这个变量可以识别出用户的身份，并能根据用户信息判断用户的权限，从而展示适合不同权限用户访问的内容。

常见的Web会话跟踪方式有两种：Cookie和Session。当用户请求一个页面后再请求另外一个页面时，HTTP无法识别这两个请求是来自同一个人，这时会话控制思想就能在网站中跟踪一个变量，帮助我们实现对用户的支持，并根据授权和用户身份在网站上显示不同内容、不同页面。

14.2 Cookie的使用

本节会首先简单介绍Cookie是什么及其用途。通过本节的学习，你可以对Cookie的使用有基本的认识。

14.2.1 Cookie概述

Cookie常用于识别用户，是服务器留在用户计算机中的小文件。每次相同的计算机通过浏览器请求页面时，会同时向服务器发送客户端的Cookie信息，通过PHP能够创建并取回Cookie的值。

14.2.2 设置Cookie

在PHP中，Cookie通过内置函数setcookie()创建。但在创建Cookie之前需要了解的是，Cookie是HTTP头标的组成部分，HTTP的头标一定是在页面其他内容发送之前发送的，因此它会先输出。若在setcookie()函数前面输出HTML标记和echo语句等信息，会导致程序出错。

语法如下：

```
bool setcookie(string $name[,string $value[,int $expire[, string $path[, string $domain]]]])
```

参数说明：

◇ name：Cookie 的名称。

◇ value：Cookie值。这个值储存在用户的电脑里，不建议储存敏感信息。比如name是“cookiename”，可通过$_COOKIE['cookiename']获取它的值。

◇ expire：Cookie的过期时间。这是一个Unix时间戳，即Unix纪元（格林尼治时间1970年1月1日00:00:00）以来的秒数。也就是说，基本可以用time()函数的结果加上希望过期的秒数，或者用mktime()函数。time()+60*60*24*30就是设置Cookie30天后过期。如果设置成零或者忽略参数，Cookie会在会话结束时（也就是关掉浏览器时）过期。

◇ path：Cookie有效的服务器路径。设置成“/”时，Cookie对整个域名domain有效。如果设置成“/foo/”，Cookie仅仅对domain中/foo/目录及其子目录有效（比如/foo/bar/）。默认值是设置Cookie时的当前目录。

◇ domain：Cookie的有效域名/子域名。设置成子域名（例如：www.example.com），将会使Cookie对这个子域名和它的三级域名有效（例如：w2.www.example.com）。要让Cookie对整个域名有效（包括它的全部子域名），只要设置成域名就可以了（这个例子里是example.com）。

◇ secure：设置这个Cookie是否仅仅通过安全的HTTPS连接传给客户端。设置为true时，只有安全连接存在时才会传递Cookie。如果是在服务器端处理这个需求，程序员仅仅需要在安全连接上发送此类Cookie（通过$_SERVER["HTTPS"]判断）。

◇ httponly：设置成TRUE，Cookie仅可通过HTTP协议访问，也就是说，Cookie无法通过类似JavaScript这样的脚本语言访问。要有效减少XSS攻击时的身份窃取行为，建议可用此设置（虽然不是所有浏览器都支持）。不过，这个方法经常有争议，因此在PHP 5.2.0中添加了true和false。

返回值：如果在调用本函数以前就已经产生了输出，setcookie()会调用失败并返回false；如果setcookie()成功运行，则返回true，但并不代表用户已接受Cookie。

动手写14.2.1

```php
<?php
$expire = time() + 60 * 60 * 24 * 30;
setcookie("kuaixue", "hello php！ ", $expire);
echo 'Set Cookie!';
```

运行结果如图14.2.1所示：

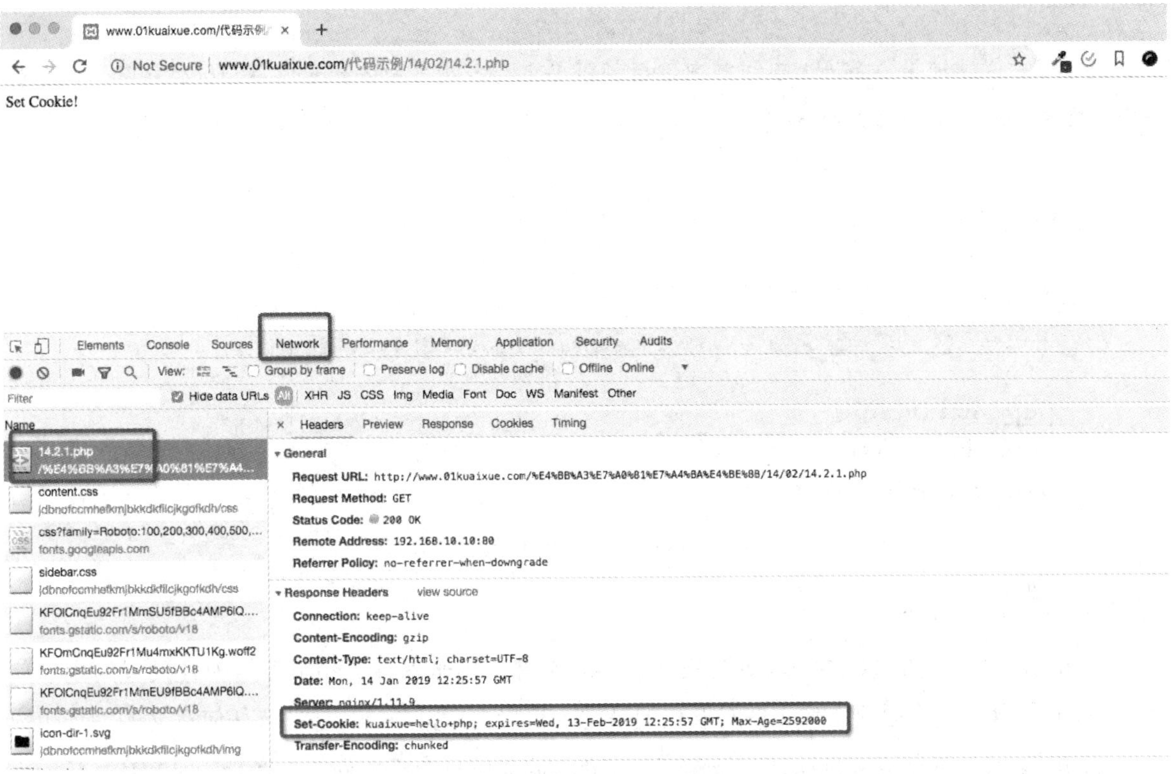

图14.2.1　通过Chrome浏览器的调试工具查看设置的Cookie信息

一般情况下，Cookie用于存储比较简单的文本值，但有些时候，我们也需要把复杂一点的数据存储在Cookie中，比如数组。

动手写14.2.2

```
<?php
setcookie("cookie[php]", "hello php");
setcookie("cookie[java]", "hello java");
setcookie("cookie[python]", "hello python");
// 输出cookie数组（需要重载页面）
if (isset($_COOKIE["cookie"]))
{
  foreach ($_COOKIE["cookie"] as $name => $value)
  {
    echo "$name : $value <br />";
  }
}
```

提示

设置完的Cookie并不能马上在程序中输出，需要重载一次页面才能正常获取Cookie信息，具体原因会在下个小节中详细说明。

运行结果如图14.2.2所示：

图14.2.2　成功输出Cookie数组中的信息

14.2.3　查询Cookie

当Cookie设置成功后，客户端就保存了Cookie文件，用来保存Web服务器为其设置的用户信息。Cookie是以一个普通的文本文件的形式记录的，直接去阅读Cookie是没有任何意义的。当用户再次访问网站时，浏览器会自动把与该站点对应的Cookie信息全部发回给服务器。从PHP 5开始，任何从客户端发过来的Cookie信息都会被自动存储在$_COOKIE全局数组中，因此在每个PHP脚本中，都可以在$_COOKIE全局数组存储所有通过HTTP传递的Cookie资料内容。这和我们常用的$_GET和$_POST等全局变量的用法类似。

动手写 14.2.3

```
<?php
$expire = time() + 60 * 60;
setcookie("need_reset", "刷新一下就可生效", $expire);
if (isset($_COOKIE['need_reset']))
{
   echo '设置成功！';
}
else
{
   echo '刷新再访问试试哦！';
}
```

运行结果如图14.2.3所示：

图14.2.3　设置Cookie脚本

设置Cookie后，脚本中无法直接获取相关信息，这是因为在设置Cookie的脚本中，之前设置的Cookie信息没有存储到$_COOKIE中，所以读取并不会生效。但是设置的Cookie信息已经通过文件的形式存储到用户的浏览器客户端，当用户再次刷新访问该页面时，Cookie信息会通过HTTP的标头把信息传递回来，这时脚本便可通过$_COOKIE获取到信息了。刷新访问14.2.3.php，运行结果如图14.2.4所示：

图14.2.4　通过$_COOKIE获取Cookie信息

14.2.4　修改Cookie

熟悉了设置Cookie的操作，修改Cookie就简单得多了。在PHP中，想要修改Cookie的值，只要使用setcookie()设置相同名称的Cookie，就会覆盖之前的Cookie值。

动手写14.2.4

```
<?php
setcookie('kuaixue', '01kuaixue', time() + 60 * 60);
setcookie('kuaixue', 'updated');
print_r($_COOKIE['kuaixue']);
```

运行结果如图14.2.5所示：

图14.2.5　用setcookie()修改Cookie

14.2.5 删除Cookie

删除一个Cookie的常规做法，就是把这个Cookie的有效期设置为当前时间之前。现在，我们就来删除刚刚在动手写14.2.4中设置的name为“kuaixue”的Cookie值，操作前首先要确认$_COOKIE中存在name。

动手写14.2.5

```
<?php
print_r($_COOKIE['kuaixue']);
```

运行结果如图14.2.6所示：

图14.2.6　确认$_COOKIE中存在name

下面我们将name为“kuaixue”的Cookie的有效期设置为当前时间之前。

动手写 14.2.6

```
<?php
setcookie('kuaixue', '删除cookie', time() - 1);
if (isset($_COOKIE['kuaixue']))
{
  echo '请刷新页面！';
}
else
{
  echo 'Cookie信息删除成功！';
}
```

运行结果如图14.2.7所示：

图14.2.7　Cookie信息删除成功

提示

Cookie的删除操作除了本节演示的方法外，还可以通过setcookie()函数设置一个value为null的Cookie来覆盖原Cookie，从而实现删除Cookie的目的。

14.3 Session的使用

14.3.1 Session概述

Session的出现是为了解决Cookie的一些弊端。不同于Cookie，Session是一种服务器端存储结构，因此，利用Session能够更安全地控制会话中产生的数据。Session通过HTTP请求产生，同一个会话中的不同请求共享同一个Session数据结构。

14.3.2 Session的工作流程

Session存储在服务器端，不同的Session通过sessionID区分不同的请求是否属于同一个会话，同一会话的所有请求使用相同的sessionID。

那不同的请求要如何使用同一个sessionID呢？这就需要使用上文介绍的Cookie技术了，因为Session是基于Cookie实现的，每个HTTP请求到达服务器时，服务器会检测Cookie中的sessionID是否有对应的Session。如果有，则使用已有的Session数据；如果没有，则会产生一个新的sessionID和一个新的Session。

14.3.3 Session的使用

在PHP中，Session的使用非常简单，首先执行session_start()方法开启Session，然后通过全局变量$_SESSION进行Session的读写。

动手写14.3.1

```
<?php
session_start();
$_SESSION['test'] = time();
var_dump($_SESSION);
```

运行结果如图14.3.1所示：

图14.3.1　Session信息存储成功

session_id()可以用来获取/设置当前会话ID。

语法如下：

```
boobean session_id([ string $id ]);
```

参数说明：

◇ id：如果指定了id参数值，则使用指定值作为会话ID，必须在调用session_start()函数之前调用session_id()函数。不同的会话管理器对于会话ID中可以使用的字符有不同的限制， 例如文件会话管理器仅允许会话ID中使用字符“a–z”“A–Z”“0–9”。

提示

如果使用Cookie方式传送会话ID，并且指定了id参数，在调用session_start()之后，无论当前的会话ID和新指定的会话ID是否相同，都会向客户端发送新的Cookie。

动手写 14.3.2

```
<?php
session_start();
$sessionId = session_id();
var_dump($sessionId);
```

运行结果如图14.3.2所示：

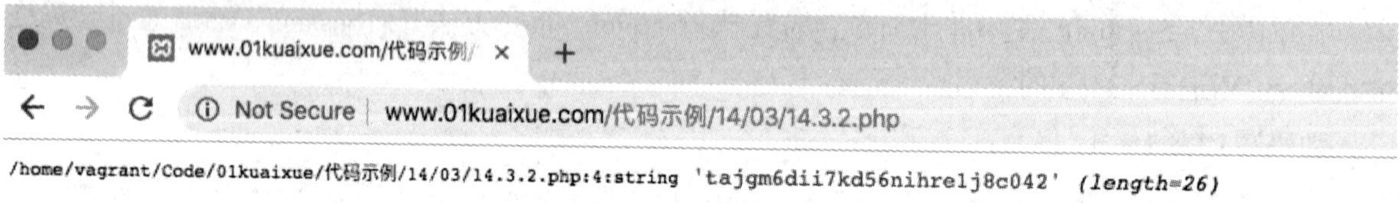

图14.3.2　获取session_id()信息

设置Session文件的保存路径，可以使用session_save_path()函数。

语法如下：

```
boobean session_save_path(string);
```

提示

session_save_path()函数必须在session_start()函数调用之前调用。

动手写14.3.3

```
<?php
$savePath = "./session_save_dir/";
session_save_path($savePath);
session_start();
$_SESSION['kuaixue'] = 'PHP';
echo 'Set Ok';
```

运行结果如图14.3.3所示：

图14.3.3 设置Session文件的保存路径

程序运行成功后，会在设置好的存放目录中生成一个Session文件，如图14.3.4所示：

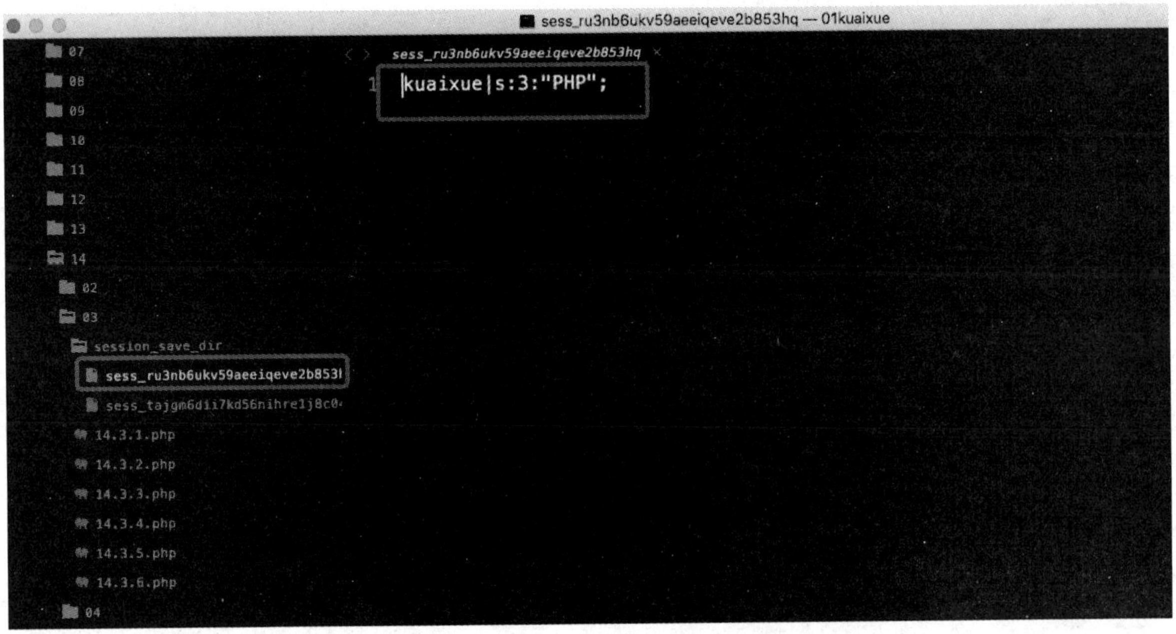

图14.3.4 程序自动生成了Session文件

14.3.4 删除Session

在工作中，Session经常会被用来对用户的登录进行验证操作，最后再进行用户注销的操作，也就是Session会话的删除。删除Session会话主要有删除单个会话、删除所有会话和结束当前会话三种方式，下面介绍具体的方法。

1. 删除单个会话

删除单个会话其实就是删除单个会话的变量，和数组的操作一样，直接注销$_SESSION数组的某个元素即可。

动手写14.3.4.php

```
<?php
session_start();
unset($_SESSION['kuaixue']);
var_dump($_SESSION);
```

运行结果如图14.3.5所示：

图14.3.5　清除Session成功

提示

在使用unset()时，要注意一定不可以忽略$SESSION数组中的元素，也就是说，不可以一次注销整个数组，这样会禁止整个会话的功能，一旦使用会将$_SESSION全局变量销毁，而且没有办法将其恢复，用户也不可再注册$_SESSION变量。

2. 删除所有会话

如果想把某个用户在Session中注册的所有变量都删除，也就是一次删除所有的会话变量，可以通过将一个空数组赋值给$_SESSION来实现。下面做一个示范，我们先来设置一组Session。

动手写14.3.5

```
<?php
session_start();
$_SESSION['kuaixue_php']    = 'PHP课程';
$_SESSION['kuaixue_jave']   = 'JAVA课程';
$_SESSION['kuaixue_python'] = 'PYTHON课程';
$_SESSION['kuaixue_js']     = 'JS课程';
var_dump($_SESSION);
```

运行结果如图14.3.6所示：

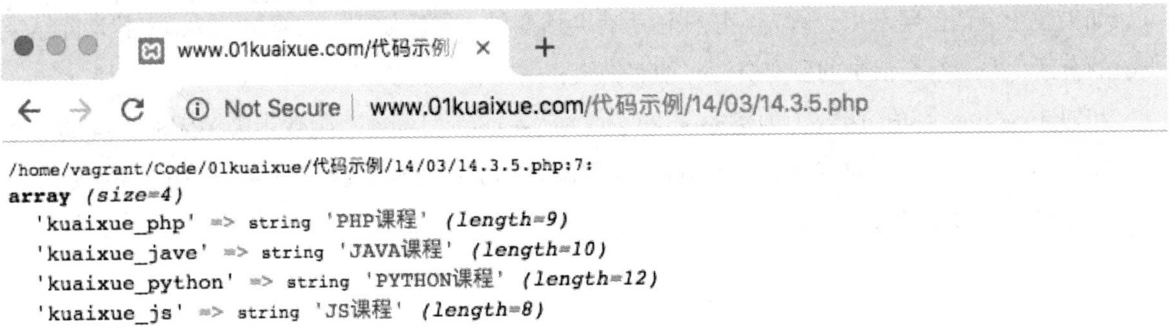

图14.3.6　设置的四个Session变量已经成功存储到$_SESSION全局变量

接下来，我们清空存储在session中的所有变量。

动手写14.3.6

```
<?php
$_SESSION = array();
var_dump(isset($_SESSION['kuaixue_php']));
echo '<br />';
var_dump(isset($_SESSION['kuaixue_java']));
echo '<br />';
var_dump(isset($_SESSION['kuaixue_python']));
echo '<br />';
var_dump(isset($_SESSION['kuaixue_js']));
echo '<br />';
```

运行结果如图14.3.7所示：

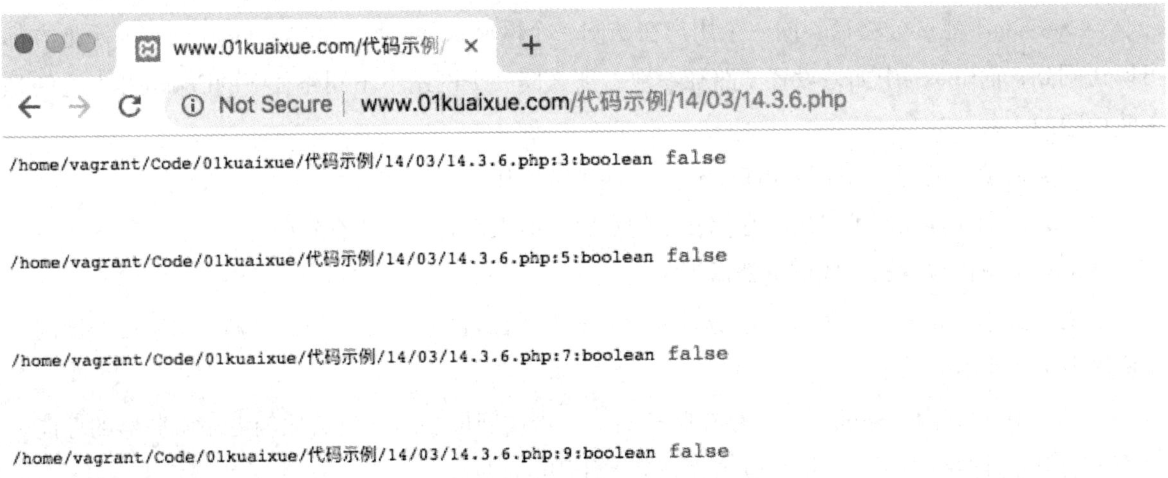

图14.3.7　每个Session变量均被成功删除

3. 结束当前会话

如果整个会话已经结束，首先应该注销所有会话变量，然后使用session_destroy()函数清除结束当前的会话，并清空会话中的所有资源，彻底销毁Session。

相对于session_start()函数（创建Session文件），session_destroy()函数用来关闭Session的运作（删除Session文件），如果成功则返回true，销毁Session资料失败则返回false。但是，该函数并不会释放和当前Session相关的变量。

提示

session_destroy()会重新设置Session，会丢失所有已保存的Session数据。

14.4 小结

本章主要介绍PHP中的会话技术Cookie和Session，介绍了它们各自的概念、区别，以及各自的适用场景，同时对Session的工作原理等进行了讲解。

14.5 知识拓展

14.5.1 Cookie和Session对比

◇ Session保留在服务器端，为每个客户分配一个唯一的数字，作为每个客户的标识。

◇ Cookie保留在用户的客户端，每次发出页面请求时，都会把里面的数据发送给服务器端。

◇ Cookie适合用于保存用户的个人设置、爱好等信息，Session适合用于客户的身份验证。

◇ Session不能区分路径，同一个用户在访问一个网站期间，所有的Session在任何一个地方都可以访问到；而Cookie中如果设置了路径参数，那么同一个网站中不同路径下的Cookie相互之间是无法访问的。

◇ Session在一般情况下需要借助Cookie才能正常工作。

◇ Cookie和Session都可以用来存储私密的资料，但也都有各自的有效期。

◇ Cookie可以设置成关闭浏览器后消失。

◇ Cookie不是很安全，他人可以分析存放在本地的Cookie并进行Cookie欺骗。出于安全原因，应该优先考虑使用Session。

◇ 在一定时间内，Session会保存在服务器上，当访问增多时，就会比较占用服务器的性能。为了减轻服务器性能方面的负担，应当优先考虑使用Cookie。

◇ 一个Web站点向客户端发送的Cookie不得超过20个。

14.5.2　Session的细节讨论

Session数据默认存放时间是1440秒，这个时间可以通过php.ini文件来修改：

```
session.gc_maxlifetime =
```

时间可以自定。修改后，需要重新启动服务器，这个时间指定在1440秒内，若没有使用Session文件，该Session会被当作垃圾而被回收。

Session文件存放的路径可以通过php.ini文件来设置。

```
session.save_path =
```

同样，修改后需要重新启动服务器。

在使用Session的时候，应当保证对Session进行初始化。方法如下：

◇ 在需要使用Session的页面都写入 session_start();

◇ 在php.ini文件中，配置session.auto_start=1（不推荐）。

下面运用Session知识实现一个书城购物车案例。

动手写 14.5.1

```
<?php
echo "<h1>零壹快学图书馆</h1>";
echo "<a href='14.5.2.php?bookid=01&bookname=PHP课程'>PHP课程</a><br/>";
echo "<a href='14.5.2.php?bookid=02&bookname=JAVA课程'>JAVA课程</a><br/>";
echo "<a href='14.5.2.php?bookid=03&bookname=PYTHON课程'>PYTHON课程</a><br/>";
ccho "<a href='14.5.2.php?bookid=04&bookname=JS课程'>JS课程</a><br/>";
echo "<hr/>";
echo "<a href='14.5.3.php'>查看购物车商品列表</a>";
```

运行结果如图14.5.1所示：

图14.5.1　图书馆列表页

点击“所选课程”，会跳转到14.5.2.php文件中，并携带该书的ID和名称。现在，我们以“加入PHP课程到购物车”为例。

动手写 14.5.2

```
<?php
//接收请求，并把书保存到session中.
$bookid  = $_GET['bookid'];
$bookname = $_GET['bookname'];
session_start();
$_SESSION[$bookid] = $bookname;
echo "<br/>购买商品成功!";
echo "<br/><a href='14.5.1.php'>返回图书馆继续购买</a>";
```

运行结果如图14.5.2所示：

图14.5.2　成功购买商品

现在我们已经把喜欢的图书保存到Session中了。打开购物车页面，查看我们购物车中的商品。

动手写 14.5.3

```
<?php
echo "<h1>购物车商品列表</h1>";
session_start();
foreach ($_SESSION as $key => $val)
{
   echo "<br/> 书号--$key 书名--$val";
}
```

运行结果如图14.5.3所示：

图14.5.3　购物车列表

第15章 文件和目录操作

15.1 文件系统介绍

PHP提供多种函数用来操作文件或目录。本章内容将介绍常用的文件系统函数的使用方法和注意事项。

提示

操作文件时要非常注意，如果出现操作失误，将可能造成非常严重的破坏。常见的错误包括：

1．意外删除文件内容；

2．编辑错误的文件；

3．被垃圾数据填满硬盘。

15.1.1 文件类型

在Web项目中，开发者经常会遇到需要判断文件类型的情况，PHP提供了Fileinfo函数，可以非常方便地获取文件类型等信息。从PHP 5.3.0开始，已经默认支持Fileinfo函数（fileinfo support-enabled），不需要任何配置即可使用finfo_open()判断获取文件MIME类型。

语法如下：

```
resource finfo_open ([ int $options = FILEINFO_NONE [, string $magic_file = NULL ]] )
```

参数说明：

◇ options：一个Fileinfo常量或多个Fileinfo常量进行逻辑或运算。

◇ magic_file：魔数数据库文件的名称，通常是“/path/to/magic.mime”。如果未指定，则使用MAGIC环境变量；如果未指定此环境变量，则使用PHP绑定的魔数数据库。传入NULL或者空字符串，等同于使用默认值。

返回值：如果成功则返回一个表示魔数数据库的资源，失败时返回false。

提示

一般来说，使用PHP绑定的魔数数据库（设置magic_file参数为空，不设置MAGIC环境变量）是最好的选择。

动手写15.1.1

```
<?php
$finfo    = finfo_open(FILEINFO_MIME);
//引入准备好的纯文本文件
$mimetype = finfo_file($finfo, './01kuaixue.txt');
//finfo_close()函数用于关闭fileinfo资源
finfo_close($finfo);
print_r($mimetype);
```

运行结果如图15.1.1所示：

图15.1.1　输出01kuaixue.txt的文件类型信息①

除了这种过程式的风格，PHP也提供了内置类finfo，可以通过面向对象的风格获取文件信息。

动手写15.1.2

```
<?php
// 返回 mime 类型
$finfo = new finfo(FILEINFO_MIME);
$filename = "./01kuaixue.txt";
echo $finfo->file($filename);
```

运行结果如图15.1.2所示，与过程式风格返回的结果一致。

图15.1.2　输出01kuaixue.txt的文件类型信息②

15.1.2　文件权限

PHP中提供了函数chmod()用于改变文件模式，也就是操作权限chmod（Changes file mode），如果操作成功则返回true，否则返回false。

语法如下：

```
bool chmod ( string $filename , int $mode )
```

参数说明：

◇ filename：文件名。

◇ mode：该参数不会被自动当成八进制数值，而且也不能用字符串（例如“g+w”）。要确保正确操作，需要给mode前面加上0，mode参数包含三个八进制数，按顺序分别指定了所有者、所有者所在的组和所有人的访问限制，每一部分都可以通过加入所需的权限来计算出所要的权限。数字“1”表示使文件可执行，数字“2”表示使文件可写，数字“4”表示使文件可读。可以加入这些数字，以指定所需要的权限。

返回值：成功时返回true，失败时返回false。

提示

此函数不能作用于远程文件，要求被检查的文件是可通过服务器的文件系统访问的。

动手写15.1.3

```
<?php
require_once './01kuaixue.txt';
// 所有者可读写，其他人没有任何权限
chmod("01kuaixue.txt", 0600);
// 所有者可读写，其他人可读
chmod("01kuaixue.txt", 0644);
// 所有者有所有权限，其他所有人可读和执行
chmod("01kuaixue.txt", 0755);
// 所有者有所有权限，所有者所在的组可读
chmod("01kuaixue.txt", 0740);
```

运行结果如图15.1.3所示：

图15.1.3　输出01kuaixue.txt文件内容

打开文件01kuaixue.txt并查看权限，如图15.1.4所示：

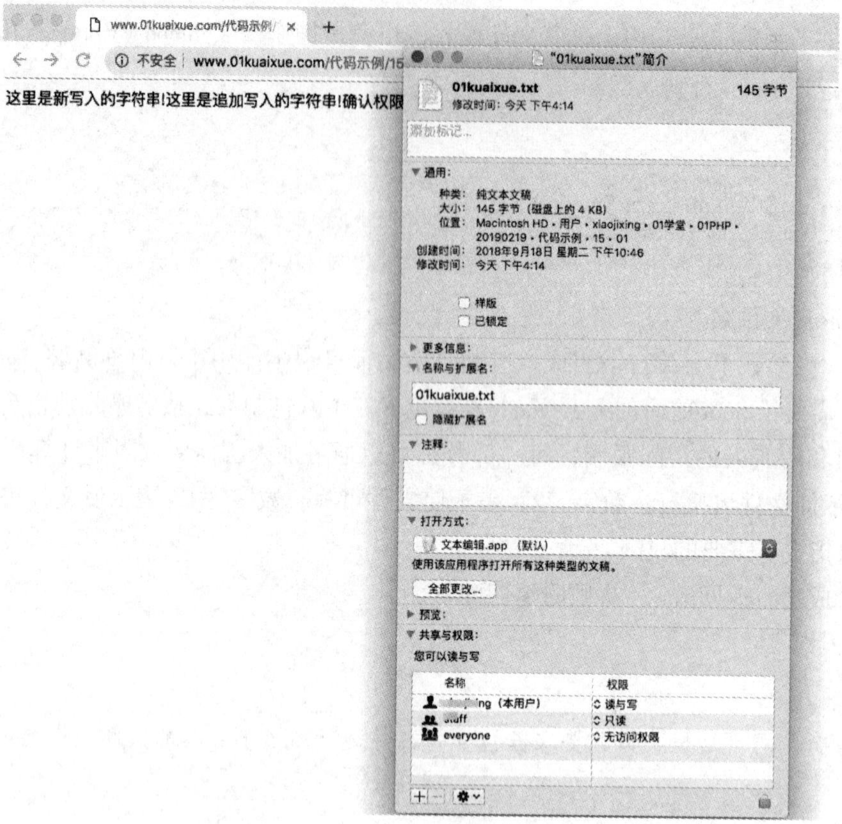

图15.1.4　文件01kuaixue.txt已经对不同用户赋予了不同权限

15.2 文件操作

15.2.1　打开文件

PHP中函数fopen()用于打开文件，在使用该函数打开文件时需要指定如何使用它，也就是需要指定文件模式。

语法如下：

```
resource fopen ( string $filename , string $mode [, bool $use_include_path = FALSE [, resource $context ]] )
```

参数说明：

◇ filename：必需，规定要打开的文件或URL。

◇ mode：必需，规定要求到该文件/流的访问类型。可能的值见表15.2.1。

◇ include_path：可选，如果需要在include_path中检索文件，可以将该参数设为1或true。

◇ context：可选，规定文件句柄的环境。context是可以修改流的行为的一套选项。

返回值：成功时返回打开的文件资源，失败时返回false。

表15.2.1 mode可选参数说明

可选参数	说明
"r"	只读方式打开，将文件指针指向文件头
"r+"	读写方式打开，将文件指针指向文件头
"w"	写入方式打开，将文件指针指向文件头并将文件大小截为零。如果文件不存在则尝试创建
"w+"	读写方式打开，将文件指针指向文件头并将文件大小截为零。如果文件不存在则尝试创建
"a"	写入方式打开，将文件指针指向文件末尾。如果文件不存在则尝试创建
"a+"	读写方式打开，将文件指针指向文件末尾。如果文件不存在则尝试创建
"x"	创建并以写入方式打开，将文件指针指向文件头。如果文件已存在，则fopen()调用失败并返回false，并生成一条E_WARNING级别的错误信息。如果文件不存在则尝试创建。这和给底层的open(2)系统调用指定O_EXCL|O_CREAT标记是等价的。此选项被PHP 4.3.2及以后的版本所支持，仅能用于本地文件
"x+"	创建并以读写方式打开，将文件指针指向文件头。如果文件已存在，则fopen()调用失败并返回false，并生成一条E_WARNING级别的错误信息。如果文件不存在则尝试创建。这和给底层的open(2)系统调用指定O_EXCL|O_CREAT标记是等价的。此选项被PHP 4.3.2及以后的版本所支持，仅能用于本地文件
b	二进制模式，用于与其他模式进行连接。如果文件系统能够区分二进制文件和文本文件，可能会使用到它。Windows系统可以区分，而UNIX则不区分。推荐一直使用这个选项，以便获得最大程度的可移植性。二进制模式是默认的模式
t	用于与其他模式结合。这个模式只是Windows系统下的一个选项，它不是推荐选项，除非在代码中使用了b选项

提示

为移植性考虑，强烈建议在用fopen()打开文件时总是使用“b”标记。

动手写15.2.1

```
<?php
//通过只读模式打开01kuaixue.txt文件
$file = fopen("../01/01kuaixue.txt","r");
//通过写模式打开01kuaixue.txt文件
$file = fopen("../01/01kuaixue.txt","wb");
```

除了可以打开一个本地文件进行读写操作之外，也可以使用fopen()函数通过FTP、HTTP或其他协议来打开文件。在php.ini文件中，可以通过关闭allow_url_fopen指令来禁用这个功能。如果在使用该函数打开一个远程文件时遇到问题，请检查php.ini文件。

如果使用的文件名是以“ftp://”开始的，fopen()函数将建立一个连接到指定服务器的被动模式，并返回一个指向文件开始的指针。

如果使用的文件名是以“http://”开始的，fopen()函数将建立一个连接到指定服务器的HTTP连接，并返回一个指向HTTP响应的指针。

提示

当使用PHP早期版本的HTTP模式时，必须在目录名称后添加结束斜线“/”。

动手写15.2.2

```
<?php
//通过http打开一个文件
$file = fopen("http://www.example.com/","r");
//通过ftp打开一个文件
$file = fopen("ftp://user:password@example.com/test.txt","w");
```

如果fopen()函数调用失败，函数将返回false。此时可以抑制PHP的错误信息，并根据自己需要的方式给出错误处理方式。

动手写15.2.3

```
<?php
$fp = @fopen('no_exist.txt', 'r');
if(!$fp)
{
        echo '<p>文件打开失败，请稍后再试。</p>';
}
else
{
        //打开文件操作成功
}
```

运行结果如图15.2.1所示：

图15.2.1　输出自定义错误提示

在用函数fopen()打开一个文件，并在使用后把它关闭是一个良好的编程习惯，否则打开的文件会占用服务器资源。PHP中关闭文件使用的函数是fclose()。

语法如下：

```
bool fclose ( resource $handle )
```

参数说明：

◇ handle：必需，对于规定要关闭的文件而言，该参数是一个文件指针，fclose()函数关闭该指针指向的文件。

返回值：如果成功返回true，否则返回false。

提示

文件指针必须有效，并且是通过fopen()或fsockopen()成功打开的。

动手写15.2.4

```
$file = fopen("../01/01kuaixue.txt", "r");
//执行的一些代码...
if(fclose($file))
{
	echo '<p>文件关闭成功。</p>';
}
else
{
	echo '<p>文件关闭失败！</p>';
}
```

运行结果如图15.2.2所示：

图15.2.2　文件关闭成功

15.2.2　文件读取

1. fread()函数读取文件

PHP的函数fread()用于读取打开的文件，该函数的第一个参数包含待读取文件的文件名，第二个参数用来规定待读取的最大字节数。

语法如下：

```
string fread ( resource $handle , int $length )
```

参数说明：

◇ handle：必需，规定要读取的打开文件。

◇ length：必需，规定要读取的最大字节数。

返回值：返回所读取的字符串，如果出错返回false。

提示

fread()从文件指针handle读取最多length个字节。该函数在读取完最多length个字节数后、到达EOF时、当一个包可用时（对于网络流）或已读取了8192个字节时（在打开用户空间流之后），就会停止读取文件。

动手写15.2.5

```php
<?php
$file = fopen("../01/01kuaixue.txt", "r");
$str  = fread($file, "20");
fclose($file);
echo $str;
```

运行结果如图15.2.3所示：

图15.2.3　fread()函数从01kuaixue.txt文件中读取20个字符

2. file_get_contents()函数读取文件

file_get_contents()函数是用于将文件的内容读入到一个字符串中的最佳方法。如果操作系统支持，该函数还会使用内存映射技术来增强性能。

语法如下：

```
string file_get_contents ( string $filename [, bool $use_include_path = false [, resource $context [, int
$offset = -1 [, int $maxlen ]]]] )
```

参数说明：

◇ filename：必需，规定要读取的文件。

◇ use_include_path：可选，如果也想在use_include_path中搜寻文件，可以将该参数设为“1”。

◇ context：可选，规定文件句柄的环境。context是一套可以修改流的行为的选项。若使用null，则忽略。

◇ offset：可选，规定在文件中开始读取的位置。该参数是PHP 5.1新加的。

◇ maxlen：可选，规定读取的字节数。该参数是PHP 5.1新加的。

返回值：返回所读取的字符串，如果出错则返回false。

动手写15.2.6

```
<?php
$file_path = "../01/01kuaixue.txt";
if (file_exists($file_path))
{
    //将文件内容读入到一个字符串中
    $str = file_get_contents($file_path);
    $str = str_replace("\r\n", "<br />", $str);
    echo $str;
}
else
{
    echo '<p>文件不存在 ~ </p>';
}
```

运行结果如图15.2.4所示：

图15.2.4　输出01kuaixue.txt全部内容

3. fgets()函数读取文件

PHP中fgets()函数从文件指针中读取一行，可以通过循环获取的方式，逐步获取文件内容。

语法如下：

```
string fgets ( resource $handle [, int $length ] )
```

参数说明：

◇ handle：文件指针必须是有效的，必须指向由fopen()或fsockopen()成功打开的文件（并且还未由fclose()关闭）。

◇ length：可选，规定要读取的字节数。默认是1024字节。

返回值：从handle指向的文件中读取一行，并返回长度最多为length-1字节的字符串。碰到换行符（包括在返回值中）、EOF，或已经读取了length-1字节后停止这几种情况时（视乎先碰到哪种情况），如果没有指定length，则默认为1K（或1024字节）；若失败则返回false。

动手写15.2.7

```
<?php
$file_path = "../01/01kuaixue.txt";
if (file_exists($file_path))
{
   $fp  = fopen($file_path, "r");
   $str = "";
   while (!feof($fp))
   {
      //逐行读取。
      $str .= fgets($fp);
      echo $str;
      echo '<br/>';
   }
   $str = str_replace("\r\n", "<br />", $str);
   echo '/****************** 分割线 ********************/<br/>';
   echo '全部内容:' . $str;
}
else
{
  echo '<p>文件不存在 ~ </p>';
}
```

运行结果如图15.2.5所示：

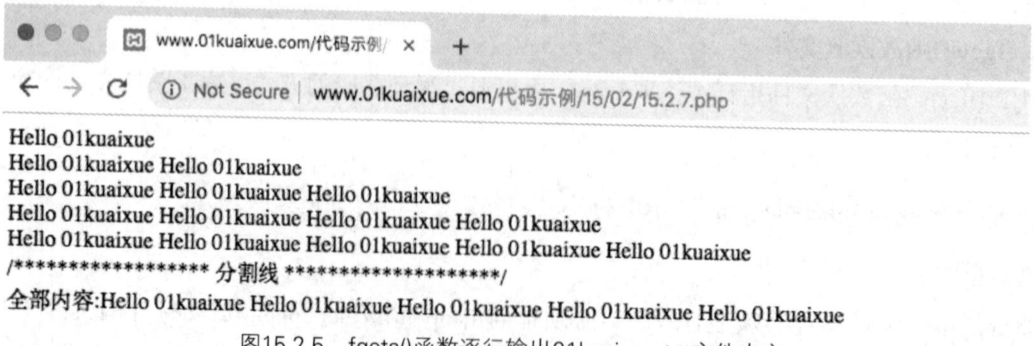

图15.2.5　fgets()函数逐行输出01kuaixue.txt文件内容

15.2.3　文件写入

1. fwrite()函数

PHP函数fwrite()用于将内容写入一个打开的文件中。该函数会在到达指定长度或读到文件末尾（EOF）时（以先到者为准）停止运行。

语法如下：

```
int fwrite ( resource $handle , string $string [, int $length ] )
```

参数说明：

◇ handle：必需，文件系统指针，是典型的由fopen()创建的resource（资源）。

◇ string：必需，规定要写入文件的字符串。

◇ length：可选，如果指定了length，当写入了length个字节或写完了string以后，写入就会停止，视乎先碰到哪种情况。

返回值：返回写入的字符数，出现错误时则返回false。

接下来，要在01kuaixue.txt文件中写入内容，在写入前01kuaixue.txt的文件内容如图15.2.6所示：

图15.2.6　01kuaixue.txt文件初始内容

动手写15.2.8

```
<?php
$file_path = "../01/01kuaixue.txt";
if (file_exists($file_path))
{
    $file = fopen($file_path, "w");
    echo fwrite($file, "这里是新写入的字符串!");
    fclose($file);
}
else
```

```
{
    echo '<p>文件不存在 ~ </p>';
}
```

运行结果如图15.2.7所示：

图15.2.7　返回写入文件的字符数

再次查看01kuaixue.txt文件中的内容，如图15.2.8所示：

图15.2.8　文件01kuaixue.txt内容已经被更新

上面的示例将01kuaixue.txt的内容全部更新了。如果只是希望在原文件内容的基础上追加内容，可以在fopen()打开文件时将mode参数设为a，表示在文件后面追加写入。

动手写15.2.9

```
<?php
$file_path = "../01/01kuaixue.txt";
if (file_exists($file_path))
{
    $file = fopen($file_path, "a");
    echo fwrite($file, "这里是追加写入的字符串!");
    fclose($file);
}
else
{
    echo '<p>文件不存在 ~ </p>';
}
```

运行结果如图15.2.9所示：

图15.2.9　返回写入文件的字符数

打开01kuaixue.txt文件，内容如图15.2.10所示：

图15.2.10　使用追加写入模式写入内容

当打开一个已经存在的文件时，有必要检测该文件是否具有写入权限，从而避免一个系统错误的发生。is_writable()函数用于检测文件是否可写。

动手写15.2.10

```
<?php
$file_path = "../01/01kuaixue.txt";
$word     = "确认权限后写入的内容！ ";
//确定文件存在并且有写权限
if (is_writable($file_path))
{
   //用追加写入模式打开文件
   if (!$fh = fopen($file_path, 'a'))
   {
      echo "不能打开文件 $file_path";
      exit;
   }
   // 写入内容
   if (fwrite($fh, $word) === false)
```

```
  {
    echo "不能写入到文件 $file_path";
    exit;
  }
  echo '成功将 "' . $word . '" 写入文件';
  fclose($fh);
}
else
{
  echo "文件 $file_path 不可写";
}
```

运行结果如图15.2.11所示：

图15.2.11　判断文件有写权限后成功写入

打开01kuaixue.txt文件，内容如图15.2.12所示：

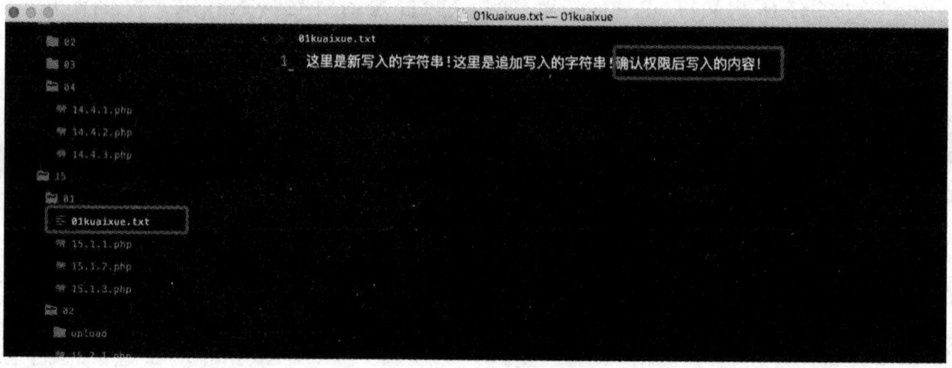

图15.2.12　检测文件有写权限后写入内容

2. file_put_contents()函数

PHP函数file_put_contents()用于将数据写入文件，当准备写入数据的文件不存在时则自动创建。语法如下：

```
int file_put_contents ( string $filename , mixed $data [, int $flags = 0 [, resource $context ]] )
```

参数说明：

◇ filename：必需，要被写入数据的文件名。

◇ data：可选，规定要写入文件的数据，可以是字符串、数组或数据流。

◇ flags：可选，规定如何打开/写入文件。可能的值包括FILE_USE_INCLUDE_PATH、FILE_APPEND和LOCK_EX。

◇ context：可选，规定文件句柄的环境。context是一套可以修改流的行为的选项。若使用null，则忽略。

返回值：该函数将返回写入到文件内的数据的字节数。

动手写15.2.11

```
<?php
$file_path = "../01/01kuaixue.txt";
//使用追加写入模式，向01kuaixue.txt文件写入字符串。
echo file_put_contents ($file_path, "这是使用file_put_contents函数写入内容!", FILE_APPEND);
```

运行结果如图15.2.13所示，file_put_contents()函数写入数据成功，返回写入到文件内数据的字节数。

图15.2.13　file_put_contents()函数写入数据成功

打开01kuaixue.txt文件，内容如图15.2.14所示：

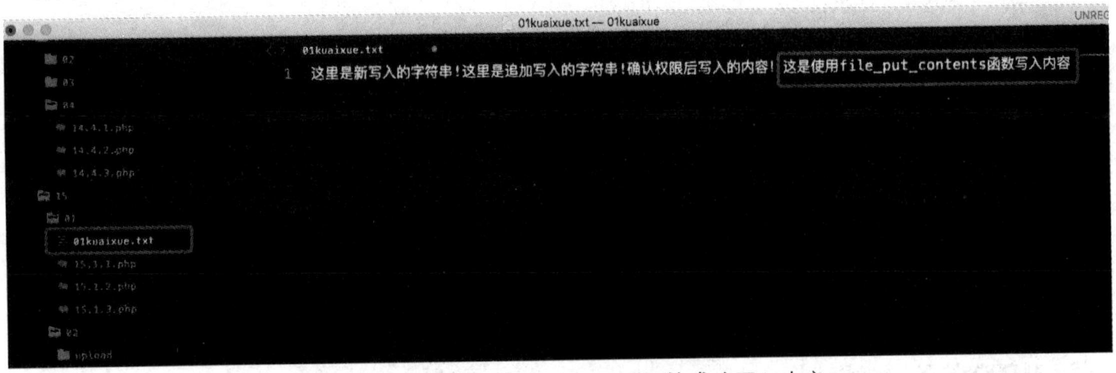

图15.2.14　用file_put_contents()函数成功写入内容

15.2.4　文件上传

动手写15.2.12 创建上传文件HTML页面

```
<html>
  <head>
    <meta content="text/html; charset=utf-8" http-equiv="Content-Type"/>
```

```
    <title>
      你好，零壹快学
    </title>
  </head>
  <body>
    <form action="15.2.13.php" enctype="multipart/form-data" method="post">
      <h1>
        PHP文件上传
      </h1>
      <label for="file">
        点击上传文件:
      </label>
      <input id="file" name="file" type="file"/>
      <br/>
      <br/>
      <input name="submit" type="submit" value="Submit"/>
    </form>
  </body>
</html>
```

提示

<form>标签的enctype属性规定了在提交表单时要使用哪种内容类型。在表单需要二进制数据时，比如文件内容，请使用“multipart/form-data”。

运行结果如图15.2.15所示：

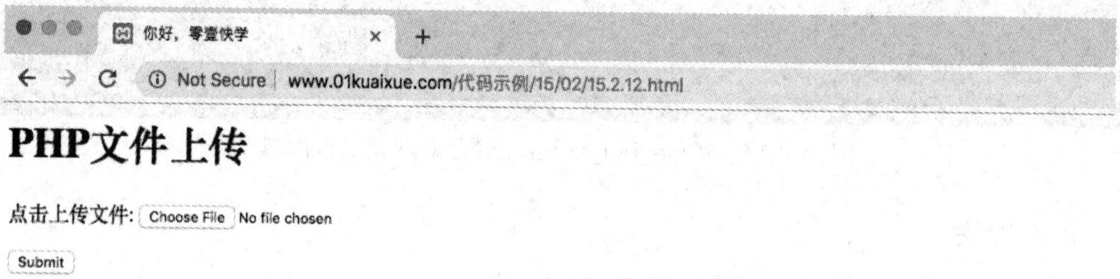

图15.2.15　上传文件页面

通过使用PHP的全局数组$_FILES，可以从客户计算机向远程服务器上传文件。

第一个参数是表单的input name，第二个下标可以是"name"、"type"、"size"、"tmp_name"或"error"。

◇ $_FILES["file"]["name"]：被上传文件的名称。

◇ $_FILES["file"]["type"]：被上传文件的类型。

◇ $_FILES["file"]["size"]：被上传文件的大小，以字节计。

◇ $_FILES["file"]["tmp_name"]：存储在服务器的文件的临时副本名称。

◇ $_FILES["file"]["error"]：由文件上传导致的错误代码。

动手写15.2.13 处理上传文件的程序文件

```
<?php
if (checkFileType($_FILES))
{
  if ($_FILES["file"]["error"] > 0)
  {
    echo "上传文件失败: " . $_FILES["file"]["error"] . "<br />";
  }
  else
  {
    echo "文件名: " . $_FILES["file"]["name"] . "<br />";
    echo "文件类型: " . $_FILES["file"]["type"] . "<br />";
    echo "文件大小: " . ($_FILES["file"]["size"] / 1024) . " Kb<br />";
    echo "临时位置: " . $_FILES["file"]["tmp_name"] . "<br />";

    if (file_exists("upload/" . $_FILES["file"]["name"]))
    {
      echo $_FILES["file"]["name"] . " 文件已经存在。 ";
    }
    else
    {
      move_uploaded_file($_FILES["file"]["tmp_name"],
        "upload/" . $_FILES["file"]["name"]);
      echo "上传成功，文件目录: " . "upload/" . $_FILES["file"]["name"];
    }
  }
}
else
{
  echo "非法文件";
}
```

```
function checkFileType($files)
{
    $pass = [
        'text/plain', 'image/gif', 'image/jpeg', 'image/pjpeg', 'image/png', 'application/msword', 'text/html',
    ];
    if (in_array($files["file"]["type"], $pass))
    {
        return true;
    }
    return false;
}
```

创建upload目录，用于存放上传的文件，如图15.2.16所示：

图15.2.16　创建upload目录

在15.2.12.thml页面选择文件并上传，运行结果如图15.2.17所示：

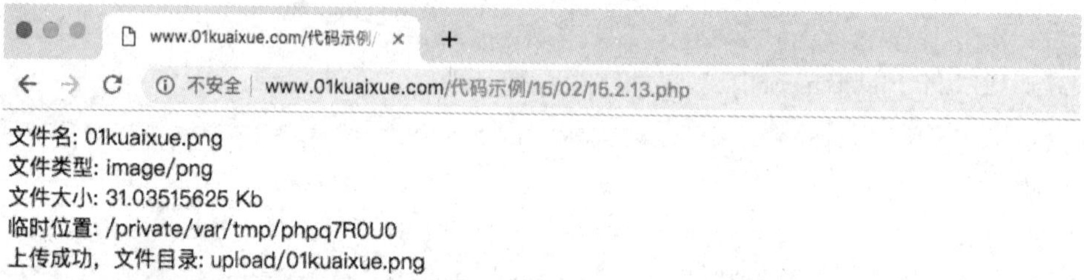

图15.2.17　文件上传成功，并输出相关信息

打开upload目录，可以看到刚上传的文件，如图15.2.18所示：

图15.2.18　文件成功存储到upload目录下

15.3 目录操作

本节主要介绍PHP目录操作，并结合实例总结分析PHP针对目录的读取、遍历、关闭等常见操作的相关函数及其使用技巧。

15.3.1　打开和读取

PHP函数opendir()用于打开目录句柄，readdir()函数则用于读取内容，接下来具体介绍它们的使用方法。

opendir()函数语法如下：

```
resource opendir ( string $path [, resource $context ] )
```

参数说明：

◇ path：必需，要打开的目录路径。

◇ context：可选，规定目录句柄的环境。context是一套可以修改目录流的行为的选项。

返回值：如果成功则返回目录句柄的resource，失败则返回false。

readdir()函数语法如下：

```
string readdir ([ resource $dir_handle ] )
```

参数说明：

◇ dir_handle：必需，目录句柄的resource，之前由opendir()打开。

返回值：成功则返回文件名或者在失败时返回false。

创建目录dir1，并向dir1目录添加两个测试文件，如图15.3.1所示：

图15.3.1　创建目录和测试文件

动手写15.3.1

```
<?php
if ($handle = opendir('./dir1')) {
    while (false !== ($file = readdir($handle)))
    {
        if ($file != "." && $file != "..")
```

```
    {
        echo "$file\n";
        echo "<br/>";
    }
  }
  closedir($handle);
}
```

提示

closedir()函数用于关闭opendir()函数打开的目录资源。

运行结果如图15.3.2所示：

图15.3.2　成功读取dir1目录下的两个测试文件

15.3.2　目录遍历

下面写一个目录遍历的示例。首先，在上一节创建的dir1目录中再创建一个目录dir2，并放入两个测试文件dir2.1.php和dir2.2.php。结构如图15.3.3所示：

图15.3.3　创建目录dir2和测试文件

然后，封装函数，实现递归遍历目录。

动手写15.3.2

```
<?php
header('Content-Type: text/html; charset=utf-8');
```

```
function readDirs($file_path, $level = 0)
{
    $dir_handle = openDir($file_path);
    while (false !== $file = readDir($dir_handle))
    {
        if ($file == '.' || $file == '..')
        {
            continue;
        }
        //输出文件信息
        echo str_repeat('--', $level) . $file, '<br>';
        //如果是目录，递归调用readDirs
        if (is_dir($file_path . '/' . $file))
        {
            readDirs($file_path . '/' . $file, $level+1);
        }


    }
    closeDir($dir_handle);
}

$file_path = './dir1';
readDirs($file_path);
```

运行结果如图15.3.4所示：

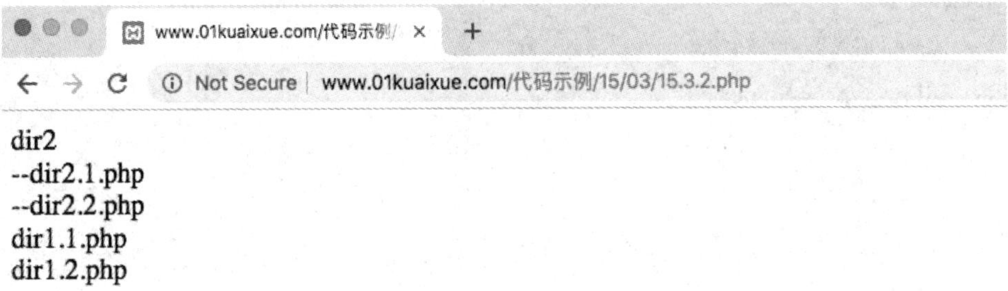

图15.3.4　遍历输出dir1目录中的文件信息

15.4 小结

本章主要介绍文件和目录的操作相关知识，包括PHP中的文件类型和文件权限的概念，文件的打开、写入、删除、上传等常用操作，以及文件目录的打开和遍历方式。

15.5 知识拓展

15.5.1 多文件上传

本节内容主要是封装一个多文件上传类UploadFiles。该类用于处理多文件上传，并可返回上传文件的基本信息，包括文件名、大小、保存目录等。

动手写15.5.1

```
<?php
class UploadFiles
{
    public $user_post_file = [];
    public $save_file_path;
    public $max_file_size;
    public $allow_type = array('gif', 'jpg', 'png', 'zip', 'rar', 'txt', 'doc', 'pdf');
    public $file_path_array; //最终保存的文件名
    public $save_info = []; //返回一组提示信息。
    public $error;

    public function __construct($file, $path = './upload', $size = 3000000, $type = '')
    {
        $this->user_post_file = $file;
        $this->save_file_path = $path;
        $this->max_file_size  = $size;
        if ($type != '')
        {
            $this->allow_type = $type;
        }

    }

    public function upload()
    {
        for ($i = 0; $i < count($this->user_post_file['name']); $i++)
        {
            if ($this->user_post_file['error'][$i] == 0)
            {
```

```
$name      = $this->user_post_file['name'][$i];
$tmpname   = $this->user_post_file['tmp_name'][$i];
$size      = $this->user_post_file['size'][$i];
$mime_type = $this->user_post_file['type'][$i];
$type      = $this->getFileExt($this->user_post_file['name'][$i]);
//检测当前上传文件大小是否合法。
if (!$this->checkSize($size))
{
   $this->error = "The file size is too big. File name is: " . $name;
   $this->interrupt($this->error);
   continue;
}
//检测当前上传文件扩展名是否合法。
if (!$this->checkType($type))
{
   $this->error = "wable file type: ." . $type . " File name is: " . $name;
   $this->interrupt($this->error);
   continue;
}
//检测当前上传文件是否非法提交。
if (!is_uploaded_file($tmpname))
{
   $this->error = "d post file method. File name is: " . $name;
   $this->interrupt($this->error);
   continue;

}

$savename            = time() . "." . $type;
$this->file_path_array = $this->save_file_path . "/" . $savename;
if (!move_uploaded_file($tmpname, $this->file_path_array))
{
   $this->error = $user_post_file['error'][$i];
   $this->interrupt($this->error);
   continue;
}
//存储当前文件的有关信息，以便其他程序调用。
```

```
            $this->save_info[] = array(
                "name"      => $name,
                "type"      => $type,
                "mime_type" => $mime_type,
                "size"      => $size, "savename" => $savename,
                "path"      => $this->file_path_array,
            );
        }
    }
    return count($this->save_info);
}

public function getSaveInfo()
{
    return $this->save_info;
}

public function checkSize($size)
{
    if ($size > $this->max_file_size)
    {
        return false;
    }
    else
    {
        return true;
    }
}

public function checkType($extension)
{
    foreach ($this->allow_type as $type)
    {
        if (strcasecmp($extension, $type) == 0)
        {
            return true;
```

```
        }

      }
      return false;
    }

    public function interrupt($msg)
    {
      printf("<b><UploadFile Error:></b> %s <br>\n", $msg);
    }

    public function getFileExt($filename)
    {
      $stuff = pathinfo($filename);
      return $stuff['extension'];
    }

}
```

动手写15.5.2 创建一个可提交多文件的表单

```
<!DOCTYPE html PUBLIC "-//W3C//DTD XHTML 1.0 Transitional//EN"
"http://www.w3.org/TR/xhtml1/DTD/xhtml1-transitional.dtd">
<html xmlns="http://www.w3.org/1999/xhtml">
  <head>
    <meta content="text/html; charset=UTF-8" http-equiv="Content-Type"/>
    <title>
      零壹快学，多文件上传
    </title>
  </head>
  <body>
    <h1>
      零壹快学，多文件上传
    </h1>
    <form action="15.5.2.php" enctype="multipart/form-data" method="post" name="upfile">
      <input name="upload_files[]" type="file"/>
      <br/>
```

```
            <br/>
            <input name="upload_files[]" type="file"/>
            <br/>
            <br/>
            <input name="upload_files[]" type="file"/>
            <br/>
            <br/>
            <input name="upload_files[]" type="file"/>
            <br/>
            <br/>
            <input name="upload_files[]" type="file"/>
            <br/>
            <br/>
            <input name="sub" type="submit" value="提交"/>
        </form>
    </body>
</html>
```

浏览器打开15.5.2.html文件，结果如图15.5.1所示：

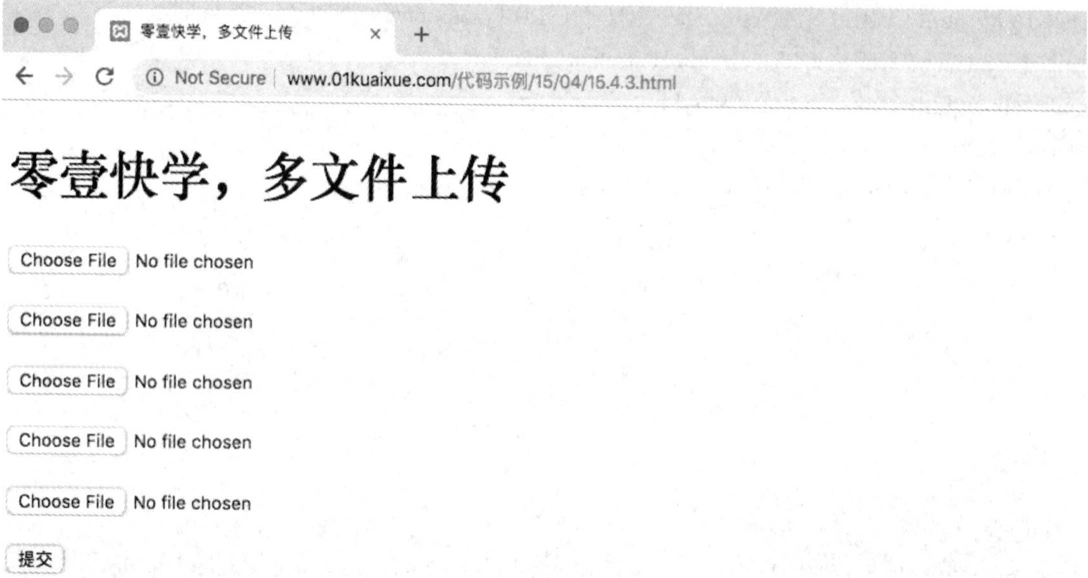

图15.5.1　多文件上传表单

下面引入多文件上传类，接收并处理多文件表单提交的数据。

动手写15.5.3

```
<?php
require_once '15.5.1.php';
$upload = new UploadFiles($_FILES['upload_files']);
//upload()方法上传用户文件，返回上传成功的文件个数。
if ($upload->upload() != 0)
{
    echo "上传成功<br>";
    echo '<pre>';
    print_r($upload->getSaveInfo());
    echo $upload->upload() . "个文件上传成功";
}
else
{
    echo '上传失败';
}
```

在15.5.2.html页面提交两个测试文件，运行结果如图15.5.2所示：

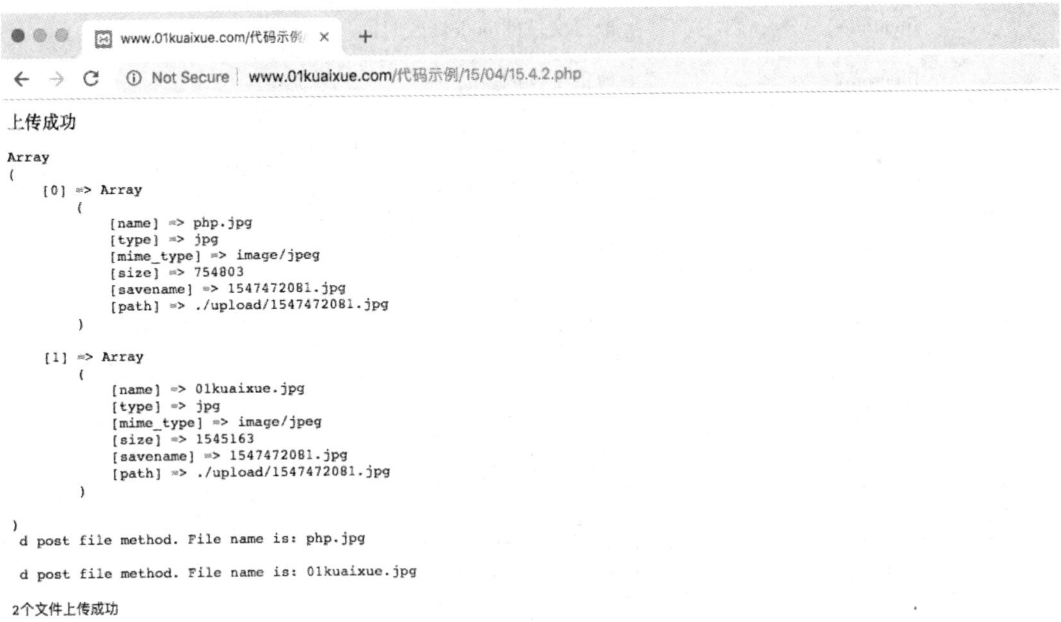

图15.5.2 输出已成功上传文件的基本信息

15.5.2 文件系统函数表

本节给出文件系统的常用函数列表。在使用这些函数时，你可以在PHP官网查阅具体用法，也可以根据编辑器的提示直接使用。

表15.5.1　文件系统函数表

函数名	函数功能
fclose()	关闭一个已打开的文件指针
feof()	测试文件指针是否到了文件结束的位置
fflush()	将缓冲内容输出到文件
fgetc()	从文件指针中读取字符
fgetcsv()	从文件指针中读入一行并解析CSV字段
fgets()	从文件指针中读取一行
fgetss()	从文件指针中读取一行并过滤掉HTML标记
file_exists()	检查文件或目录是否存在
file_get_contents()	将整个文件读入一个字符串
file_put_contents()	将一个字符串写入文件
file()	把整个文件读入一个数组中
fileatime()	取得文件的上次访问时间
filectime()	取得文件的inode修改时间
filegroup()	取得文件的组
fileinode()	取得文件的inode
filemtime()	取得文件修改时间
fileowner()	取得文件的所有者
fileperms()	取得文件的权限
filesize()	取得文件大小
filetype()	取得文件类型
flock()	轻便的咨询文件锁定
fnmatch()	用模式匹配文件名
fopen()	打开文件或者URL
fpassthru()	输出文件指针处的所有剩余数据
fputcsv()	将行格式化为CSV并写入文件指针
fputs()	fwrite()的别名
fread()	读取文件（可安全用于二进制文件）

（续上表）

函数名	函数功能
fscanf()	从文件中格式化输入
fseek()	在文件指针中定位
fstat()	通过已打开的文件指针取得文件信息
ftell()	返回文件指针读/写的位置
ftruncate()	将文件截断到给定的长度
fwrite()	写入文件（可安全用于二进制文件）
basename()	返回路径中的文件名部分
chgrp()	改变文件所属的组
chmod()	改变文件模式
chown()	改变文件的所有者
clearstatcache()	清除文件状态缓存
copy()	拷贝文件
delete()	参见unlink()或unset()
dirname()	返回路径中的目录部分
disk_free_space()	返回目录中的可用空间
disk_total_space()	返回一个目录的磁盘总大小
diskfreespace()	disk_free_space()的别名
glob()	寻找与模式匹配的文件路径
is_dir()	判断给定文件名是否是一个目录
is_executable()	判断给定文件名是否可执行
is_file()	判断给定文件名是否为一个正常的文件
is_link()	判断给定文件名是否为一个符号连接
is_readable()	判断给定文件名是否可读
is_uploaded_file()	判断文件是否是通过HTTP POST上传的
is_writable()	判断给定的文件名是否可写
is_writeable()	is_writable()的别名
lchgrp()	修改符号链接的所有组

（续上表）

函数名	函数功能
lchown()	修改符号链接的所有者
link()	建立一个硬连接
linkinfo()	获取一个连接的信息
lstat()	给出一个文件或符号链接的信息
mkdir()	新建目录
move_uploaded_file()	将上传的文件移动到新位置
parse_ini_file()	解析一个配置文件
parse_ini_string()	解析配置字符串
pathinfo()	返回文件路径的信息
pclose()	关闭进程文件指针
popen()	打开进程文件指针
readfile()	输出文件
readlink()	返回符号链接指向的目标
realpath_cache_get()	获取真实目录缓存的详情
realpath_cache_size()	获取真实路径缓冲区的大小
realpath()	返回规范化的绝对路径名
rename()	重命名一个文件或目录
rewind()	倒回文件指针的位置
rmdir()	删除目录
set_file_buffer()	stream_set_write_buffer()的别名
stat()	给出文件的信息
symlink()	建立符号链接
tempnam()	建立一个具有唯一文件名的文件
tmpfile()	建立一个临时文件
touch()	设定文件的访问和修改时间
umask()	改变当前的umask
unlink()	删除文件

第16章 MySQL数据库

16.1 MySQL介绍

MySQL是一个关系型数据库管理系统，由瑞典MySQL AB公司开发，目前属于甲骨文公司（Oracle）旗下产品。MySQL是最流行的关系型数据库管理系统之一，也是在Web应用方面最好的RDBMS（Relational Database Management System，关系数据库管理系统）应用软件。

MySQL数据库将数据保存在不同的数据表中，显著地提高了速度并增强了灵活性。

MySQL所采用的SQL语言是用于访问数据库的最常用的标准化语言，而且采用了双授权政策，分为社区版和商业版。由于体积小、速度快、总体拥有成本低，特别是开放源码这一特点，MySQL数据库成为一般中小型网站的开发首选工具。

16.2 MySQL工具介绍

16.2.1 MySQL 控制台客户端

通过命令行登录MySQL的命令为：

```
mysql –u用户名 –p密码 – h ip地址 –P端口号
```

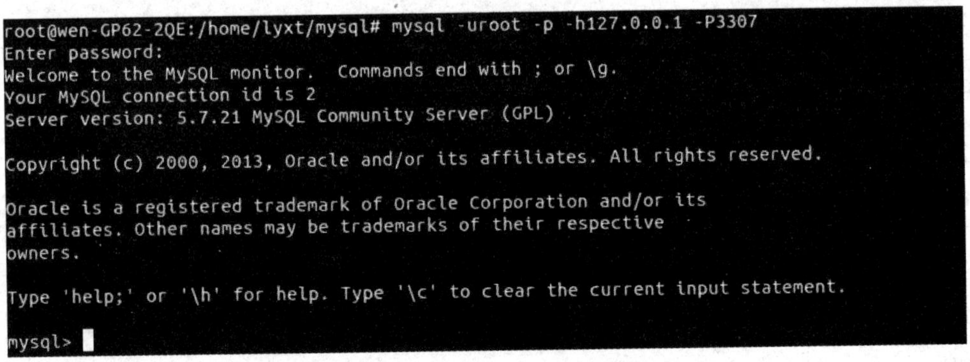

图16.2.1　MySQL控制台登录

16.2.2 MySQL Workbench软件

MySQL Workbench是MySQL AB发布的一款可视化数据库设计软件，它为数据库管理员、程序开发者和系统规划师提供可视化设计、模型建立以及数据库管理功能。它包含了用于创建复杂的数据建模的ER模型、正向和逆向数据库工程，而且还可以用于执行通常需要花费大量时间和精力的难以变更及管理的文档任务。

MySQL Workbench可在Windows、Linux和Mac上使用。下载地址：https://dev.mysql.com/downloads/workbench。

16.3 数据库管理

16.3.1 创建数据库

MySQL创建库的语法如下：

```
CREATE {DATABASE | SCHEMA} [IF NOT EXISTS] db_name
```

IF NOT EXISTS的意思是：如果不存在db_name库则创建该库，如果存在则当前命令会被忽略。如果MySQL已经有一个库，然后用户再次执行创建命令，那么MySQL会返回创建库失败的错误。而如果指定IF NOT EXISTS，MySQL只会返回一个警告，但是执行语句不会报错。

尝试创建“lyxt”库，执行命令如下：

动手写16.3.1

```
mysql> create database lyxt;
Query OK, 1 row affected (0.00 sec)
```

此时，如果再次执行创建lyxt库，则会报错。

```
mysql> create database lyxt;
ERROR 1007 (HY000): Can't create database 'lyxt'; database exists
```

而如果加上“if not exists”选项，创建命令会正常执行，MySQL会返回一个warning信息。

动手写16.3.2

```
mysql> create database if not exists lyxt;
Query OK, 1 row affected, 1 warning (0.00 sec)
```

从执行结果可以看到，执行成功则不再有“数据库已存在”的错误信息。

执行命令“show warnings;”可以查看警告信息。如下所示，警告提示不能创建lyxt库，因为lyxt库已经存在。

动手写16.3.3

```
mysql> show warnings;
+-------+------+---------------------------------------------+
| Level | Code | Message                                     |
+-------+------+---------------------------------------------+
| Note  | 1007 | Can't create database 'lyxt'; database exists |
+-------+------+---------------------------------------------+
1 row in set (0.00 sec)
```

创建数据库，并指定字符集为UTF-8。

动手写16.3.4

```
mysql> create database lyxt DEFAULT CHARACTER SET utf8;
Query OK, 1 row affected (0.00 sec)
```

16.3.2 选择数据库

当创建数据库后，如果我们想在创建的数据库下进行操作，则需要先切换到该库。切换库的语法如下：

```
USE dbname;
```

切换到刚刚创建的库lyxt下，执行简单的查询命令“show tables;”可以查看当前库下有哪些表。由于lyxt库下还没有表，因此“show tables;”会返回空。

动手写16.3.5

```
mysql> use lyxt
Database changed
mysql> show tables;
Empty set (0.00 sec)
```

切换到mysql库下，查看有哪些表。

动手写16.3.6

```
mysql> use mysql
Database changed
mysql> show tables;
+---------------------------+
| Tables_in_mysql           |
+---------------------------+
```

```
| columns_priv                |
| db                          |
| ...                         |
| time_zone_transition_type   |
| user                        |
+-----------------------------+
31 rows in set (0.00 sec)
```

16.3.3 查看数据库

通过命令“show create database dbname”可以查看库的创建方法，包括库的字符集信息。如下所示，我们创建lyxt库时并没有指定字符集，因此系统会自动加上参数“DEFAULT CHARACTER SET latin1”。

动手写16.3.7

```
mysql> show create database lyxt;
+----------+--------------------------------------------------------------------
--+
| Database | Create Database                                                    |
+----------+--------------------------------------------------------------------
--+
| lyxt     | CREATE DATABASE `lyxt` /*!40100 DEFAULT CHARACTER SET latin1 */    |
+----------+--------------------------------------------------------------------
--+
1 row in set (0.00 sec)
```

执行“show databases;”可以看到当前数据库中有哪些库。

动手写16.3.8

```
mysql> show databases;
+--------------------+
| Database           |
+--------------------+
| information_schema |
| lyxt               |
| mysql              |
| performance_schema |
| sys                |
+--------------------+
5 rows in set (0.00 sec)
```

16.3.4　修改数据库

如果创建库时忘记指定字符集，可以执行alter命令来调整库的字符集。命令如下：

动手写16.3.9

```
mysql> alter database lyxt DEFAULT CHARACTER SET utf8;
Query OK, 1 row affected (0.00 sec)
```

执行查看库命令"show create database lyxt"，可以看到库的字符集为UTF-8，不再是系统默认的latin1 。

动手写16.3.10

```
mysql> show create database lyxt;
+----------+------------------------------------------------------------------+
| Database | Create Database                                                  |
+----------+------------------------------------------------------------------+
| lyxt     | CREATE DATABASE `lyxt` /*!40100 DEFAULT CHARACTER SET utf8 */    |
+----------+------------------------------------------------------------------+
1 row in set (0.00 sec)
```

16.3.5　删除数据库

删除库是将已经创建的库从数据库中删除，在执行删除操作的同时会清除该库下的所有内容，包括表结构与数据。MySQL删除库的语法为：

```
Drop database dbname;
```

dbname为要删除的库名，如果库不存在，执行删除命令会报错。

提示

删除库是比较危险的操作，建议用户在确认库里的内容完全不再需要之后再执行删除操作。尤其是在生产环境中，如果删除了一个有用的库，同时又没有为该库做数据备份，损失将非常惨重。

删除刚刚创建的lyxt库，执行命令如下：

动手写16.3.11

```
mysql> drop database lyxt;
Query OK, 0 rows affected (0.00 sec)
```

执行查询命令，可以看到lyxt库已经不存在了。

动手写16.3.12

```
mysql> show databases;
+--------------------+
| Database           |
+--------------------+
| information_schema |
| mysql              |
| performance_schema |
| sys                |
+--------------------+
4 rows in set (0.00 sec)
```

16.4 字段类型

MySQL是支持多种数据类型的，可以分为三类：数值、字符串（字符）和日期/时间类型。

数值类型包括整数和小数类型，其中：整数类型包括TINYINT、SMALLINT、MEDIUMINT、INT和BIGINT；浮点数类型包括FLOAT与DOUBLE；定点数类型有DECIMAL。

字符串类型包括CHAR、VARCHAR、BINARY、VARBINARY、BLOB、TEXT、ENUM与SET。其中BINARY和VARBINARY是二进制字符串类型。

日期/时间类型包括DATE、TIME、YEAR、DATATIME和TIMESTAMP。

16.4.1 数值类型

MySQL提供了多种整数类型，从TINYINT到BIGINT。可以存储数据的范围越来越大，同时所需要的存储空间也就越来越大。

整数类型可以添加自增属性，分为有符号数和无符号数，可以在数据类型后添加UNSIGNED关键字类，标识该类型是有符号还是无符号，例如INT表示有符号的4字节长度的整数，INT UNSIGNED标识该类型是无符号的4字节长度整数。有符号与无符号的取值范围是不同的，例如：TINYINT的取值范围是-128 ~ 127，TINYINT UNSIGNED的取值范围是0 ~ 255，因为TINYINT占用1个字节，最高位为符号位，所以最大值就是2^7-1；TINYINT UNSIGNED的8位都用来存数据，所以最大值为2^8-1。各个有符号的整数类型的取值范围与占用字节如表16.4.1所示：

表16.4.1　有符号的整数类型的取值范围与占用字节

类型	取值范围	占用字节
TINYINT	–128 ~ 127	1
SMALLINT	–32768 ~ 32767	2
MEDIUMINT	–8388608 ~ 8388607	3
INT	–2147483648 ~ 2147483647	4
BIGINT	–9223372036854775808 ~ 9223372036854775807	8

各个无符号的整数类型的取值范围与占用字节，如表16.4.2所示：

表16.4.2　无符号的整数类型的取值范围与占用字节

类型	取值范围	占用字节
TINYINT	0 ~ 255	1
SMALLINT	0 ~ 65535	2
MEDIUMINT	0 ~ 16777215	3
INT	0 ~ 4294967295	4
BIGINT	0 ~ 18446744073709551615	8

浮点数类型包括单精度浮点数［float(M,D)型］和双精度浮点数［double(M,D)型］。定点数类型就是decimal(M,D)型。

◇ decimal型的取值范围与double相同，但是decimal的有效取值范围由M和D决定，而且decimal型的字节数是M+2。也就是说，定点数的存储空间是根据其精度决定的。

◇ MySQL中可以指定浮点数和定点数的精度。其基本形式为：数据类型(M,D)。

其中，“数据类型”参数是浮点数或定点数的数据类型名称；M参数称为“精度”，是数据的总长度，小数点不占位置；D参数称为“标度”，是指小数点后面的长度是D。例如：float(6,2)表示数据是float型，数据长度是6，小数点后保留2位。因此，1234.56是符合要求的。

注意：上述指定小数精度的方法虽然都适用于浮点数和定点数，但不是浮点数的标准用法。建议在定义浮点数时，如果不是实际情况需要，最好不要使用。如果使用了，有可能会影响数据库的迁移。

◇ 相反，对于定点数而言，decimal(M,D)是定点数的标准格式，一般情况下可以选择这种数据类型。

◇ 如果插入值的精度高于实际定义的精度，系统会自动进行四舍五入的处理，使值的精度达到要求。

16.4.2 字符串类型

字符串类型指CHAR、VARCHAR、BINARY、VARBINARY、BLOB、TEXT、ENUM和SET。

CHAR与VARCHAR类型相似，但它们保存和检索的方式有所不同，最大长度和尾部空格是否被保留等方面也不同。在存储或检索过程中，一般不进行大小写转换。

BINARY和VARBINARY类似于CHAR和VARCHAR，不同的是它们包含二进制字符串，而不要非二进制字符串。也就是说，它们包含字节字符串，而不是字符字符串。这说明它们没有字符集，并且排序和比较基于列值字节的数值。

有四种TEXT类型：TINYTEXT、TEXT、MEDIUMTEXT和LONGTEXT。它们分别对应四种BLOB类型，有相同的最大长度和存储需求。

ENUM是枚举类型，而SET是集合类型，它是一个排列组合。例如，有abc，SET可以选择a或b或c，也可以选择ab或ac或bc，还可以选择abc。

16.4.3 日期/时间类型

表示时间值的日期和时间类型为DATE、TIME、YEAR、DATETIME和TIMESTAMP。

◇ DATE：字节数为4，取值范围为“1000-01-01 ~ 9999-12-31”。

◇ TIME：字节数为3，取值范围为“-838:59:59 ~ 838:59:59”。

◇ YEAR：字节数为1，取值范围为“1901 ~ 2155”。

◇ DATETIME：字节数为8，取值范围为“1000-01-01 00:00:00 ~ 9999-12-31 23:59:59”。

◇ TIMESTAMP：字节数为4，取值范围为“19700101080001 ~ 20380119111407”。

当插入值超出有效取值范围时，系统会报错，并将零值插入到数据库中。

1. DATE类型

MySQL是以“YYYY-MM-DD”格式来显示DATE类型的值。插入数据时，数据可以保持这种格式。另外，MySQL还支持一些不严格的语法格式，分隔符“-”可以用“@”或“.”等众多符号来替代。

在插入数据时，也可以使用“YY-MM-DD”格式，YY转换成对应的年份的规则与YEAR类型类似。如果我们想插入当前系统的时间，则可以插入CURRENT_DATE()或者NOW()。

2. TIME类型

TIME类型表示为“时：分：秒”，尽管小时范围一般是0 ~ 23，但为了表示某些特殊时间间隔，MySQL将TIME的小时范围扩大了，而且支持负值。

对TIME类型赋值，标准格式是“HH：MM：SS”，但不一定非要这种格式。如果插入的是“D HH：MM：SS”格式，则类似插入了“（D*24+HH）：MM：SS”。比如插入“2 23:50:50”，相当于插入了“71:50:50”；如果插入的是“HH：MM”或“SS”格式，则结果是把其他未被表示位的值赋为零值；比如插入“30”，相当于插入了“00:00:30”；如果插入“11:25”，相当于插入了“11:25:00”。另外，也可以插入“D HH”和“D HH：MM”，结果与上面的例子一致，照此类推。在MySQl中，对于“HHMMSS”格式，系统能自动转换为标准格式。

如果我们想插入当前系统的时间，则可以插入CURRENT_TIME()或者NOW()。TIME类型只占3个字节，如果只是存储时间数据，是最合适的选择。

3. YEAR类型

给YEAR类型赋值有三种方法。第一种是直接插入4位字符串或4位数字。第二种是插入2位字符串，这种情况下如果插入“'00' ~ '69'”，则相当于插入“2000 ~ 2069”；如果插入“'70' ~ '99'”，则相当于插入“1970 ~ 1999”；如果插入的是“'0'”，则与插入“'00'”效果相同，都是表示2000年。第三种是插入2位数字，它与第二种（插入2位字符串）的不同之处仅在于：如果插入的是1位数字0，则表示0000，而不是2000年。

所以，在给YEAR类型赋值时，一定要分清“0”和“'0'”，虽然两者相差只有一对引号“' '”，但实际效果相差了2000年。

4. DATETIME类型

标准格式为“YYYY-MM-DD HH：MM：SS”，具体赋值方法与上面各种类型的方法相似。

5. TIMESTAMP类型

TIMESTAMP的取值范围比较小，没有DATETIME的取值范围大，因此输入值时一定要保证在TIMESTAMP的范围之内。它的插入也与插入其他日期和时间数据类型类似。

那么TIMESTAMP类型如何插入当前时间呢？第一，可以使用CURRENT_TIMESTAMP()；第二，输入NULL，系统会自动输入当前的TIMESTAMP；第三，无须任何输入，系统自动输入当前的TIMESTAMP。另外很特殊的一点是：TIMESTAMP的数值是与时区相关的。

16.5 数据表操作

在数据库中，表是存储数据的基本单位，也是数据库中最重要的操作对象和面向用户的基本接口。每张表会有若干列，每一行代表一条数据记录。在MySQL中，数据是按行存储的。

16.5.1 创建数据表

创建表的基本语法如下：

```
CREATE [TEMPORARY] TABLE [IF NOT EXISTS] tbl_name
(
列名1   数据类型          [约束条件]        [默认值],
列名2   数据类型          [约束条件]        [默认值],
...

)[表的约束条件];
```

1. 使用主键约束

主键是由表的一列或者多列组合而成。主键约束要求主键列数据唯一，且不能为空值。主键可以标识表的唯一一条记录，表的主键相当于表的目录，当为表创建主键后，使用主键列作为查询条件，可以大大加快表的查询速度。

主键可以由多个字段构成，语法如下：

```
PRIMARY KEY (列名1, 列名2, ... , 列名n)
```

创建用户表user_tmp3，指定id列与name列为联合主键，建表语法如下：

动手写16.5.1

```
CREATE TABLE `user_tmp3` (
 `id` int(11) ,
 `name` varchar(128) ,
 `age` int(11) ,
 PRIMARY KEY (`id`,`name`)
) ENGINE=InnoDB DEFAULT CHARSET=utf8;
```

2. 使用外键约束

创建外键约束的语法如下：

```
[ CONSTRAINT <外键名> ] FOREIGN KEY (列名1 , ...)
REFERENCES <父表名> (主键列名1, ...)
```

“外键名”是定义的外键约束的名字，一个表中不同约束的名字不能相同。“列名1, ...”表示要添加外键约束的列；“父表名”表示外键约束中子表依赖的父表的表名；“主键列名1, ...”表示父表中定义的主键列。

一个简单的外键约束示例如下：

动手写16.5.2

```
constraint p_c_id foreign key(c_id) references country(id)
```

创建外键约束父表和子表示例如下，其中country表为父表，people表为子表。

动手写16.5.3

```
mysql> create table country(id int primary key, name varchar(100));
Query OK, 0 rows affected (0.38 sec)

mysql> create table people(id int primary key, name varchar(100), age int, c_id int, constraint p_c_id
foreign key(c_id) references country(id)) ;
Query OK, 0 rows affected (0.47 sec)
```

3. 使用非空约束

非空约束是指列的值不能为空。对于使用了非空约束的字段，如果用户在插入数据时没有指定值，数据库会报错。

非空约束的语法如下：

```
列名　数据类型　　not null
```

创建表user_tmp4，指定用户姓名不能为空，建表语句如下：

动手写16.5.4

```
mysql> create table user_tmp4(id int, name varchar(20) not null);
Query OK, 0 rows affected (0.37 sec)
```

4. 使用唯一约束

唯一约束是指列的值唯一，但是可以为空。对于使用了唯一约束的字段，数据库可以保证这些字段的值不会重复。

唯一约束的语法如下，在定义完列类型后直接加UNIQUE关键字：

```
列名 数据类型 UNIQUE
```

创建用户表，指定id列唯一。示例如下：

动手写16.5.5

```
mysql> create table user_tmp5(id int unique, name varchar(100));
Query OK, 0 rows affected (0.40 sec)
```

5. 使用默认约束

默认约束的作用是为某列指定默认值。在向表插入数据时，如果不指定该列的值，那么会使用默认值来填充该列。

默认约束的语法如下：

```
字段名 数据类型 DEFAULT 默认值
```

定义数据表user_tmp9，对于name列指定默认值为“new_user”。

动手写16.5.6

```
mysql> create table user_tmp9(id int, name varchar(100) default "new_user");
Query OK, 0 rows affected (0.38 sec)
```

当向user_tmp9表中插入数据时，如果不给定name列的值，就会自动填充“new_user”作为该列的值。

动手写16.5.7

```
mysql> insert into user_tmp9 set id = 1;
Query OK, 1 row affected (0.07 sec)
mysql> select * from user_tmp9;
+-------+-----------+
| id    | name      |
+-------+-----------+
|  1    | new_user  |
+-------+-----------+
1 row in set (0.00 sec)
```

6. 使用自增属性

为列添加自增属性的语法如下：

```
列名    数据类型        AUTO_INCREMENT
```

创建用户表user_tmp10，设置id列为自增列：

动手写16.5.8

```
mysql> create table user_tmp10(id int primary key auto_increment, name varchar(100));
Query OK, 0 rows affected (0.39 sec)
```

16.5.2 查看数据表

查看当前创建的表：

动手写16.5.9

```
mysql> show tables;
+-----------------+
| Tables_in_lyxt  |
+-----------------+
| user            |
+-----------------+
1 rows in set (0.00 sec)
```

创建一张表后，可以查看这张表的表结构，语法如下：

```
show create table 表名;
```

查看user表的表结构，示例如下：

动手写16.5.10

```
mysql> show create table user\G
*************************** 1. row ***************************
     Table: user
Create Table: CREATE TABLE `user` (
  `id` int(11) DEFAULT NULL,
  `name` varchar(128) DEFAULT NULL,
  `age` int(11) DEFAULT NULL
) ENGINE=InnoDB DEFAULT CHARSET=latin1
1 row in set (0.00 sec)
```

也可以只查看表中各个列的定义，语法如下：

```
desc 表名;
```

查看user表列的定义，示例如下：

动手写16.5.11

```
mysql> desc user;
+-------+--------------+------+-----+---------+-------+
| Field | Type         | Null | Key | Default | Extra |
+-------+--------------+------+-----+---------+-------+
| id    | int(11)      | YES  |     | NULL    |       |
| name  | varchar(128) | YES  |     | NULL    |       |
| age   | int(11)      | YES  |     | NULL    |       |
+-------+--------------+------+-----+---------+-------+
3 rows in set (0.00 sec)
```

16.5.3　修改数据表

修改表是指对数据库中已经存在的表的结构进行修改。常见的修改表操作包括重命名表、修改字段的名字或类型、增加或者删除列字段、更改列的位置、调整表的引擎、删除表的外键约束等。

1. 修改表名

修改表名只会修改表的名字，对表的数据、字段的类型都没有影响。修改表名有两种语法形式，分别是使用ALTER命令和RENAME命令。

使用ALTER修改表名的语法如下：

```
ALTER TABLE 原表名 RENAME [TO] 新表名;
```

修改表user_tmp1为user_tmp_1，执行命令如下：

动手写16.5.12

```
mysql> alter table user_tmp1 rename user_tmp_1;
Query OK, 0 rows affected (0.25 sec)
```

使用RENAME修改表名的语法如下：

```
RENAME TABLE 原表名 TO 新表名;
```

将表table user_tmp_1修改为user_tmp1，执行命令如下：

动手写16.5.13

```
mysql> rename table user_tmp_1 to user_tmp1;
Query OK, 0 rows affected (0.24 sec)
```

2. 修改表的字段类型

修改表字段类型的语法如下：

```
ALTER TABLE 表名 MODIFY 列名 数据类型;
```

执行alter命令修改字段name类型：

动手写16.5.14

```
mysql> alter table user_tmp1 modify name varchar(200);
Query OK, 0 rows affected (0.16 sec)
Records: 0  Duplicates: 0  Warnings: 0
```

3. 修改表的字段名字

修改表的字段名字的语法如下：

```
ALTER TABLE 表名 CHANGE 原列名 新列名 数据类型;
```

将user_tmp1的name字段修改为new_name，执行命令如下：

动手写16.5.15

```
mysql> alter table user_tmp1 change name new_name varchar(300);
Query OK, 0 rows affected (0.77 sec)
Records: 0  Duplicates: 0  Warnings: 0
```

4. 为表增加字段

为表添加字段的语法如下：

```
ALTER TABLE 表名 ADD 新列名 数据类型 [约束条件] [FIRST | AFTER 字段名];
```

为user_tmp1表添加一个字段col1，同时添加非空约束，执行命令如下：

动手写16.5.16

```
mysql> alter table user_tmp1 add column col1 int not null;
Query OK, 0 rows affected (0.72 sec)
Records: 0  Duplicates: 0  Warnings: 0
```

为user_tmp1表在第一列添加一个字段col2，执行命令如下：

动手写16.5.17

```
mysql> alter table user_tmp1 add column col2 int first;
Query OK, 0 rows affected (0.61 sec)
Records: 0  Duplicates: 0  Warnings: 0
```

为user_tmp1表在第一列col2后添加一个字段col3，执行命令如下：

动手写16.5.18

```
mysql> alter table user_tmp1 add column col3 int after col2;
Query OK, 0 rows affected (0.55 sec)
Records: 0  Duplicates: 0  Warnings: 0
```

5. 为表删除字段

删除表字段的语法如下：

```
ALTER TABLE 表名 DROP 列名;
```

将user_tmp1表的字段col3列删除，执行命令如下：

动手写16.5.19

```
mysql> alter table user_tmp1 drop column col3;
Query OK, 0 rows affected (0.61 sec)
Records: 0  Duplicates: 0  Warnings: 0
```

6. 调整表字段的位置

修改表字段位置的语法如下：

```
ALTER TABLE 表名 MODIFY 列名 数据类型 FIRST | AFTER 字段名;
```

调整表user_tmp1，将id列调整为第一列，执行命令如下：

动手写16.5.20

```
mysql> alter table user_tmp1 modify id int first;
Query OK, 0 rows affected (0.62 sec)
Records: 0  Duplicates: 0  Warnings: 0
```

调整表user_tmp1，将col2列调整到col1后面，执行命令如下：

动手写16.5.21

```
mysql> alter table user_tmp1 modify col2 int after col1;
Query OK, 0 rows affected (0.70 sec)
Records: 0  Duplicates: 0  Warnings: 0
```

7. 调整表的引擎

修改表存储引擎的语法如下：

```
ALTER TABLE 表名 ENGINE=新引擎名;
```

可以通过命令“show engines”查看当前数据库支持哪些引擎。

8. 删除表的外键约束

删除表的外键约束的语法如下：

```
ALTER TABLE 表名 DROP FOREIGN KEY 外键约束名;
```

将people表的外键删除，执行命令如下：

动手写16.5.22

```
mysql> alter table people drop foreign key p_c_id;
Query OK, 0 rows affected (0.21 sec)
Records: 0  Duplicates: 0  Warnings: 0
```

16.5.4 删除数据表

删除表的语法如下，其中关键字TABLE可以替换为TABLES：

```
DROP TABLE [IF EXISTS] 表1, 表2, ... 表n;
```

使用DROP TABLE删除多张表，执行命令如下：

动手写16.5.23

```
mysql> drop table user_tmp4, user_tmp5, user_tmp6;
Query OK, 0 rows affected (0.59 sec)
```

16.6 数据库语句

16.6.1 新增数据

MySQL表中使用INSERT INTO SQL语句来插入数据。

数据表插入数据通用的INSERT INTO SQL语法如下：

```
INSERT INTO table_name ( field1, field2,...fieldN )
                                                                   VALUES
             ( value1, value2,...valueN );
```

如果数据是字符型，必须使用单引号或者双引号，如："value"。

动手写16.6.1

```
mysql> create table user(id int primary key auto_increment, name varchar(100), age int, phone_num
varchar(20));
Query OK, 0 rows affected (0.55 sec)

mysql> insert into user (name, age, phone_num) values('xiaoli', 21, 15236547896), ('qiansan', 18,
15212345678), ("zhangsan", 30, 18210721111);
Query OK, 3 rows affected (0.30 sec)
Records: 3  Duplicates: 0  Warnings: 0
```

16.6.2 查询数据

在MySQL数据库中使用SQL SELECT语句来查询数据。

在数据库中，查询数据通用的SELECT语法如下：

```
SELECT column_name,column_name
FROM table_name
[WHERE Clause]
[LIMIT N][ OFFSET M]
```

查看user表的数据，示例如下：

动手写16.6.2

```
mysql> select * from user;
+----+----------+------+--------------+
| id   | name        | age     | phone_num       |
+----+----------+------+--------------+
```

```
| 1    | xiaoli     | 21     | 15236547896    |
| 2    | qiansan    | 18     | 15212345678    |
| 3    | zhangsan   | 30     | 18210721111    |
+----+----------+------+-------------+
3 rows in set (0.01 sec)
```

查询年龄大于20的用户，示例如下：

动手写16.6.3

```
mysql> select name, age from user where age>20;
+----------+------+
| name      | age   |
+----------+------+
| xiaoli    |  21   |
| zhangsan  |  30   |
+----------+------+
2 rows in set (0.06 sec)
```

16.6.3 修改数据

如果我们需要修改或更新MySQL中的数据，我们可以使用SQL UPDATE命令操作。

修改MySQL数据表数据的SQL语法如下：

```
UPDATE table_name SET field1=new-value1, field2=new-value2
[WHERE Clause]
```

将用户id为1的年龄更新为22，执行命令如下：

动手写16.6.4

```
mysql> update user set age=22 where id=1;
Query OK, 1 row affected (0.09 sec)
Rows matched: 1  Changed: 1  Warnings: 0
```

16.6.4 删除数据

我们可以使用SQL的DELETE FROM命令来删除MySQL数据表中的记录。

删除数据的语法如下：

```
DELETE FROM table_name [WHERE Clause]
```

删除年龄在25岁以上的用户，执行命令如下：

动手写16.6.5

```
mysql> delete from user where age >25;
Query OK, 1 row affected (0.04 sec)
```

16.6.5 replace操作

replace操作的作用是：如果数据库中存在相同的主键数据，则相当于修改操作；如果数据库中不存在相同的主键数据，则相当于插入操作。

replace的语法如下：

```
REPLACE [INTO] tbl_name [(col_name,...)]
{VALUES | VALUE} ({expr | DEFAULT},...),(...),...
```

首先查看当前user表里有两条数据，然后执行replace语句，最后再次执行数据查询语句，可以看到：因为id为1的用户存在，所以变为修改操作，将用户1的年龄修改为21；用户2的信息与replace语句内容一样，则不修改；用户3不存在，则相当于插入操作。

动手写16.6.6

```
mysql> select * from user;
+----+----------+------+-------------+
| id | name     | age  | phone_num   |
+----+----------+------+-------------+
| 1  | xiaoli   |  22  | 15236547896 |
| 2  | qiansan  |  18  | 15212345678 |
+----+----------+------+-------------+
2 rows in set (0.01 sec)

mysql> replace into user (id, name, age, phone_num) values(1, 'xiaoli', 21, 15236547896), (2, 'qiansan',
18, 15212345678), (3, "zhangsan", 30, 18210721111);
Query OK, 4 rows affected (0.04 sec)
Records: 3  Duplicates: 1  Warnings: 0

mysql> select * from user;
+----+----------+------+-------------+
| id | name     | age  | phone_num   |
+----+----------+------+-------------+
| 1  | xiaoli   |  21  | 15236547896 |
| 2  | qiansan  |  18  | 15212345678 |
```

```
| 3    | zhangsan    | 30    | 18210721111    |
+----+----------+------+-------------+
3 rows in set (0.01 sec)
```

16.7 数据表字符集

字符集是一套符号和编码。校验规则（collation）是在字符集内用于比较字符的一套规则，即字符集的排序规则。MySQL可以使用各种字符集和校验规则来组织字符。

MySQL服务器可以支持多种字符集，在同一台服务器、同一个数据库，甚至同一个表的不同字段都可以指定使用不同的字符集。Oracle等其他数据库管理系统在同一个数据库中只能使用相同的字符集，相较之下，MySQL明显具有更好的灵活性。

每种字符集可能会有多种校验规则，也都会有一个默认的校验规则，并且每个校验规则只是针对某个字符集，和其他字符集没有关系。

在MySQL中，字符集的概念和编码方案被看作是同义词，一个字符集是一个转换表和一个编码方案的组合。

16.7.1 查看字符集

1. 查看MySQL服务器支持的字符集

动手写16.7.1

```
mysql> show character set;
+----------+---------------------------+---------------------+---------+
| Charset  | Description               | Default collation   | Maxlen  |
+----------+---------------------------+---------------------+---------+
| big5     | Big5 Traditional Chinese  | big5_chinese_ci     |   2     |
| dec8     | DEC West European         | dec8_swedish_ci     |   1     |
| cp850    | DOS West European         | cp850_general_ci    |   1     |
| hp8      | HP West European          | hp8_english_ci      |   1     |
| koi8r    | KOI8-R Relcom Russian     | koi8r_general_ci    |   1     |
| latin1   | cp1252 West European      | latin1_swedish_ci   |   1     |
...
```

2. 查看字符集的校验规则

动手写16.7.2

```
mysql> show collation;
+----------------------------+----------+-----+---------+----------+---------+
| Collation                  | Charset  | Id  | Default | Compiled | Sortlen |
+----------------------------+----------+-----+---------+----------+---------+
| big5_chinese_ci            | big5     |  1  | Yes     | Yes      |    1    |
| big5_bin                   | big5     | 84  |         | Yes      |    1    |
| dec8_swedish_ci            | dec8     |  3  | Yes     | Yes      |    1    |
| dec8_bin                   | dec8     | 69  |         | Yes      |    1    |
...
```

3. 查看当前数据库的字符集

动手写16.7.3

```
mysql> show variables like 'character%'\G
*************************** 1. row ***************************
Variable_name: character_set_client
        Value: utf8
*************************** 2. row ***************************
Variable_name: character_set_connection
        Value: utf8
*************************** 3. row ***************************
Variable_name: character_set_database
        Value: latin1
*************************** 4. row ***************************
Variable_name: character_set_filesystem
        Value: binary
*************************** 5. row ***************************
Variable_name: character_set_results
        Value: utf8
*************************** 6. row ***************************
Variable_name: character_set_server
        Value: latin1
*************************** 7. row ***************************
```

```
Variable_name: character_set_system
        Value: utf8
*************************** 8. row ***************************
Variable_name: character_sets_dir
        Value: /home/lyxt/mysql-5.7.21-linux-glibc2.12-x86_64/share/charsets/
8 rows in set (0.00 sec)
```

◇ character_set_client：客户端请求数据的字符集。

◇ character_set_connection：客户机/服务器连接的字符集。

◇ character_set_database：默认数据库的字符集，无论默认数据库如何改变，都是这个字符集；如果没有默认数据库，那就使用character_set_server指定的字符集，这个变量建议由系统自己管理，不要人为定义。

◇ character_set_filesystem：把os上的文件名转换成此字符集，即把character_set_client转换成character_set_filesystem，默认binary是不做任何转换的。

◇ character_set_results：结果集，返回给客户端的字符集。

◇ character_set_server：数据库服务器的默认字符集。

◇ character_set_system：系统字符集，这个值总是UTF-8，不需要设置。这个字符集用于数据库对象（如表和列）的名字，也用于存储在目录表中的函数的名字。

4. 查看当前数据库的校验规则

动手写16.7.4

```
mysql>  show variables like 'collation%'\G
*************************** 1. row ***************************
Variable_name: collation_connection
        Value: utf8_general_ci
*************************** 2. row ***************************
Variable_name: collation_database
        Value: latin1_swedish_ci
*************************** 3. row ***************************
Variable_name: collation_server
        Value: latin1_swedish_ci
3 rows in set (0.00 sec)
```

◇ collation_connection：当前连接的字符集。

◇ collation_database：当前日期的默认校验。每次用USE语句来“跳转”到另一个数据库的时候，这个变量的值就会改变。如果没有当前数据库，这个变量的值就是collation_server变量的值。

◇ collation_server：服务器的默认校验。

16.7.2　设置字符集

1. 为数据库指定字符集

创建的每个数据库都有一个默认字符集，如果没有指定，就用latin1。

动手写16.7.5

```
create database lyxtcharset=utf8;
```

2. 为数据库指定校验规则

动手写16.7.6

```
create database lyxt default charset utf8 collate utf8_romanian_ci;
```

3. 为表分配字符集

动手写16.7.7

```
create table table_charset(
    c1 varchar(10),
    c2 varchar(10)
)engine=innodb default charset=utf8;
```

4. 为表指定校验规则

动手写16.7.8

```
create table table_collate(
    c1 varchar(10),
    c2 varchar(10)
)engine=innodb default charset utf8 collate utf8_romanian_ci;
```

5. 为列分配字符集

动手写16.7.9

```
create table column_charset(
    c1 char(10) character set utf8 not null,
    c2 char(10) char set utf8,
    c3 varchar(10) charset utf8,
    c4 varchar(10)
) engine=innodb;
```

6. 为列分配校验规则

动手写16.7.10

```
create table column_collate(
    c1 varchar(10) charset utf8 collate utf8_romanian_ci not null,
    c2 varchar(10) charset utf8 collate utf8_spanish_ci
)engine=innodb;
```

16.7.3 处理乱码

1．首先要明确你的客户端适合何种编码格式，这是最重要的（IE6一般用UTF-8，命令行一般是GBK，一般程序是GB2312）。

2．确保你的数据库使用UTF-8格式，很简单，所有编码通吃。

3．一定要保证connection字符集大于等于client字符集，不然信息就会丢失。例如：LATIN1<GB2312<GBK<UTF-8，若设置set character_set_client = gb2312，那么connection的字符集至少要大于等于gb2312，否则就会丢失信息。

4．以上三步都正确的话，那么所有中文都将被正确地转换成UTF-8格式存储进数据库。为了适应不同的浏览器和客户端，你可以修改character_set_results来以不同的编码显示中文字体。由于UTF-8是大方向，因此笔者还是倾向于在Web应用中使用UTF-8格式显示中文。

16.8 数据库索引

16.8.1 索引介绍

MySQL索引的建立是提升MySQL运行效率非常重要的手段，可以大大提高MySQL的检索速度。

创建索引时，你需要确保该索引应用的是SQL查询语句的条件（一般作为WHERE子句的条件）。

索引分单列索引和组合索引。单列索引，即一个索引只包含单个列；一个表可以有多个单列索引，但这不是组合索引。组合索引，即一个索引包含多个列。

实际上，索引也是一张表，该表保存了主键与索引字段，并指向实体表的记录。

上面都在说使用索引的好处，但过多地使用索引将会造成滥用。索引也有缺点，它在大大提高了查询速度的同时，也会降低表的更新速度。例如在对表进行INSERT、UPDATE和DELETE操作的时候，因为更新表时MySQL不仅要保存数据，还要保存一系列索引文件，所以更新速度会变慢。另外，建立索引还会占用磁盘空间的索引文件。

16.8.2 唯一索引

唯一索引与普通索引类似，不同的是唯一索引的列值必须唯一，但允许有空值。如果是组合索引，则列值的组合必须唯一。它有以下几种创建方式：

1. 直接创建索引

```
CREATE UNIQUE INDEX indexName ON mytable(username(length))
```

2. 通过修改表结构增加索引

```
ALTER table mytable ADD UNIQUE [indexName] (username(length))
```

3. 创建表的时候直接指定

动手写16.8.1

```
CREATE TABLE mytable(
        ID INT NOT NULL,
  username VARCHAR(16) NOT NULL,
  UNIQUE [indexName] (username(length))
);
```

16.8.3 普通索引

普通索引是最基本的索引，它没有任何限制。其创建语法如下：

```
CREATE INDEX indexName ON mytable(username(length));
```

如果是CHAR和VARCHAR类型，length可以小于字段的实际长度；如果是BLOB和TEXT类型，必须指定length。

普通索引有以下几种创建方式：

1. 修改表结构（添加索引）

动手写16.8.2

```
ALTER table tableName ADD INDEX indexName(columnName)
```

2. 创建表的时候直接指定

动手写16.8.3

```
CREATE TABLE mytable(
        ID INT NOT NULL,
  username VARCHAR(16) NOT NULL,
  INDEX [indexName] (username(length))
);
```

删除索引的语法如下：

```
DROP INDEX [indexName] ON mytable;
```

16.9 小结

本章主要介绍了MySQL数据库软件，并对MySQL数据库的基本操作方法进行了详细讲解，其中包括：创建库、选择库、查看库、删除库等常用的库操作；对数据表的增删改查操作；数据库中的索引的概念和常见使用场景。

16.10 知识拓展

16.10.1 MySQL关键字和保留字

MySQL的关键字可参见官网https://dev.mysql.com/doc/refman/5.7/en/keywords.html。

表16.10.1是MySQL的关键字。

表16.10.1 MySQL关键字

ADD	ALL	ALTER
ANALYZE	AND	AS
ASC	ASENSITIVE	BEFORE
BETWEEN	BIGINT	BINARY
BLOB	BOTH	BY
CALL	CASCADE	CASE
CHANGE	CHAR	CHARACTER
CHECK	COLLATE	COLUMN
CONDITION	CONNECTION	CONSTRAINT
CONTINUE	CONVERT	CREATE
CROSS	CURRENT_DATE	CURRENT_TIME
CURRENT_TIMESTAMP	CURRENT_USER	CURSOR
DATABASE	DATABASES	DAY_HOUR
DAY_MICROSECOND	DAY_MINUTE	DAY_SECOND
DEC	DECIMAL	DECLARE

（续上表）

DEFAULT	DELAYED	DELETE
DESC	DESCRIBE	DETERMINISTIC
DISTINCT	DISTINCTROW	DIV
DOUBLE	DROP	DUAL
EACH	ELSE	ELSEIF
ENCLOSED	ESCAPED	EXISTS
EXIT	EXPLAIN	FALSE
FETCH	FLOAT	FLOAT4
FLOAT8	FOR	FORCE
FOREIGN	FROM	FULLTEXT
GOTO	GRANT	GROUP
HAVING	HIGH_PRIORITY	HOUR_MICROSECOND
HOUR_MINUTE	HOUR_SECOND	IF
IGNORE	IN	INDEX
INFILE	INNER	INOUT
INSENSITIVE	INSERT	INT
INT1	INT2	INT3
INT4	INT8	INTEGER
INTERVAL	INTO	IS
ITERATE	JOIN	KEY
KEYS	KILL	LABEL
LEADING	LEAVE	LEFT
LIKE	LIMIT	LINEAR
LINES	LOAD	LOCALTIME
LOCALTIMESTAMP	LOCK	LONG
LONGBLOB	LONGTEXT	LOOP
LOW_PRIORITY	MATCH	MEDIUMBLOB
MEDIUMINT	MEDIUMTEXT	MIDDLEINT
MINUTE_MICROSECOND	MINUTE_SECOND	MOD

（续上表）

MODIFIES	NATURAL	NOT
NO_WRITE_TO_BINLOG	NULL	NUMERIC
ON	OPTIMIZE	OPTION
OPTIONALLY	OR	ORDER
OUT	OUTER	OUTFILE
PRECISION	PRIMARY	PROCEDURE
PURGE	RAID0	RANGE
READ	READS	REAL
REFERENCES	REGEXP	RELEASE
RENAME	REPEAT	REPLACE
REQUIRE	RESTRICT	RETURN
REVOKE	RIGHT	RLIKE
SCHEMA	SCHEMAS	SECOND_MICROSECOND
SELECT	SENSITIVE	SEPARATOR
SET	SHOW	SMALLINT
SPATIAL	SPECIFIC	SQL
SQLEXCEPTION	SQLSTATE	SQLWARNING
SQL_BIG_RESULT	SQL_CALC_FOUND_ROWS	SQL_SMALL_RESULT
SSL	STARTING	STRAIGHT_JOIN
TABLE	TERMINATED	THEN
TINYBLOB	TINYINT	TINYTEXT
TO	TRAILING	TRIGGER
TRUE	UNDO	UNION
UNIQUE	UNLOCK	UNSIGNED
UPDATE	USAGE	USE
USING	UTC_DATE	UTC_TIME
UTC_TIMESTAMP	VALUES	VARBINARY
VARCHAR	VARCHARACTER	VARYING
WHEN	WHERE	WHILE
WITH	WRITE	X509
XOR	YEAR_MONTH	ZEROFILL

第17章 PDO操作MySQL数据库

17.1 PDO介绍

17.1.1 什么是PDO

PDO扩展为PHP访问数据库定义了一个轻量级的、一致性的接口，它提供了一个数据访问抽象层。这样的话，无论使用什么数据库，都可以通过一致的函数执行查询和获取数据。

17.1.2 PDO安装

通过PHP的phpinfo()函数，可以查看当前环境是否安装了PDO扩展。

动手写17.1.1

```
<?php
phpinfo();
```

在输出页面查看PDO相关信息，如图17.1.1所示：

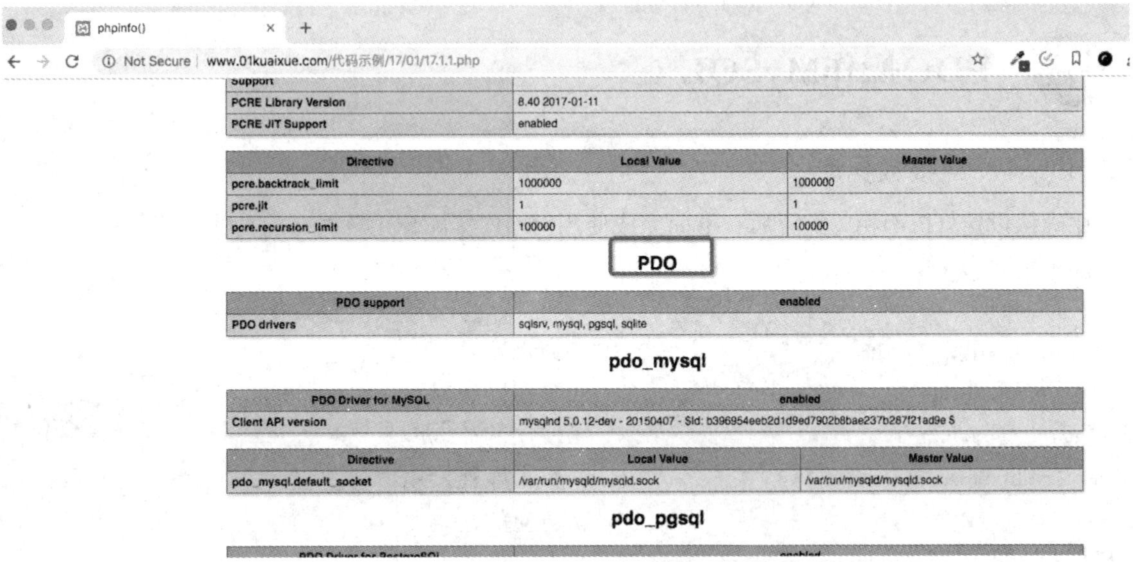

图17.1.1　PHP7.1环境中已经默认开启PDO扩展

在较早期PHP版本中，PDO扩展可能没有默认开启，需要手动安装。

1. 在Unix 系统上安装 PDO

在Unix或Linux系统上，需要添加以下扩展：

```
extension=pdo.so
```

2. Windows系统安装PDO

PDO和所有主要的驱动作为共享扩展，随PHP一起发布，要激活它们只需简单地编辑php.ini文件，并添加以下扩展：

```
extension=php_pdo.dll
```

除php_pdo.dll之外，还有下面对应的各种数据库扩展：

```
;extension=php_pdo_firebird.dll
;extension=php_pdo_informix.dll
;extension=php_pdo_mssql.dll
;extension=php_pdo_mysql.dll
;extension=php_pdo_oci.dll
;extension=php_pdo_oci8.dll
;extension=php_pdo_odbc.dll
;extension=php_pdo_pgsql.dll
;extension=php_pdo_sqlite.dll
```

在设定好这些配置后，重启Web服务器即可生效。

17.2 PDO操作MySQL

17.2.1 PDO连接数据库

在确认设定好PDO相关配置后，下面完成使用PDO连接MySQL数据库的具体实例：

动手写17.2.1

```
$db      = 'mysql';                                  //数据库类型
$host    = 'localhost';                              //数据库主机名
$db_name = 'kuaixue';                                //使用的数据库
$user    = 'homestead';                              //数据库连接用户名
$pass    = 'secret';                                 //对应的密码
$dsn     = "$db:host=$host;dbname=$db_name";
```

```
try {
    $conn = new PDO($dsn, $user, $pass); //初始化一个PDO对象
    echo "MySQL连接成功!<br/>";
    $conn = null;
}
catch(PDOException $e)
{
    die("Error!: " . $e->getMessage() . "<br/>");
}
```

运行结果如图17.2.1所示：

图17.2.1　MySQL连接成功

提示

PDO默认的连接方式不是长连接，如果需要数据库长连接，需要最后加一个预定义常量参数：array(PDO::ATTR_PERSISTENT => true) 。例如：

```
$db = new PDO($dsn, $user, $pass, array(PDO::ATTR_PERSISTENT => true));
```

17.2.2　PDO操作数据库

1. 插入数据

上一节中，介绍了如何通过PDO连接MySQL数据库，下面将介绍向MySQL数据库写入数据的方法。

在数据库“kuaixue”中创建一张表“users”，表中包含“id”“name”“age”等字段，其结构如图17.2.2所示：

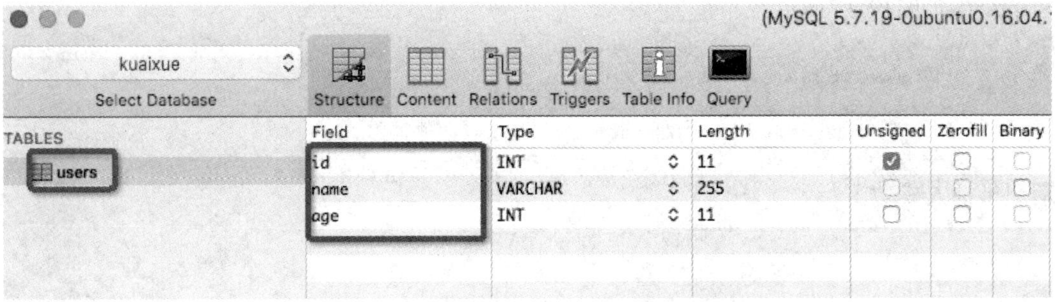

图17.2.2　users表结构信息

动手写17.2.2

```
<?php
$db      = 'mysql';                                    //数据库类型
$host    = 'localhost';                                //数据库主机名
$db_name = 'kuaixue';                                  //使用的数据库
$user    = 'homestead';                                //数据库连接用户名
$pass    = 'secret';                                   //对应的密码
$dsn     = "$db:host=$host;dbname=$db_name";

try {
$conn = new PDO($dsn, $user, $pass, array(PDO::ATTR_PERSISTENT => true));
// 设置 PDO 错误模式，用于抛出异常
   $conn->setAttribute(PDO::ATTR_ERRMODE, PDO::ERRMODE_EXCEPTION);
   //设置utf8编码
   $conn->query('set names utf8;');
   $sql = "INSERT INTO users (id, name, age)
   VALUES (1, 'php小白', 20),(2, 'php老鸟', 40)";
   $conn->exec($sql);
   echo "新记录插入成功！";
}
catch(PDOException $e)
{
   echo $sql . "<br>" . $e->getMessage();
}

$conn = null;
```

运行结果如图17.2.3所示：

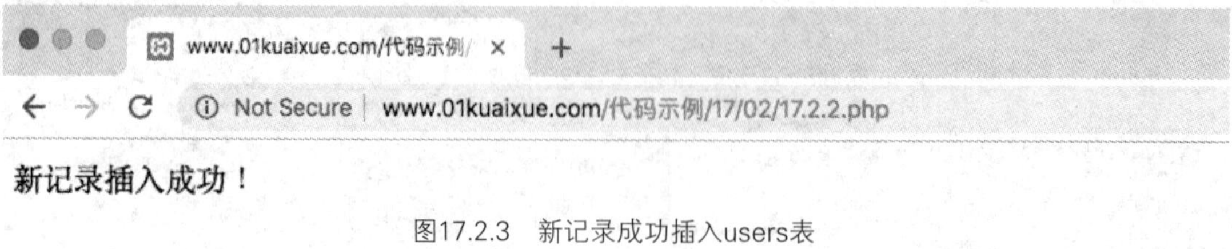

图17.2.3 新记录成功插入users表

打开users表查看数据记录，如图17.2.4所示：

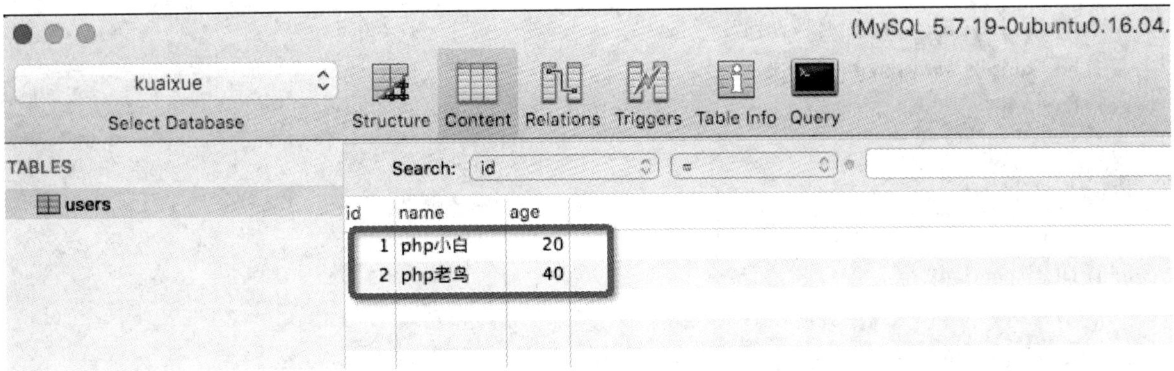

图17.2.4　users表中的数据记录

2. 查询数据

PDO提供了多种与数据库交互的方式，所以查询数据的方式也不止一种，接下来介绍常见的两种查询方式。

（1）query()方式查询数据：

动手写17.2.3

```
<?php
$db      = 'mysql';                                  //数据库类型
$host    = 'localhost';                              //数据库主机名
$db_name = 'kuaixue';                                //使用的数据库
$user    = 'homestead';                              //数据库连接用户名
$pass    = 'secret';                                 //对应的密码
$dsn     = "$db:host=$host;dbname=$db_name";

try
{
  $conn = new PDO($dsn, $user, $pass, array(PDO::ATTR_PERSISTENT => true));
  $conn->setAttribute(PDO::ATTR_ERRMODE, PDO::ERRMODE_EXCEPTION);
  //设置utf8编码
  $conn->query('set names utf8;');
  //从数据库中选择数据，并将结果赋予一个变量，user为数据库表
  $result = $conn->query('select id,name,age from users');
  echo "<table>";
  echo "<tr><th>ID</th><th>姓名</th><th>年龄</th><tr>";
  //将查询出的数据输出
  while ($row = $result->fetch()) {
    echo "<tr>";
```

```
        echo "<td>" . $row['id']."</td>";
        echo "<td>" . $row['name']."</td>";
        echo "<td>" . $row['age'] ."</td>";
        echo "</tr>";
    }
    echo "</table>";
}
catch(PDOException $e)
{
    echo 'PDO Exception Caught';
    echo 'Error with the database:<br />';
    echo 'SQL Query:', $sql;
    echo 'Connection failed:' . $e->getMessage();
}

$conn = null;
```

运行结果如图17.2.5所示：

图17.2.5　成功获取到users表中的记录

（2）prepare()和execute()预处理查询数据：

动手写17.2.4

```
<?php
$db      = 'mysql';                         //数据库类型
$host    = 'localhost';                     //数据库主机名
$db_name = 'kuaixue';                       //使用的数据库
$user    = 'homestead';                     //数据库连接用户名
$pass    = 'secret';                        //对应的密码
$dsn     = "$db:host=$host;dbname=$db_name";

try
```

```
{
  $conn = new PDO($dsn, $user, $pass, array(PDO::ATTR_PERSISTENT => true));
  $conn->setAttribute(PDO::ATTR_EMULATE_PREPARES, false);
  //设置utf8编码
  $conn->query("set names 'utf8'");
  echo "使用预处理方式读取数据。" . '</br>';
  //查询数据sql语句
  $sql = "SELECT * FROM users";
  //从数据库中选择数据，并将结果赋予一个变量
  $result = $conn->prepare($sql);
  //将查询出的数据输出
  if ($result->execute())
  {
    echo "<table>";
    echo "<tr><th>ID</th><th>姓名</th><th>年龄</th><tr>";
    //将查询出的数据输出
    while ($row = $result->fetch()) {
      echo "<tr>";
      echo "<td>" . $row['id'] . "</td>";
      echo "<td>" . $row['name'] . "</td>";
      echo "<td>" . $row['age'] . "</td>";
      echo "</tr>";
    }
    echo "</table>";
  }
}
catch(PDOException $e)
{
  echo 'PDO Exception Caught';
  echo 'Error with the database:<br />';
  echo 'SQL Query:', $sql;
  echo 'Connection failed:' . $e->getMessage();
}

$conn = null;
```

运行结果如图17.2.6所示：

图17.2.6　读取数据结果和query()方式一致

两种读取数据的方式结果一致，query()方式在效率上更好，更有优势；但以直接传入sql语句的方式去读取数据，会存在sql注入风险，使用预处理方式可以规避这一问题。所以，使用prepare()和execute()方式，通常被认为是处理数据库查询的更好的方式。

3. 更新数据

下面做一个使用PDO更新数据的操作实例，将users表中id等于2的记录“age”年龄字段信息更新为30：

动手写17.2.5

```
<?php
$db      = 'mysql';                                    //数据库类型
$host    = 'localhost';                                //数据库主机名
$db_name = 'kuaixue';                                  //使用的数据库
$user    = 'homestead';                                //数据库连接用户名
$pass    = 'secret';                                   //对应的密码
$dsn     = "$db:host=$host;dbname=$db_name";

try {
$conn = new PDO($dsn, $user, $pass, array(PDO::ATTR_PERSISTENT => true));
   // 设置 PDO 错误模式，用于抛出异常
   $conn->setAttribute(PDO::ATTR_ERRMODE, PDO::ERRMODE_EXCEPTION);
   //设置utf8编码
   $conn->query('set names utf8;');
   $sql = " UPDATE users SET age=30 WHERE id = 2";
   $conn->exec($sql);
   echo "数据更新成功！ ";
}
catch(PDOException $e)
{
```

```
    echo 'PDO Exception Caught';
    echo 'Error with the database:<br />';
    echo 'SQL Query:', $sql;
    echo 'Connection failed:' . $e->getMessage();
}

$conn = null;
```

运行结果如图17.2.7所示：

图17.2.7　users表的数据更新

打开数据库工具，users表中id等于2的数据记录已成功更新为30，如图17.2.8所示：

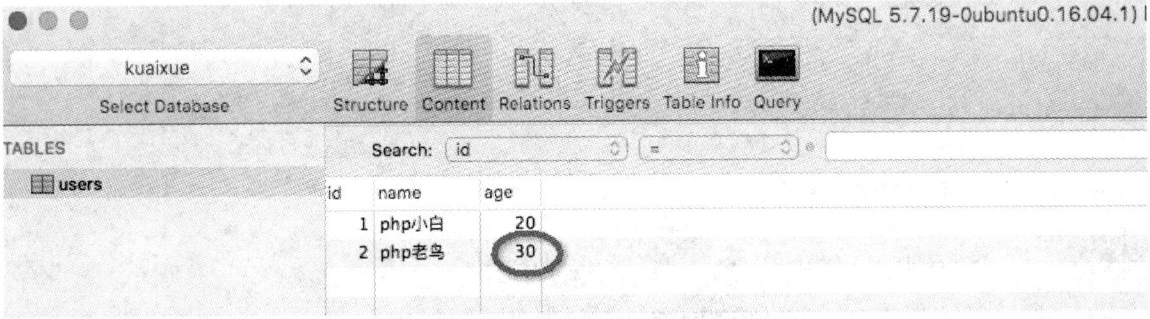

图17.2.8　数据记录已经成功更新

4. 删除数据

下面将users表中id等于2的记录删除：

动手写17.2.6

```
<?php
$db      = 'mysql';                          //数据库类型
$host    = 'localhost';                      //数据库主机名
$db_name = 'kuaixue';                        //使用的数据库
$user    = 'homestead';                      //数据库连接用户名
$pass    = 'secret';                         //对应的密码
$dsn     = "$db:host=$host;dbname=$db_name";
try {
$conn = new PDO($dsn, $user, $pass, array(PDO::ATTR_PERSISTENT => true));
```

```
    // 设置 PDO 错误模式，用于抛出异常
    $conn->setAttribute(PDO::ATTR_ERRMODE, PDO::ERRMODE_EXCEPTION);
    //设置utf8编码
    $conn->query('set names utf8;');
    $sql = "DELETE FROM users WHERE id = 2";
    $conn->exec($sql);
    echo "数据删除成功！ ";
}
catch(PDOException $e)
{
    echo 'PDO Exception Caught';
    echo 'Error with the database:<br />';
    echo 'SQL Query:', $sql;
    echo 'Connection failed:' . $e->getMessage();
}

$conn = null;
```

运行结果如图17.2.9所示：

图17.2.9　users表的数据删除

打开数据库工具，发现users表中id等于2的数据记录已经被成功删除。如图17.2.10所示：

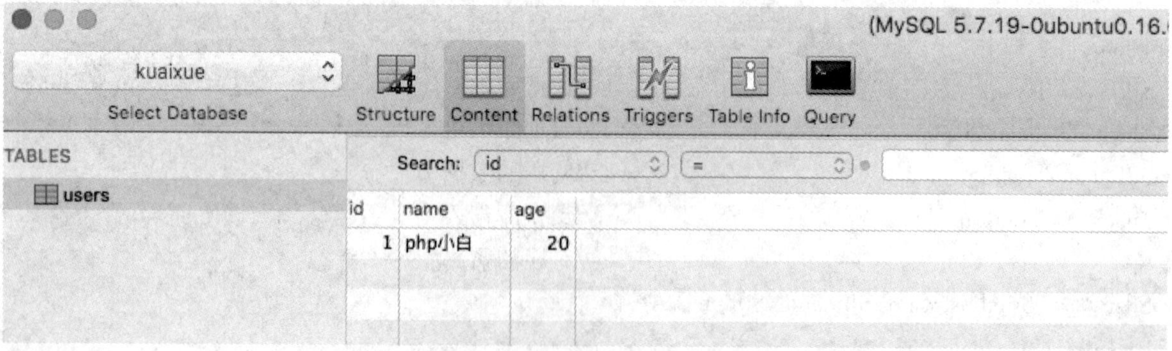

图17.2.10　数据记录被成功删除

17.3 PDO事务和错误处理

17.3.1　事务介绍

在一个事务中执行的任何操作，即使是分阶段执行的，也能保证安全地应用于数据库，并在提交时不会受到来自其他连接的干扰。事务操作也可以根据请求自动撤销（假设还没有提交），这样更便利于处理脚本中的错误。

事务是把一批更改“积蓄”起来，然后使之同时生效，这样可以大大提高这些更改的效率。但并不是每种数据库都支持事务，因此当第一次打开连接时，PDO需要在所谓的“自动提交”模式下运行。自动提交模式意味着：如果数据库支持事务，运行的每个查询都有它自己的隐式事务；如果数据库不支持事务则没有。

如果需要一个事务，则使用PDO::beginTransaction()方法来启动；如果底层驱动不支持事务，则抛出一个PDOException异常。一旦开始了事务，可以使用PDO::commit()或PDO::rollBack()来完成，这取决于事务中的代码是否运行成功。

17.3.2　PDO事务操作

写一个使用PDO事务操作数据库的实例：

动手写 17.3.1

```
<?php
$db      = 'mysql';                                    //数据库类型
$host    = 'localhost';                                //数据库主机名
$db_name = 'kuaixue';                                  //使用的数据库
$user    = 'homestead';                                //数据库连接用户名
$pass    = 'secret';                                   //对应的密码
$dsn     = "$db:host=$host;dbname=$db_name";

try
{
   $conn = new PDO($dsn, $user, $pass, array(PDO::ATTR_PERSISTENT => true));
}
catch(PDOException $e)
{
   die("Unable to connect: " . $e->getMessage());
}
try


{
```

```
    $conn->setAttribute(PDO::ATTR_ERRMODE, PDO::ERRMODE_EXCEPTION);
    //开启事务
    $conn->beginTransaction();
    $sql1 = "INSERT INTO users (name, age) VALUES ('PDO事务测试1', 1)";
    $sql2 = "INSERT INTO users (name, age) VALUES ('PDO事务测试2', 2)";
    $conn->exec($sql1);
    $conn->exec($sql2);
    $conn->commit();
    echo "事务操作成功！";
}
catch (PDOException $e)
{
    //如果出现异常，回滚操作
    $conn->rollBack();
    echo 'PDO Exception Caught';
    echo 'Error with the database:<br />';
    echo 'SQL Query:', $sql;
    echo 'Connection failed:' . $e->getMessage();
}

$conn = null;
```

运行结果如图17.3.1所示：

图17.3.1　事务操作成功

打开数据库users表，查看数据记录，发现users表中已成功插入了两条数据记录。如图17.3.2所示：

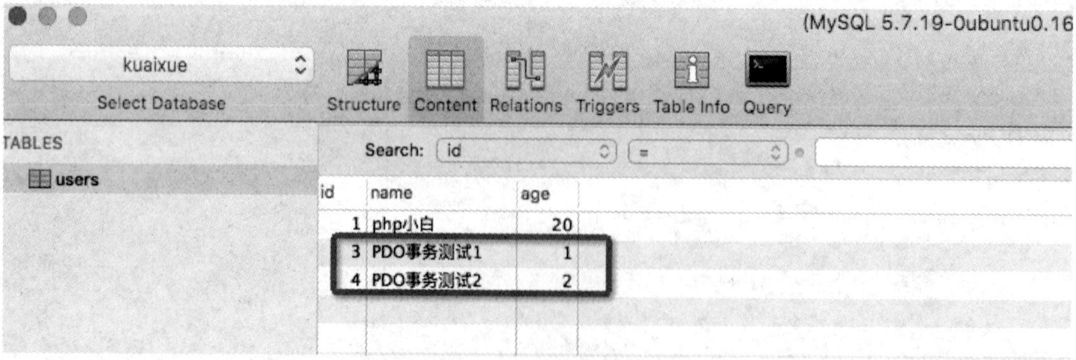

图17.3.2　成功插入两条数据记录

接下来举一个错误的案例，写两个insert插入语句，其中第一条语句正确，第二条语句有误。两条语句中只要有一个出错，事务都将被回滚。

动手写17.3.2

```
<?php
$db      = 'mysql';                                  //数据库类型
$host    = 'localhost';                              //数据库主机名
$db_name = 'kuaixue';                                //使用的数据库
$user    = 'homestead';                              //数据库连接用户名
$pass    = 'secret';                                 //对应的密码
$dsn     = "$db:host=$host;dbname=$db_name";

try
{
    $conn = new PDO($dsn, $user, $pass, array(PDO::ATTR_PERSISTENT => true));
}
catch(PDOException $e)
{
    die("Unable to connect: " . $e->getMessage());
}

try
{
    $conn->setAttribute(PDO::ATTR_ERRMODE, PDO::ERRMODE_EXCEPTION);
    //开启事务
    $conn->beginTransaction();
    $sql1 = "INSERT INTO users (name, age) VALUES ('PDO事务测试', 1)";
    //这里有意将sql语句写错。
    $sql2 = "INSERT INTO users (name, age) VALUES (2)";
    $conn->exec($sql1);
    $conn->exec($sql2);
    $conn->commit();
    echo "事务操作成功！ ";
}
catch (PDOException $e)
{
    //如果出现异常，回滚操作
```

```
    $conn->rollBack();
    echo 'PDO Exception Caught';
    echo 'Error with the database:<br />';
    echo 'Connection failed:' . $e->getMessage();
}

$conn = null;
```

运行结果如图17.3.3所示：

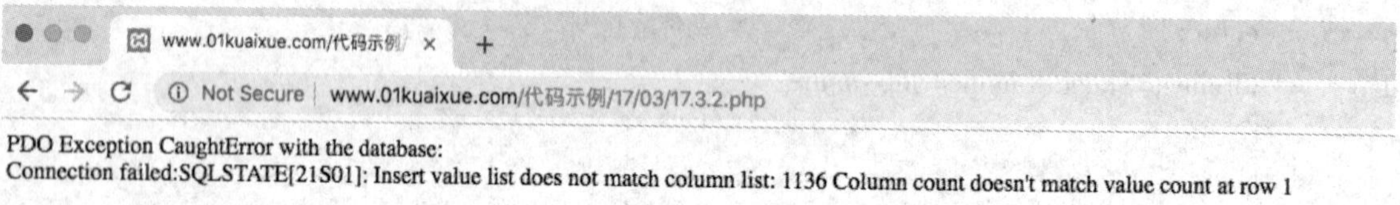

图17.3.3　成功捕获到sql语句不合法，报出异常

打开数据库users表，会发现并没有新的记录插入，这是因为事务中捕获到了异常，执行了回滚操作。如图17.3.4所示：

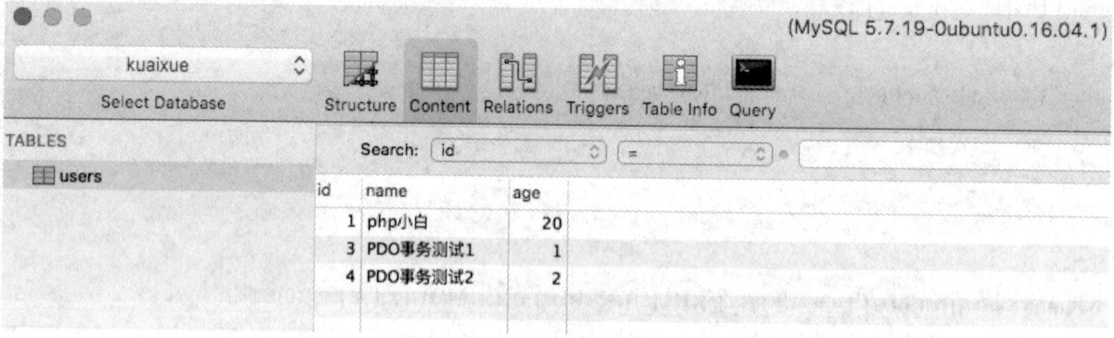

图17.3.4　users表没有发生改动

17.3.3　错误介绍

PDO支持三种错误处理模式：静默模式、警告模式、异常模式。

1. PDO::ERRMODE_SILENT（静默模式）

此模式为默认模式，PDO将只简单地设置错误码，可使用PDO::errorCode()和PDO::errorInfo()方法来检查语句和数据库对象。如果错误是由于对语句对象的调用而产生的，则可以调用那个对象的PDOStatement::errorCode()或PDOStatement::errorInfo()方法。如果错误是由于调用数据库对象而产生的，则可以在数据库对象上调用上述两个方法。

2. PDO::ERRMODE_WARNING（警告模式）

PDO不仅可以设置错误码，还可以发出一条传统的E_WARNING信息。此设置在不希望中断应用程序的流程中进行调试/测试非常有用。

3. PDO::ERRMODE_EXCEPTION（异常模式）

除设置错误码之外，PDO还将抛出一个PDOException异常类并设置它的属性来反射错误码和错误信息。此设置在调试期间也非常有用，因为它会有效地放大脚本中产生错误的点，可以非常快速地指出代码中有问题的潜在区域。

异常模式相比传统PHP风格的警告，能够更清晰地构建自己的错误处理，而且相比于静默模式和显式地检查每种数据库调用的返回值，异常模式更加简洁。

17.3.4　PDO错误处理

PDO设置错误模式的操作非常简单，前面小节的内容中已经有使用过了，通过PDO实例的setAttribute()方法即可设置错误处理模式。

动手写17.3.3

```
<?php
$db      = 'mysql';                                       //数据库类型
$host    = 'localhost';                                   //数据库主机名
$db_name = 'kuaixue';                                     //使用的数据库
$user    = 'homestead';                                   //数据库连接用户名
$pass    = 'secret';                                      //对应的密码
$dsn     = "$db:host=$host;dbname=$db_name";

try {
   $conn = new PDO($dsn, $user, $pass, array(PDO::ATTR_PERSISTENT => true));
   $conn->setAttribute(PDO::ATTR_ERRMODE, PDO::ERRMODE_EXCEPTION);
   echo "设置PDO错误模式为异常模式，用于抛出异常!";
}
catch(PDOException $e)
{
   echo 'Connection failed: ' . $e->getMessage();
}

$conn = null;
```

运行结果如图17.3.5所示：

图17.3.5　setAttribute()方法设置错误模式

提示

不管当前是否设置了PDO::ATTR_ERRMODE，如果连接失败，PDO::__construct()将总是抛出一个PDOException异常，未捕获异常是致命的。

创建PDO实例并在构造函数中设置错误模式：

动手写17.3.4

```
<?php
$db      = 'mysql';                                   //数据库类型
$host    = 'localhost';                               //数据库主机名
$db_name = 'kuaixue';                                 //使用的数据库
$user    = 'homestead';                               //数据库连接用户名
$pass    = 'secret';                                  //对应的密码
$dsn     = "$db:host=$host;dbname=$db_name";
//PDO::__construct 将总是抛出一个PDOException 异常。
try {
    $conn = new PDO($dsn, $user, $password, array(PDO::ATTR_ERRMODE => PDO::ERRMODE_
WARNING));
}
catch(PDOException $e)
{
    echo 'Connection failed: ' . $e->getMessage();
    exit;
}
// 这里将导致 PDO 抛出一个错误，而不是异常（数据表no_exist_table不存在）
$conn->query("SELECT * FROM no_exist_table");
$conn = null;
```

运行结果如图17.3.6所示：

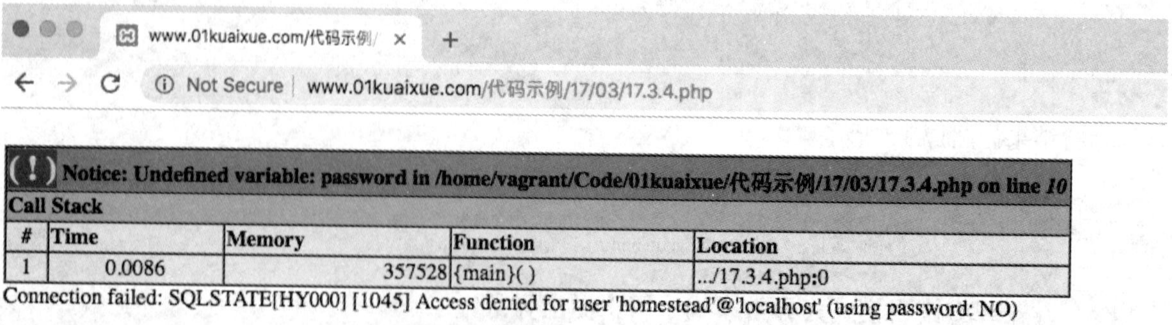

图17.3.6　PDO抛出一个错误，而不是异常

17.4 小结

本章主要介绍PDO的概念和安装方式，讲解了PDO是如何来操作MySQL的，并且介绍了PDO的事务和错误处理机制。

17.5 知识拓展

17.5.1　封装单例模式MySQL操作类

本节内容将封装一个使用单例模式的MySQL操作类。单例模式必要条件：三私一公。

◇ 私有的构造方法：禁止在类外使用new关键字实例化对象。

◇ 私有的成员属性：禁止在类外引入这个存放对象的属性。

◇ 私有的克隆方法：禁止在类外通过clone生成另一个对象。

◇ 公有的静态方法：提供给用户进行实例化对象的操作。

了解以上细节后，开始封装MySQL操作类，首先定义DB接口，实现DB接口的类必须实现select()、insert()、update()、delete()、table()等方法。

动手写17.5.1 _interface.php

```
<?php
interface DB
{
    public function insert($arr);

    public function select($arr);

    public function update($arr);

    public function delete();

    public function table($tableName);

}
```

定义数据库连接配置文件_db_config.php：

动手写17.5.2 _db_config.php

```
<?php
return $config = [
    'dsn'     => 'mysql:host=localhost;dbname=kuaixue',
    'user'    => 'homestead',                         //数据库连接的用户名
    'pass'    => 'secret',                            //数据库连接的用户密码
    'charset' => 'utf8',
];
```

封装MysqlDB类，使用PDO交互MySQL数据库，并采用单例模式：

动手写17.5.3 _mysqldb.class.php

```
<?php
header('content-type:text/html;charset=utf-8');
require './17.5.1_interface.php';

class MysqlDB implements DB
{
    private static $obj; //私有的静态变量储存实例化的类
    public $table;
    public $config;
    public $pdo;
    public $where;

    //私有的克隆方法
    private function __clone(){}
    //私有的不可被继承的构造方法
    final private function __construct()
    {
        $this->config = require './17.5.2_db_config.php';
        $pdo          = new PDO($this->config['dsn'], $this->config['user'], $this->config['pass']);
        $pdo->exec("set names " . $this->config['charset'] . "");
        $this->pdo = $pdo;
        return $this;
    }
    //公有的静态方法，为了让用户进行实例化对象的操作
    public static function getInstance()
```

```
{
    if (!self::$obj instanceof self)
    {
        self::$obj = new self;
    }
    return self::$obj;
}

public function table($tableName)
{
    $tableName    = trim($tableName);
    $this->table = $tableName;
    return $this;
}

public function where($where)
{
    $whereStr = '';
    if (!empty($where) && is_array($where))
    {
        foreach ($where as $k => $val)
        {
            $whereStr .= " AND " . $k . "=" . "'$val'";
        }
        //截取掉第一个AND
        $this->where = substr($whereStr, 5);
    }
    return $this;
}

public function insert($data)

{
    $keyStr = "";
    $valStr = "";
    foreach ($data as $k => $v)
    {
```

```
        $keyStr .= ',' . $k;
        $valStr .= ',' . "'$v'";
    }
    $keyStr = trim($keyStr, ',');
    $valStr = trim($valStr, ',');

    $sql = "INSERT INTO " . $this->table . " ($keyStr) VALUES ($valStr)";
    $res = $this->pdo->exec($sql);
    if ($res)
    {
        return $this->pdo->lastInsertId();
    }
    else
    {
        return $this->pdo->errorInfo();
    }

}

public function select($columns)
{
    $columns = implode(',', array_values($columns));
    //需要加条件判断是否为空，是否需要拼接
    $sql = "select " . $columns . " from `" . $this->table . "` ";
    if ($this->where != '')
    {
        $sql .= " where ".$this->where;
    }
    $res = $this->pdo->query($sql)->fetchAll(PDO::FETCH_ASSOC);
    return $res;

}

//获取所有数据
public function getAll()
{
    $sql = "select * from " . $this->table;
```

```
    $res = $this->pdo->query($sql)->fetchAll(PDO::FETCH_ASSOC);
    return $res;
  }
  //更新数据
  public function update($data)
  {
    if (!$this->where)
    {
      return false;
    }
    $setStr = "";
    foreach ($data as $k => $v)
    {
      $setStr .= $k . '=' . "'$v'" . ',';
    }
    $setStr = trim($setStr, ',');
    $sql   = "update " . $this->table . " set  $setStr where " . $this->where;
    $res   = $this->pdo->exec($sql);
    return $res;
  }
  //删除数据
  public function delete()
  {
    if (!$this->where)
    {
      return false;
    }
    $sql = "delete from $this->table where " . $this->where;
    $res = $this->pdo->exec($sql);
    return $res;
  }
}
```

以上，完成了MysqlDB类的封装。

接下来介绍该类的使用方法：

1. 插入操作

动手写17.5.4 _insert.php

```
<?php
require './17.5.3_mysqldb.class.php';
$mysql = MysqlDB::getInstance();
$data  = array(
    'name' => 'MysqlDB类插入数据',
    'age'  => 1,
);
$res = $mysql->table('users')->insert($data);
print_r($res);
```

运行结果如图17.5.1所示：

图17.5.1　插入数据操作成功，返回新插入记录ID

打开数据库users表，查看数据记录。如图17.5.2所示：

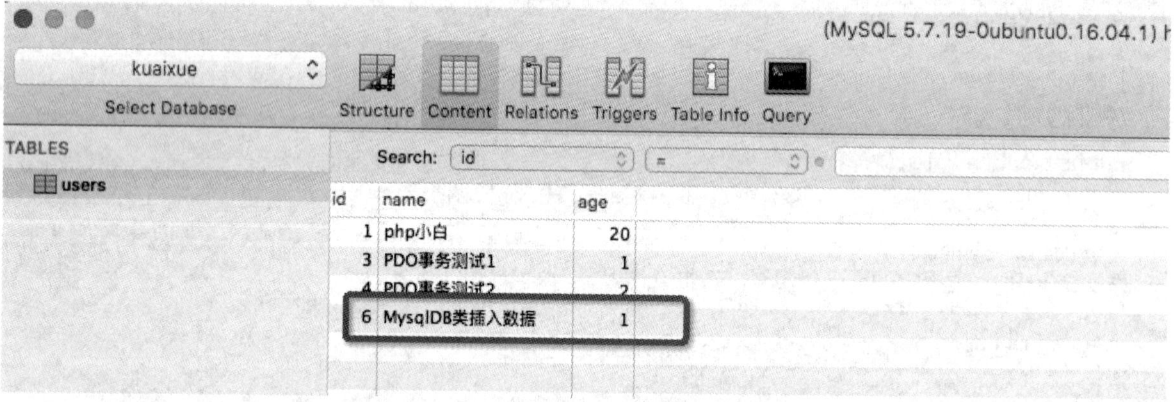

图17.5.2　新插入的数据记录成功存入数据库users表中

2. 查看操作

动手写17.5.5 _select.php

```
<?php
require './17.5.3_mysqldb.class.php';
$mysql = MysqlDB::getInstance();
//查询的方式包括select()和getAll()两种方法，$fields为数组类型，查询字段。
```

```
$fields = ['name', 'age'];
$res   = $mysql->table('users')->where(['id' => 1])->select($fields);
echo '这里是select()方法获取结果:<br/>';
echo '<pre/>';
print_r($res);
echo '************** 分割线 **************<br/>';
$res = $mysql->table('users')->getAll();
echo '这里是getAll()方法获取结果:<br/>';
echo '<pre/>';
print_r($res);
echo '************** 分割线 **************<br/>';
```

运行结果如图17.5.3所示：

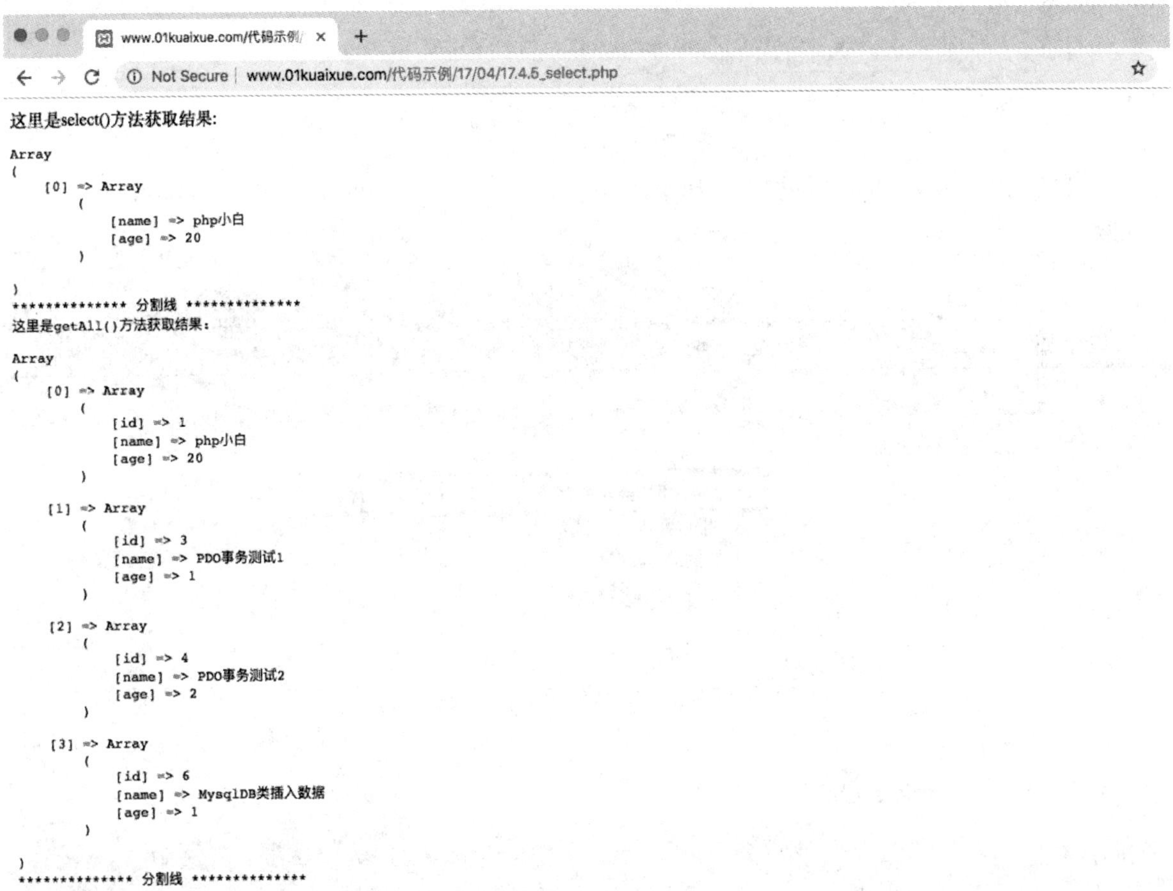

图17.5.3　输出获取数据记录结果

3. 更新操作

动手写17.5.6 _update.php

```
<?php
require './17.5.3_mysqldb.class.php';
$mysql = MysqlDB::getInstance();
$data  = array(
    'name' => 'MysqlDB类更新数据',
    'age'  => '1',
);
$res = $mysql->table('users')->where(['id' => 1])->update($data);
print_r($res);
```

update()更新操作将ID为1的数据记录更新，运行结果如图17.5.4所示：

图17.5.4　数据更新成功

打开数据库，查看users数据记录。如图17.5.5所示：

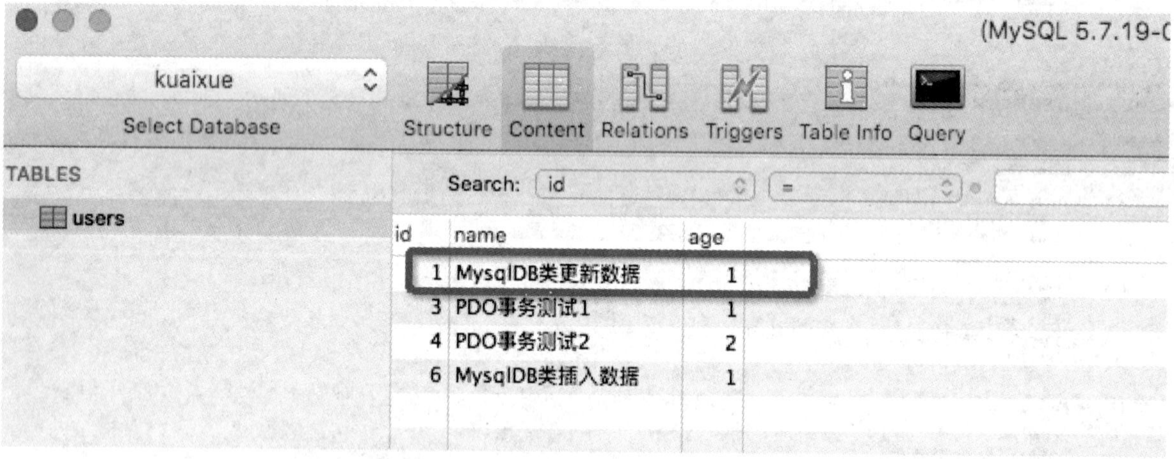

图17.5.5　ID为1的记录更新成功

4. 删除操作

动手写17.5.7 _delete.php

```
<?php
require './17.5.3_mysqldb.class.php';
$mysql = MysqlDB::getInstance();
```

```
$res  = $mysql->table('users')->where(['id' => 1])->delete();
print_r($res);
```

delete()删除操作将ID为1的数据记录删除，运行结果如图17.5.6所示：

图17.5.6　删除数据记录

打开数据库users表，ID为1的记录已经被成功删除。如图17.5.7所示：

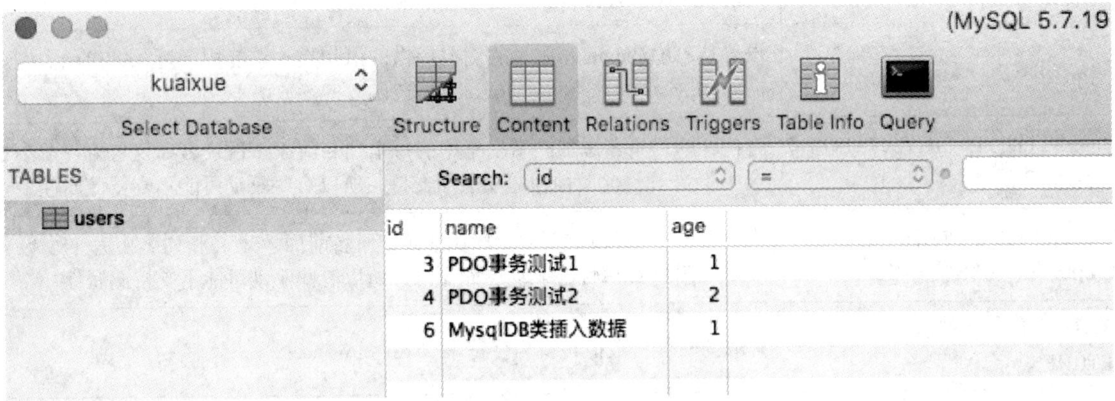

图17.5.7　ID为1的数据已被删除

17.5.2　PDO预定义常量列表

表17.5.1是由PDO扩展定义的常用常量，且仅在PDO扩展编译入PHP或在运行时被动态载入后可用。

表17.5.1　PDO扩展定义的常用常量

常量	说明
PDO::ATTR_AUTOCOMMIT	如果此值为 false，PDO将试图禁用自动提交以便数据库连接开始一个事务
PDO::ATTR_PREFETCH	设置预取大小来为你的应用平衡速度和内存使用，并非所有的数据库/驱动组合都支持设置预取大小，较大的预取大小导致性能提高的同时也会占用更多的内存
PDO::ATTR_TIMEOUT	设置连接数据库的超时秒数
PDO::ATTR_ERRMODE	
PDO::ATTR_SERVER_VERSION	此为只读属性，返回PDO所连接的数据库服务的版本信息
PDO::ATTR_CLIENT_VERSION	此为只读属性，返回PDO驱动所用客户端库的版本信息

（续上表）

常量	说明
PDO::ATTR_SERVER_INFO	此为只读属性，返回一些关于PDO所连接的数据库服务的元信息
PDO::ATTR_CASE	用类似PDO::CASE_*常量强制列名为指定的大小写
PDO::ATTR_CURSOR_NAME	获取或设置使用游标的名称，当使用可滚动游标和定位更新时非常有用
PDO::ATTR_CURSOR	选择游标类型。PDO当前支持PDO::CURSOR_FWDONLY和PDO::CURSOR_SCROLL。一般为PDO::CURSOR_FWDONLY，除非确实需要一个可滚动游标
PDO::ATTR_ORACLE_NULLS	在获取数据时将空字符串转换成SQL中的NULL
PDO::ATTR_PERSISTENT	请求一个持久连接，而非创建一个新连接
PDO::ATTR_STATEMENT_CLASS	设置从PDOStatement派生的用户提供的语句类。不能用于持久的PDO实例。需要array(string 类名, array(mixed 构造函数的参数))
PDO::ATTR_FETCH_CATALOG_NAMES	将包含的目录名添加到结果集中的每个列名前面。目录名和列名由一个小数点“.”分开。此属性在驱动层面支持，所以有些驱动可能不支持此属性
PDO::ATTR_FETCH_TABLE_NAMES	将包含的表名添加到结果集中的每个列名前面。表名和列名由一个小数点“.”分开。此属性在驱动层面支持，所以有些驱动可能不支持此属性
PDO::ATTR_STRINGIFY_FETCHES	提取的时候将数值转换为字符串。 Requires bool
PDO::ATTR_DEFAULT_FETCH_MODE	自PHP 5.2.0起可用
PDO::ATTR_EMULATE_PREPARES	自PHP 5.1.3起可用
PDO::PARAM_BOOL	表示布尔数据类型
PDO::PARAM_NULL	表示SQL中的NULL数据类型
PDO::PARAM_INT	表示SQL中的整型
PDO::PARAM_STR	表示SQL中的CHAR、VARCHAR或其他字符串类型
PDO::PARAM_STMT	表示一个记录集类型。当前尚未被任何驱动支持
PDO::FETCH_ASSOC	指定获取方式，将对应结果集中的每一行作为一个由列名索引的数组返回。如果结果集中包含多个名称相同的列，则PDO::FETCH_ASSOC每个列名只返回一个值
PDO::FETCH_NAMED	指定获取方式，将对应结果集中的每一行作为一个由列名索引的数组返回。如果结果集中包含多个名称相同的列，则PDO::FETCH_ASSOC每个列名返回一个包含值的数组

（续上表）

常量	说明
PDO::FETCH_NUM	指定获取方式，将对应结果集中的每一行作为一个由列号索引的数组返回，从第 0 列开始
PDO::FETCH_BOTH	指定获取方式，将对应结果集中的每一行作为一个由列号和列名索引的数组返回，从第 0 列开始
PDO::FETCH_OBJ	指定获取方式，将结果集中的每一行作为一个属性名对应列名的对象返回
PDO::FETCH_BOUND	指定获取方式，返回true且将结果集中的列值分配给通过PDOStatement::bindParam()或PDOStatement::bindColumn()方法绑定的PHP变量
PDO::FETCH_COLUMN	指定获取方式，从结果集中的下一行返回所需要的那一列
PDO::FETCH_CLASS	指定获取方式，返回一个所请求类的新实例，映射列到类中对应的属性名 注意: 如果所请求的类中不存在该属性，则调用__set()魔术方法
PDO::FETCH_INTO	指定获取方式，更新一个请求类的现有实例，映射列到类中对应的属性名
PDO::FETCH_FUNC	允许在运行中完全用自定义的方式处理数据。（仅在PDOStatement::fetchAll()中有效）
PDO::FETCH_GROUP	根据值分组返回，通常和PDO::FETCH_COLUMN或PDO::FETCH_KEY_PAIR一起使用
PDO::FETCH_UNIQUE	只取唯一值
PDO::FETCH_KEY_PAIR	获取一个有两列的结果集到一个数组，其中第一列为键名，第二列为值。自PHP 5.2.3起可用
PDO::FETCH_CLASSTYPE	根据第一列的值确定类名
PDO::FETCH_SERIALIZE	类似PDO::FETCH_INTO，但是以一个序列化的字符串表示对象。自PHP 5.1.0起可用。从PHP 5.3.0开始，如果设置此标志，则类的构造函数从不会被调用
PDO::FETCH_PROPS_LATE	设置属性前调用构造函数。自PHP 5.2.0起可用
PDO::ERRMODE_SILENT	如果发生错误，则不显示错误或异常。希望开发人员显式地检查错误。此为默认模式
PDO::ERRMODE_WARNING	如果发生错误，则显示一个PHP E_WARNING消息
PDO::ERRMODE_EXCEPTION	如果发生错误，则抛出一个PDOException异常
PDO::CASE_NATURAL	保留数据库驱动返回的列名
PDO::CASE_LOWER	强制列名小写
PDO::CASE_UPPER	强制列名大写
PDO::NULL_NATURAL	不转换

（续上表）

常量	说明
PDO::NULL_EMPTY_STRING	将空字符串转换成NULL
PDO::NULL_TO_STRING	将NULL 转换成空字符串
PDO::FETCH_ORI_NEXT	在结果集中获取下一行，仅对可滚动游标有效
PDO::FETCH_ORI_PRIOR	在结果集中获取上一行，仅对可滚动游标有效
PDO::FETCH_ORI_FIRST	在结果集中获取第一行，仅对可滚动游标有效
PDO::FETCH_ORI_LAST	在结果集中获取最后一行，仅对可滚动游标有效
PDO::FETCH_ORI_ABS	根据行号从结果集中获取需要的行，仅对可滚动游标有效
PDO::FETCH_ORI_REL	根据当前游标位置的相对位置从结果集中获取需要的行。仅对可滚动游标有效
PDO::CURSOR_FWDONLY	创建一个只进游标的PDOStatement对象。此为默认的游标选项，因为此游标最快且是PHP中最常用的数据访问模式
PDO::CURSOR_SCROLL	创建一个可滚动游标的PDOStatement对象。通过PDO::FETCH_ORI_*常量来控制结果集中获取的行
PDO::ERR_NONE	对应SQLSTATE '00000'，表示SQL语句没有错误或警告的成功发出。当用PDO::errorCode()或PDOStatement::errorCode()来确定是否有错误发生时，此常量非常方便。在检查上述方法返回的错误状态代码时，会经常用到
PDO::PARAM_EVT_ALLOC	分配事件
PDO::PARAM_EVT_FREE	解除分配事件
PDO::PARAM_EVT_EXEC_PRE	执行一条预处理语句之前触发事件
PDO::PARAM_EVT_EXEC_POST	执行一条预处理语句之后触发事件
PDO::PARAM_EVT_FETCH_PRE	从一个结果集中取出一条结果之前触发事件
PDO::PARAM_EVT_FETCH_POST	从一个结果集中取出一条结果之后触发事件
PDO::PARAM_EVT_NORMALIZE	在绑定参数注册允许驱动程序正常化变量名时触发事件

第 18 章 Web开发中的加密技术

18.1 加密技术概述与使用

现代互联网中，信息安全与数据保密尤为重要，加密技术就是为了解决信息安全的问题，将重要的数据信息通过一定技术手段转换成乱码数据（加密数据）进行传输，再通过一定的技术手段对乱码数据进行还原（解密数据）。加密技术主要用于加密/解密和签名/验签，在目前互联网、区块链、电子商务等领域被广泛使用。本节将对加密技术进行介绍，尤其是加密算法过程涉及的复杂数学运算，还将重点介绍一些常见的加密算法的实际应用。

18.1.1 加密技术介绍

现代密码学出现之前，历史上就已经存在过很多种加密技术。如公元前7世纪的斯巴达加密棒，16世纪数学家卡尔达诺发明的栅格密码、猪圈密码，以及第二次世界大战中德军广泛使用的恩尼格玛加密机等，这些传统加密技术都是直接作用在传统字母、数字上，很快就被找到了破解方法。

计算机科学在第二次世界大战时发展出了更复杂的密码，它不再受限于书写的文字，而是可以加密任何二进制形式的数据，然而计算机的发展也促使破解工作变得比之前更加容易。

因此，1877年美国国家标准局公布了DES（全称是Data Encryption Standard）加密标准，代表了现代密码学的诞生。从那时开始，密码学中各类的加密算法应运而生，有RSA、SHA、MD5、AES、ECC等各种加密强度不断提高的技术出现。

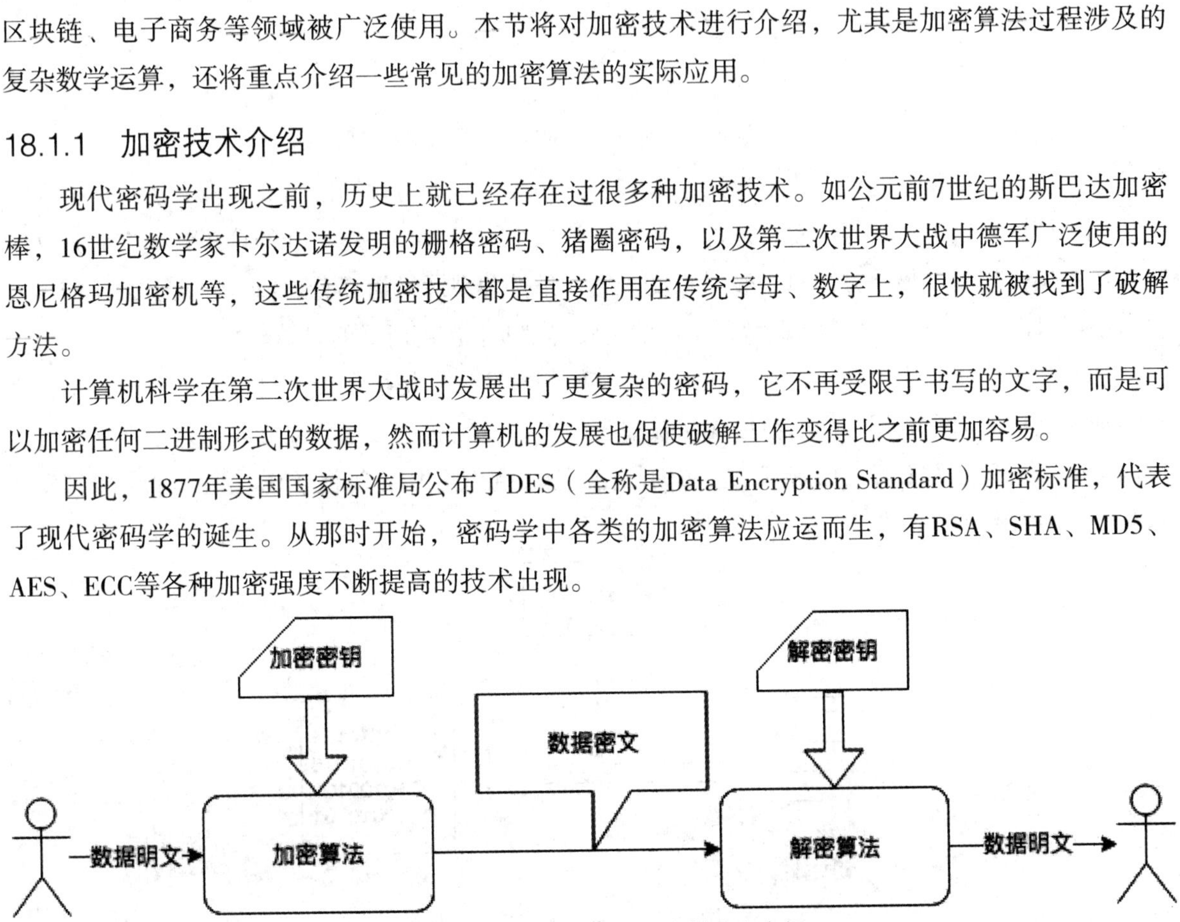

图18.1.1　加密技术中的加密算法和密钥

“加密算法”和“密钥”是加密技术中最重要的两个元素。“加密算法”是用于加密和解密的数学函数（通常是两个关联的函数，一个用于加密，一个用于解密）；“密钥”是加密和解密算法中的一种输入参数，也只有特定的通信方才会知道。一个加密系统的安全性在于密钥的保密性，而不是加密算法的保密性。

在数据传输中会存在三种角色——发送方、接收方和窃听方。窃听方是不被期望能获得传输数据的真实内容的一方。发送方首先对数据进行加密，接收方收到后再进行解密，这样即使其他人窃听了数据也无法解密。另外，如果窃听方想伪造发送数据，也需要对数据提前进行加密和签名。

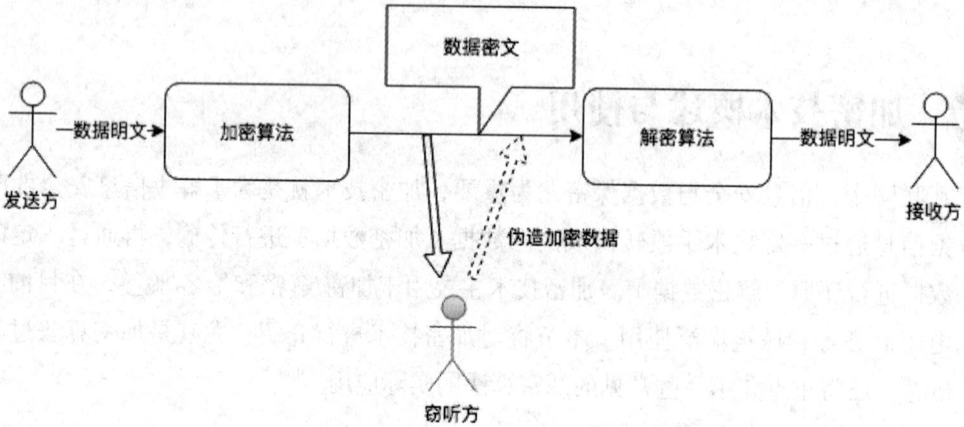

图18.1.2　数据传输过程中的发送方、接收方和窃听方

为了进行加密以及通信，人们发明了很多公开的算法，如对称算法与非对称算法（加密和解密使用不同的密钥进行）等。对于选择加密算法的一个常识就是使用公开的算法，一方面是这些算法经过实践检验，另一方面对于破译难度、破译条件和破译时间都有预估。理论上，任何加密技术都可以通过一定的手段进行破解，不同的是破解难度和破解所需的时间。

加密技术可以分为单向加密和双向加密。单向加密算法，是指在加密过程中不使用密钥，将数据加密处理成加密数据，加密数据无法被解密。因为无法通过加密数据反向得到原来的内容，单向加密算法又称为不可逆加密算法。单向加密算法一般使用哈希算法（Hash值）来生成密文，因此也称为哈希加密算法。

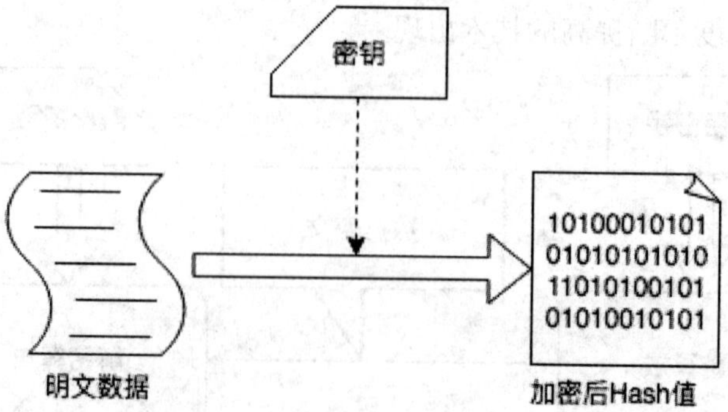

图18.1.3　单向加密技术

单向加密算法一般应用于用户密码验证，用户输入明文密码后，经过加密算法处理，将得到相同加密的密码数据在后台系统中进行认证。

根据密钥类型，双向加密技术可以分为对称加密算法、非对称加密算法和数字签名等，下面将对几种概念进行介绍。

18.1.2　对称加密算法

对称加密算法又称为传统加密算法，是指在数据通信中，发送方和接收方会先协定一个相同的密钥，对数据加密和解密使用相同的密钥的加密算法。常见的对称加密算法有DES、3DES、AES、Blowfish、RC4、RC5、RC6等，目前使用最广泛的对称加密算法为AES。

对称加密算法的优点是算法逻辑公开、计算量小、加密速度快，适合对大量数据或文本进行加密。因为双方都一对一使用同一个密钥，导致对称加密算法的缺点也很明显，如果要和N方进行通信，要保管N组密钥，维护成本较大，而且任何一方丢失密钥就会导致数据被破解。

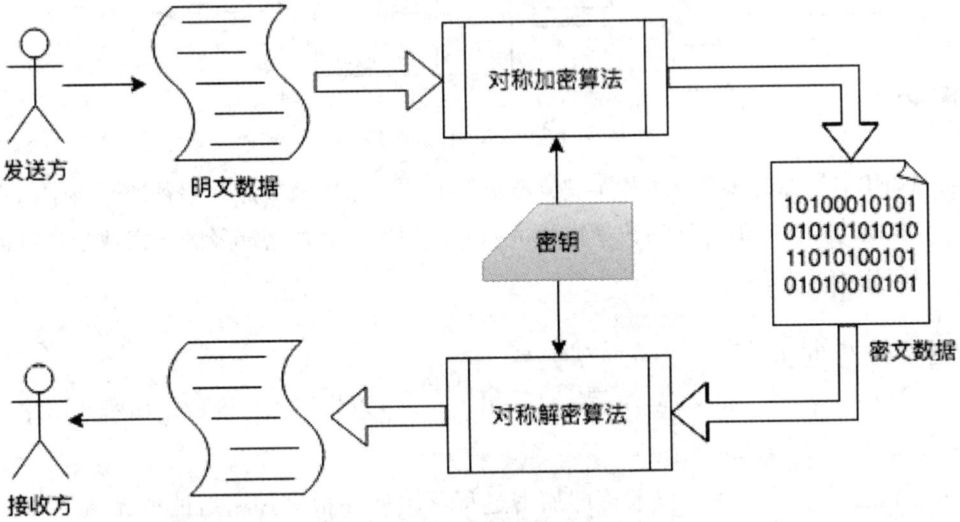

图18.1.4　对称加密算法

18.1.3　非对称加密算法

非对称加密算法也称为公钥加密算法，与对称加密算法不同，非对称算法需要两个密钥——公共密钥和私有密钥（简称公钥和私钥），也称为Public Key和Private Key。公共密钥与私有密钥是成对出现的，如果用公共密钥对一组数据进行加密，只有使用对应的私有密钥才可以对其解密。因为加密和解密使用了不同的密钥，所以被称为非对称加密算法。

非对称加密中，公钥是可以给任何通信方的，只要私钥保管好，就能保证加密的安全。常见的非对称加密算法有RSA、ECC、DSA等。

非对称加密算法的优点是使用不同的密钥加密解密后更加安全，不同的通信方只需要保管一个公钥，维护成本较小。而其缺点是加密和解密速度慢，甚至比对称加密算法速度慢1000倍以上，所以只适用于少量数据的加密。

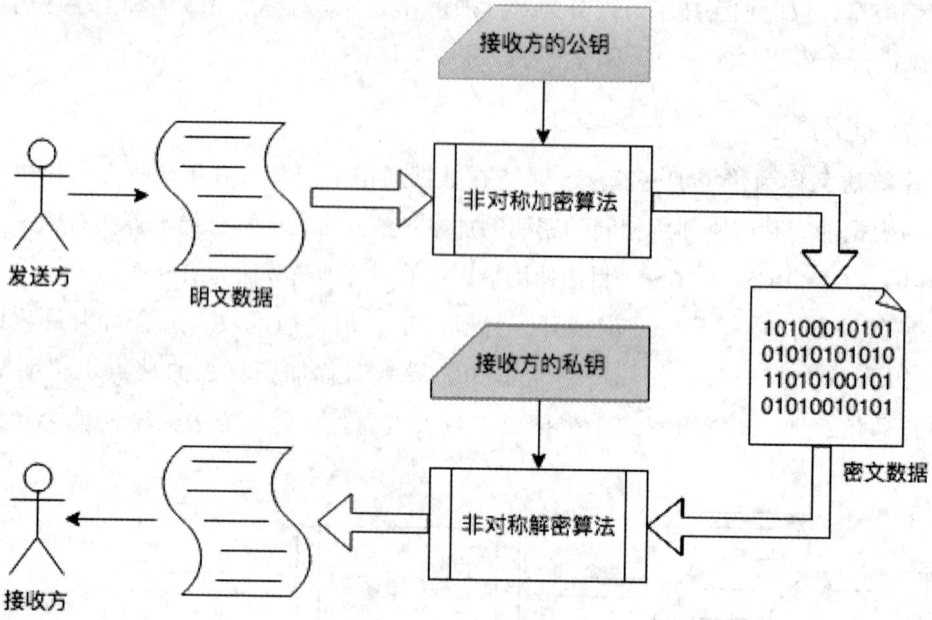

图18.1.5 非对称加密算法

本节将对PHP中常见的加密技术和实现方法进行介绍，其中将重点介绍各加密技术的基本概念和PHP语言中实现的方法，但详细的数学推导过程并无列出，对加密涉及的严密数学计算过程感兴趣的读者可以阅读相关书籍。

18.1.4 使用MD5加密

MD5加密算法，全称为Message-Digest Algorithm 5，可以将任意长度数据加密并压缩成另一固定长度的数据值（一般为128bit的数据）。

MD5加密算法属于单向加密技术，即加密过程不可逆，根据加密后的值无法计算出原始数据，即MD5加密无法被解密。这是因为MD5使用了散列哈希函数，在计算过程中，部分数据信息是丢失的，从原数据计算出MD5值很容易，但是逆向一个MD5值会对应多个原数据，所以伪造数据也是非常困难的。

提示

一般情况下，不同的原始数据通过MD5加密后会得到不同的MD5值，但是在极小概率下，会存在两份不同数据经过加密后得到相同的MD5值的情况，这被称为Hash碰撞。在实际应用中这个概率极小，可以忽略不计。

MD5加密主要作用是将大容量数据在用作数字签名签署私钥前，先被压缩成一个固定长度的加密信息，然后再作为数据传输使用，这样既保证其保密性，也降低了数据传输的成本。

MD5加密算法基本原理为：先将原始数据进行填充，处理为512位的整数倍的数据，然后以每512位为一组进行循环计算，将前一组得到的128bit的MD5值作为下一个分组的输入参数进行计算，循环计算后最终得到的128bit的值即为最终的MD5值。

PHP中有提供MD5加密算法的函数，开发中可以直接使用。

动手写18.1.1

```
<?php
$str    = "零壹快学";
$secret = md5($str);
var_dump($secret);
```

动手写18.1.1中使用MD5对数据“零壹快学”进行加密后得到MD5值，如下图18.1.6所示：

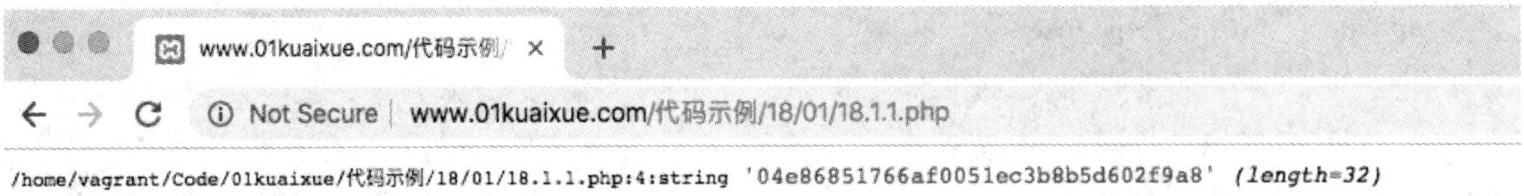

图18.1.6　使用MD5进行数据加密

因为不可逆向解密的特性，MD5被广泛应用于密码验证和数据完整性的验证。一般在使用时，会将新注册用户的密码通过MD5加密后存储到数据库中，当用户登录时，通过验证MD5来检查用户输入密码的正确性。

动手写18.1.2

```
<?php
static $exist_users = [];
//暂不连接数据库，模拟一个用户
$exist_user = [
    'name' => '01快学',
    'pass' => md5('零基础PHP从入门到精通'),
];
register($exist_user, $exist_users);
$error_user = [
    'name' => '01快学',
    'pass' => '这个密码不正确哦',
];
```

```
$success_user = [
    'name' => '01快学',
    'pass' => '零基础PHP从入门到精通',
];
if (login($error_user, $exist_users))
{
        echo '登录成功！';
        echo '<br/>';
}
else
{
        echo '登录失败！';
        echo '<br/>';
}
if (login($success_user, $exist_users))
{
        echo '登录成功！';
        echo '<br/>';
}
else
{
        echo '登录失败！';
        echo '<br/>';
}
function register(array $user, &$exist_users)
{
    $exist_users[] = $user;
}
function login(array $user, &$exist_users)
{

    foreach ($exist_users as $key => $exist_user)
    {
        if ($exist_user['name'] == $user['name'] && checkPassword($user['pass'], $exist_user['pass']))
        {
            return true;
```

```
        }
    }
    return false;
}
function checkPassword($pass, $exist_pass)
{
        return md5($pass) == $exist_pass ? true : false;
}
```

运行结果如图18.1.7所示：

图18.1.7　通过md5()函数验证密码是否正确

虽然MD5具有这些优点，但是MD5加密算法不是绝对安全的。比如用户设置登录密码的场景，如果密码设置得过于简单，破解者可以通过穷举法（即通过大量的数据逐一不断尝试）对MD5加密进行暴力破解；而且目前市面上已经有很多商业化的MD5字典库，其中收集了大量的原始数据，一般不复杂的密码都可以直接在其中找到原文和加密后的MD5值，使破解变得更加容易。

开发者不仅需要考虑MD5值的存储安全性，也需要考虑如何使加密过程更加安全。比如进行最简单的操作，即对MD5数据再次进行MD5加密或其他方法加密，这样即使仍有可能泄露，但对于破解者来说会加大破解难度，延长破解时间。

动手写18.1.3 对MD5数据进行再次加密

```
<?php
//定义一个干扰字符串
const SALT  = 'aejf1kjkg3182g1';
$encry_pass = md5(md5('helloPHP') . SALT);
$user_pass  = 'helloPHP';
if (checkLogin($user_pass, $encry_pass))
{
    echo '密码正确！';
    echo '<br/>';
```

```
}
else
{
    echo '密码错误！';
    echo '<br/>';
}

function checkLogin($user_pass, $encry_pass)
{
    return md5(md5($user_pass) . SALT) == $encry_pass ? true : false;
}
```

运行结果如图18.1.8所示，通过封装的checkLogin()函数来检测一个多次加密处理过的变量字符串“'helloPHP!'”，得到的结果一致，故密码正确。

图18.1.8　验证密码正确

18.1.5　使用SHA1加密

SHA加密算法，全称为Secure Hash Algorithm。与MD5类似，SHA也是使用散列哈希函数进行数据加密的SHA-1，产生一个名为报文摘要的160位的输出，报文摘要可以被输入到一个可生成或验证报文签名的签名算法。对报文摘要进行签名，而不是对报文进行签名，这样可以提高进程效率，因为报文摘要通常比报文要小很多。数字签名的验证者必须像数字签名的创建者一样，使用相同的散列算法。

提示

如需计算文件的SHA-1散列，请使用sha1_file()函数。

语法如下：

```
string sha1(string,raw)
```

功能：如果成功则返回已计算的SHA-1散列，如果失败则返回false。

参数说明：

◇ array：输入数组。

◇ string：必需。规定要计算的字符串。

◇ raw：可选。规定十六进制或二进制输出格式：TRUE – 原始，20字符二进制格式；FALSE–默认，40字符十六进制数。

动手写18.1.4

```
<?php
$str = "01kuaixue";
echo "字符串：" . $str . "<br>";
echo "TRUE – 原始 20 字符二进制格式：" . sha1($str, true) . "<br>";
echo "FALSE – 40 字符十六进制数：" . sha1($str) . "<br>";
```

运行结果如图18.1.9所示：

图18.1.9　使用SHA1加密

18.1.6　使用AES加密

AES加密算法全称为Advanced Encryption Standard，是一种利用区块分组加密的算法。AES算法与DES算法类似，都是将数据原文分成相同长度的小组，每次加密一组数据，直到加密完一整个数据。AES标准规范了分组长度只能是128位，即每个分组为16个字节。AES加密算法使用的密钥长度可以为128位、182位或256位，常见的AES密钥通常为128位，密钥长度越长，破解难度越大，但同时也意味着加密和解密速度变慢。

AES加密算法中的加密过程涉及四种计算步骤，分别为替换字节、行移位、列混排和轮密钥加密，整个加密过程中会不断迭代重复上述四个步骤，而解密过程即上述加密步骤的逆向运算。AES算法内部实现较为复杂，图18.1.10是算法过程简图：

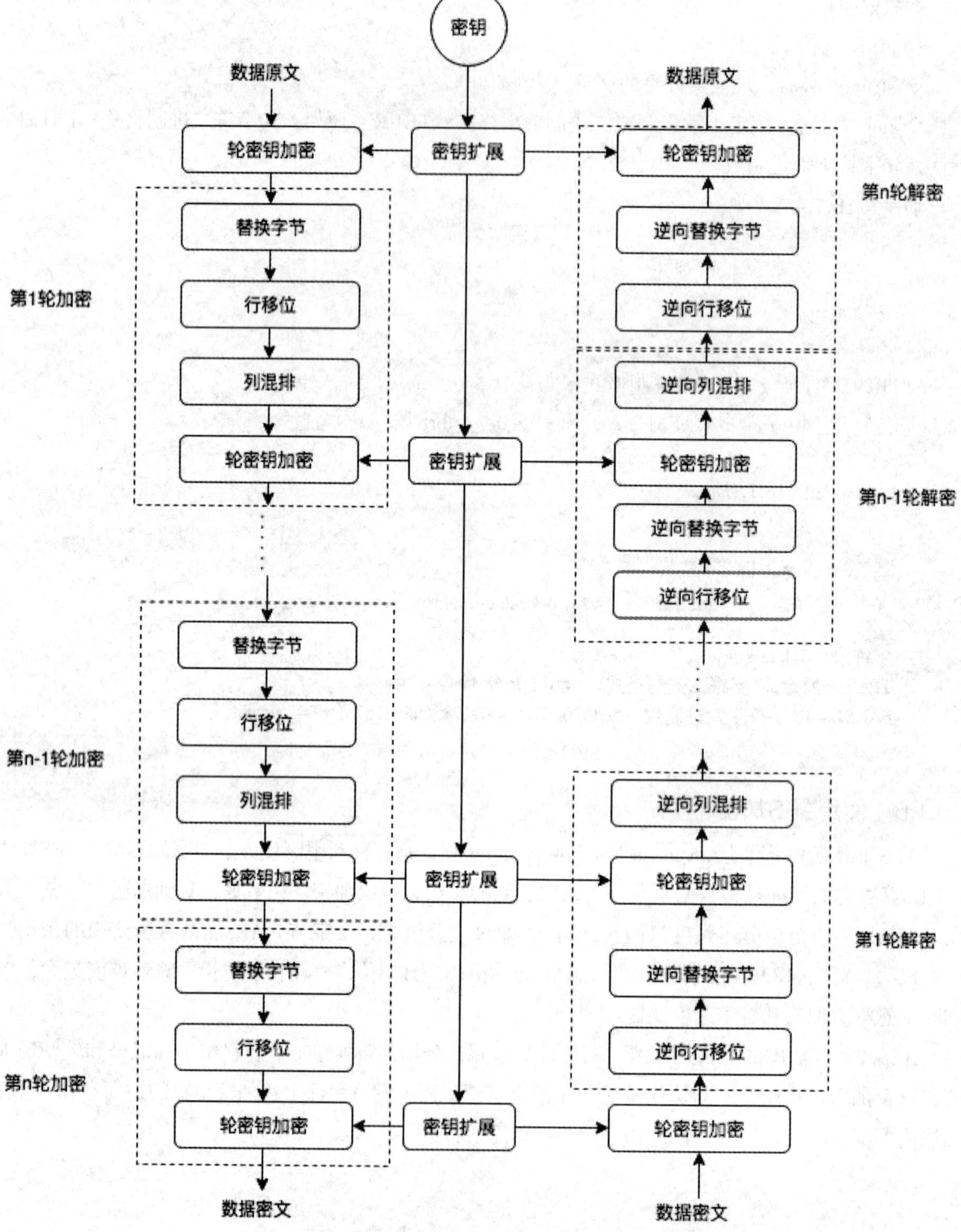

图18.1.10　AES加密和解密算法过程简图

AES加密和解密步骤中有多次轮换使用密钥进行多重加密，由初始密钥经过每次迭代扩展算法计算得出。

动手写18.1.5

```
<?php
class AesSecurity
{
    /**
     * [encrypt aes加密]
     * @param    [type]                 $str [要加密的数据]
     * @param    [type]                 $key   [加密key]
     * @return   [type]                        [加密后的数据]
     */
    public static function encrypt($str, $key)
    {
        $data = openssl_encrypt($str, 'AES-128-ECB', $key, OPENSSL_RAW_DATA);
        $data = base64_encode($data);
        return $data;
    }
    /**
     * [decrypt aes解密]
     * @param    [type]                 $sStr [要解密的数据]
     * @param    [type]                 $sKey [加密key]
     * @return   [type]                        [解密后的数据]
     */
    public static function decrypt($sStr, $sKey)
    {
        $decrypted = openssl_decrypt(base64_decode($sStr), 'AES-128-ECB', $sKey, OPENSSL_RAW_
DATA);
        return $decrypted;
    }
}

$aes = new AesSecurity;
echo  $aes->encrypt('01kuaixue', 'php');
echo '<br/>';
echo  $aes->decrypt('Lh0R57psomoSxK+nzZB3zw==', 'php');
```

运行结果如图18.1.11所示：

图18.1.11　通过类的encrypt()和decrypt()方法实现加密解密

因为AES加密算法的安全性高于DES，因此它成为开发使用的对称加密算法中的主要算法。目前，AES加密算法的破解时间较长，可以认为是安全的，广泛应用于银行金融、交易支付、数据存储等领域。但是，由于计算机性能和运算速度不断地加强，多年后AES算法也可能会像DES算法一样面临被轻易破解的命运。

此外，AES加密算法有多种模式，如CBC模式、ECB模式等，感兴趣的读者可以阅读相关资料进行深度学习。

18.1.7　使用RSA加密

RSA加密算法，是由三个发明者的名字简写构成（分别是Ron Rivest、Adi Shamir和Leonard Adleman），是一种非对称加密算法，它是根据“大质数乘积难以因式分解”的数学原理设计的。使用之前，首先生成一对密钥，分别是公钥和私钥，一个密钥加密的内容可以被另一个密钥解密。

提示

RSA算法并不是第一个非对称加密算法，却是目前非对称加密算法中影响最大且使用场景最普遍的。历史上第一个非对称加密算法为DH算法，但是由于计算过程复杂，加密效率差，在目前实际工作中使用场景较少。

下面，我们用PHP来实现RSA的加密和解密：

动手写18.1.6

```
<?php
class Rsa
{
    public $privateKey;
    public $publicKey;

    public function __construct()
```

```
    {
        $resource = openssl_pkey_new();
        openssl_pkey_export($resource, $this->privateKey);
        $info = openssl_pkey_get_details($resource);
        $this->publicKey = $info['key'];
    }

    public function publicEncrypt($data, $publicKey)
    {
        openssl_public_encrypt($data, $encrypted, $publicKey);
        return $encrypted;
    }

    public function publicDecrypt($data, $publicKey)
    {
        openssl_public_decrypt($data, $decrypted, $publicKey);
        return $decrypted;
    }

    public function privateEncrypt($data, $privateKey)
    {
        openssl_private_encrypt($data, $encrypted, $privateKey);
        return $encrypted;
    }

    public function privateDecrypt($data, $privateKey)
    {
        openssl_private_decrypt($data, $decrypted, $privateKey);
        return $decrypted;

    }
}

$rsa = new Rsa();
echo "公钥：\n", $rsa->publicKey, "\n";
echo "<br />";
echo "私钥：\n", $rsa->privateKey, "\n";
echo "<br />";
// 使用公钥加密
```

```
$str = $rsa->publicEncrypt('零基础PHP', $rsa->publicKey);
$str = base64_encode($str);
echo "公钥加密（base64）：\n", $str, "\n";
echo "<br />";
$str = base64_decode($str);
$pubstr = $rsa->publicDecrypt($str, $rsa->publicKey);
echo "公钥解密：\n", $pubstr, "\n";
echo "<br />";
$privstr = $rsa->privateDecrypt($str, $rsa->privateKey);
echo "私钥解密：\n", $privstr, "\n";
echo "<br />";

// 使用私钥加密
$str = $rsa->privateEncrypt('从入门到精通', $rsa->privateKey);
$str = base64_encode($str);
echo "私钥加密（base64）：\n", $str, "\n";
echo "<br />";
$str = base64_decode($str);
$pubstr = $rsa->publicDecrypt($str, $rsa->publicKey);
echo "公钥解密：\n", $pubstr, "\n";
echo "<br />";
$privstr = $rsa->privateDecrypt($str, $rsa->privateKey);
echo "私钥解密：\n", $privstr, "\n";
echo "<br />";
```

运行结果中可以看到公钥加密后的数据，只有私钥才能完成解密。如图18.1.12所示：

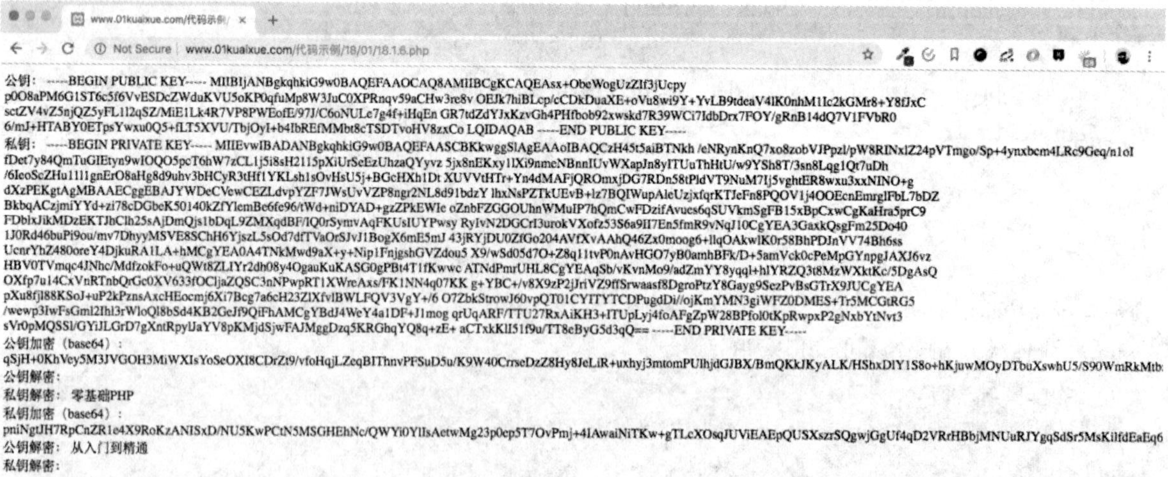

图18.1.12　RSA的加密和解密

18.1.8 使用Bcrypt加密

我们为了避免在服务器受到攻击、数据库被拖库时用户的明文密码遭到泄露，一般会对密码进行单向不可逆加密——哈希。密文越长，在相同机器上，进行撞库消耗的时间越长，相对就越安全。比较常见的哈希方式是“MD5 + 盐”，避免用户设置了简单密码后被轻松破解。

Bcrypt加密方式可以相对轻松地实现加盐加密，而且安全性更好。

语法如下：

```
string password_hash ( string $password , int $algo [, array $options ] )
```

参数说明：

◇ password：用户的密码。

◇ algo：一个用来在散列密码时指示算法的密码算法常量。

◇ options：一个包含有选项的关联数组。目前支持两个salt和cost选项。salt，在散列密码时加的盐（干扰字符串）；cost，用来指明算法递归的层数。这两个值的例子可在crypt()页面找到。省略后，将使用随机盐值与默认cost。

当前支持的算法：

◇ PASSWORD_DEFAULT ：使用Bcrypt算法（PHP 5.5.0 默认)。注意，该常量会随着PHP加入更新更高强度的算法而改变，所以使用此常量生成结果的长度将在未来有变化，因此数据库里储存结果的列可超过60个字符（最好是255个字符）。

◇ PASSWORD_BCRYPT ：使用CRYPT_BLOWFISH算法创建散列，这会产生兼容使用"$2y$"的crypt()，结果将会是60个字符的字符串，或者在失败时返回false。

◇ PASSWORD_ARGON2I：使用Argon2散列算法创建散列。

PASSWORD_BCRYPT 支持的选项：

◇ salt(string)：手动提供散列密码的盐值（salt），这将避免自动生成盐值。省略此值后，password_hash()会为每个密码散列自动生成随机的盐值，这种操作是有意的模式。

提 示

盐值选项从PHP 7.0.0就开始被废弃（deprecated）了，现在最好选择简单的使用默认产生的盐值。

◇ cost(integer)：代表算法使用的cost。省略时，默认值是10，这个cost是个不错的底线，但可以根据自己硬件的情况加大这个值。

PASSWORD_ARGON2I 支持的选项：

◇ memory_cost (integer)：计算Argon2散列时的最大内存（单位：Byte，即字节）。默认值是

PASSWORD_ARGON2_DEFAULT_MEMORY_COST。

◇ time_cost (integer)：计算Argon2散列时最多的时间。默认值是PASSWORD_ARGON2_DEFAULT_TIME_COST。

◇ threads (integer)：计算Argon2散列时最多的线程数。默认值是PASSWORD_ARGON2_DEFAULT_THREADS。

动手写18.1.7

```
<?php
$password = '01kuaixue';
var_dump(password_hash($password, PASSWORD_DEFAULT));
var_dump(password_hash($password, PASSWORD_DEFAULT));
```

运行结果如图18.1.13所示：

图18.1.13　两次password_hash()加密结果不一样

因为每次password_hash()加密的结果都不一样，所以需要使用password_verify()函数进行验证：

动手写18.1.8

```
<?php
$password = '01kuaixue';
$hash     = password_hash($password, PASSWORD_DEFAULT);
var_dump(password_verify($password, $hash));
```

运行结果如图18.1.14所示：

图18.1.14　通过password_verify()验证$password结果为true

使用password_get_info()函数可以获取hash的所有参数相关信息：

动手写18.1.9

```
<?php
$password = '01kuaixue';
```

```
$hash    = password_hash($password, PASSWORD_DEFAULT);
var_dump(password_get_info($hash));
```

运行结果如图18.1.15所示：

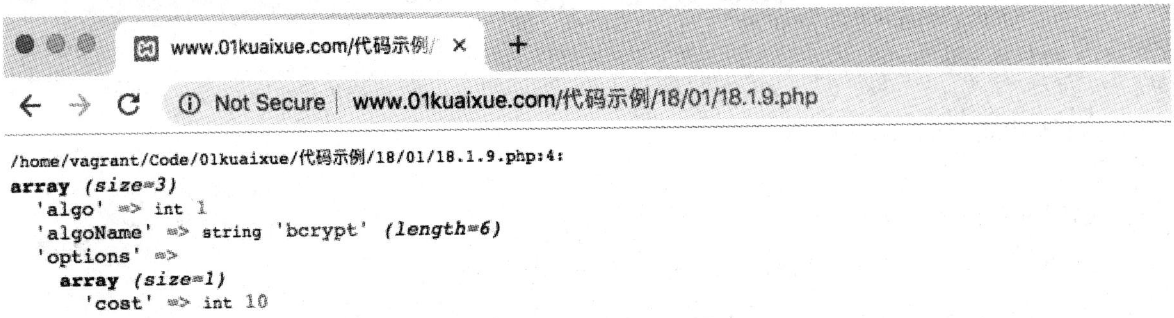

图18.1.15　获取hash的所有参数相关信息

数组参数中，algo为密码算法的常量，algoName为可读的算法名称，options为调用password_hash()时提供的选项。

18.2 加密技术使用场景

18.2.1　密码存储

当今互联网各大网站和APP都需要用户在登录时输入密码，通常后台会对用户注册时输入的密码进行密码存储的保护，这种操作一般是通过对密码进行加密实现的。将用户密码加密后的密文存储在数据库中，在用户登录时对输入的密码进行加密，然后与数据库中存放的密码密文进行对比，来验证用户输入密码是否正确。

考虑一种特殊的场景：如果两个或多个人的密码相同，那么通过相同的密码加密得到的密文就会是相同的结果，如果此时一个密码被破解，那么可以推断为多个人的密码都被同时破解了，这是很危险的。针对这种情况，加密技术中可以使用加盐的方式来防止上述问题的发生。

加盐，是指对用户自定义密码中加入其他成分（如系统当前时间戳或是随意生成的哈希值），用来增加密码的复杂度，把密码原文和加入的“盐”结合后再进行加密，这样可以大概率地避免加密后密文重复的问题。

加密加盐在实际使用时，“盐”也要存在数据库中，用来反复校验用户登录时输入的密码是否正确。

18.2.2　Base64加密

设计这种编码是为了使二进制数据可以通过非纯8-bit的传输层传输，例如电子邮件的主体。Base64-encoded数据要比原始数据多占用33%左右的空间。

1. 加密URL

动手写18.2.1

```
<?php
$url = 'http://php.net/manual/zh/function.base64-encode.php';
echo base64_encode($url);
```

运行结果如图18.2.1所示：

图18.2.1　输出URL地址加密字符串

2. 加密二进制文件

动手写18.2.2

```
<?php
echo base64_encode(file_get_contents('./logo.png'));
echo '<img src="data:image/png;base64,'.base64_encode(file_get_contents('./logo.png')).'" />';
```

运行结果如图18.2.2所示：

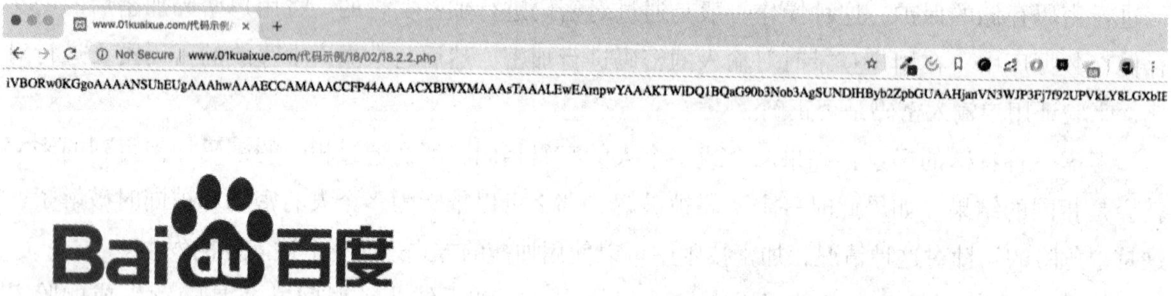

图18.2.2　img标签可以通过声明data:image/png;base64来解码当前文件

18.3 小结

本章主要介绍Web领域的加密技术的概念和常见使用场景，对常用的加密技术如MD5、SHA1、AES、RSA、Bcrypt等加密方式进行了详细介绍，还介绍了密码的存储和base64加密。

18.4 知识拓展

本节内容提供一个经典的PHP加密解密算法实例（注：该加密函数取自开源项目Discuz!论坛）。

动手写 18.4.1

```
<?php
/*
* $string: 明文或密文
* $operation: DECODE表示解密，其他表示加密
* $key: 密匙
* $expiry: 密文有效期
* */
function authcode($string, $operation = 'DECODE', $key = '', $expiry = 0)
{
  // 动态密匙长度，相同的明文会生成不同密文就是依靠动态密匙
  $ckey_length = 4;

  // 密匙
  $key = md5($key ? $key : 'livcmsencryption ');
  // 密匙a会参与加解密
  $keya = md5(substr($key, 0, 16));
  // 密匙b会用来做数据完整性验证
  $keyb = md5(substr($key, 16, 16));
  // 密匙c用于变化生成的密文
  $keyc = $ckey_length ? ($operation == 'DECODE' ? substr($string, 0, $ckey_length):
substr(md5(microtime()), -$ckey_length)) : '';
  // 参与运算的密匙
  $cryptkey = $keya.md5($keya.$keyc);
  $key_length = strlen($cryptkey);
  // 明文，前10位用来保存时间戳，解密时验证数据有效性，10到26位用来保存$keyb(密匙b)，
解密时会通过这个密匙验证数据完整性
  // 如果是解码的话，会从第$ckey_length位开始，因为密文前$ckey_length位保存动态密匙，以
保证解密正确
  $string = $operation == 'DECODE' ? base64_decode(substr($string, $ckey_length)) : sprintf('%010d',
$expiry ? $expiry + time() : 0).substr(md5($string.$keyb), 0, 16).$string;
```

```
$string_length = strlen($string);
$result = '';
$box = range(0, 255);
$rndkey = array();
// 产生密匙簿
for($i = 0; $i <= 255; $i++)
{
    $rndkey[$i] = ord($cryptkey[$i % $key_length]);
}
// 用固定的算法，打乱密匙簿，增加随机性，好像很复杂，实际上对并不会增加密文的强度
for($j = $i = 0; $i < 256; $i++)
{
    $j = ($j + $box[$i] + $rndkey[$i]) % 256;
    $tmp = $box[$i];
    $box[$i] = $box[$j];
    $box[$j] = $tmp;
}
// 核心加解密部分
for($a = $j = $i = 0; $i < $string_length; $i++)
{
    $a = ($a + 1) % 256;
    $j = ($j + $box[$a]) % 256;
    $tmp = $box[$a];
    $box[$a] = $box[$j];
    $box[$j] = $tmp;
    // 从密匙簿得出密匙进行异或，再转成字符
    $result .= chr(ord($string[$i]) ^ ($box[($box[$a] + $box[$j]) % 256]));
}

if($operation == 'DECODE')
{
    // substr($result, 0, 10) == 0 验证数据有效性
    // substr($result, 0, 10) - time() > 0 验证数据有效性
    // substr($result, 10, 16) == substr(md5(substr($result, 26).$keyb), 0, 16) 验证数据完整性
    // 验证数据有效性，请看未加密明文的格式
        if((substr($result, 0, 10) == 0 || substr($result, 0, 10) - time() > 0) && substr($result, 10, 16) ==
substr(md5(substr($result, 26).$keyb), 0, 16))
```

```
    {
      return substr($result, 26);
    }
    else
    {
      return '';
    }
  }
  else
  {
    // 把动态密匙保存在密文里，这也是为什么同样的明文生产不同密文后能解密的原因
    // 因为加密后的密文可能是一些特殊字符，复制过程可能会丢失，所以用base64编码
    return $keyc.str_replace('=', '', base64_encode($result));
  }
}
```

使用上面的加密函数，进行一个加密和解密的测试：

动手写 18.4.2

```
<?php
require './18.4.1.php';
$str = '01kuaixue';
$key = 'php';
$en  = authcode($str, 'ENCODE', $key, 0); //加密
$de  = authcode($en, 'DECODE', $key, 0); //解密
echo $en;
echo '<br/>';
echo $de;
```

运行结果如图18.4.1所示：

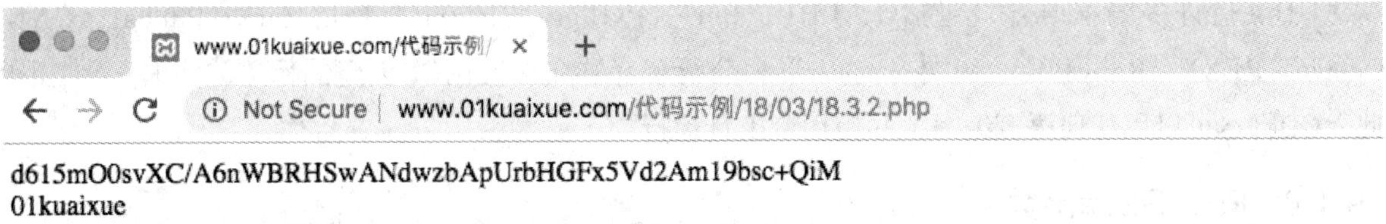

图18.4.1　通过authcode()函数实现对字符串的加密和解密

第19章 图形图像处理技术

PHP应用于Web开发中，除了可以渲染网页和处理各种复杂的Web业务处理，也能进行图像处理和图形生成。PHP的图形图像处理技术的使用非常广泛，被应用在网站登录注册的验证码生成，论坛图片增加水印，上传头像的裁切，图片放大、缩小、旋转等各种场景中。

19.1 PHP GD库

19.1.1 GD库介绍

GD是一个开源的图像处理库，支持处理和生成多种格式的图像，包括PNG，JPEG，GIF以及其他格式的图像。GD库一般被用来创建图表、图形、缩略图以及其他图像相关的处理操作。

GD图形库用于动态处理图像的图形软件库，它是由C编程语言实现，为很多其他编程语言提供调用接口，包括PHP。它可以创建GIF、JPEG、PNG和WBMP。1999年，Unisys撤销了GIF使用的LZW压缩方法授予非商业软件项目的免版税许可，因此GD库对绘制GIF的支持下降。当Unisys专利于2004年7月7日在全球范围内到期时，GIF支持随后重新启用。GD最初代表“GIF Draw”，但是自撤销Unisys许可证以来，它非正式地代表“Graphics Draw”，即图形绘制。

GD可以创建由线条、弧线、文本（使用程序选择的字体）、其他图像和多种颜色组成的图像。2.0版增加了对真彩图像、Alpha通道、重采样（用于平滑调整真彩图像大小）以及许多其他功能的支持。

GD支持许多编程语言，包括C、PHP、Perl、Python、OCaml、Tcl、Lua、Pascal、GNU Octave、REXX、Ruby和Go。此外，“Fly”命令行解释器允许使用GD创建图像（“实时”）。因此，GD脚本可以用任何语言编写，并使用该工具运行。

19.1.2 PHP GD库函数

GD图形库广泛地与PHP一起使用，在Windows版本中需要开启GD库的支持。以PHP 7版本为例，编辑php.ini文件，找到GD库所在行，将选项前的分号删除，保存后重启服务器。

```
;extension=curl
;extension=fileinfo
extension=gd2
;extension=gettext
;extension=gmp
```

PHP官网给出了GD库所支持的格式，如表19.1.1所示：

表19.1.1　PHP GD支持图像格式

格式	支持读取	支持写入	备注
JPEG	TRUE	TRUE	
PNG	TRUE	TRUE	
GIF	TRUE	TRUE	从GD 2.0.28及PHP 5.0.1开始支持
XBM	TRUE	TRUE	
XPM	TRUE	FALSE	
WBMP	TRUE	TRUE	
WebP	TRUE	TRUE	
BMP	TRUE	TRUE	

接下来的章节将会详细讲述PHP GD图形库的使用以及常见的相关函数操作。

19.2 画布

19.2.1　画布介绍

画布，一种资源型数据，为可操作的图像资源。图像处理是在画布上面进行的，画布具有长宽、颜色等属性，在PHP中创建一个图像需要有四个步骤：

1. 创建一个画布，之后的所有操作都在画布上面进行；
2. 在画布上进行绘制图形、处理图像等操作；
3. 输出图像内容；
4. 销毁图像资源，释放内存。

19.2.2　画布创建

画布创建有两种方式，一种是创建一个全新的画布，另一种是基于已存在的图片进行画布创建，也可以理解成“打开一个图片”。

创建一个新的画布的函数主要有：

Imagecreate()，创建一个基于调色板的图像。

Imagecreatetruecolor()，创建一个真彩色图像。

两个函数的语法类似：

```
resource imagecreate(int $width,int $height)
resource imagecreatetruecolor(int $width,int $height)
```

创建一个长、宽分别为height和width的画布，如果创建成功，返回一个图像资源，失败则返回false。

提示

Imagecreatetruecolor()创建一个黑色图像（默认为黑色），如想改变背景颜色则需要用填充颜色函数imagefill()；imagecreate()新建一个空白图像资源，用imagecolorallocate()添加背景色。

分别使用imagecreate()和imagecreatetruecolor()创建一个200*200的灰色方块：

动手写19.2.1

```
<?php
$img = imagecreate(200, 200);                            //创建200*200的空白图像
$color = imagecolorallocate($img, 200, 200, 200);        //为img分配灰色颜色
header('content-type:image/jpeg');                       //设置图像为jpg格式
imagejpeg($img);                                         //显示灰色的图像内容
```

动手写19.2.2

```
<?php
$img = imagecreatetruecolor(200, 200);                   //创建200*200的空白图像
$color = imagecolorallocate($img, 200, 200, 200);        //为img分配灰色颜色
imagefill($img, 0, 0, $color);                           //从左上角开始填充灰色
header('content-type:image/jpeg');                       //设置图像为jpg格式
imagejpeg($img);                                         //显示灰色的图像内容
```

另外一种是基于已存在的图片进行创建画布，这类函数有多个，可以参见表19.2.1：

表19.2.1　打开一个图像作为画布

函数名	函数功能	支持格式
imagecreatefrombmp()	从文件路径创建一个图像	BMP
imagecreatefromgd2()	从GD2文件路径创建一个图像	gd2
imagecreatefromgd2part()	从GD2文件路径创建一个局部图像	gd2
imagecreatefromgd()	从GD文件路径创建一个图像	gd
imagecreatefromgif()	从文件路径创建一个图像	GIF
imagecreatefromjpeg()	从文件路径创建一个图像	JPG
imagecreatefrompng()	从文件路径创建一个图像	PNG
imagecreatefromstring()	从字符串的图像流创建一个图像	图像流
imagecreatefromwbmp()	从文件路径创建一个图像	BMP
imagecreatefromwebp()	从文件路径创建一个图像	WebP
imagecreatefromxbm()	从文件路径创建一个图像	XBM
imagecreatefromxpm()	从文件路径创建一个图像	XPM

打开一个PNG图像，并获取图像的宽和高，使用imagecreatefrompng()函数：

动手写19.2.3

```
<?php
$image_file_path = '../01kuaixue.png';                //定义上层目录图像的位置
$img = imagecreatefrompng($image_file_path);          //获取指定路径PNG图片并打开
$width = imagesx($img);                               //imagesx获取图像的宽度
$height = imagesy($img);                              //imagesy获取图像的长度
echo "图片的宽度是：$width ，图片的高度是：$height";
```

运行结果如图19.2.1所示：

图19.2.1　使用imagecreatefrompng()函数打开PNG图像

19.2.3　画布输出

向浏览器输出网页和输出图片是不一样的，浏览器会根据header的类型来判断内容是什么，并使用不同的渲染方式。使用header()方法声明Content-Type文件格式，并输出给浏览器，Content-Type不区分大小写，常见的Content-Type格式包括：

```
//中文utf-8编码的html网页
header( 'Content-Type:text/html;charset=utf-8 ');
//CSS样式文件
header('Content-type: text/css');
//Javascript文件
header('Content-type: text/javascript');
//JPEG 图像格式
header('Content-type: image/jpeg');
//PNG图像格式
header('Content-type: image/png);
//JSON文件格式
header('Content-type: application/json');

//PDF文档
header('Content-type: application/pdf');
//Text纯文本内容
header('Content-type: text/plain');
//XML文件格式
header('Content-type: text/xml');
```

header声明文件格式之后，PHP就可以将图像资源转换成图像内容进行输出，GD库函数支持将图片资源输出为不同类型文件，如表19.2.2所示：

表19.2.2　输出为特定格式的图像

函数名	函数功能	支持格式
imagebmp()	输出一个BMP的图像到浏览器或者文件	BMP
imagegd2()	输出一个GD2图像到浏览器或者文件	gd2
imagegd()	输出一个GD图像到浏览器或者文件	gd
imagegif()	输出一个GIF图像到浏览器或者文件	GIF
imagejpeg()	输出一个JPG图像到浏览器或者文件	JPG
imagepng()	输出一个PNG图像到浏览器或者文件	PNG
imagewebp()	输出一个WebP图像到浏览器或者文件	WebP
imagexbm()	输出一个XBM图像到浏览器或者文件	XBM

语法如下：

```
bool imagejpeg ( resource $image [, string $filename [, int $quality ]] )
```

功能：获取图像资源，并输出JPEG格式的图像。

参数说明：

◇ image：由图像创建函数生成的图像资源。

◇ filename：文件保存的路径，如果未设置或者设置为NULL，则直接输出原始图像流。

◇ quality：可选，范围从0（质量最差，文件最小）到100（最佳质量，文件最大），默认值为75。

返回值：成功时返回true，失败时返回false。

提示

Imagejpeg()函数，如果想调整图片质量并输出到浏览器，即忽略filename()参数而使用quality()参数，需要传参filename值设置为NULL。

动手写19.2.4中通过imagecreatefrompng()函数读取一张PNG格式的图片，并使用imagejpeg()函数将其转换成JPG格式的图片，输出到浏览器：

动手写19.2.4

```
<?php
$image_file_path = '../01kuaixue.png';                 //定义上层目录图像的位置
$img = imagecreatefrompng($image_file_path);           //获取指定路径PNG图片并打开
header('Content-Type:image/jpeg');                     //设置浏览器渲染jpg格式图片
imagejpeg($img);                                       //将img转为jpeg并输出
```

运行结果如图19.2.2所示：

图19.2.2　PNG格式的图片转换为JPG格式的图片

和JPG不同的是，其他格式的画布输出，一般不接受quality()参数，这里以imagepng()为例子，imagegif()函数和imagepng()函数使用一致。

语法如下：

```
bool imagepng ( resource $image [, string $filename ] )
```

功能：获取图像资源，并输出为PNG格式的图像。

参数说明：

◇ image：由图像创建函数生成的图像资源。

◇ filename：文件保存的路径，如果未设置或者设置为NULL，则直接输出原始图像流。

返回值：成功时返回true，失败时返回false。

19.2.4 画布关闭

对于创建的图像资源，需要及时销毁，释放被占用的内存资源，销毁函数为imagedestroy()。

语法如下：

```
bool imagedestroy ( resource $image )
```

功能：销毁图像资源，释放资源占用的内存。

参数说明：

◇ image：由图像创建函数生成的图像资源。

返回值：成功时返回true，失败时返回false。

动手写19.2.5

```
<?php
function get_memory()                                          //获取内存，并进行格式化函数
{
    $memory = memory_get_usage();                              //获取内存数据
    echo $memory;
    $unit = array('b','kb','mb','gb','tb','pb');
    return @round($memory/pow(1024, ($i = floor(log($memory, 1024)))), 2) . ' ' . $unit[$i];
}
$image_file_path = '../01kuaixue.png';                         //定义上层目录图像的位置
echo "当前内存占用情况为" . get_memory() . "<br/>";            //获取占用内存情况
$img1 = imagecreatefrompng($image_file_path);                  //创建一个图像资源
echo "当前内存占用情况为" . get_memory() . "<br/>";            //获取占用内存情况
$img2 = imagecreatefrompng($image_file_path);                  //创建第二个图像资源
echo "当前内存占用情况为" . get_memory() . "<br/>";            //获取占用内存情况
```

```
imagedestroy($img1);                                    //销毁一个图像资源
echo "当前内存占用情况为" . get_memory() . "<br/>";       //获取占用内存情况
imagedestroy($img2);                                    //销毁第二个图像资源
echo "当前内存占用情况为" . get_memory() . "<br/>";       //获取占用内存情况
```

每次创建一个图片资源，就会占用很多内存，因此要养成及时销毁图像资源的习惯。运行结果如图19.2.3所示：

图19.2.3　使用imagedestroy()函数销毁图像

提 示

memory_get_usage()函数获取当前使用的内存，在对项目进行调试、内存优化时经常被使用。

19.3 图像绘制

上一节讲述了完整的画布创建和生成到最后的画布关闭。在图像打开时，可以进行各种图像绘制，生成符合要求的图片内容，本节会详细讲述常见的图形绘制内容。

19.3.1　区域填充

语法如下：

```
bool imagefill ( resource $image , int $x , int $y , int $color )
```

功能：在坐标（x，y）处开始，用color颜色进行区域填充，与（x，y）点颜色相同的点都会被填充。

参数说明：

◇ image：由图像创建函数生成的图像资源。

◇ x：图像坐标轴，横坐标轴位置x。

◇ y：图像坐标轴，纵坐标轴位置y。

◇ color：图像颜色。

返回值：成功时返回true，失败时返回false。

提示

图像坐标轴中，原点（0，0）是从左上角开始，朝着右下方向进行计算的。

图19.3.1所示是一个demo.png，每100距离便被分割，一共分割成三部分。

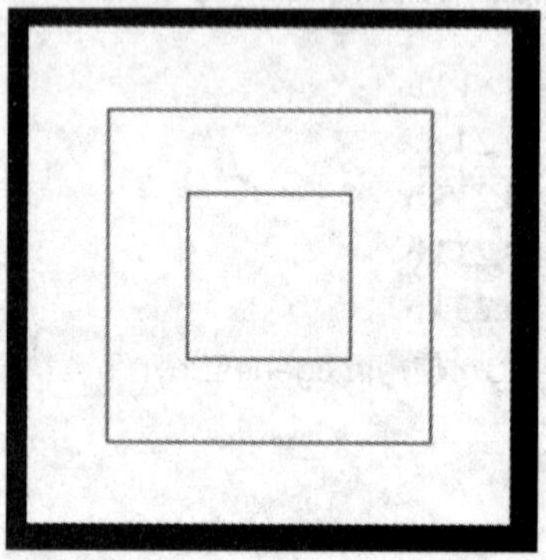

图19.3.1　300*300的图像

使用imagefill()函数对这三部分区域进行颜色填充：

动手写19.3.1

```
<?php
$image_file_path = '../demo.png';
$img = imagecreatefrompng($image_file_path);
$red = imagecolorallocate($img, 255, 0, 0);
$green = imagecolorallocate($img, 0, 255, 0);
$blue = imagecolorallocate($img, 0, 0, 255);
imagefill($img, 150, 150, $blue);
imagefill($img, 75, 150, $green);
imagefill($img, 25, 150, $red);
header('content-type:image/jpeg');
imagejpeg($img);
```

图片分割成三层，从外向内依次是脚本中设置的红色、绿色和蓝色。运行结果如图19.3.2所示：

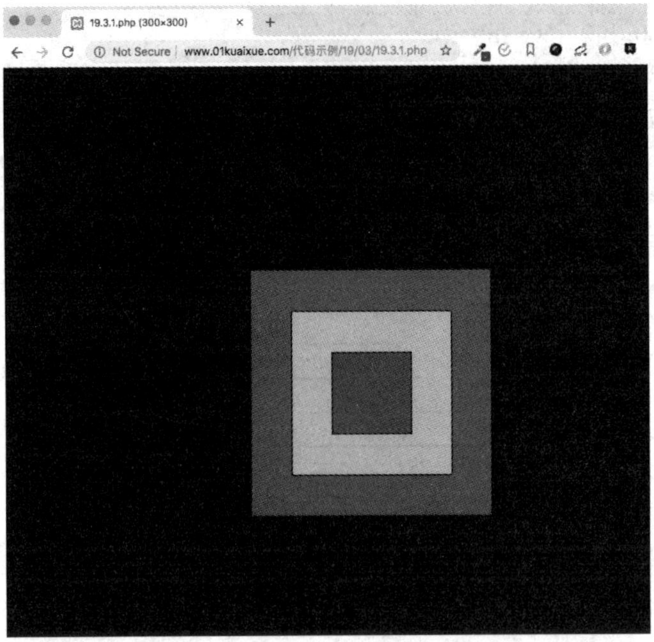

图19.3.2　使用imagefill()填充图像

19.3.2　绘制直线

语法如下：

```
bool imageline ( resource $image , int $x1 , int $y1 , int $x2 , int $y2 , int $color )
```

功能：在坐标（x1，y1）处开始，到坐标（x2，y2）处结束，画一条color颜色的直线。

在200*200的画布上，通过设置坐标（x，y），画多条直线：

动手写19.3.2

```php
<?php
$img = imagecreatetruecolor(200, 200);
$white = imagecolorallocate($img, 255, 255, 255);
imagefill($img, 0, 0, $white);
$black = imagecolorallocate($img, 0, 0, 0);
imageline($img, 80, 20, 120, 20, $black);
imageline($img, 60, 40, 140, 40, $black);
imageline($img, 40, 60, 160, 60, $black);
imageline($img, 20, 80, 180, 80, $black);
imageline($img, 0, 100, 200, 100, $black);
imageline($img, 20, 120, 180, 120, $black);
imageline($img, 40, 140, 160, 140, $black);
```

```
imageline($img, 60, 160, 140, 160, $black);
imageline($img, 80, 180, 120, 180, $black);
header('content-type:image/jpeg');
imagejpeg($img);
```

运行结果如图19.3.3所示：

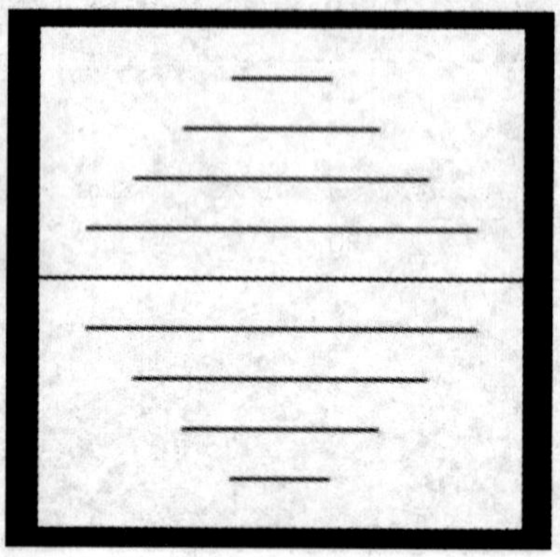

图19.3.3 使用imageline()绘制直线

19.3.3 绘制矩形

语法如下：

```
bool imagerectangle ( resource $image , int $x1 , int $y1 , int $x2 , int $y2 , int $color )
```

功能：在坐标（x1，y1）处开始，到坐标（x2，y2）处结束，画一个color颜色的矩形，即矩形的左上角是（x1，y1），右下角是（x2，y2）。

动手写19.3.3

```
<?php
$img = imagecreatetruecolor(200, 200);
$white = imagecolorallocate($img, 255, 255, 255);
imagefill($img, 0, 0, $white);
$black = imagecolorallocate($img, 0, 0, 0);
imagerectangle($img, 60, 30, 140, 60, $black);
imagerectangle($img, 30, 60, 60, 140, $black);
imagerectangle($img, 60, 140, 140, 170, $black);
imagerectangle($img, 140, 60, 170, 140, $black);
header('content-type:image/jpeg');
imagejpeg($img);
```

运行结果如图19.3.4所示：

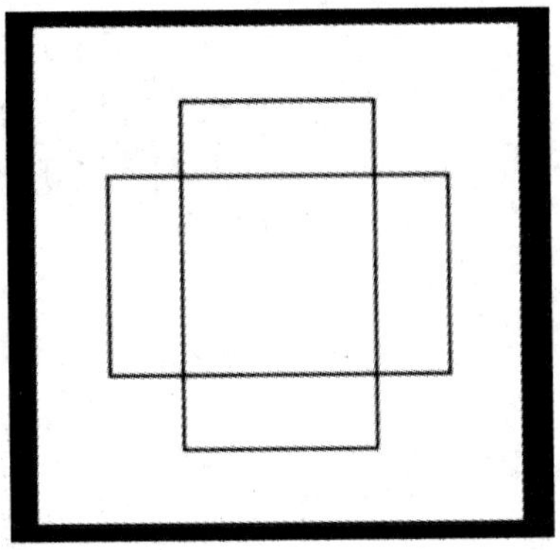

图19.3.4　使用imagerectangle()绘制矩形

19.3.4　绘制多边形

语法如下：

```
bool imagefilledpolygon ( resource $image , array $points , int $number , int $color )
```

功能：在坐标（x，y）处开始，用color颜色进行区域填充，与（x，y）点颜色相同的点都会被填充。

参数说明：

◇ image：由图像创建函数生成的图像资源。

◇ points：多边形的所有顶点所在的坐标，按照顺序存储在一个数组中。

◇ number：多边形顶点的个数。

◇ color：填充颜色。

返回值：成功时返回true，失败时返回false。

提示

绘制多边形时，接受的点数组是一维数组，数组中两两成对，组成一个点的坐标。

动手写19.3.4

```
<?php
$img = imagecreatetruecolor(200, 200);
$white = imagecolorallocate($img, 255, 255, 255);
imagefill($img, 0, 0, $white);
$black = imagecolorallocate($img, 0, 0, 0);
$points = array(
```

```
    30, 40,                                    //顶点1坐标(30,40)
    90, 120,                                   //顶点2坐标(90,120)
    180, 150,                                  //顶点3坐标(180,150)
    70, 180,                                   //顶点4坐标(70,180)
    40, 190,                                   //顶点5坐标(40,190)
);
imagefilledpolygon($img, $points, 5, $black);
header('content-type:image/png');
imagepng($img);
```

运行结果如图19.3.5所示：

图19.3.5　使用imagefilledpolygon绘制矩形

19.3.5　绘制椭圆

语法如下：

```
bool imagefilledellipse ( resource $image , int $x , int $y , int $width , int $height , int $color )
```

功能：根据参数x，y，width和height，绘制一个椭圆。

参数说明：

◇ image：由图像创建函数生成的图像资源。

◇ x：椭圆中央x坐标轴。

◇ y：椭圆中央y坐标轴。

◇ width：椭圆的宽度。

◇ height：椭圆的高度。

◇ color：填充颜色。

返回值：成功时返回true，失败时返回false。

在200*200的画布中间，画一个椭圆，椭圆的中心坐标是（100，100），宽度是160，高度是100。

动手写19.3.5

```
<?php
$img = imagecreatetruecolor(200, 200);
$white = imagecolorallocate($img, 255, 255, 255);
imagefill($img, 0, 0, $white);
$black = imagecolorallocate($img, 0, 0, 0);
imagefilledellipse($img, 100, 100, 160, 100, $black);
header('Content-Type: image/jpeg');
imagejpeg($img, NULL, 100);
```

运行结果如图19.3.6所示：

图19.3.6　使用imagefilledellipse()绘制椭圆

提 示

当椭圆的宽度和高度相同时，绘制的图形就成了一个圆形。

动手写19.3.6绘制了一个半径为50的圆形：

动手写19.3.6

```
<?php
$img = imagecreatetruecolor(200, 200);
$white = imagecolorallocate($img, 255, 255, 255);
imagefill($img, 0, 0, $white);
$black = imagecolorallocate($img, 0, 0, 0);
imagefilledellipse($img, 100, 100, 100, 100, $black);
header('Content-Type: image/jpeg');
imagejpeg($img, NULL, 100);
```

19.3.6 绘制文字

GD库提供了在图片上写文字的功能，有两种写入文字的方式：一种是直接在图片上写一行文字，另一种是指定字体写文字。

在图片上写一行文字，提供了水平文字函数imagestring()，和垂直文字函数imagestringup()。

动手写19.3.7

```
<?php
$img = imagecreatetruecolor(200, 200);
$white = imagecolorallocate($img, 255, 255, 255);
imagefill($img, 0, 0, $white);
$black = imagecolorallocate($img, 0, 0, 0);
imagestring($img, 3, 30, 30, "01kuaixue", $black);              //字体为3，坐标(30,30)
imagestring($img, 5, 30, 60, "01kuaixue", $black);              //字体为5，坐标(30,60)
imagestringup($img, 3, 100, 180, "01kuaixue", $black);          //垂直，字体为3，坐标(100,180)
imagestringup($img, 5, 130, 180, "01kuaixue", $black);          //垂直，字体为5，坐标(130,180)
header('Content-Type: image/jpeg');
imagejpeg($img, NULL, 100);
```

运行结果如图19.3.7所示：

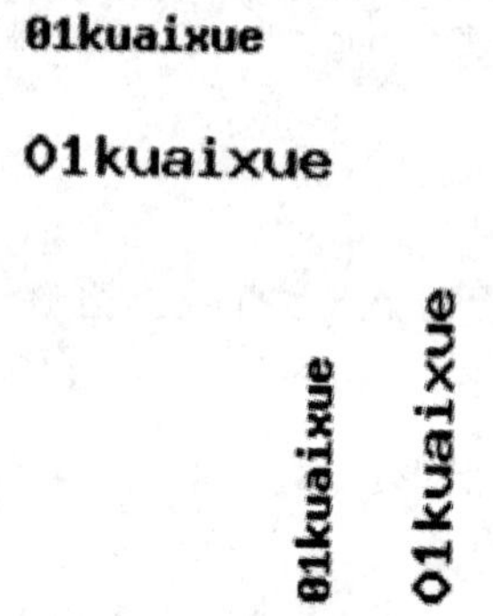

图19.3.7　在图片上水平和垂直写文字

另一种绘制文字的方式是指定字体，由于不同字体所表现出来的文字风格是不一样的，所以通常用这种方法进行个性化的图像渲染，比如生成一张个人名片图像、生成精美贺卡等。

语法如下：

```
array imagettftext ( resource $image , float $size , float $angle , int $x , int $y , int $color , string $fontfile , string $text )
```

功能：使用指定字体在图像上写一段文字。

参数说明：

◇ image：由图像创建函数生成的图像资源。

◇ size：字体的尺寸大小。

◇ angle：绘制文字的角度，“0”表示从左向右的文字，更高数值表示逆时针旋转，例如“90”表示从下向上绘制的文本。

◇ x：在图像坐标轴中，第一个文字的左上角横坐标轴位置。

◇ y：在图像坐标轴中，第一个文字的左上角纵坐标轴位置。

◇ color：填充颜色。

◇ fontfile：文字所采用的字体，通常为以ttf结尾的文件路径。

◇ text：绘制的文字内容。

返回值：返回一个数组，数组共有8个元素，分别代表了文本框所在图片中的左下角、右下角、右上角、左上角位置。

在200*200的画布中间，使用两种不同的字体写一段文字，并倾斜45°：

动手写19.3.8

```
<?php
$img = imagecreatetruecolor(200, 200);
$white = imagecolorallocate($img, 255, 255, 255);
imagefill($img, 0, 0, $white);
$black = imagecolorallocate($img, 0, 0, 0);
$font = '../OpenSans-Regular.ttf';                                //字体opensans
imagettftext($img, 15, 315, 30, 30, $black, $font, 'www.01kuaixue.com');
$font = '../Amatic-Bold.ttf';                                     //字体amatic
imagettftext($img, 30, 45, 40, 180, $black, $font, 'kuaixue');
imagettftext($img, 30, 45, 130, 90, $black, $font, 'kuaixue');
header('Content-Type: image/jpeg');
imagejpeg($img, NULL, 100);
```

运行结果如图19.3.8所示：

图19.3.8　使用指定字体绘制文字图像

19.3.7 图片裁切

很多网站提供图片上传功能，并对上传到服务器的图片进行图像优化，包括图片的裁切和图片大小的调整。使用GD库处理图片裁切和缩放，通常用imagecopyresized()和imagecopyresampled()两个函数中的一个，而使用imagecopyresampled()函数处理后质量会更好一些，因此建议使用imagecopyresampled()函数。

语法如下：

```
bool imagecopyresampled ( resource $dst_image , resource $src_image , int $dst_x , int $dst_y , int $src_x ,
int $src_y , int $dst_w , int $dst_h , int $src_w , int $src_h )
```

功能：对于给定的源图像，选取图像中的矩形区域复制到目标图像中，并平滑地插入像素值，可以在减小图像大小的同时保留图像极高的清晰度。

参数说明：

◇ dst_image：目标图像资源，被生成的图像。

◇ src_image：源图像资源，原始图像。

◇ dst_x：目标图像x坐标点。

◇ dst_y：目标图像y坐标点

◇ src_x：源图像x坐标点。

◇ src_y：源图像y坐标点。

◇ dst_w：目标图像宽度。

◇ dst_h：目标图像高度。

◇ src_w：源图像宽度。

◇ src_h：源图像高度。

返回值：成功时返回true，失败时返回false。

动手写19.3.9中对01kuaixue.png图片进行裁切，截取文字部分，并进行1倍的缩放：

动手写19.3.9

```
<?php
$image_file_path = '../01kuaixue.png';
$src_img = imagecreatefrompng($image_file_path);                    //源图片资源
$src_x = 50;
$src_y = 130;
$src_w = 300;
$src_h = 100;
$dst_img = imagecreatetruecolor(150, 50);                          //目标图片资源
```

```
$dst_x = 0;
$dst_y = 0;
$dst_w = 150;
$dst_h = 50;
imagecopyresampled($dst_img, $src_img, $dst_x, $dst_y, $src_x, $src_y, $dst_w, $dst_h, $src_w, $src_h);
header('Content-Type: image/jpeg');
imagejpeg($dst_img, NULL, 100);
```

程序执行，会输出一个截取并缩小一倍的文字“01Kuaixue”。

19.3.8　图片旋转

之前学习imagettftext()函数时讲到可以生成一段带有角度的文字。如果要对整张图片进行旋转，那么就要用到imagerotate()函数。对图片01kuaixue.png进行45°的旋转，由于旋转之后依旧是一张正方形图片，因此会有部分区域有空缺，我们使用红色进行填充。具体代码参见动手写19.3.10：

动手写19.3.10

```
<?php
$image_file_path = '../01kuaixue.png';
$img = imagecreatefrompng($image_file_path);                    //图片资源
$red = imagecolorallocate($img, 255, 0, 0);
$img = imagerotate($img, 45, $red);                             //旋转45度，红色填充
header('Content-Type: image/jpeg');
imagejpeg($img, NULL, 100);
```

运行结果如图19.3.9所示：

图19.3.9　将一张正方形图片进行45° 的旋转

19.4 生成验证码

验证码是网站的常用功能，用来防止恶意用户登录、注册和刷单等情况发生，验证码需要确保在人能够识别的基础上，尽量让机器识别困难，保证验证码的安全性和可靠性。本节将逐步加大验证码的渲染难度，通过验证码的功能，深入理解和掌握GD库的使用。

19.4.1 生成随机数字

用户每次访问验证码，需要展示不同的内容，就要用到随机数的生成。随机数函数一般采用rand()函数，rand()函数接受两个数值：最小值和最大值，返回最小值和最大值之间的随机数字，格式如下：

```
int rand ( int $min , int $max )
```

验证码长度为6位的随机数字，参见动手写19.4.1：

动手写19.4.1

```
<?php
function rand_str($length)                      //生成指定长度的随机数字
{
   $str = '';                                   //初始化字符串
   for($i = 0; $i < $length; $i++)
   {
      $str .= rand(0, 9);                       //在数字0到9之间进行随机
   }
   return $str;                                 //返回随机数字的结果
}
echo "6位的随机数" . rand_str(6) . "<br/>";
echo "6位的随机数" . rand_str(6) . "<br/>";
echo "5位的随机数" . rand_str(5) . "<br/>";
echo "4位的随机数" . rand_str(4) . "<br/>";
```

运行结果为一个6位的随机数188253、一个6位的随机数046714、一个5位的随机数82691和一个4位的随机数0690。

将随机数字生成为一张图片，一个简单的验证码就算完成了。

动手写19.4.2

```
<?php
function rand_str($length)                      //生成指定长度的随机数字
```

```
{
    $str = '';                                        //初始化字符串
    for($i = 0; $i < $length; $i++)
    {
        $str .= rand(0, 9);                           //在数字0到9之间进行随机
    }
    return $str;                                      //返回随机数字的结果
}

$img = imagecreatetruecolor(80, 30);                  //创建一个100*400的图像
$white = imagecolorallocate($img, 255, 255, 255);
imagefill($img, 0, 0, $white);                        //图像使用白色背景填充
$black = imagecolorallocate($img, 0, 0, 0);
imagestring($img, 4, 10, 5, rand_str(6), $black);
header('Content-Type: image/png');
imagepng($img);
```

运行结果如图19.4.1所示：

图19.4.1　生成一个6位数字组成的验证码图片

19.4.2　数字倾斜

验证码的数字之间过于紧凑，且数字内容清晰地排列在图像中，会导致机器很容易识别。所以，我们要对数字进行特殊处理，将数字随机倾斜显示，间距也要更灵活随机一些。可以采用imagettftext()函数进行数字渲染，并增加随机角度（–45° 到45° ），数字之间有随机的上下间距和左右间距（–2像素到2像素）。

动手写19.4.3

```
<?php
function rand_arr($length)                            //生成指定长度的随机数组
{
    $arr = array();                                   //初始化字符串
    for($i = 0; $i < $length; $i++)
```

```
    {
        $arr[] = rand(0, 9);                                    //在数字0到9之间进行随机
    }
    return $arr;                                                //返回随机数字的结果
}

$img = imagecreatetruecolor(130, 40);                           //创建一个100*400的图像
$white = imagecolorallocate($img, 255, 255, 255);
imagefill($img, 0, 0, $white);                                  //图像使用白色背景填充
$black = imagecolorallocate($img, 0, 0, 0);
$arr = rand_arr(6);                                             //获取一个6位的随机内容数组
$pos = 10;                                                      //文字在图像的x坐标轴位置
foreach($arr as $str)                                           //逐个字符串进行图像渲染
{
    $angle = rand(-45, 45);                                     //随机角度
    $offset = rand(-3, 3);                                      //随机像素偏移宽度
    $x = $pos + $offset;
    $offset = rand(-3, 3);                                      //随机像素偏移高度
    $y = 25 + $offset;
    imagettftext($img, 15, $angle, $x, $y, $black, '../OpenSans-Regular.ttf', $str);
    $pos += 20;
}
header('Content-Type: image/png');
imagepng($img);
```

为了使随机范围扩大，将数字改成数字和字母，且字母包含大小写，只需要改写rand_arr()函数：

动手写19.4.4

```
<?php
function rand_arr($length)                                      //生成指定长度的随机数组
{
    $string = '0123456789abcdefghijklmnopqrstuvwxyzABCDEFGHIJKLMNOPQRSTUVWXYZ';
    $arr = array();                                             //初始化字符串
    for($i = 0; $i < $length; $i++)
    {
        $arr[] = $string[rand(0, strlen($string) - 1)];
```

```
    }
    return $arr;                                          //返回随机字符串的结果
}

$img = imagecreatetruecolor(130, 40);                     //创建一个100*400的图像
$white = imagecolorallocate($img, 255, 255, 255);
imagefill($img, 0, 0, $white);                            //图像使用白色背景填充
$black = imagecolorallocate($img, 0, 0, 0);
$arr = rand_arr(6);                                       //获取一个6位的随机内容数组
$pos = 10;                                                //文字在图像的x坐标轴位置
foreach($arr as $str)                                     //逐个字符串进行图像渲染
{
    $angle = rand(-45, 45);                               //随机角度
    $offset = rand(-3, 3);                                //随机像素偏移宽度
    $x = $pos + $offset;
    $offset = rand(-3, 3);                                //随机像素偏移高度
    $y = 25 + $offset;
    imagettftext($img, 15, $angle, $x, $y, $black, '../OpenSans-Regular.ttf', $str);
    $pos += 20;
}
header('Content-Type: image/png');
imagepng($img);
```

如图19.4.2所示，展示了4组验证码:

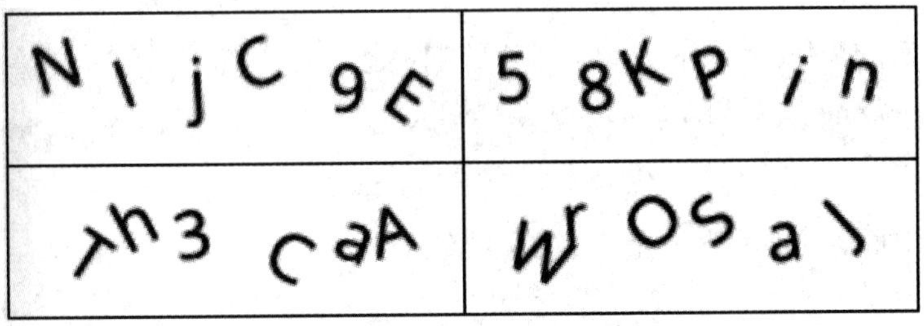

图19.4.2　随机的数字和字母验证码

19.4.3　背景色干扰

目前为止所有字符都是黑色渲染，针对每一个字符使用不同的颜色进行渲染，也会增加验证码的难度。随机颜色的实现比较简单，负责颜色的函数有imagecolorallocate()和imagecolorclosest()，接受三个颜色参数，通过修改这三个参数的值，即可更改颜色。

动手写19.4.5显示的是随机颜色的代码部分：

动手写19.4.5

```
//生成随机的颜色
  $c1 = mt_rand(50,200); //r(ed)
  $c2 = mt_rand(50,200); //g(reen)
  $c3 = mt_rand(50,200); //b(lue)
  if(imagecolorstotal($img) >= 255)
  {
    $color = imagecolorclosest($img, $c1, $c2, $c3);
  }
  else
  {
    $color = imagecolorallocate($img, $c1, $c2, $c3);
  }
  imagettftext($img, 15, $angle, $x, $y, $color, '../OpenSans-Regular.ttf', $str);
```

19.4.4 线条干扰

对于验证码，可以增加随机的干扰点和干扰线。干扰点使用imagesetpixel()函数，而干扰线的绘制使用imageline()函数。

在验证码图像上面，增加随机位置的40个干扰点：

动手写19.4.6

```
//随机生成黑色干扰点
$black = imagecolorallocate($img, 0, 0, 0);
for($i = 0; $i < 40; $i++)
{
  //验证码图片的宽度为130，高度为40，干扰区间要在图片内部
  imagesetpixel($img, rand(1, 129), rand(1, 39), $black);
}
```

在验证码图像上面，增加随机位置的5条干扰线：

动手写19.4.7

```
//随机生成灰色干扰线
$grey = imagecolorallocate($img, 200, 200, 200);
for($i = 0; $i < 5; $i++)
{
  //验证码图片的宽度为130，高度为40，干扰区间要在图片内部
  imageline($img, rand(1, 129), rand(1, 39), rand(1, 129), rand(1, 39), $grey);
}
```

19.4.5 完整验证码演示

动手写19.4.8

```
<?php
function rand_arr($length)                          //生成指定长度的随机数组
{
   $string = '0123456789abcdefghijklmnopqrstuvwxyzABCDEFGHIJKLMNOPQRSTUVWXYZ';
   $arr = array();                                  //初始化字符串
   for($i = 0; $i < $length; $i++)
   {
      $arr[] = $string[rand(0, strlen($string) - 1)];
   }
   return $arr;                                     //返回随机字符串的结果
}

$img = imagecreatetruecolor(130, 40);               //创建一个100*400的图像
$white = imagecolorallocate($img, 255, 255, 255);
imagefill($img, 0, 0, $white);                      //图像使用白色背景填充
$arr = rand_arr(6);                                 //获取一个6位的随机内容数组
$pos = 10;                                          //文字在图像的x坐标轴位置
foreach($arr as $str)                               //逐个字符串进行图像渲染
{
   $angle = rand(-45, 45);                          //随机角度
   $offset = rand(-3, 3);                           //随机像素偏移宽度
   $x = $pos + $offset;
   $offset = rand(-3, 3);                           //随机像素偏移高度
   $y = 25 + $offset;
   //生成随机的颜色
   $c1 = mt_rand(50,200); //r(ed)
   $c2 = mt_rand(50,200); //g(reen)
   $c3 = mt_rand(50,200); //b(lue)
   if(imagecolorstotal($img) >= 255)
   {
      $color = imagecolorclosest($img, $c1, $c2, $c3);
   }
   else
   {
```

```
        $color = imagecolorallocate($img, $c1, $c2, $c3);
    }
    imagettftext($img, 15, $angle, $x, $y, $color, '../OpenSans-Regular.ttf', $str);
    $pos += 20;
}
//随机生成黑色干扰点
$black = imagecolorallocate($img, 0, 0, 0);
for($i = 0; $i < 40; $i++)
{
    //验证码图片的宽度为130，高度为40，干扰区间要在图片内部
    imagesetpixel($img, rand(1, 129), rand(1, 39), $black);
}
//随机生成灰色干扰线
$grey = imagecolorallocate($img, 200, 200, 200);
for($i = 0; $i < 5; $i++)
{
    //验证码图片的宽度为130，高度为40，干扰区间要在图片内部
    imageline($img, rand(1, 129), rand(1, 39), rand(1, 129), rand(1, 39), $grey);
}
header('Content-Type: image/png');
imagepng($img);
```

如图19.4.3所示，展示了4组最终生成的验证码：

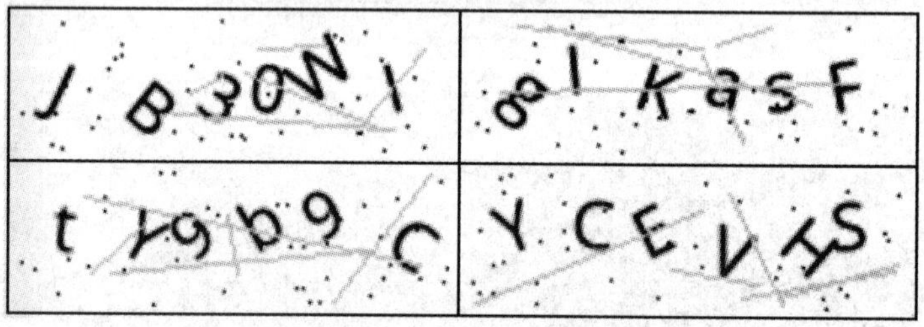

图19.4.3　验证码最终效果图

19.5 小结

本章主要介绍了PHP中的图形图像处理技术，包括对GD库的介绍和PHP的GD库函数的使用，介绍了画布的创建、输出和关闭的方法，讲解了图像的绘制方法、使用PHP图像技术生成验证码等知识点。

19.6 知识拓展

19.6.1 其他PHP图像绘制技术

GD库的强大功能使PHP在处理图像方面便捷好用。除了GD库可以处理图像外，还有其他几种被广泛使用的图像绘制技术。

1. ImageMagick

ImageMagick是用来创建和修改图像的一套组件，可以读取、转换并写入多种不同格式的图像，包括常用的的JPEG、GIF、PNG、PDF以及Photo CD等格式。

ImageMagick官方地址：http://www.imagemagick.org

PHP官方提供了扩展，使用imagick扩展可以调用ImageMagick，使PHP具备和ImageMagick相同的功能。

扩展下载地址：http://pecl.php.net/package/imagick

2. JpGraph

JpGraph是PHP 5（PHP 5.1.0或更高版本）和PHP 7.0的一个面向对象的图形创建库。该库完全用PHP编写，拥有强大的绘图组件，在绘制图表时具有很多优势。

◇ 网页渲染友好，300*200图像的平均图像大小约为2K，图像几乎不超过5K。

◇ 自动生成客户端图像映射。

◇ 使用三次样条进行高级插值，以从少数数据点获得平滑曲线。

◇ 支持多种图表类型：蜘蛛图、饼图（2D和3D）、散点图、线图、实线图、条形图、分组条形图、误差图，可用于股票详情、公司报表等业务。

◇ 支持Alpha混合，超过400种颜色。

◇ 灵活的比例尺寸，支持整数、线性、对数、文本（计数）比例及其x / y轴上的任意组合。

3. Grafika

Grafika是一个用于PHP的高级图像处理和图形库，基于Imagick和GD，除了支持常见的基础功能，比如改变图片大小、剪裁、比较和添加水印等，还有很多高级特性。

◇ Grafika支持智能裁切，可以根据区域的图像内容来猜测裁切的位置。

◇ 动画GIF的支持，可以对GIF进行缩放，把动画转成静态图片。

◇ 图像比较，比较两幅图像的相似程度，或检查它们是否完全相同。

◇ 高级滤波器，边缘检测，扩散和有序抖动。

◇ 多种图像混合，支持覆盖混合。

19.6.2 图像增加水印

网站上传图片并增加水印，常见做法是将给定的图片进行缩放，在缩放基础上进行水印添加。

◇ Imagecopyresized()：图片等比例缩放方法。

◇ Imagecopy()：将图片覆盖到另一张图片上面，可以实现添加水印。

动手写19.6.1

```
<?php
//要添加的水印图片地址
$image_path = '../shatan.jpeg';
$img = imagecreatefromjpeg($image_path);
//获取图片长和宽，
$image_width = imagesx($img);
$image_height = imagesy($img);
//将图片进行十倍的缩放
$image_copy_width = (int)($image_width / 5);
$image_copy_height = (int)($image_height / 5);
//创建缩略图资源
$img_copy = imagecreatetruecolor($image_copy_width, $image_copy_height);
//等比缩放
imagecopyresized($img_copy, $img, 0, 0, 0, 0, $image_copy_width, $image_copy_height, $image_width,
$image_height);
//销毁原始图片资源
imagedestroy($img);
//加载水印图片资源并获取水印大小
$water_path = '../water.png';
$water_img = imagecreatefrompng($water_path);
$water_width = imagesx($water_img);
$water_height = imagesy($water_img);
//添加水印
imagecopy($img_copy, $water_img, 0, 0, 0, 0, $water_width, $water_height);
//输出水印和关闭图像资源
header('Content-Type: image/png');
imagepng($img_copy);
imagedestroy($water_img);
imagedestroy($img_copy);
```

第20章 PHP操作JSON和XML

20.1 PHP与JSON

20.1.1 JSON介绍

JSON，全称是JavaScript Object Notation，是一种轻量级的数据交换格式，有良好的可读性和便于快速编写的特性，支持在不同平台之间进行数据交换。JSON采用兼容性很高的、完全独立于语言文本的格式，同时也具备类似于C语言的习惯（包括C、 C++、C#、Java、PHP、JavaScript、Perl、Python等）体系的行为。这些特性使JSON成为非常理想的数据交换语言。

JSON语法是JavaScript对象表示语法的子集，JSON数据的书写格式是名称/值对，JSON值可以是数字、字符串、逻辑值（true或false）、数组、对象、null等。

JSON数字可以是整型或者浮点型：

动手写20.1.1 json

```
{ "price": 30 }
```

JSON对象在大括号“{}”中书写，对象可以包含多个名称/值对：

动手写20.1.2 json

```
{
  "name": "零基础PHP从入门到精通",
  "chapter": "JSON语法"
}
```

JSON数组在方括号“[]”中书写，可包含多个对象：

动手写20.1.3 json

```
{
  "books": [{
    "name": "零基础PHP从入门到精通",
```

```
        "category": "PHP"
    }, {
        "name": "零基础JAVA从入门到精通",
        "category": "JAVA"
    }, {
        "name": "零基础PYTHON从入门到精通",
        "category": "PYTHON"
    }]
}
```

JSON布尔值，可以是true或者false：

动手写20.1.4 json

```
{
    "flag": true
}
```

JSON null：

动手写20.1.5 json

```
{
    "key": null
}
```

JSON使用的是JavaScript语法，所以无须额外的软件就能处理JavaScript中的JSON：

动手写20.1.6 html

```
<!DOCTYPE html>
<html>
    <head>
        <meta charset="utf-8">
            <title>
                零壹快学
            </title>
        </meta>
    </head>
    <body>
        <h2>
            JavaScript创建JSON对象
```

```
    </h2>
    <p>
      书籍类目:
      <span id="category">
      </span>
      <br/>
      书籍名称:
      <span id="bookname">
      </span>
      <br/>
      书籍章节:
      <span id="chapter">
      </span>
      <br/>
    </p>
    <script>
      var JSONObject= {
                                          "category" : "PHP",
                                          "bookname" : "零基础PHP从入门到精通",
                                          "chapter"  : "JSON语法"
                                        };
document.getElementById("category").innerHTML=JSONObject.category
document.getElementById("bookname").innerHTML=JSONObjcct.bookname
document.getElementById("chapter").innerHTML=JSONObject.chapter
    </script>
  </body>
</html>
```

运行结果如图20.1.1所示：

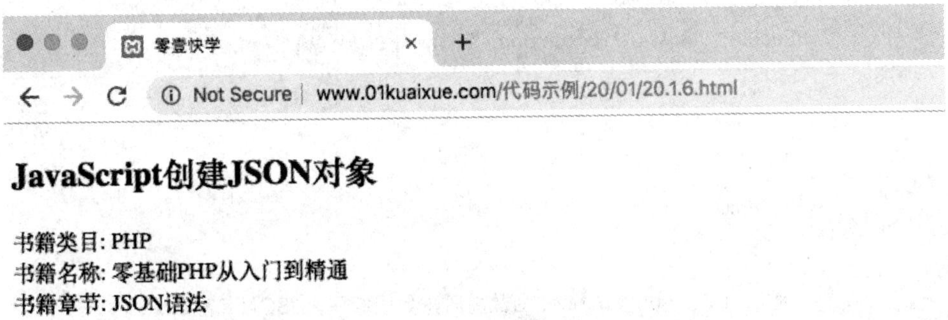

图20.1.1　JavaScript中的JSON数据处理

20.1.2 PHP和JSON

本节内容将介绍如何使用PHP语言来编码和解码JSON对象。

提示

在PHP 5.2.0及以上版本已经内置JSON扩展。

1. json_encode()函数

json_encode()函数用于对变量进行JSON编码，该函数如果执行成功则返回JSON数据，否则返回false。

语法如下：

```
string json_encode ( mixed $value [, int $options = 0] )
```

参数说明：

◇ value：将要编码的值。只对UTF-8编码的数据有效。

◇ options：由以下常量组成的二进制掩码：JSON_HEX_QUOT、JSON_HEX_TAG、JSON_HEX_AMP、JSON_HEX_APOS、JSON_NUMERIC_CHECK、JSON_PRETTY_PRINT、JSON_UNESCAPED_SLASHES、JSON_FORCE_OBJECT。

返回值：成功则返回JSON编码的string，失败则返回false。

动手写20.1.7将PHP数组转化为JSON格式数据：

动手写20.1.7 php

```
<?php
$arr = array('a' => 1, 'b' => 2, 'c' => 3, 'd' => 4, 'e' => 5);
echo json_encode($arr);
```

运行结果如图20.1.2所示：

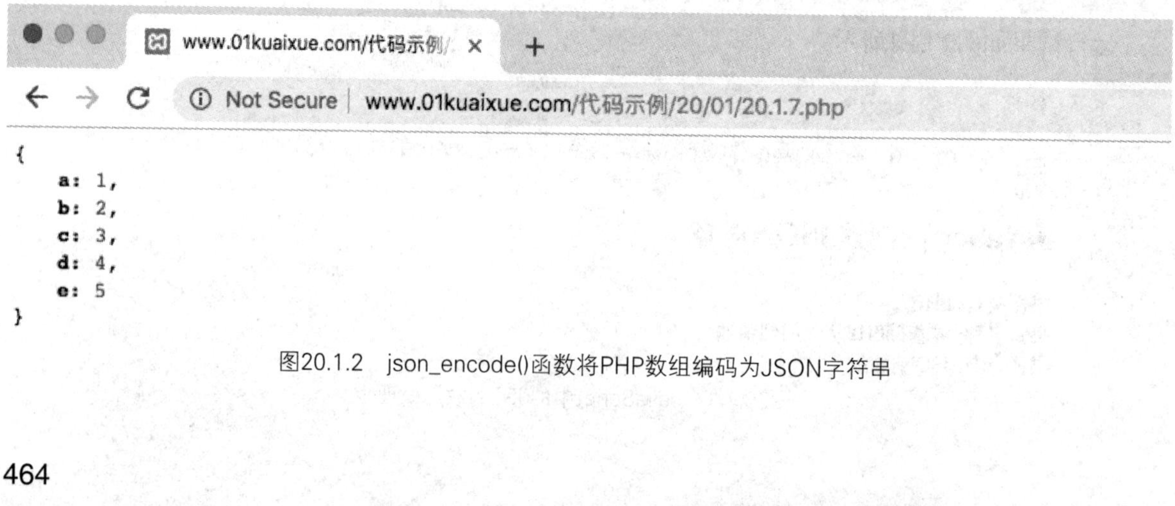

图20.1.2　json_encode()函数将PHP数组编码为JSON字符串

接下来，将PHP对象转换为JSON格式数据：

动手写20.1.8 php

```
<?php
class Student
{
    public $name;
    public $age;
    public $birthdate;
}
$student           = new Student();
$student->name      = "Jack";
$student->age       = 20;
$student->birthdate = date('m/d/Y h:i:s', strtotime("8/5/1974 15:20:02"));
echo json_encode($student);
```

运行结果如图20.1.3所示：

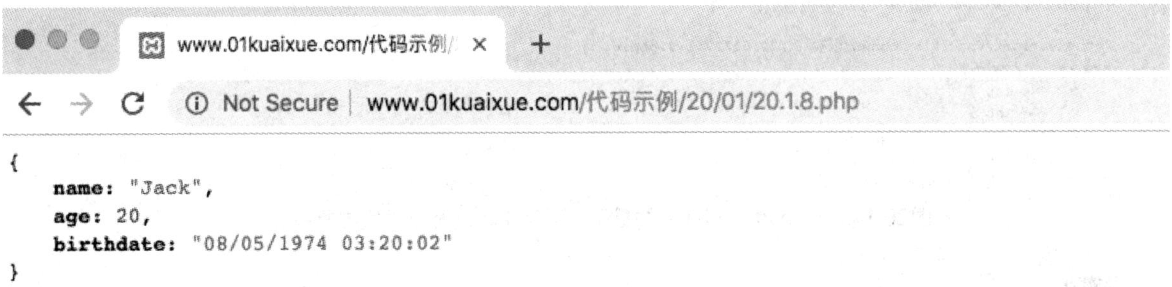

图20.1.3　json_encode()函数将PHP对象编码为JSON字符串

2. json_decode()函数

json_decode()函数用于对JSON格式的字符串进行解码，并将JSON字符串转换为PHP变量。

语法如下：

```
mixed json_decode ($json_string [,$assoc = false [, $depth = 512 [, $options = 0 ]]])
```

参数说明：

◇ json_string：待解码的JSON字符串，必须为UTF-8编码数据。

◇ assoc：当该参数为true时，将返回数组，为false时则返回对象。

◇ depth：整数类型的参数，它指定递归深度。

◇ options：二进制掩码，目前只支持JSON_BIGINT_AS_STRING。

返回值：成功则返回PHP数组或对象，在失败时返回false。

动手写20.1.9演示了PHP解码JSON数据的过程：

动手写20.1.9 php

```
<?php
$json = '{"a":1,"b":2,"c":3,"d":4,"e":5}';
//返回PHP对象
var_dump(json_decode($json));
//返回PHP数组
var_dump(json_decode($json, true));
```

运行结果如图20.1.4所示：

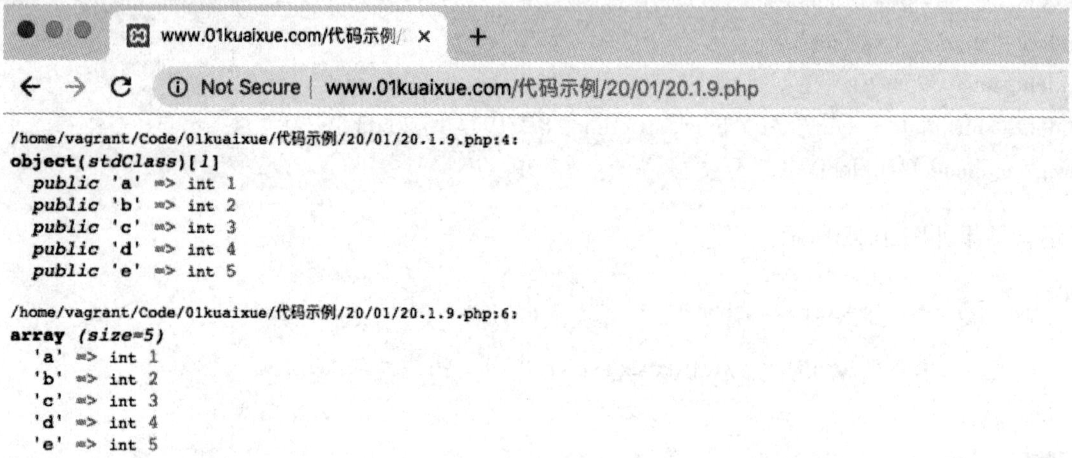

图20.1.4 json_decode()函数解码JSON数据，返回PHP对象或数组

20.2 PHP与XML

20.2.1 XML介绍

XML语言即扩展标记语言（Extensible Markup Language），用于标记电子文件使其具有结构性的标记语言，可用来标记数据、定义数据类型，是一种允许用户对自己的标记语言进行自定义的源语言。XML使用DTD（Document Type Definition）文档类型定义来组织数据。XML格式统一，跨平台和语言，早已成为业界公认的标准。

XML是标准通用标记语言（SGML）的一个子集，非常适合Web传输。XML提供统一的方法来描述和交换独立于应用程序或供应商的结构化数据。

20.2.2 XML语法

XML的语法规则简单且很有逻辑，非常容易学习和使用。

XML文档必须有根元素，它是所有其他元素的父元素。比如以下示例中，note就是根元素：

动手写20.2.1 xml

```
<?xml version="1.0" encoding="UTF-8"?>
<note>
 <to>php小白</to>
 <from>零壹快学</from>
 <heading>Reminder</heading>
 <body>今天你学习了吗？</body>
</note>
```

所有XML元素必须有一个关闭标签：

动手写20.2.2 xml

```
<p>错误方式
<br>

<p>正确方式</p>
<br />
```

XML标签对大小写敏感：

动手写20.2.3 xml

```
<message>
这是错误的
</message>
<message>
  这是正确的
</message>
```

XML 属性值必须加引号：

动手写20.2.4 xml

```
<!-- 这是错误的 -->
<note date=12/01/2018>
<category>
    PHP
  </category>
  <bookname>
```

```
    零基础PHP从入门到精通
  </bookname>
</note>

<!-- 这是正确的 -->
<note date="12/01/2018">
<category>
  PHP
  </category>
  <bookname>
    零基础PHP从入门到精通
  </bookname>
</note>
```

实体引用。在XML中，一些字符拥有特殊的意义，如果把字符“<”放在XML元素中，会发生错误，这是因为解析器会把它当作新元素的开始。为了避免这个错误，就会使用实体引用来代替特殊字符：

动手写20.2.5 xml

```
<!-- 这是错误的 -->
<message>
  if 100 < 1000 then
</message>

<!-- 这是正确的 -->
<message>
  if 100 &lt; 1000 then
</message>
```

20.2.3　PHP和XML

在PHP中读取或操作一个XML文档，需要使用XML解析器。有两种基本的XML解析器类型：

◇ 基于事件的解析器（Expat解析器）：将XML文档视为一系列的事件。当某个具体的事件发生时，解析器将调用函数来处理。

◇ 基于树的解析器（DOM解析器）：该解析器把XML文档转换为树形结构。它分析整篇文档，并提供了对树中元素的访问，例如文档对象模型（DOM）。

下面分别介绍这两种解析器：

1. Expat解析器

基于事件的解析器集中在XML文档的内容而不是它们的结构。正因为如此，基于事件的解析器能比基于树的解析器更快地访问数据。

动手写20.2.6 php

```
<?php
$parser = xml_parser_create();

function start($parser, $element_name, $element_attrs)
{
  switch ($element_name)
  {
    case "NOTE":
      echo "-- Note --<br>";
      break;
    case "TO":
      echo "To: ";
      break;
    case "FROM":
      echo "From: ";
      break;
    case "HEADING":
      echo "Heading: ";
      break;
    case "BODY":
      echo "Message: ";
  }
}

function stop($parser, $element_name)
{
  echo "<br>";
}

function char($parser, $data)
{
```

```
    echo $data;
}

xml_set_element_handler($parser, "start", "stop");

xml_set_character_data_handler($parser, "char");

$fp = fopen("20.2.1.xml", "r");

while ($data = fread($fp, 4096))
{
    xml_parse($parser, $data, feof($fp)) or
    die(sprintf("XML Error: %s at line %d",
        xml_error_string(xml_get_error_code($parser)),
        xml_get_current_line_number($parser)));
}

xml_parser_free($parser);
```

运行结果如图20.2.1所示：

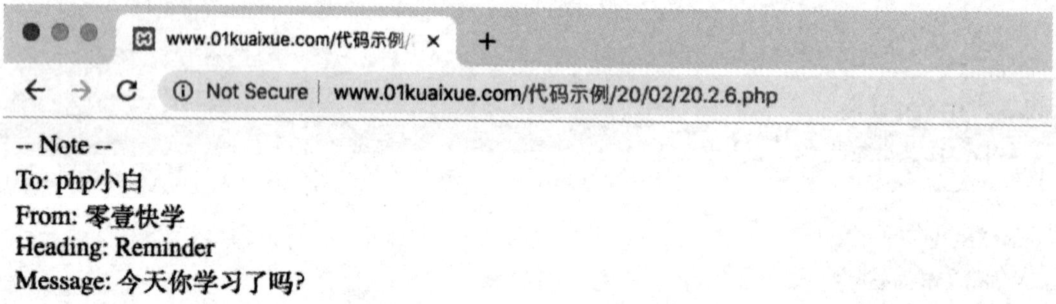

图20.2.1　PHP文件解析XML内容

代码解析：

◇ 通过xml_parser_create()函数来初始化XML解析器。

◇ 创建配合不同事件处理程序的函数。

◇ 添加xml_set_element_handler()函数来定义当解析器遇到开始和结束标签时执行什么函数。

◇ 添加xml_set_character_data_handler()函数来定义，当解析器遇到字符数据时执行哪个函数。

◇ 通过xml_parse()函数来解析文件"test.xml"。

◇ 万一有错误的话，添加xml_error_string()函数把XML错误转换为文本说明。

◇ 调用xml_parser_free()函数来释放分配给xml_parser_create()函数的内存。

2. DOM解析器

这种解析器可以把XML文档转换为树形结构，它分析整篇文档，并提供了对树中元素的访问。

（1）加载和输出XML：

动手写20.2.7 php

```
<?php
//创建了一个DOMDocument对象
$xmlDoc = new DOMDocument();
//把"20.2.1.xml"中的XML数据载入这个文档对象中
$xmlDoc->load("20.2.1.xml");
//saveXML()函数把内部XML文档放入一个字符串
$str = $xmlDoc->saveXML();
echo $str;
```

运行结果如图20.2.2所示：

图20.2.2　成功输出20.2.1.xml文件内容

（2）遍历XML：

动手写20.2.8 php

```
<?php
//创建了一个DOMDocument对象
$xmlDoc = new DOMDocument();
//把"20.2.1.xml"中的XML数据载入这个文档对象中
$xmlDoc->load("20.2.1.xml");
$xml = $xmlDoc->documentElement;
foreach ($xml->childNodes as $item)
{
  print $item->nodeName . " => " . $item->nodeValue . "<br>";
}
```

运行结果如图20.2.3所示，每个元素之间存在空的文本节点，这是因为当XML生成时，它通常会在节点之间包含空白，DOM解析器就会把它们当作普通的元素。

图20.2.3　输出内容中的每个元素之间存在空的文本节点

20.2.4　SimpleXML类库

SimpleXML是PHP 5中的新特性，SimpleXML扩展提供了一种获取XML元素的名称和文本的简单方式，和DOM或Expat解析器相比，SimpleXML可以仅仅用几行代码就从XML元素中读取文本数据。

1. 输出XML数据的键和元素

动手写20.2.9 php

```
<?php
$xml = simplexml_load_file("20.2.1.xml");
print_r($xml);
```

运行结果如图20.2.4所示：

图20.2.4　simplexml_load_file()获取XML文件数据

2. 输出XML每个子节点的元素名称和数据

动手写20.2.10 php

```
<?php
$xml = simplexml_load_file("20.2.1.xml");
echo $xml->getName() . "<br>";

foreach ($xml->children() as $child) {
   echo $child->getName() . ": " . $child . "<br>";
}
```

运行结果如图20.2.5所示：

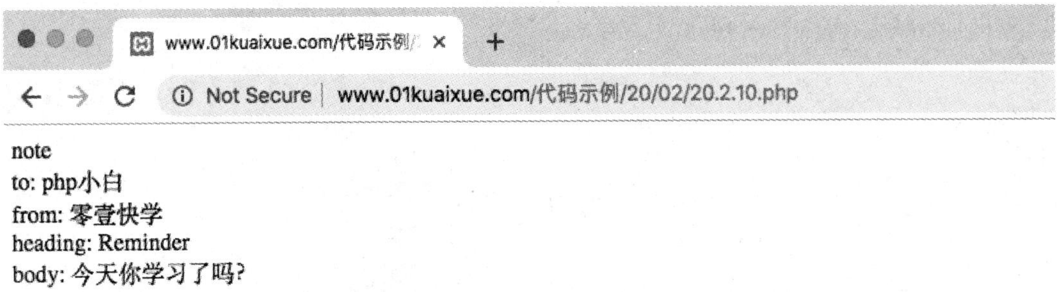

图20.2.5　输出每个子节点的元素名称和数据

20.3 小结

本章主要介绍了PHP中JSON和XML的相关知识，包括对JSON和XML的语法，PHP对JSON或XML数据的常用操作的讲解。

20.4 知识拓展

20.4.1　编写一个XML操作类

本节将编写一个XML操作类，可以满足XML数据的读取和写入。

动手写20.4.1 _xmlhandler.class.php

```
<?php
class XmlHandler
{
    protected $link;
    protected $file;

    public function __construct($file)
    {
        $this->file = $file;
        if (!file_exists($file))
        {
            //如果xml文件不存在，则自动创建xml文件
            $this->link = new DOMDocument('1.0', 'utf-8');
            $root       = $this->link->createElement('root');
            $this->link->appendChild($root);
```

```
        $this->link->formatOutput = true;
        $this->link->save($this->file);
    }
    else
    {
        $this->link              = new DOMDocument();
        $this->link->formatOutput = true;
        $this->link->load($this->file);
    }
}

public function getData($node = 0)
{
    if (!$node) {
        $node = $this->link->documentElement;
    }
    $array = [];
    foreach ($node->attributes as $attribute)
    {
        $key        = $attribute->nodeName;
        $val        = $attribute->nodeValue;
        $array[$key] = $val;
    }

    if (count($array))
    {

        $array['nodeValue'] = $node->nodeValue;
    }
    //递归遍历所有子元素
    $node_child = $node->firstChild;
    while ($node_child)
    {
        if (XML_ELEMENT_NODE == $node_child->nodeType)
        {
            $tagName = $node_child->tagName;
            $res  = $this->getData($node_child);
```

```
        if (isset($array[$tagName]))
        {
            if (isset($array[$tagName][0]) && !is_array($array[$tagName][0]))
            {
                $tmp             = $array[$tagName];
                $array[$tagName]  = array();
                $array[$tagName][] = $tmp;
            }
            $array[$tagName][] = $res;
        }
        else
        {
            $array[$tagName] = $res;
        }
    }
    $node_child = $node_child->nextSibling;
  }
  if (!count($array))
  {
    return $node->nodeValue;
  }
  return $array;
}

public function setData($data, &$node = 0)
{
  $is_root = false;
  if (!$node) {
    $is_root = true;
    $node    = $this->link->documentElement;
    $remove     = array();
    $node_child = $node->firstChild;
    while ($node_child)
    {
      $remove[]   = $node_child;
      $node_child = $node_child->nextSibling;
```

```
    }
    foreach ($remove as $r)
    {
      $node->removeChild($r);
    }
  }
  if (is_array($data)) {
    foreach ($data as $k => $v)
    {
      if (is_array($v))
      {
        foreach ($v as $r)
        {
          $item   = $this->link->createElement($k);
          $res = $this->setData($r, $item);
          $node->appendChild($res);
        }
      }
      else
      {
        $item  = $this->link->createElement($k);
        $value = $this->link->createTextNode($v);
        $item->appendChild($value);
        $node->appendChild($item);
      }
    }
  }

  else
  {
    $item = $this->link->createTextNode($data);
    $node->appendChild($item);
  }
  if ($is_root)
  {
    $this->link->save($this->file);
  }
```

```
    else
    {
      return $node;
    }
  }
}
```

自定义一个XML文件：

动手写20.4.2 xml

```xml
<?xml version="1.0" encoding="utf-8"?>
<root>
  <posts>
    <id>1</id>
    <title>博客标题1</title>
    <content>内容一</content>
  </posts>
  <posts>
    <id>2</id>
    <title>博客标题2</title>
    <content>内容二</content>
  </posts>
  <posts>
    <id>3</id>
    <title>博客标题3</title>
    <content>内容三</content>
  </posts>
</root>
```

接下来，写一个PHP文件，引入动手写20.4.2中的XML文件并实例化XmlHandler类，调用类的方法实现读取和写入XML数据：

动手写20.4.3 php

```php
<?php
require_once '20.4.1_xmlhandler.class.php';
$xml = new XmlHandler("20.4.2.xml");
//读取xml文件内容
$data = $xml->getData();
```

```
var_dump($data);
echo '/**************** 分割线 ***************/<br/>';
$xml2 = new XmlHandler("20.4.4.xml");
//写数据到xml文件
$xmlarr = $xml2->setData(['id' => 10, 'titile' => '新增博客', 'content' => '这是一个新创建的文件！ ']);
$data2  = $xml2->getData();
//读取xml文件内容
var_dump($data2);
```

运行结果如图20.4.1所示：

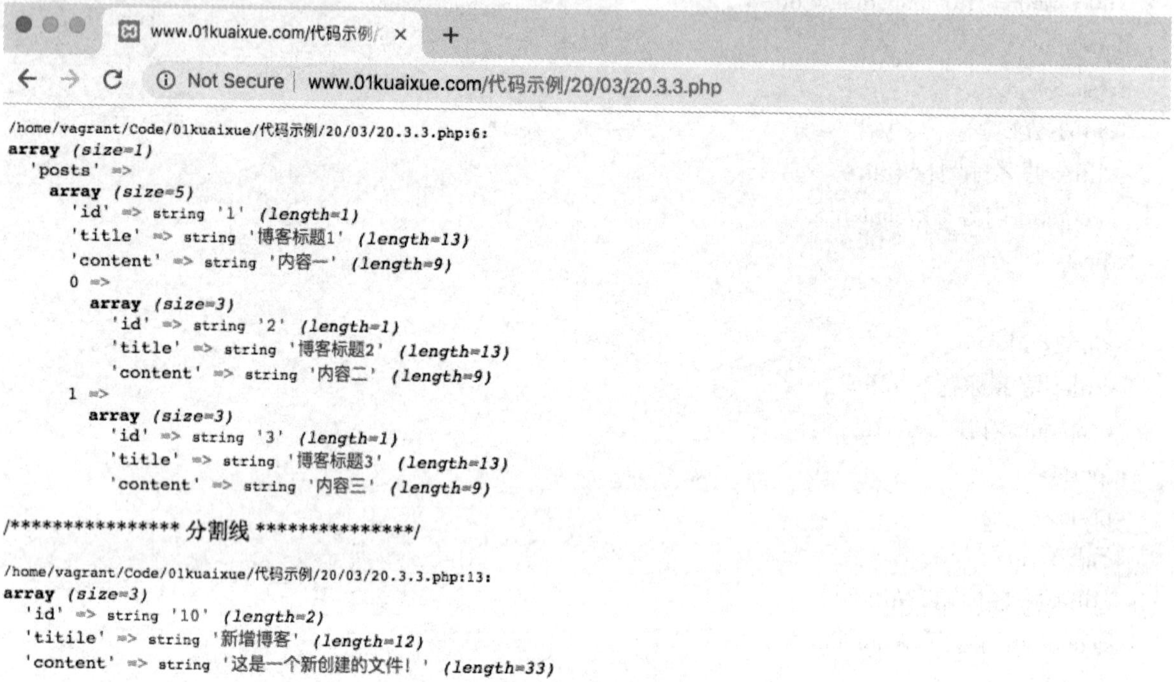

图20.4.1　实现XML数据的读取和写入

20.4.2　JSON和XML的对比

XML主要特点：格式统一，符合标准；易与其他系统进行远程交互、数据共享；文件庞大，文件格式复杂，传输占带宽；在客户端不同浏览器之间解析XML的方式不一致，需要重复编写很多代码；服务器端和客户端解析XML需要花费较多的资源和时间。

JSON主要特点：数据格式比较简单，易于读写，格式都是压缩的，占用带宽小；支持多端服务器语言，便于服务器端的解析；没有XML所具有的通用性；JSON的编译方式还比较单一，与DOM较为类似，因而在大规模数据的处理上有一定劣势。

JSON与XML对比如表20.4.1所示：

表20.4.1　JSON与XML的对比

对比方向	相关描述
标记语言	XML是一个完整的标记语言，而JSON不是。这使XML在程序判读上需要花费比较多的功夫。XML提供了绝佳的延展性，在复杂数据存储、扩展及高级检索方面更具备优势，但同时也意味着冗余信息较多。对于需要高性能交互的应用，过多的冗余信息则成了缺点
字符占用量	XML由于其标记语言的特性具有大量的冗余信息，这使其字符占用量超过同等信息量的JSON文件
编译方式	目前JSON的编译方式还比较单一，与DOM较为类似，因而在大规模数据的处理上有一定劣势
数据交互	JSON与JavaScript的交互更加方便，更容易解析处理，有更好的数据交互
数据描述	JSON对数据的描述性相比于XML较差

JSON作为一种轻量级的数据交换语言，因其较低的读写成本、较好的跨平台性以及数据结构，在当今时代得到了越来越广泛的应用。但JSON并不是十全十美的，其语法结构的设计是一种较为简单的数据交换语言，单一的数据结构在提供了低读写成本的同时，也使JSON的检索效率及可复用性较差，使其在复杂关系性数据的存储上具有一定劣势。所以在实际应用中，需考虑数据类型、硬件性能等实际需求，在JSON或XML等语言间做出合理的选择。

第21章 Laravel博客项目实战

21.1 开发环境介绍

21.1.1 Valet和Homestead

Laravel官方提供了两个开发环境，分别是Homestead和Valet。Homestead和Valet的不同之处在于两者的目标受众和本地开发的方式。Homestead提供了一个完整的、具有自动化的Nginx配置的Ubuntu虚拟机。如果需要完全虚拟化的Linux开发环境或Windows/Linux，Homestead是一个不错的选择。

Valet仅支持Mac，需要将PHP和数据库服务器直接安装到本地机器上。这可以很容易地通过使用Homebrew命令来实现，比如brew install php72和brew install mysql。Valet提供了一个极快的、资源消耗最少的本地开发环境，非常适合只需要PHP/MySQL且不需要虚拟开发环境的开发人员。

Homestead和Valet都是配置Laravel开发环境的绝佳选择，选择哪一个仅取决于个人喜好和团队的需求。

21.1.2 Homestead环境介绍

由于Valet仅支持Mac操作系统，接下来的课程将选择使用Homestead开发环境。Laravel Homestead是一个官方预封装的Vagrant Box，它提供了一个完美的开发环境，而无须再在本地机器中安装PHP、Web服务器和其他服务器软件，更不用担心会破坏本地操作系统。Vagrant boxes是一次性的，如果出现问题，可以在几分钟内销毁并创建Box。

Homestead可以运行在任何Windows、Mac或Linux系统，它包括了Nginx Web服务器、PHP 7.2、PHP 7.1、PHP 7.0、PHP 5.6、MySQL、PostgreSQL、Redis、Memcached、Node以及开发Laravel应用程序所需要的东西。

提示

Laravel对于开发环境并没有硬性需求，可以通过一些集成的PHP开发环境完成Laravel项目的开发。但是如果长期使用Laravel框架作为工作或学习的主框架，那么强烈建议开发者使用Homestead作为开发环境。

内置软件：

◇ Ubuntu 16.04

◇ Git

◇ PHP 7.2

◇ PHP 7.1

◇ PHP 7.0

◇ PHP 5.6

◇ Nginx

◇ Apache（Optional）

◇ MySQL

◇ MariaDB（Optional）

◇ SQLite 3

◇ PostgreSQL

◇ Composer

◇ Node（With Yarn, Bower, Grunt, and Gulp）

◇ Redis

◇ Memcached

◇ Beanstalkd

◇ MailHog

◇ Elasticsearch（Optional）

◇ Ngrok

具体搭建流程可以参考：

◇ Laravel官网提供的操作手册：https://laravel.com/docs/5.5/homestead

◇ Laravel China社区提供的Homestead开发环境搭建教程文档：https://laravel-china.org/docs/laravel-development-environment/5.5/development-environment-windows/938

21.2 组件式开发与Composer的使用

21.2.1 什么是组件式开发

如今组件式开发Composer的使用已经在软件开发领域盛行，项目中以框架作为基础进行的二次开发已经成为首选方案。

Laravel是一款优秀的PHP框架，在众多框架之中保持着一种领跑的姿态。Laravel比较突出的优点是组件式开发、IOC容器和分布式运用架构设计。

Laravel框架就是采用组件式开发的典范，组件式开发需要遵循一定的规范与接口，在PHP中有个著名的PHP-FIG（全称是PHP Framework Interop Group，PHP框架互动群），它的作用就是制定一系列PHP开发规范，即PSR编码规范。PHPer在开发框架的时候共同遵守这个规则的话，各种组件就可以很友好地组合在一起。PSR主要包括PSR0-PSR4文档，其中PSR0与PSR4就制定了Autoloader标准。

而说到PHP组件开发，就不得不提到Composer。Composer是专门为PHP而生的，是PHP组件的管理工具。

21.2.2 Composer简介

Composer是一款PHP依赖包管理工具，使用它不必像过去一样手动下载一些依赖项目并进行复杂的依赖处理，只需要在项目中声明一个JSON文件，便可以通过几条Composer命令来进行自动安装、更新、删除、搜索等对依赖的管理。Composer将会自动从服务器中下载依赖包，并生成lock依赖文件。

提示

运行Composer需要PHP 5.3.2以上版本。一些敏感的PHP设置和编译标志也是必须的，但对于任何不兼容项安装程序都会抛出警告。

Composer支持多平台，它在Windows、Linux以及OS X平台上均可以出色地运行。

21.2.3 Composer的安装

Composer工具是用PHP语言开发的工具，所以Composer的安装需要有PHP环境，并且不同的操作系统对于Composer的安装会有些不同，不过安装操作都非常简单。

Windows系统安装Composer的参考地址为：https://docs.phpcomposer.com/00-intro.html#Installation-Windows。

Linux或Unix系统安装Composer的参考地址为：https://docs.phpcomposer.com/00-intro.html#Installation-*nix。

21.2.4 Composer快速入门

Composer安装成功之后，在终端工具中输入composer命令：

```
>composer
```

会输出composer的相关信息，如图21.2.1所示：

图21.2.1 输出当前环境composer的版本和配置参数等信息

在项目根目录创建composer.json文件（如图21.2.2所示），并在文件中声明项目依赖扩展包。动手写21.2.1将以验证码扩展包"gregwar/captcha"为例。

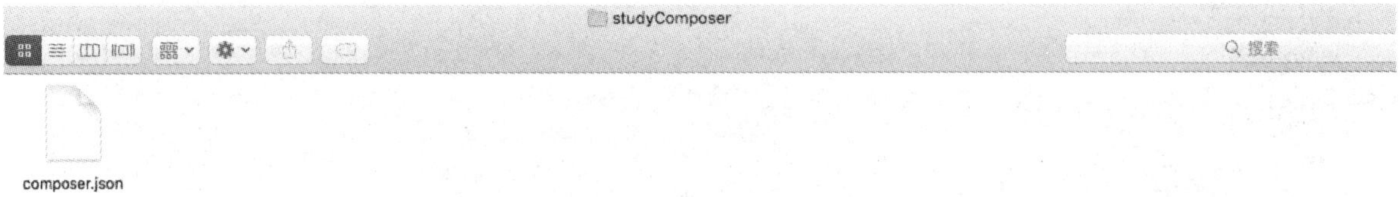

图21.2.2 创建composer.json

动手写21.2.1 _composer.json

```
{
  "require": {
    "gregwar/captcha" : "v1.1.1"
  }
}
```

声明依赖后，在项目跟目录执行composer install命令：

```
>composer install
```

```
→ studyComposer composer install
Loading composer repositories with package information
Updating dependencies (including require-dev)
Package operations: 1 install, 0 updates, 0 removals
  - Installing gregwar/captcha (v1.1.1): Downloading (100%)
Writing lock file
Generating autoload files
```

图21.2.3　composer install安装依赖包

这时打开项目目录会发现多了一个名为vendor的目录和一个composer.lock的文件，其中vendor目录下存放的就是刚刚引入的第三方类库。如图21.2.4所示：

图21.2.4　composer.lock文件

打开vendor目录会发现有一个名为autoload.php的文件，这个就是神奇的类库自动加载文件了，只需要在程序文件中引入这个自动加载文件即可以使用第三方类并解决类的依赖了。如图21.2.5所示：

图21.2.5　autoload.php的文件

一个扩展包开发完成后，一般会发布到Packagist仓库中，它的作者会在发布的扩展包资源中详尽地介绍扩展包的使用方法和细节。所以，大家可以到Packagist仓库（Packagist仓库网址：https://packagist.org）去查找相关扩展包的使用方法。如图21.2.6所示：

图21.2.6　Packagist仓库首页

我们可以在搜索框中输入扩展包的名称，如gregwar/captcha。如图21.2.7所示：

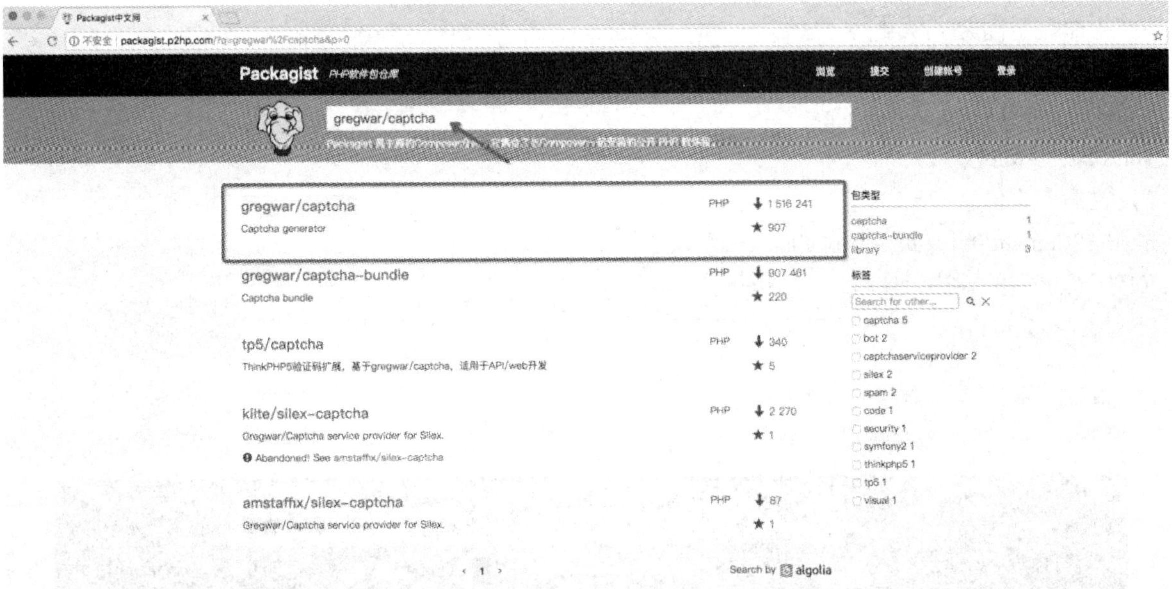

图21.2.7　搜索扩展包

排在第一位的是接下来将要介绍的扩展包，点击进入该扩展包详情页，该页面会包含扩展包的GitHub地址、下载量、历史版本信息、使用方法介绍等全面信息。如图21.2.8所示：

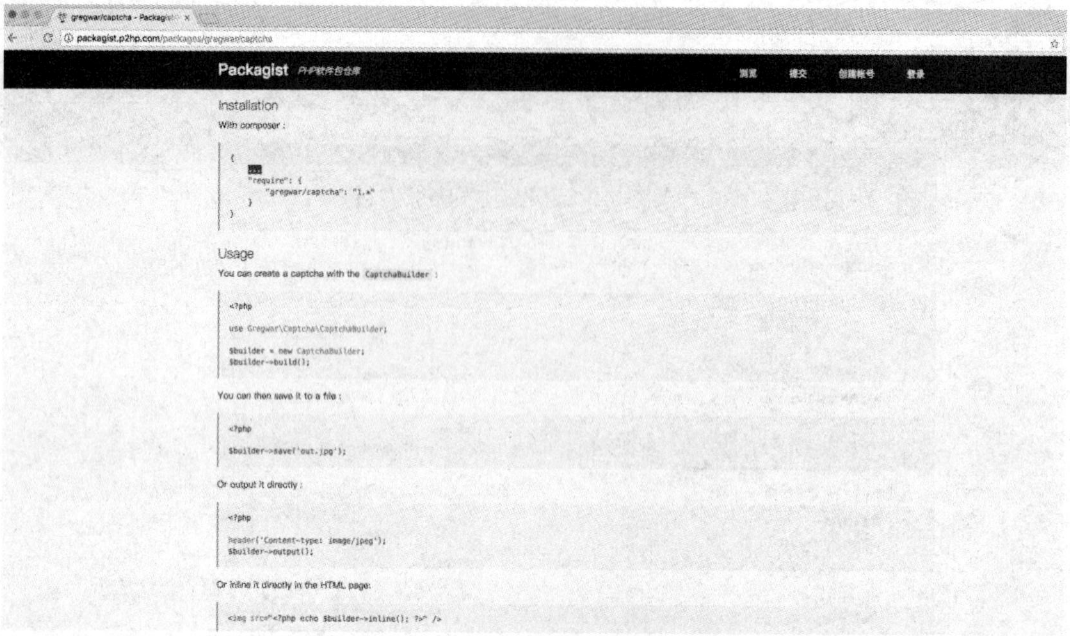

图21.2.8　扩展包的使用方法介绍

动手写 21.2.2 php

```
//首先引入自动加载文件
include './vendor/autoload.php';
//声明命名空间并实例化
use Gregwar\Captcha\CaptchaBuilder;
$builder = new CaptchaBuilder;
$builder->build();
//设置响应头信息
header('Content-type: image/jpeg');
//调用类提供的方法，实现输出验证码
$builder->output();
```

运行结果如图21.2.9所示：

图21.2.9　成功输出验证码

21.3 Laravel框架介绍

21.3.1 Laravel框架目录介绍

默认的Laravel应用程序按照PSR-0和PSR-4规范组织文件的目录结构，通过这种规范结构可以很好地实现文件的自动加载和分类。当然，你也可以根据自己的喜好整理应用的目录结构。Laravel没有严格地限制任何给定的类的位置，只要它们能够被Composer自动加载即可。（本课程选用的版本为Laravel 5.5）

根目录，一个全新创建的Laravel应用程序的根目录包含了以下子目录：

◇ app：目录包含应用程序的核心代码。应用中几乎所有的类都应该放在这里。

◇ bootstrap：目录包含引导框架并配置自动加载的文件。该目录还包含了一个cache目录，存放着框架生成的用来提升性能的文件，比如路由和服务缓存文件。

◇ config：目录，顾名思义是包含应用程序所有的配置文件。建议通读这些文件，以便熟悉所有可用的选项。

◇ database：目录包含数据填充和迁移文件。

◇ public：目录包含了入口文件index.php，它是进入应用程序的所有请求的入口点。此目录还包含了一些资源文件（如图片、JavaScript和CSS）。

◇ resource：目录包含了视图和未编译的资源文件（如LESS、SASS或JavaScript）。此目录还包含所有的语言文件。

◇ routes：目录包含了应用的所有路由定义，Laravel默认包含了web.php和api.php这几个路由文件。

◇ storage：目录包含编译的Blade模板，基于文件的会话和文件缓存，以及框架生成的其他文件。这个目录被细分成app、framework和logs三个子目录。app目录可以用来存储应用生成的任何文件，framework目录用来存储框架生成的文件和缓存，logs目录包含应用的日志文件。

◇ tests：目录包含自动化测试文件。Laravel已内置了PHPUnit的测试范例供参考。每个测试类都应该以Test作为后缀。可以使用phpunit或者php vendor/bin/phpunit命令来运行测试。

◇ vendor：目录包含Composer依赖包。

app目录，应用程序的大部分代码都在app目录内，app目录包含了多个子目录：

◇ Broadcasting：目录包含应用程序的所有广播频道类。这些类可以通过使用make:channel命令来创建。默认情况下此目录是不存在的，在创建第一个频道类时将创建此目录。

◇ Console：目录包含了所有自定义的Artisan命令，这些命令可以通过make:command来生成。这个目录还包含了控制台内核，可以用来注册自定义Artisan命令和自定义的计划任务的地方。

◇ Events：目录默认是不存在的，它会在运行Artisan命令event:generate或make:event时生成。

Events目录存放了事件类。事件类可以用来提醒应用其他部分发生的特定操作，为应用提供了更多的灵活性和解耦处理机制。

◇ Exceptions：目录包含了应用的异常处理器，也是应用抛出异常的好地方。如果想自定义记录或者渲染异常的方式，就要修改此目录下的Handler类。

◇ Http：目录包含了控制器、中间件和表单请求。几乎所有进入应用的请求的处理逻辑都被放在这里。

◇ Jobs：目录默认是不存在的，它会在运行Artisan命令make:job时生成。这个目录存放了应用中的队列任务，应用的任务可以被推送到队列或者在当前请求的生命周期内同步运行。在当前请求期间同步运行的任务可以看作是一个“命令”，因为它们是“命令模式”的实现。

◇ Listeners：Listeners目录默认是不存在的，它会在运行Artisan命令event:generate或make:listener时生成。Listeners目录包含了用来处理事件的类，事件监听器接收事件实例并执行响应该事件被触发的逻辑。例如，UserRegistered 事件可能由SendWelcomeEmail监听器处理。

◇ Mail：目录默认不存在，它会在运行Artisan命令make:mail时生成。Mail目录包含应用所有的邮件发送类。邮件对象允许将构建邮件的逻辑封装在可以使用Mail::send方法来发送邮件的地方。

◇ Notifications：目录默认不存在，它会在运行Artisan命令make:notification时生成。Notifications目录包含应用发送的所有“事务性”通知，比如关于在应用中发生的事件的简单通知。Laravel的通知功能抽象了通知发送，可以通过各种驱动（例如邮件、Slack、短信）发送通知，或是存储在数据库中。

◇ Policies：目录默认不存在，它会通过运行Artisan命令make:policy来创建。Policies目录包含了应用的授权策略类，策略可以用来决定一个用户是否有权限去操作指定资源。

◇ Providers：目录包含了应用的所有服务提供器 。服务提供器通过在服务容器中绑定服务、注册事件以及执行其他任务来为即将到来的请求做准备以启动应用。在一个新的Laravel应用里，这个目录已经包含了一些服务提供器，可以按照需要自由添加自己的服务提供器到该目录。

◇ Rules：目录默认不存在，它会在运行Artisan命令make:rule时被创建。Rules目录包含应用自定义验证规则对象。这些规则意在将复杂的验证逻辑封装在一个简单的对象中。

21.3.2 Laravel框架中的MVC模式

MVC（全称为Model View Controller），即把一个应用的输入、处理和输出流程按照Model、View和Controller的方式进行分离，这样一个应用就会被分成三个层——模型层、视图层和控制层。接下来我们对Laravel框架中的MVC进行介绍：

1. 模型层

Laravel并没有直接提供Models目录，这样的设置是有意的，因为“模型”的概念含糊不清，对许多不同的人来说都有着各自不同的理解。一些开发者把应用的“模型”理解为“其所有业务逻辑的总体”，而另一些人将“模型”理解为“与关系数据库交互的类”。

因此，Laravel框架默认把Eloquernt的模型放在app目录下，并且允许开发者自行选择放置在何处。一般国内用户的习惯是在app目录下创建一个Models目录，将应用中创建的Model类保存在app/Models/ 目录下。

2. 视图层

视图用于向用户呈现网页界面，Laravel框架应用程序将视图作为一个独立的组件与控制器解耦，所以在任何位置都可以使用view()的方式加载一个视图。在Laravel框架中，视图文件是以“.blade.php”后缀命名的。通常保存在resources/views/目录下。

3. 控制层

Laravel框架和其他框架类似，控制器也是由类来组织的，通过不同的类可以把HTTP请求按照内部关系进行分类，控制器类通常放在app/Http/Controllers目录下。

21.4 Laravel核心概念

Laravel框架中把很多PHP特性和设计模式结合应用得非常巧妙，这也是它深受大家喜爱的原因之一。在它使用的诸多思想中，最为核心的当属服务容器和服务提供者了。本节会简单介绍一下这些核心思想，但并不会提到过多的技术细节，读者掌握概念即可。本章的内容定位是以实战开发为主的，掌握这些概念可以更好地理解框架，如有兴趣，读者可自行查阅相关资料并深入学习。

21.4.1　服务容器

Laravel中的服务容器顾名思义就是装服务的一个容器。那什么是服务呢？比如一个有具体功能的类就可以当作是程序中的一个服务。当一个类依赖另一个类来实现功能，就形成了类的依赖。Laravel服务容器是用于管理“类的依赖”和“执行依赖注入”的工具。“依赖注入”这个花俏的名词，实质上是指“类的依赖项通过构造函数”，或者某些情况下通过“setter”方法“注入”到类中。

来看一个简单的例子：

动手写 21.4.1 php

```
<?php
namespace App\Http\Controllers;

use App\Http\Controllers\Controller;
use App\Repositories\UserRepository;
```

```
use App\User;

class UserController extends Controller
{
    /**
     * 用户存储库的实现。
     *
     * @var UserRepository
     */
    protected $users;

    /**
     * 创建新的控制器实例。
     *
     * @param  UserRepository  $users
     * @return void
     */
    public function __construct(UserRepository $users)
    {
        $this->users = $users;
    }

    /**
     * 显示指定用户的 profile。
     *
     * @param  int  $id
     * @return Response
     */
    public function show($id)
    {
        $user = $this->users->find($id);
        return view('user.profile', ['user' => $user]);
    }
}
```

在这个例子中，控制器UserController需要从数据源中获取users，因此需要注入获取users的服务。

1. 绑定基础

因为几乎所有服务容器绑定操作都是在服务提供器中注册的，所以书中大多数例子都是使用了在服务提供器中绑定的容器。

2. 简单绑定

在服务提供器中，可以通过$this->app属性访问容器。通过bind()方法注册绑定，传递需要注册的类或接口名称再返回类的实例的Closure：

动手写21.4.2 php

```
$this->app->bind('HelpSpot\API', function ($app) {
    return new HelpSpot\API($app->make('HttpClient'));
});
```

提 示

容器本身作为解析器的参数，可以用来解析正在构建的对象的子依赖。

3. 解析实例

使用make()方法可以将容器中的类实例解析出来。make()方法接受要解析的类或接口的名称：

动手写21.4.3 php

```
$api = $this->app->make('HelpSpot\API');
```

提 示

如果代码处于不能访问$app变量的位置，可以使用全局的辅助函数resolve()。

21.4.2　服务提供者

服务提供器是所有Laravel应用程序的引导中心，应用程序以及Laravel的所有核心服务都需要通过服务提供器进行引导。

在这里，“引导”其实是指注册，比如注册服务容器绑定、事件监听器、中间件，甚至是路由的注册。服务提供器是配置应用程序的中心。

Laravel的config/app.php文件中有一个providers数组，数组中的内容是应用程序要加载的所有服务提供器类。

所有服务提供器都会继承Illuminate\Support\ServiceProvider类，大多数服务提供器都包含register()和boot()方法。在register()方法中，只需要绑定类到服务容器中，而不需要尝试在register()方法中注册任何事件监听器、路由或任何其他功能。

1. 注册方法

动手写21.4.4 php

```
<?php

namespace App\Providers;

use Riak\Connection;
use Illuminate\Support\ServiceProvider;

class RiakServiceProvider extends ServiceProvider
{
    /**
     * 在容器中注册绑定。
     *
     * @return void
     */
    public function register()
    {
        $this->app->singleton(Connection::class, function ($app) {
            return new Connection(config('riak'));
        });
    }
}
```

所有服务提供器都在config/app.php配置文件中注册，该文件中有一个providers数组，用于存放服务提供器的类名。默认情况下，这个数组列出了一系列Laravel核心服务提供器，这些服务提供器引导Laravel核心组件，例如邮件、队列、缓存等。

2. 注册提供器

要注册提供器，只需要将其添加到数组：

动手写21.4.5 php

```
//…
'providers' => [
    // 其他服务提供器

    App\Providers\RiakServiceProvider::class,
],
//…
```

这样，一个服务提供者就注册到Laravel应用程序中了。

21.5 博客项目实战

本节内容将从0到1搭建一个博客系统，开发过程中会函盖Laravel框架提供的核心功能讲解，目标是让没有Laravel项目经验的读者从基础入手，一步步跟着做，逐步掌握Laravel框架至可独立开发项目。

提示

本课程采用的开发环境：Homestead。

环境共享的文件夹：Homestead环境的/home/vagrant/Code目录与本机的~/Code目录。

配置项目域名：01blog.test。

连接数据库：blog。

21.5.1 创建项目

Laravel框架使用Composer来管理其依赖性。所以，在使用Laravel之前，请确认是否安装了Composer。

接下来，使用Composer命令来创建一个名为blog的项目：

```
composer create-project laravel/laravel blog --prefer-dist "5.5.*"
```

```
vagrant@homestead:~/Code$ composer create-project laravel/laravel blog --prefer-dist "5.5.*"
Installing laravel/laravel (v5.5.28)
  - Installing laravel/laravel (v5.5.28): Downloading (100%)
Created project in blog
> @php -r "file_exists('.env') || copy('.env.example', '.env');"
Loading composer repositories with package information
Updating dependencies (including require-dev)
Package operations: 71 installs, 0 updates, 0 removals
  - Installing symfony/thanks (v1.0.7): Downloading (100%)
  - Installing vlucas/phpdotenv (v2.5.0): Downloading (100%)
  - Installing symfony/css-selector (v4.1.1): Downloading (100%)
  - Installing tijsverkoyen/css-to-inline-styles (2.2.1): Loading from cache
  - Installing symfony/polyfill-mbstring (v1.8.0): Downloading (100%)
  - Installing symfony/var-dumper (v3.4.12): Downloading (100%)
  - Installing symfony/routing (v3.4.12): Downloading (100%)
  - Installing symfony/process (v3.4.12): Downloading (100%)
  - Installing paragonie/random_compat (v2.0.17): Downloading (100%)
  - Installing symfony/polyfill-php70 (v1.8.0): Downloading (100%)
  - Installing symfony/http-foundation (v3.4.12): Downloading (100%)
  - Installing symfony/event-dispatcher (v4.1.1): Downloading (100%)
  - Installing psr/log (1.0.2): Loading from cache
```

中间过程省略，直到blog项目安装成功，如图21.5.1所示：

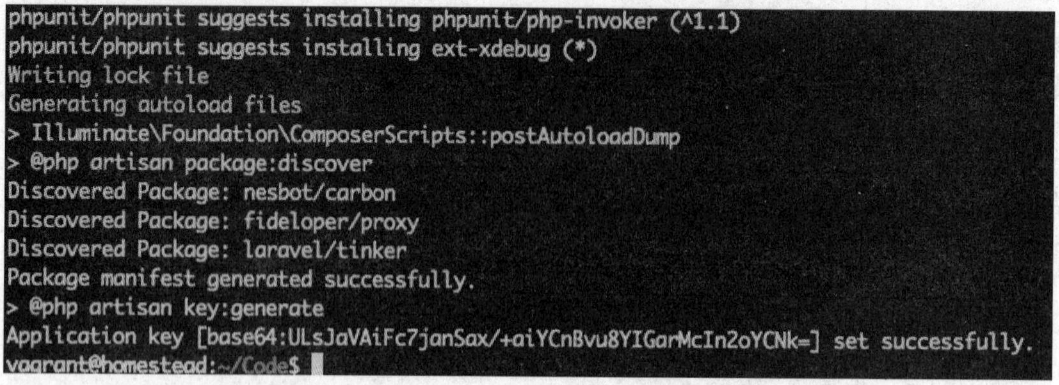

图21.5.1　blog项目安装成功

如果在安装过程遇到困难，也可选择用压缩包的方式安装Laravel框架。这种方式直接下载解压就可以运行，依赖包已经打包好。

官方最新版地址：http://cabinet.laravel.com/latest.zip

打开项目目录，如图21.5.2所示：

图21.5.2　Laravel框架目录结构

配置本机hosts文件，添加上01blog.test访问域名。如图21.5.3所示：

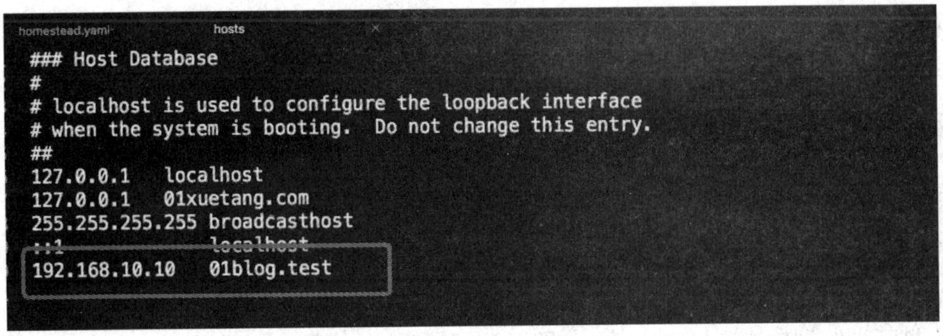

图21.5.3　hosts文件信息

提 示

这里IP地址填写的是Homestead环境对应的IP地址，而非本机的127.0.0.1。

编辑Homestead.yaml配置文件，新增站点。如图21.5.4所示：

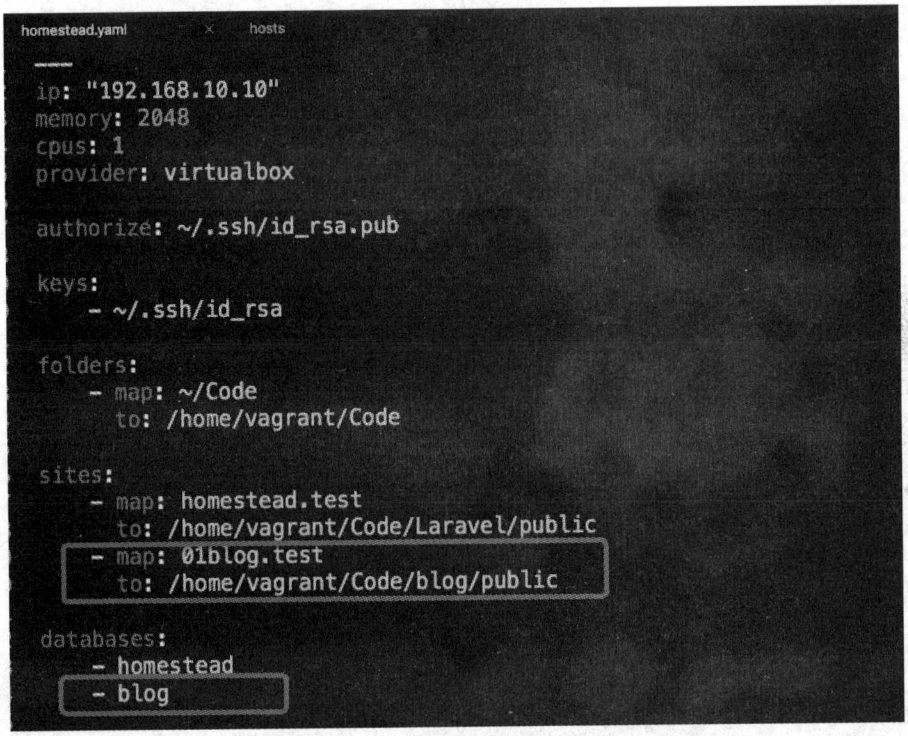

图21.5.4　Homestead.yaml 配置信息

这里主要设置了sites和databases两项。sites会将域名01blog.test映射到虚拟机的/home/vagrant/Code/blog/public文件夹上，而databases则为新创建的项目指定数据库名。

每次对Homestead.yaml文件进行了更改之后，需要运行下面命令来重新加载Homestead.yaml配置文件，并重启虚拟机来使更新生效：

```
cd ~/Homestead && vagrant provision && vagrant reload
```

提示

vagrant provision：Vagrant重新加载Homestead.yaml配置。

vagrant reload：重启虚拟机。

至此，打开浏览器输入http://01blog.test即可访问项目。如图21.5.5所示：

图21.5.5　访问博客首页

21.5.2　配置信息

项目安装好以后，需要为它做一些配置：

1. .env

“.env”配置文件用以存储一些依赖环境的变量，比如数据库的连接配置、一些第三方服务账号、“token”等。

动手写21.5.1 env

```
#应用名称、开发环境（local）、生成应用的密钥、设定报错信息是否显示
APP_NAME=01blog
APP_ENV=local
APP_KEY=base64:ULsJaVAiFc7janSax/+aiYCnBvu8YIGarMcIn2oYCNk=
APP_DEBUG=true
APP_LOG_LEVEL=debug
```

```
APP_URL=http://01blog.test

#数据库连接配置
DB_CONNECTION=mysql
DB_HOST=127.0.0.1
DB_PORT=3306
DB_DATABASE=blog
DB_USERNAME=homestead
DB_PASSWORD=secret

#缓存、会话、队列等驱动的相关配置信息：
BROADCAST_DRIVER=log
CACHE_DRIVER=file
SESSION_DRIVER=file
SESSION_LIFETIME=120
QUEUE_DRIVER=sync

#Redis 相关的配置信息：
REDIS_HOST=127.0.0.1
REDIS_PASSWORD=null
REDIS_PORT=6379

#邮件相关的配置信息：
MAIL_DRIVER=smtp
MAIL_HOST=smtp.mailtrap.io
MAIL_PORT=2525
MAIL_USERNAME=null
MAIL_PASSWORD=null
MAIL_ENCRYPTION=null

PUSHER_APP_ID=
PUSHER_APP_KEY=
PUSHER_APP_SECRET=
PUSHER_APP_CLUSTER=mt1
```

目前主要配置了数据库连接方式、应用名称、应用URL、开发环境等基础信息。

Laravel框架的所有配置都保存在config目录中，每个文件中包含多个配置选项，每个选项都有说明，可以随时查看这些文件，并熟悉都有哪些配置选项可供使用。配置文件的说明如表21.5.1所示：

表21.5.1 配置文件的简单说明

文件名称	配置类型
app.php	应用相关，如项目名称、时区、语言等
auth.php	用户授权，如用户登录、密码重置等
broadcasting.php	事件广播系统相关配置
cache.php	缓存相关配置
database.php	数据库相关配置，包括MySQL，Redis等
filesystems.php	文件存储相关配置
mail.php	邮箱发送相关的配置
queue.php	队列系统相关配置
services.php	放置第三方服务配置
session.php	用户会话相关配置
view.php	视图存储路径相关配置

2. config/app.php

在config/app.php中，将默认时区timezone改为上海，默认语言locale改为中文。

动手写21.5.2 _app.php

```
<?php
/*
 *...省略中间配置...
 *
 */
'timezone' => 'Asia/Shanghai',
/*
 *...省略中间配置...
 *
 */
'locale' => 'zh-CN',
```

3. 辅助函数bootstrap/helpers.php

在项目开发中，经常会需要自定义一些辅助函数，一般可以把它存放于bootstrap/helpers.php文件中。如图21.5.6所示：

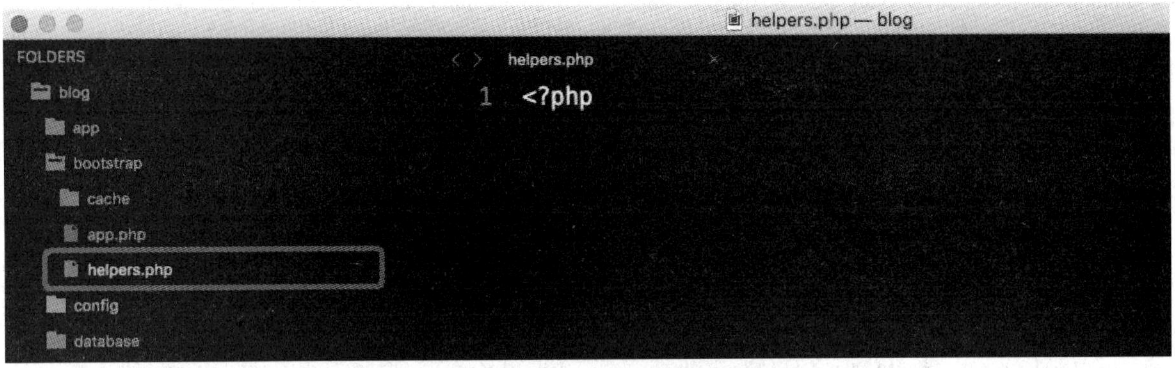

图21.5.6　创建helpers.php辅助函数文件

在bootstrap/app.php文件的最顶部进行加载。如图21.5.7所示：

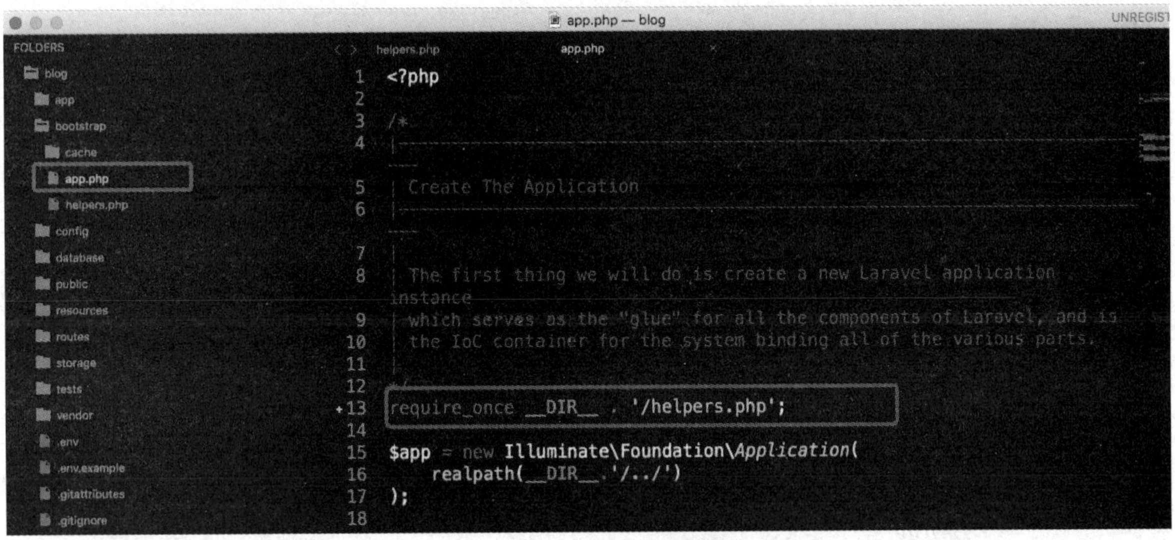

图21.5.7　加载辅助函数文件

在app.php中加载辅助函数文件后，在辅助函数文件中定义的函数可以进行全局调用了。

21.5.3　基础布局

一般来说，网站的基础风格、页面的头部内容、尾部内容都是一样的，所以可以构建基础的页面布局，将公共文件统一存放在resources/views/layouts文件夹下。涉及的文件如下：

◇ app.blade.php：主要布局文件，项目的所有页面都将继承于此页面。

◇ _header.blade.php：布局的头部区域文件，负责顶部导航栏区块。

◇ _footer.blade.php：布局的尾部区域文件，负责底部内容区块。

已经准备好的博客静态资源，如图21.8.5所示：

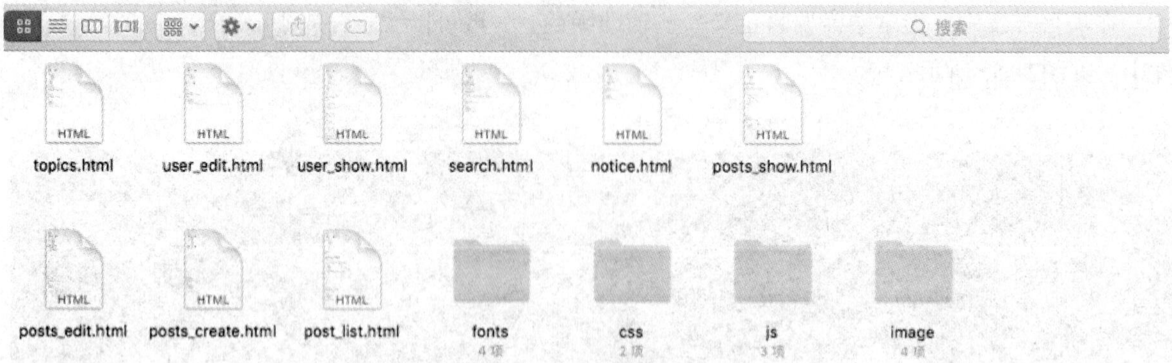

图21.5.8　博客静态资源

现在将页面的基础布局抽象出来，在resources/views目录下创建layouts目录，并将布局文件_app.blade.php、_header.blade.php、_footer.blade.php放置其中：

动手写21.5.3 _app.blade.php

```
<!DOCTYPE html>
<html lang="zh-CN">
  <head>
    <meta charset="utf-8">
      <meta content="IE=edge" http-equiv="X-UA-Compatible">
        <meta content="width=device-width, initial-scale=1" name="viewport">
          <meta content="" name="description">
            <meta content="" name="author">
              <meta content="{{ csrf_token() }}" name="csrf-token">
                <title>
                  @yield('title', '01Blog') - 零壹快学博客系统
                </title>
                        <link href="https://cdn.bootcss.com/bootstrap/3.3.7/css/bootstrap.min.css"
rel="stylesheet">
                  <link href="/css/blog.css" rel="stylesheet">
                    <link href="/css/wangEditor.min.css" rel="stylesheet" type="text/css">
                      @yield('styles')
                    </link>
                  </link>
                </link>
```

```
                    </meta>
                  </meta>
                </meta>
              </meta>
            </meta>
          </meta>
        </head>
        <body>
          @include('layouts._header')
          <div class="container">
            <div class="blog-header">
            </div>
            <div class="row">
              @yield("content")
            </div>
          </div>
          @include("layouts._footer")

@yield("pagejs")
          <script src="https://cdn.bootcss.com/jquery/1.12.4/jquery.min.js">
          </script>
          <script src="https://cdn.bootcss.com/bootstrap/3.3.7/js/bootstrap.min.js">
          </script>
          @yield('scripts')
        </body>
</html>
```

代码解析：

◇ @yield('title', '01Blog')表示继承此模板的页面，如果没有定制title区域的话，就会自动使用第二个参数'01Blog'作为标题前缀。

◇ <meta content="{{ csrf_token() }}" name="csrf-token">中的csrf-token标签是为了方便前端的JavaScript脚本获取CSRF令牌。

◇ @include('layouts._header')加载顶部导航区块的子模板。

◇ @yield("content")占位符声明，允许继承此模板的页面注入内容。

◇ @include("layouts._footer") 加载页面尾部导航区块的子模板。

动手写21.5.4 __header.blade.php

```
<div class="blog-masthead">
  <div class="container">
    <form action="/posts/search" method="GET">
      <ul class="nav navbar-nav navbar-left">
        <li>
          <a class="blog-nav-item " href="/posts">
            首页
          </a>
        </li>
        <li>
          <a class="blog-nav-item" href="/posts/create">
            写文章
          </a>
        </li>
        <li>
          <a class="blog-nav-item" href="/notices">
            通知
          </a>
        </li>
        <li>
          <input class="form-control" name="query" placeholder="搜索词" style="margin-top:10px"
type="text" value="">
          </input>
        </li>
        <li>
          <button class="btn btn-default" style="margin-top:10px" type="submit">
            Go!
          </button>
        </li>
      </ul>
      <ul class="nav navbar-nav navbar-right">
        <li class="dropdown">
          <div>
              <img alt="" class="img-rounded" src="image/default.jpg" style="border-radius:500px;
height: 30px">
```

```
                <a aria-expanded="false" aria-haspopup="true" class="blog-nav-item dropdown-
toggle" data-toggle="dropdown" href="#" role="button">
                  php/小白
                  <span class="caret">
                  </span>
                </a>
                <ul class="dropdown-menu">
                  <li>
                    <a href="/user/5">
                      我的主页
                    </a>
                  </li>
                  <li>
                    <a href="/user/5/setting">
                      个人设置
                    </a>
                  </li>
                  <li>
                    <a href="/logout">
                      登出
                    </a>
                  </li>
                </ul>
              </img>
            </div>
          </li>
        </ul>
      </form>
    </div>
</div>
```

动手写21.5.5 __footer.blade.php

```
<footer class="blog-footer navbar-fixed-bottom">
  <p>
    Blog template built for
    <a href="http://getbootstrap.com">
```

```
        Bootstrap
      </a>
    </p>
</footer>
```

布局目录结构如图21.5.9所示：

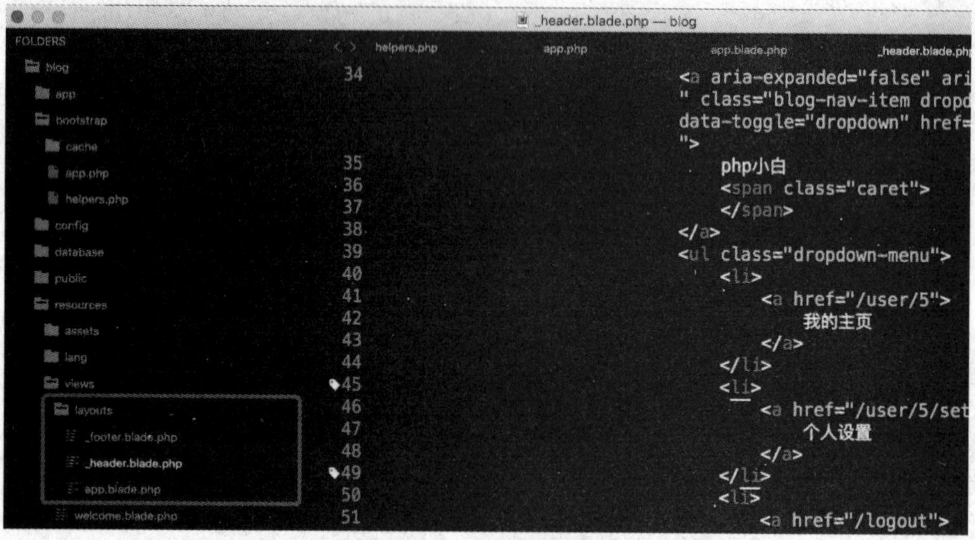

图21.5.9　基础布局目录

将博客静态资源文件夹中的image、css、js、fonts等资源引入到项目public目录下。如图21.5.10所示：

图21.5.10　css和js等静态资源目录

21.5.4 用户模块

Laravel自带了用户认证功能，利用此功能可以快速构建用户中心模块。

执行认证脚手架命令php artisan make:auth，该命令会创建用户模块的路由及视图等必要资源，执行过程中会询问是否要覆盖app.blade.php，此处输入“no” 。如图21.5.11所示：

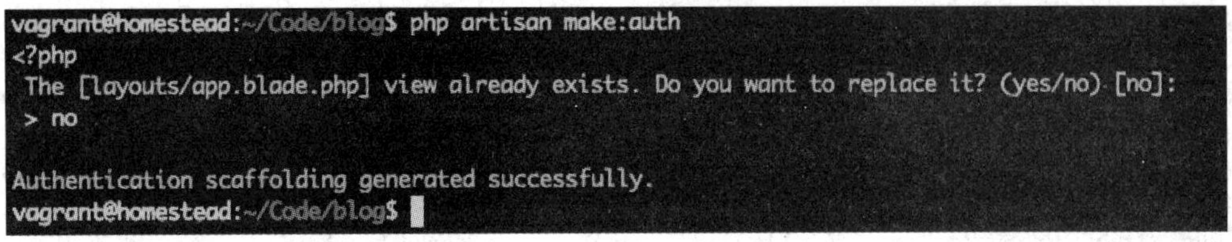

图21.5.11

Auth组件创建的路由资源，如图21.5.12所示：

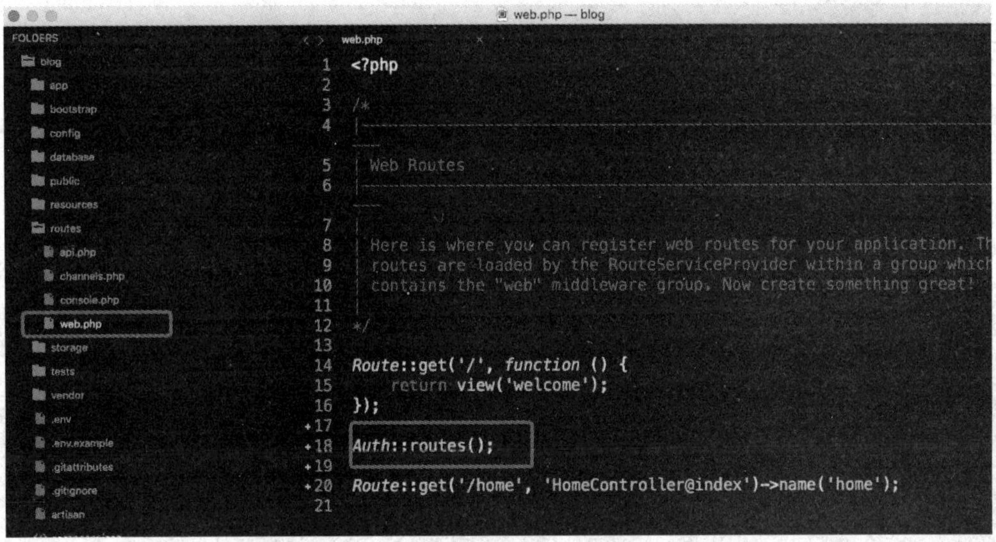

图21.5.12　web.php路由文件中新增了Auth路由组件

Auth::routes()对于开发者来说并不直观，可以将Laravel的用户认证路由等价于以下路由：

动手写21.5.6 _web.php

```
<?php
// Authentication Routes...
Route::get('login', 'Auth\LoginController@showLoginForm')->name('login');
Route::post('login', 'Auth\LoginController@login');
Route::post('logout', 'Auth\LoginController@logout')->name('logout');

// Registration Routes...
```

```
Route::get('register', 'Auth\RegisterController@showRegistrationForm')->name('register');
Route::post('register', 'Auth\RegisterController@register');

// Password Reset Routes...
Route::get('password/reset', 'Auth\ForgotPasswordController@showLinkRequestForm')->name('password.
request');
Route::post('password/email', 'Auth\ForgotPasswordController@sendResetLinkEmail')->name('password.
email');
Route::get('password/reset/{token}', 'Auth\ResetPasswordController@showResetForm')->name('password.
reset');
Route::post('password/reset', 'Auth\ResetPasswordController@reset');
```

Auth组件创建的以下内容在本次博客项目中没有使用到，可酌情删除：

1．web.php中的Route::get('/home', 'HomeController@index')->name('home');

2．resources/views/home.blade.php；

3．app/Http/Controllers/HomeController.php。

Auth组件的视图资源如图21.5.13所示：

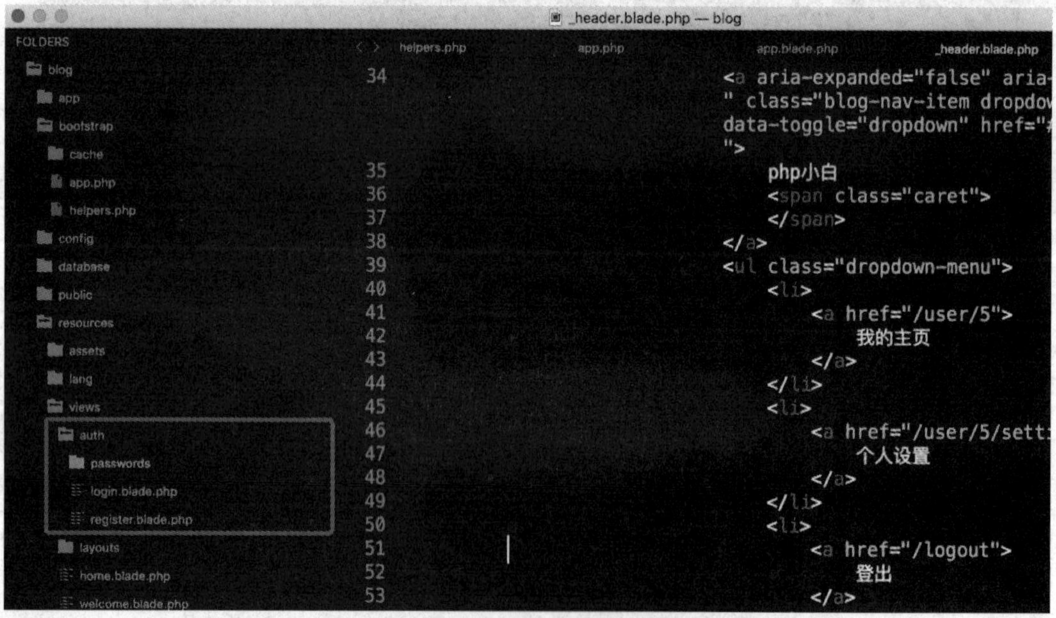

图21.5.13　Auth组件的视图资源

现在，在浏览器中打开http://01blog.test/login，即可访问登录页面。如图21.5.14所示：

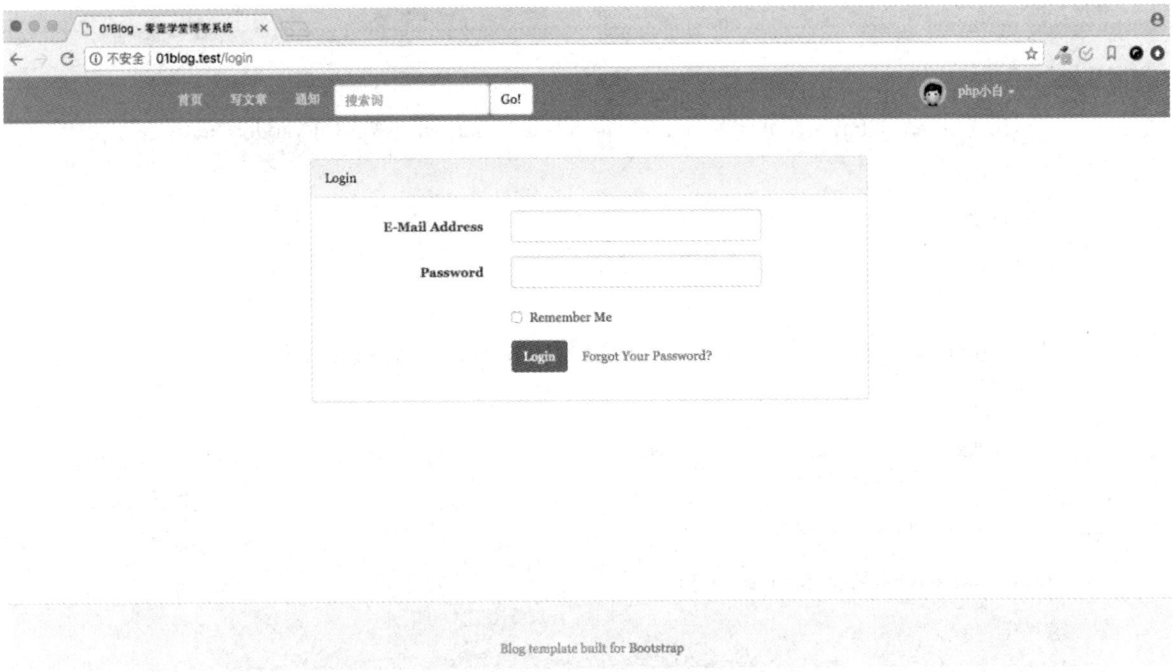

图21.5.14　登录页面

导航右上角的位置使用的是假链接，现在改成正确的链接地址：

动手写21.5.7 __header.blade.php

```
<div class="blog-masthead">
  <div class="container">
    <ul class="nav navbar-nav navbar-left">
      <li>
        <a class="blog-nav-item " href="/posts">
          首页
        </a>
      </li>
      <li>
        <a class="blog-nav-item" href="/posts/create">
          写文章
        </a>
      </li>
      <li>
        <a class="blog-nav-item" href="/notices">
          通知
        </a>
```

```
        </li>
        <li>
            <input class="form-control" name="query" placeholder="搜索词" style="margin-top:10px" type="text" value="">
            </input>
        </li>
        <li>
          <button class="btn btn-default" style="margin-top:10px" type="submit">
            Go!
          </button>
        </li>
      </ul>
      <ul class="nav navbar-nav navbar-right">
        @guest
        <li>
          <a class="blog-nav-item" href="{{ route('login') }}">
            登录
          </a>
        </li>
        <li>
          <a class="blog-nav-item" href="{{ route('register') }}">
            注册
          </a>
        </li>
        @else
        <li class="dropdown">
          <div>
              <img alt="" class="img-rounded" src="/image/default.jpg" style="border-radius:500px; height: 30px">
              <a aria-expanded="false" aria-haspopup="true" class="blog-nav-item dropdown-toggle" data-toggle="dropdown" href="#" role="button">
                php小白
                <span class="caret">
                </span>
```

```
                </a>
                <ul class="dropdown-menu">
                  <li>
                    <a href="{{ route('users.show', Auth::id()) }}">
                      我的主页
                    </a>
                  </li>
                  <li>
                    <a href="{{ route('users.edit', Auth::id()) }}">
                      个人设置
                    </a>
                  </li>
                  <li>
                    <a href="#" onclick="event.preventDefault();
                          document.getElementById('logout').submit();">
                      退出登录
                    </a>
                        <form action="{{ route('logout') }}" id="logout" method="POST" style="display:
none;">
                      {{ csrf_field() }}
                    </form>
                  </li>
                </ul>
              </img>
            </div>
          </li>
          @endguest
        </ul>
      </div>
</div>
```

@guest是用来判断当前用户是否登录的条件语句，如果是未登录用户的话，就显示注册和登录按钮；如果是已登录用户的话，即显示用户菜单。

{{ route('login') }} route()函数传入路由文件web.php中配置好的参数，会解析为完整URL路径。如图21.5.15所示：

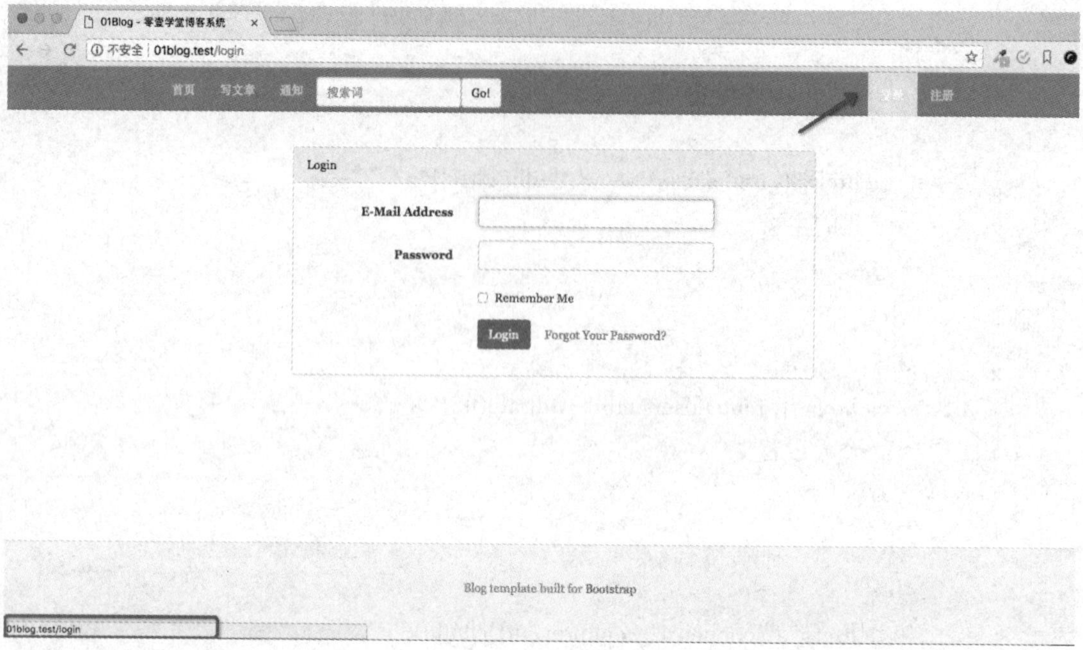

图21.5.15

接下来进行注册用户的操作。新注册的用户一般会将用户的信息存入数据库中的users表，使用Laravel框架并不需要手动去数据库创建一张users表，只需要执行一条php artisan migrate命令即可。

先打开数据库工具，如图21.5.16所示。课程中使用的是Sequel Pro，是一款便捷的的MySQL数据库可视化管理工具。

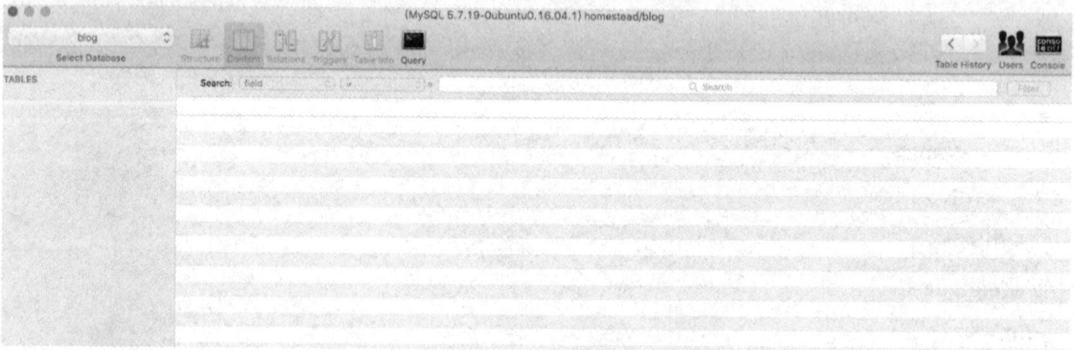

图21.5.16　数据库中是空的，没有任何表

执行命令php artisan migrate，如图21.5.17所示：

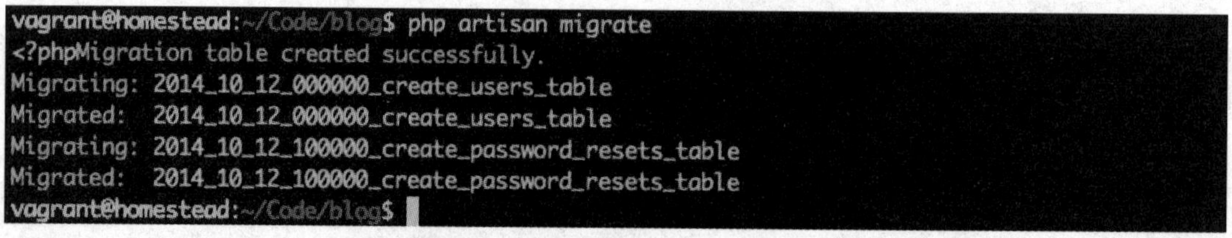

图21.5.17　执行php artisan migrate

再打开数据库工具查看blog数据库，发现已经多了三张数据表。如图21.5.18所示：

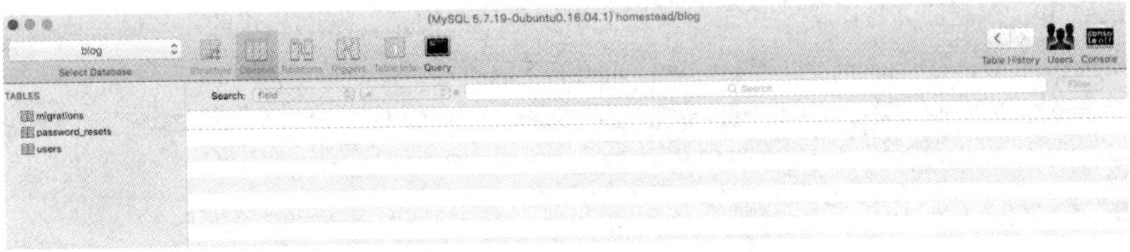

图21.5.18　数据库中增加了三张数据表

点击右上角的注册按钮，来到注册页面，并填写用户信息提交。如图21.5.19所示：

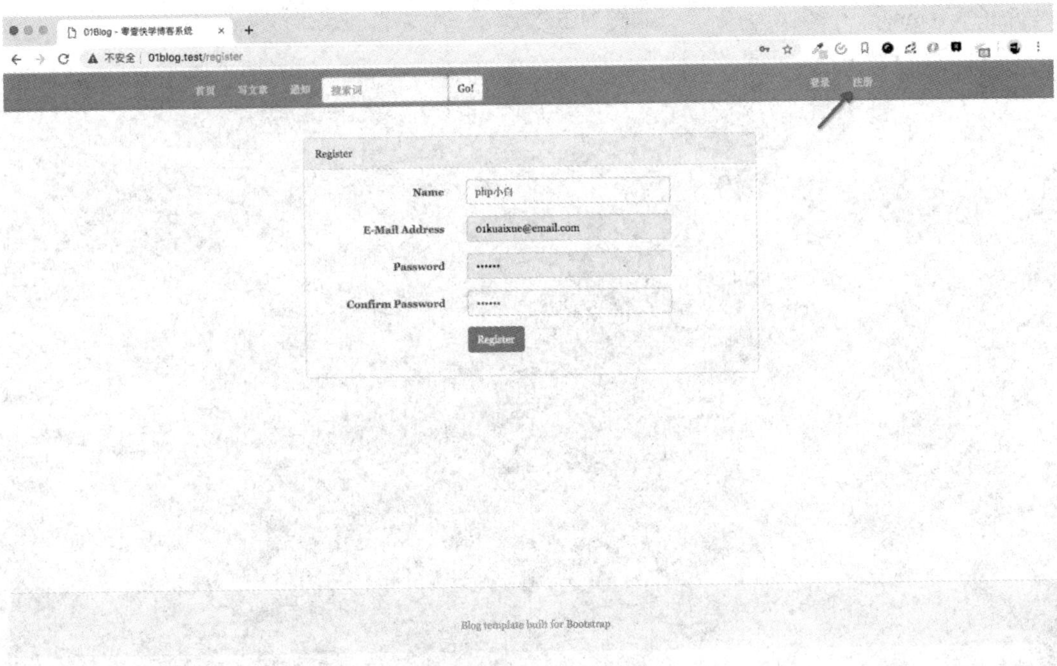

图21.5.19　注册用户

提交表单后，出现了报错信息。如图21.5.20所示：

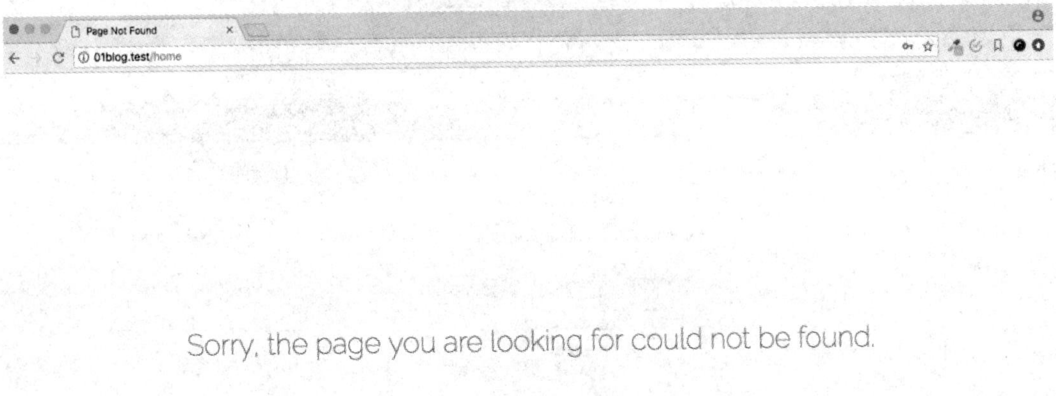

图21.5.20　出现报错信息

这是因为默认的Auth组件在创建用户成功以后，会自动跳转至/home页面，而前面已经把这个页面的路由、控制器和视图都删掉了，所以会出现报错。但是，刚刚创建的用户已经成功存入数据库的users表中，打开users表可查看记录，如图21.5.21所示：

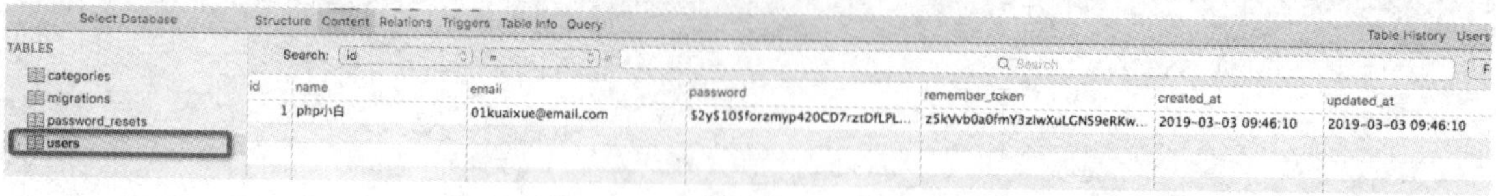

图21.5.21　新用户注册成功

针对用户注册成功后跳转/home页面报错的情况，可以使用编辑器批量查找出Auth组件中默认的跳转路径“/home”并替换为“/”。如图21.5.22所示：

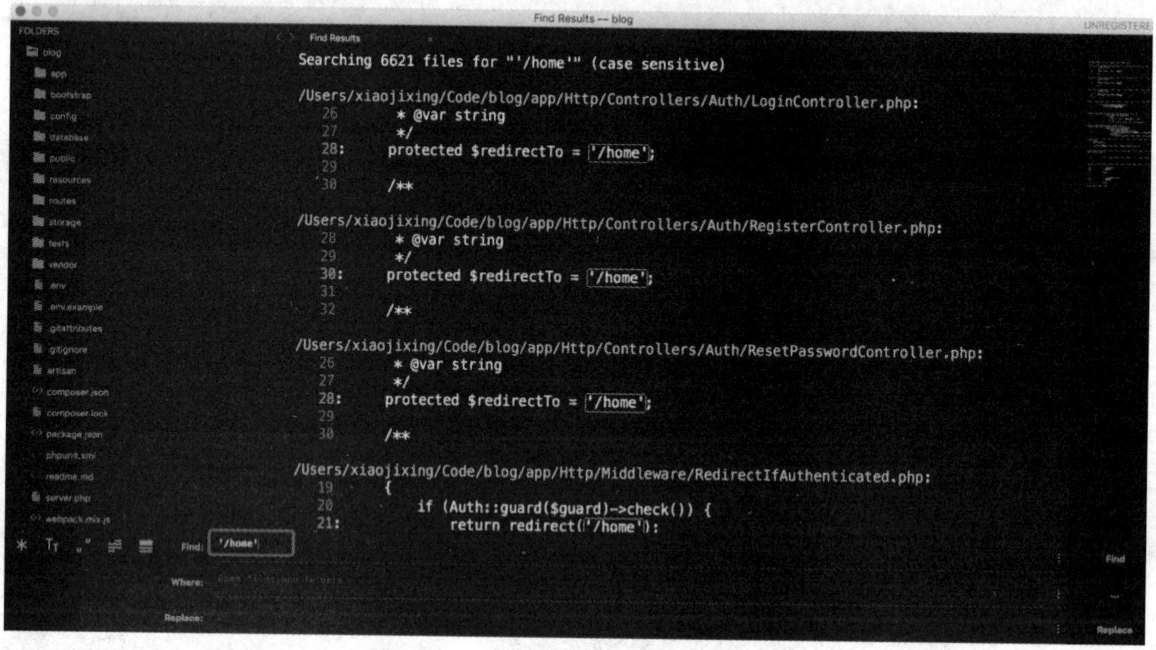

图21.5.22　替换Auth组件默认跳转路径

接下来，使用刚刚注册的用户登录博客。如图21.5.23所示：

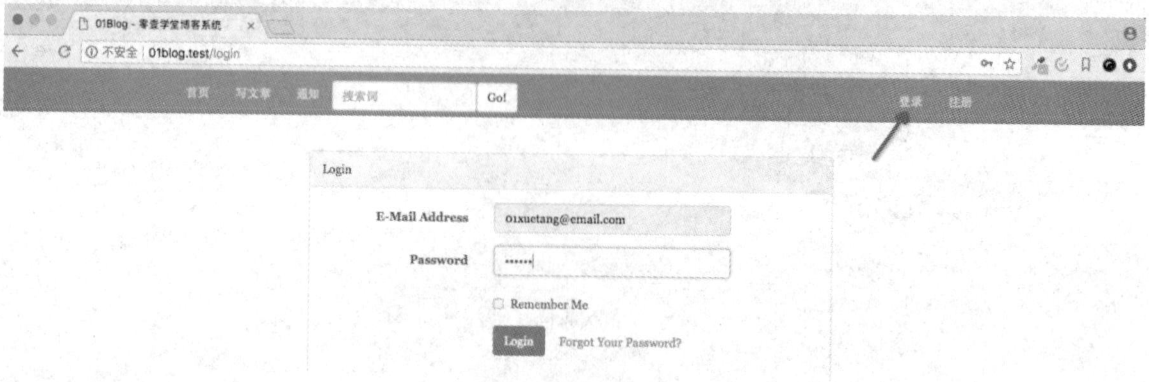

图21.5.23　登录博客

登录成功，跳转至默认首页。如图21.5.24所示：

图21.5.24　登录成功

现在，用户注册和登录功能已经完成，我们将默认的welcome.blade.php美化一下：

动手写21.5.8 _welcome.blade.php

```
<?php
@extends('layouts.app')
@section('content')
<div class="row">
  <div class="text-center" data-ride="carousel">
    <h1>
      零壹快学博客首页
    </h1>
  </div>
</div>
@endsection
```

效果如图21.5.25所示：

图21.5.25　美化首页

接下来，需要完善用户模块中的“我的主页”和“个人设置”页面。开发一个模块一般需要为这个模块添加对应的路由、控制器、模型、视图等资源。

添加“我的主页”和“个人设置”页面路由入口，打开routes/web.php：

动手写21.5.9 _web.php

```
<?php
//…
Route::get('/users/{user}', 'UsersController@show')->name('users.show');
Route::get('/users/{user}/edit', 'UsersController@edit')->name('users.edit');
Route::put('/users/{user}', 'UsersController@update')->name('users.update');
```

创建并编写用户控制器app/Http/Controllers/UserController.php：

动手写21.5.10 _UserController.php

```
<?php
namespace App\Http\Controllers;

use App\Models\User;

class UsersController extends Controller
{

    public function __construct()
    {
        $this->middleware('auth', ['except' => ['show']]);
    }

    public function show(User $user)
    {
        return view('users.show', compact('user'));
    }

    public function edit(User $user)
    {
        return view('users.edit', compact('user'));
    }

}
```

将User.php移动到app/Models/目录下，便于和后面的模型统一管理。如图21.5.26所示：

图21.5.26　User.php移动到app/Models/目录下

将User.php的命名空间修改为“App\Models”，如图21.5.27所示：

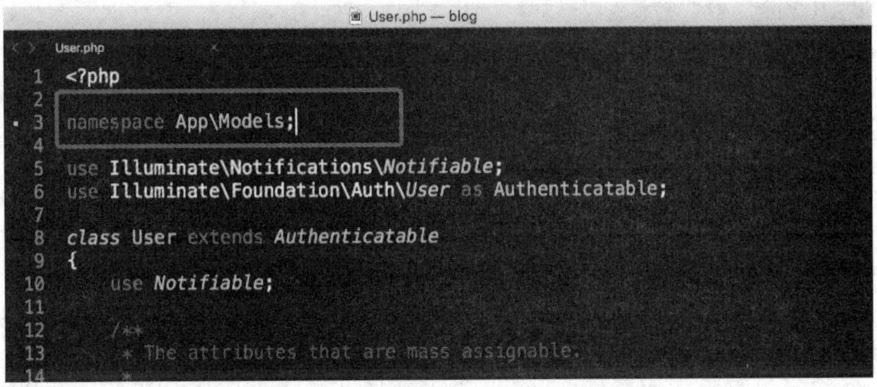

图21.5.27　修改User.php的命名空间

编辑器全局搜索App\User，将其替换为App\Models\User，如图21.5.28所示：

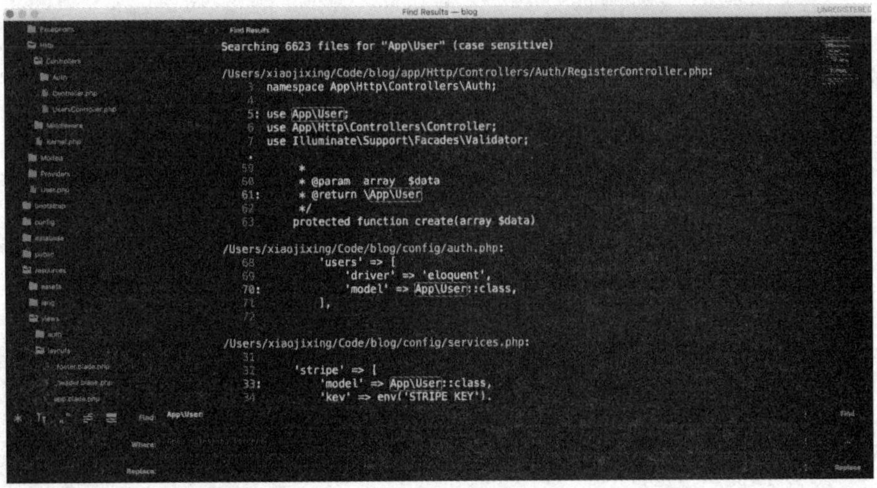

图21.5.28　将App\User替换为App\Models\User

创建resources/views/users/目录，将静态页面“我的主页”和“个人设置”嵌套进来：

动手写21.5.11 _show.blade.php

```
@extends("layouts.app")
@section("content")
<div class="col-sm-8">
  <blockquote>
    <p>
        <img alt="" class="img-rounded" src="/image/default.jpg" style="border-radius:500px; height:
40px">
        php小白
      </img>
    </p>
    <footer>
      关注：1 | 粉丝：0 | 文章：3
    </footer>
  </blockquote>
</div>
<div class="col-sm-8 blog-main">
  <div class="nav-tabs-custom">
    <ul class="nav nav-tabs">
      <li class="active">
        <a aria-expanded="true" data-toggle="tab" href="#tab_1">
          文章
        </a>
      </li>
      <li class="">
        <a aria-expanded="false" data-toggle="tab" href="#tab_2">
          关注
        </a>
      </li>
      <li class="">
        <a aria-expanded="false" data-toggle="tab" href="#tab_3">
          粉丝
        </a>
      </li>
    </ul>
```

```
<div class="tab-content">
  <div class="tab-pane active" id="tab_1">
    <div class="blog-post" style="margin-top: 30px">
      <p class="">
        <a href="/user/5">
        PHP
        </a>
        6天前
      </p>
      <p class="">
        <a href="/posts/62">
          PHP
        </a>
      </p>
      <p>
        <p>
          零基础PHP从入门到精通
        </p>
      </p>
    </div>
    <div class="blog-post" style="margin-top: 30px">
      <p class="">
        <a href="/user/5">
          JAVA
        </a>
        6天前

      </p>
      <p class="">
        <a href="/posts/62">
          JAVA
        </a>
      </p>
      <p>
        <p>
          零基础JAVA从入门到精通
        </p>
```

```
        </p>
      </div>
    </div>
    <!-- /.tab-pane -->
    <div class="tab-pane" id="tab_2">
      <div class="blog-post" style="margin-top: 30px">
        <p class="">
          Jadyn Medhurst Jr.
        </p>
        <p class="">
          关注：1 | 粉丝：1 |  文章：0
        </p>
        <div>
          <button _token="MESUY3topeHgvFqsy9EcM916UWQq6khiGHM91wHy" class="btn btn-
default like-button" like-user="6" like-value="1" type="button">
            取消关注
          </button>
        </div>
      </div>
      <div class="blog-post" style="margin-top: 30px">
        <p class="">
          Mrs. Felicita D'Amore DVM
        </p>
        <p class="">
          关注：0 | 粉丝：1 |  文章：1
        </p>
        <div>

          <button _token="MESUY3topeHgvFqsy9EcM916UWQq6khiGHM91wHy" class="btn btn-
default like-button" like-user="55" like-value="1" type="button">
            取消关注
          </button>
        </div>
      </div>
      <div class="blog-post" style="margin-top: 30px">
        <p class="">
          Maybell VonRueden
```

```
            </p>
            <p class="">
              关注：0|粉丝：2|  文章：0
            </p>
            <div>
              <button _token="MESUY3topeHgvFqsy9EcM916UWQq6khiGHM91wHy" class="btn btn-
default like-button" like-user="3" like-value="1" type="button">
                取消关注
              </button>
            </div>
          </div>
          <div class="blog-post" style="margin-top: 30px">
            <p class="">
              Miss Melyssa Bogan DDS
            </p>
            <p class="">
              关注：2|粉丝：2|  文章：3
            </p>
            <div>
              <button _token="MESUY3topeHgvFqsy9EcM916UWQq6khiGHM91wHy" class="btn btn-
default like-button" like-user="2" like-value="1" type="button">
                取消关注
              </button>
            </div>
          </div>
        </div>
      </div>

      <!-- /.tab-content -->
      <!-- /.tab-content -->
    </div>
  </div>
  <div class="col-xs-12 col-sm-4 col-md-4 col-lg-4" id="sidebar">
    <aside class="widget panel panel-default" id="widget-welcome">
      <div class="panel-heading">
        欢迎!
      </div>
```

```
        <div class="panel-body">
            <p>
                欢迎来到零壹快学
            </p>
            <p>
                <strong>
                    <a href="/">
                        零壹快学博客
                    </a>
                </strong>
                基于 Laravel5.5 构建
            </p>
        </div>
    </aside>
    <aside class="widget panel panel-default" id="widget-categories">
        <div class="panel-heading">
            专题
        </div>
        <ul class="category-root list-group">
            <li class="list-group-item">
                <a href="/topic/1">
                    PHP专题
                </a>
            </li>
            <li class="list-group-item">
                <a href="/topic/2">
                    数据库专题
                </a>
            </li>

            <li class="list-group-item">
                <a href="/topic/5">
                    服务器专题
                </a>
            </li>
        </ul>
    </aside>
</div>
@endsection
```

在登录状态下，访问地址http://01blog.test/users/1，即可查看“我的主页”页面。如图21.5.29所示：

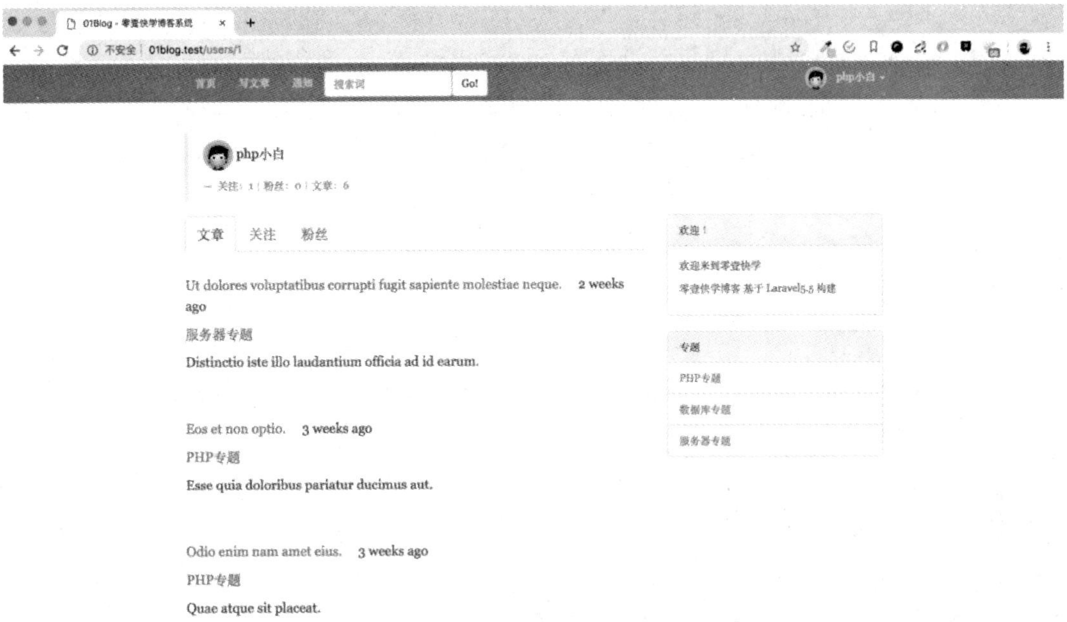

图21.5.29　我的主页

动手写21.5.12 _edit.blade.php

```
@extends("layouts.app")
@section("content")
<div class="col-sm-8 blog-main">
    <form action="/user/5/setting" class="form-horizontal" enctype="multipart/form-data"
method="POST">
        <input name="_token" type="hidden" value="RuzO8giZVe3C2PalHpxGydYXKvwqNxMwcxsczn
Ab">
        <div class="form-group">
            <label class="col-sm-2 control-label">
                用户名
            </label>
            <div class="col-sm-10">
                <input class="form-control" name="name" type="text" value="php小白">
                </input>
            </div>
        </div>
        <div class="form-group">
            <label class="col-sm-2 control-label">
```

```
            头像
        </label>
        <div class="col-sm-2">
            <input class=" file-loading preview_input" name="avatar" style="width:72px" type="file"
value="用户名">
                <img alt="" class="img-rounded" src="image/default.jpg" style="border-radius:500px;">
                </img>
            </input>
        </div>
    </div>
    <button class="btn btn-default" type="submit">
        修改
    </button>
  </input>
 </form>
 <br>
 </br>
</div>
<div class="col-xs-12 col-sm-4 col-md-4 col-lg-4" id="sidebar">
 <aside class="widget panel panel-default" id="widget-welcome">
  <div class="panel-heading">
    欢迎！
  </div>

  <div class="panel-body">
    <p>
      欢迎来到零壹快学
    </p>
    <p>
      <strong>
        <a href="/">
          零壹快学博客
        </a>
      </strong>
      基于 Laravel5.5 构建
    </p>
  </div>
 </aside>
 <aside class="widget panel panel-default" id="widget-categories">
  <div class="panel-heading">
```

```
        专题
      </div>
      <ul class="category-root list-group">
        <li class="list-group-item">
          <a href="/topic/1">
            PHP专题
          </a>
        </li>
        <li class="list-group-item">
          <a href="/topic/2">
            数据库专题
          </a>
        </li>
        <li class="list-group-item">
          <a href="/topic/5">
            服务器专题
          </a>
        </li>
      </ul>
    </aside>
  </div>
@endsection
```

访问地址http://01blog.test/users/1/edit，即可查看用户个人设置页。如图21.5.30所示：

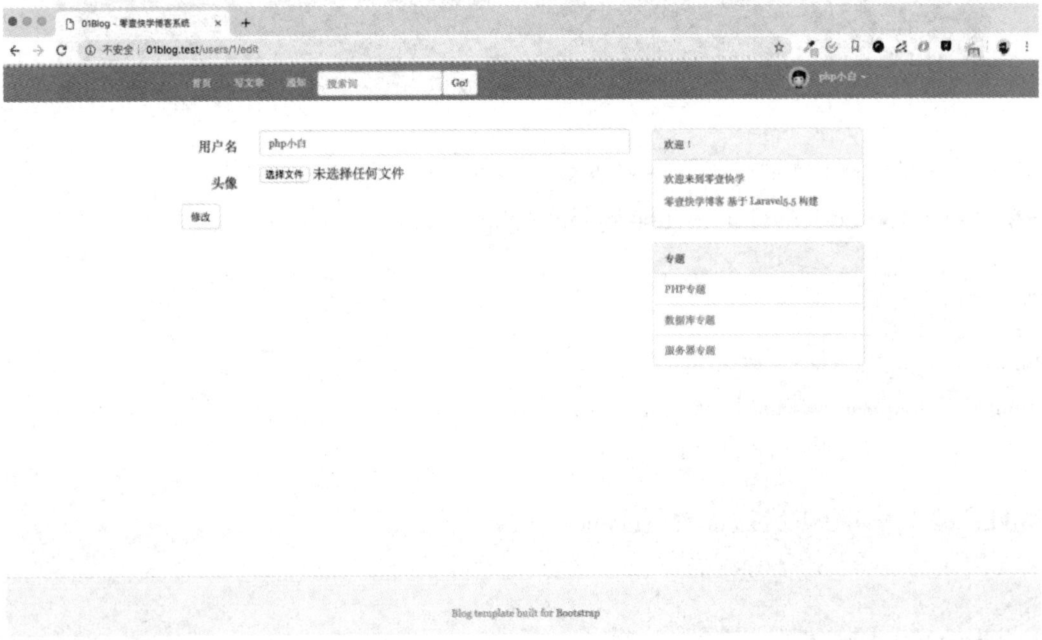

图21.5.30　个人设置页

“个人设置”页面可以编辑用户名和用户头像，默认的users用户表中没有用户头像字段，需要使用Laravel自带的命令来新建迁移文件。生成命令如下：

php artisan make:migration add_avatar_to_users_table --table=users

运行结果如图21.5.31所示：

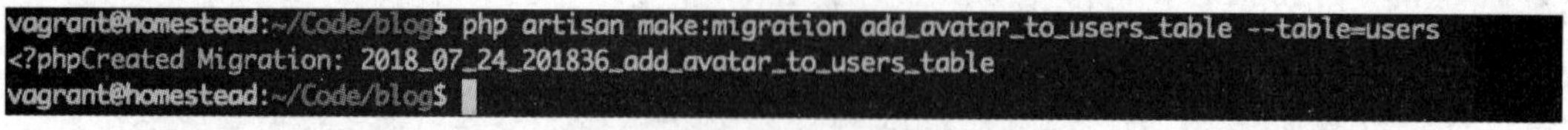

图21.5.31　新建迁移文件

生成migrate文件，如图21.5.32所示：

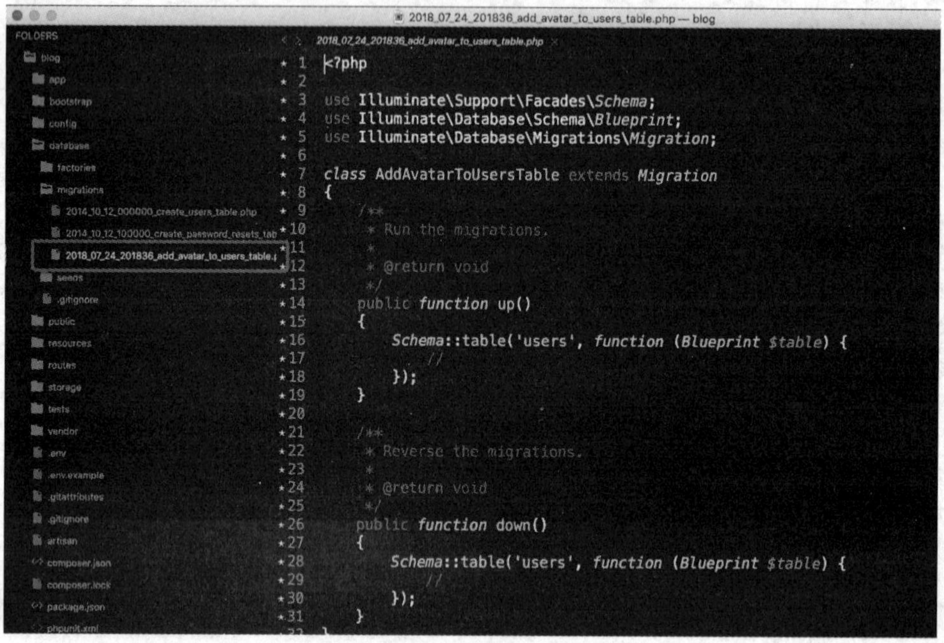

图21.5.32　生成migrate文件

编辑新生成的migrate文件：

动手写21.5.13 _add_avatar_to_users_table.php

```
<?php

use Illuminate\Support\Facades\Schema;
use Illuminate\Database\Schema\Blueprint;
use Illuminate\Database\Migrations\Migration;

class AddAvatarToUsersTable extends Migration
{
    /**
     * Run the migrations.
```

```
     *
     * @return void
     */
    public function up()
{
        Schema::table('users', function (Blueprint $table) {
            $table->string('avatar')->nullable();
        });
    }

    /**
     * Reverse the migrations.
     *
     * @return void
     */
    public function down()
{
        Schema::table('users', function (Blueprint $table) {
            $table->dropColumn('avatar');
        });
    }
}
```

执行命令php artisan migrate，运行结果如图21.5.33所示：

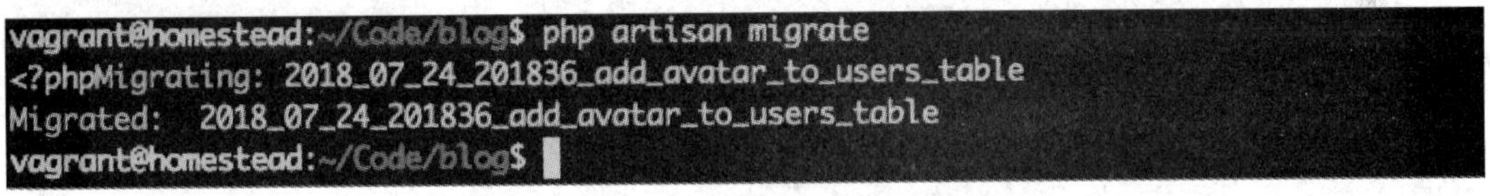

图21.5.33　执行php artisan migrate

打开数据库，查看users表结构，新增字段已经成功创建。如图21.5.34所示：

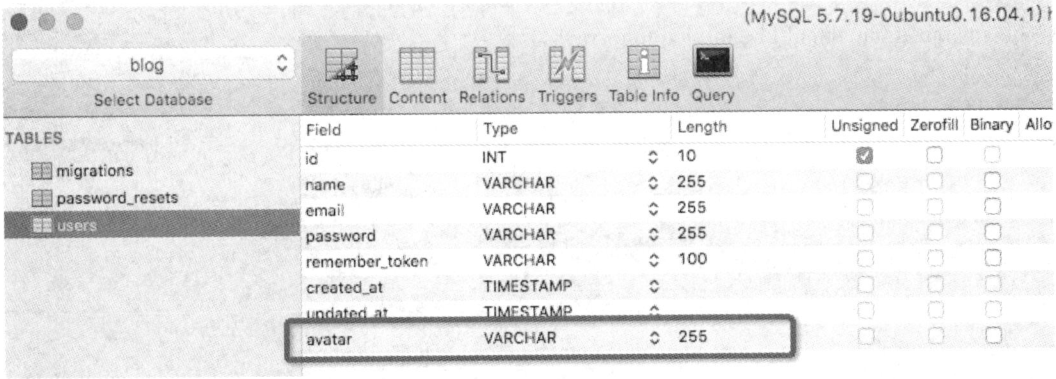

图21.5.34　成功创建新增字段

在Laravel模型文件中有一个$fillable属性，其作用是防止用户随意修改模型数据，只有在此属性里定义的字段才允许修改，否则忽略。现需要将新增字段加入$fillable属性中，编辑app/Models/User.php用户模型：

动手写21.5.14 _User.php

```
<?php

namespace App\Models;

use Illuminate\Notifications\Notifiable;
use Illuminate\Foundation\Auth\User as Authenticatable;

class User extends Authenticatable
{
    use Notifiable;

    /**
     * The attributes that are mass assignable.
     *
     * @var array
     */
    protected $fillable = [
        'name', 'email', 'password', 'avatar'
    ];

    /**
     * The attributes that should be hidden for arrays.
     *
     * @var array
     */
    protected $hidden = [
        'password', 'remember_token',
    ];
}
```

接下来实现更新用户资料，用户名是文本字段，非常容易更新。头像的上传可以封装一个图片上传工具类app/Handlers/ImageHandler.php，专门用于处理博客系统的图片上传逻辑：

动手写21.5.15 _ImageHandler.php

```
<?php

namespace App\Handlers;

class ImageHandler
{
    protected $allowed_ext = ["png", "jpg", "gif", 'jpeg'];

    public function save($file, $folder, $file_prefix)
    {
        $folder_name = "uploads/images/$folder/" . date("Ym/d", time());
        $upload_path = public_path() . '/' . $folder_name;
        $extension = strtolower($file->getClientOriginalExtension()) ?: 'png';
        $filename = $file_prefix . '_' . time() . '_' . str_random(10) . '.' . $extension;
        if (!in_array($extension, $this->allowed_ext))
        {
            return false;
        }
        $file->move($upload_path, $filename);
        return [
            'path' => config('app.url') . "/$folder_name/$filename",
        ];
    }
}
```

在用户模块控制器app/Http/Controllers/UserController.php中的update()方法中引用：

动手写21.5.16 _ UserController.php

```
<?php
namespace App\Http\Controllers;

use App\Models\User;
```

```
use Illuminate\Http\Request;
use App\Handlers\ImageHandler;

class UsersController extends Controller
{

    /*
     *
     *省略部分代码
     *
     */

    public function update(Request $request, ImageHandler $upload, User $user)
    {

        $data = $request->all();
        if ($request->avatar)
        {
            $result = $upload->save($request->avatar, 'avatars', $user->id);
            if($result)
            {
                $data['avatar'] = $result['path'];
            }
        }
        $user->update($data);

        return redirect()->route('users.show', $user->id)->with('success', '个人资料更新成功！');
    }
}
```

注意把文件上方的“App\Handlers\ImageHandler”工具类加载进来，在update()方法中注入并实现图片上传逻辑。

来到个人设置页视图页面，更新用户名为“php老鸟”，上传准备好的头像图片，提交表单。如图21.5.35所示：

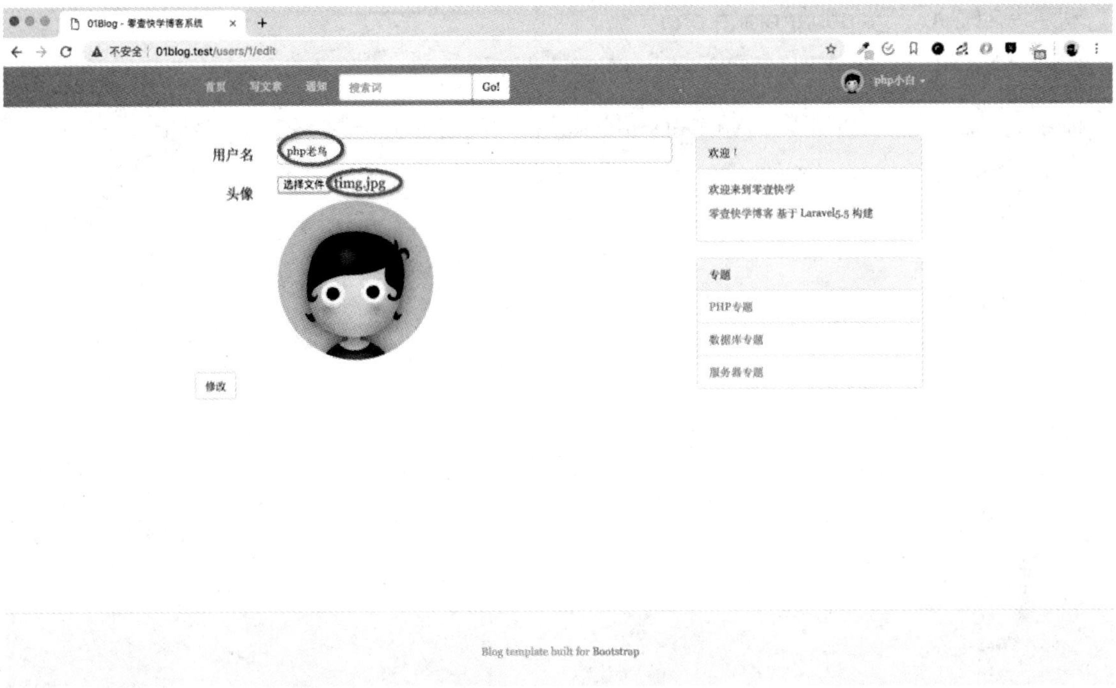

图21.5.35 提交表单

更新成功后，跳转至个人主页，此时的用户信息并没有变化（如图21.5.36所示），这是因为当前个人主页的用户资料还是静态的假数据，现需要更新为从$user中获取的数据。

图21.5.36 跳转至个人主页

所有页面右侧的欢迎语和专题内容样式一致，可以将其内容放到resources/views/layouts目录下面，供其他页面引入。

动手写21.5.17 __sidebar.blade.php

```
<div class="col-xs-12 col-sm-4 col-md-4 col-lg-4" id="sidebar">
  <aside class="widget panel panel-default" id="widget-welcome">
    <div class="panel-heading">
      欢迎!
    </div>
    <div class="panel-body">
      <p>
        欢迎来到零壹快学
      </p>
      <p>
        <strong>
          <a href="/">
            零壹快学博客
          </a>
        </strong>
        基于 Laravel5.5 构建
      </p>
    </div>
  </aside>
  <aside class="widget panel panel-default" id="widget-categories">
    <div class="panel-heading">
      专题
    </div>
    <ul class="category-root list-group">
      <li class="list-group-item">
        <a href="/topic/1">
          PHP专题
        </a>
      </li>
      <li class="list-group-item">
        <a href="/topic/2">
          数据库专题
        </a>
      </li>
      <li class="list-group-item">
```

```
            <a href="/topic/5">
                服务器专题
            </a>
        </li>
    </ul>
  </aside>
</div>
```

动手写21.5.18 __header.blade.php

```
<!--
/*
 *省略部分代码
 */
-->
<li class="dropdown">
  <div>
    <img alt="" class="img-rounded"
    @if(Auth::user()->avatar)
      src="{{ Auth::user()->avatar }}"
    @else
      src="/image/default.jpg"
    @endif
    style="border-radius:500px;height: 30px;">
        <a aria-expanded="false" aria-haspopup="true" class="blog-nav-item dropdown-toggle" data-
toggle="dropdown" href="#" role="button">
          {{ Auth::user()->name }}
          <span class="caret">
          </span>
        </a>
        <ul class="dropdown-menu">
          <li>
            <a href="{{ route('users.show', Auth::id()) }}">
              我的主页
            </a>
          </li>
          <li>
```

```
                <a href="{{ route('users.edit', Auth::id()) }}">
                    个人设置
                </a>
            </li>
            <li>
                <a href="#"
                   onclick="event.preventDefault();
                    document.getElementById('logout').submit();">
                    退出登录
                </a>
                <form id="logout" action="{{ route('logout') }}" method="POST" style="display: none;">
                    {{ csrf_field() }}
                </form>
            </li>
        </ul>
    </img>
  </div>
</li>
<!--
/*
 *省略部分代码
 */
-->
```

动手写21.5.19 _show.blade.php

```
@extends("layouts.app")
@section("content")
<div class="col-sm-8">
  <blockquote>
    <p>
      <img alt="" class="img-rounded"
                 @if($user->avatar)
                    src="{{ $user->avatar }}"
                 @else
                    src="/image/default.jpg"
                 @endif
```

```
            style="border-radius:500px;height: 40px;">
        {{ $user->name }}
    </p>
    <footer>
      关注：1 | 粉丝：0 | 文章：3
    </footer>
  </blockquote>
</div>
<!--
/*
 *省略部分代码
 */
-->
```

动手写21.5.20 _edit.blade.php

```
<!--
/*
 *省略部分代码
 */
-->
<div class="form-group">
  <label class="col-sm-2 control-label">
    用户名
  </label>
  <div class="col-sm-10">
    <input class="form-control" name="name" type="text" value="{{ old('name', $user->name) }}">
  </div>
</div>
<div class="form-group">
  <label class="col-sm-2 control-label">
    头像
  </label>
  <div class="col-sm-2">
    <input name="avatar"  type="file" >
```

```
            <img alt="" class="img-rounded"
            @if($user->avatar)
               src="{{ $user->avatar }}"
            @else
               src="/image/default.jpg"
            @endif
            style="border-radius:500px;margin-top: 10px">
    </div>
</div>
<!--
/*
 *省略部分代码
 */
-->
```

现访问个人主页http://01blog.test/users/1，如图21.5.37所示：

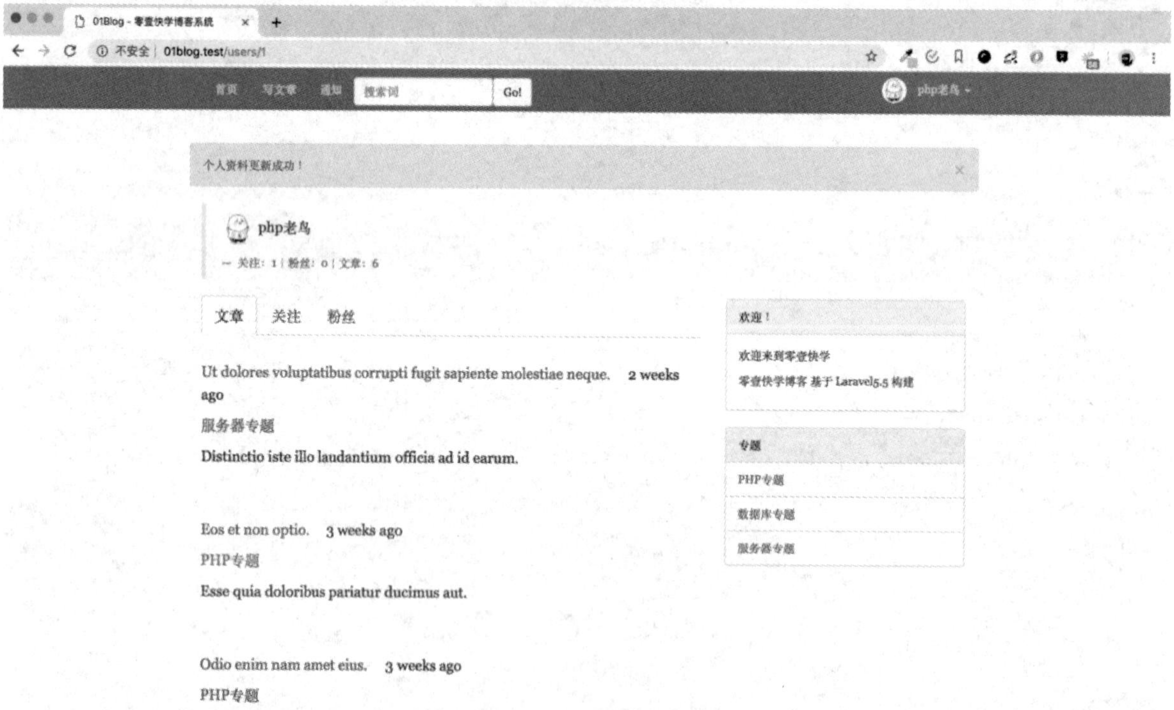

图21.5.37　个人资料已经更新成功

目前用户编辑资料的表单还没有加验证，当用户名输入内容过长或为空时，提交表单会出现报错。如图21.5.38 所示：

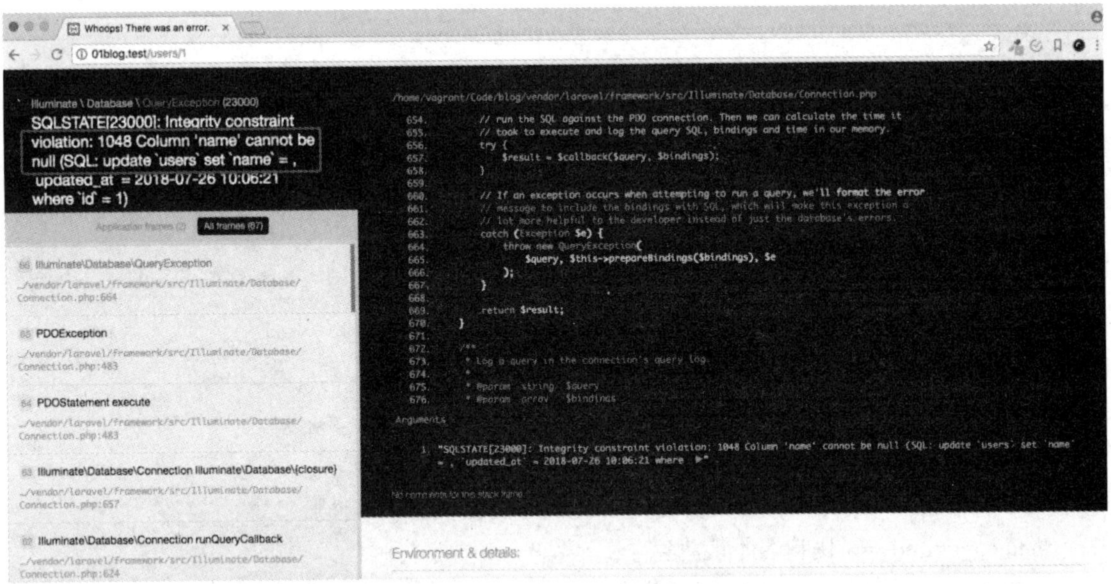

图21.5.38　错误提示name字段不能为空

为了避免这种报错情况，Laravel框架提供了表单数据验证方案，此方案相比手工调用验证来说，能处理更为复杂的验证逻辑，更加适用于大型程序。在接下来的课程中，将统一使用表单请求验证来处理表单验证逻辑。

在目录app/Http/Requests下面创建UserRequest.php用户表单处理类，并设定表单验证规则：

动手写21.5.21 _UserRequest.php

```
<?php

namespace App\Http\Requests;

use Illuminate\Foundation\Http\FormRequest;
use Auth;

class UserRequest extends FormRequest
{
    public function authorize()
    {
        return true;
    }

    public function rules()
    {
```

```
        return [
            'name' => 'required|between:3,25|regex:/^[A-Za-z0-9\-\_]+$/|unique:users,name,' . Auth::id(),
            'email' => 'required|email',
        ];
    }

    public function messages()
    {
        return [
            'name.unique' => '用户名已被占用，请重新填写',
            'name.regex' => '用户名只支持中英文、数字、横杠和下划线。',
            'name.between' => '用户名必须介于 3 - 25 个字符之间。',
            'name.required' => '用户名不能为空。',
        ];
    }
}
```

在app/Http/Controllers/UserController控制器中的update()方法中注入UserRequest表单处理类：

动手写21.5.22 _UserController.php

```
<?php
namespace App\Http\Controllers;

use App\Models\User;
use Illuminate\Http\Request;
use App\Handlers\ImageHandler;
use App\Http\Requests\UserRequest;

class UsersController extends Controller
{

    /*
     *...省略部分代码...
     *
     */

    public function update(UserRequest $request, ImageHandler $upload, User $user)
```

```
  {

      $data = $request->all();
      if ($request->avatar)
      {
         $result = $upload->save($request->avatar, 'avatars', $user->id);
         if($result)
         {
            $data['avatar'] = $result['path'];
         }
      }
      $user->update($data);

      return redirect()->route('users.show', $user->id)->with('success', '个人资料更新成功！');
  }

}
```

现在当用户提交的name字段不符合UserRequest表单处理类的规则时，便会将请求打回，并提示相应的错误。接下来完善错误或成功的提示信息样式，在resources/views/layouts目录下创建文件_message.blade.php：

动手写21.5.23　_message.blade.php

```
@if (Session::has('message'))
   <div class="alert alert-info">
      <button type="button" class="close" data-dismiss="alert" aria-hidden="true"> × </button>
      {{ Session::get('message') }}
   </div>
@endif

@if (Session::has('success'))
   <div class="alert alert-success">
      <button type="button" class="close" data-dismiss="alert" aria-hidden="true"> × </button>
      {{ Session::get('success') }}
   </div>
@endif
@if (Session::has('danger'))
   <div class="alert alert-danger">
      <button type="button" class="close" data-dismiss="alert" aria-hidden="true"> × </button>
```

```
        {{ Session::get('danger') }}
    </div>
@endif

@if (count($errors) > 0)
    <div class="alert alert-danger">
        <h4>有错误发生：</h4>
        <ul>
            @foreach ($errors->all() as $error)
                <li>{{ $error }}</li>
            @endforeach
        </ul>
    </div>
@endif
```

在resources/views/layouts/app.blade.php文件中引入信息提示文件：

动手写21.5.24 _app.blade.php

```
<!--
/*
 *省略部分代码
 */
-->
@include('layouts._header')
<div class="container">
    <div class="blog-header">
    </div>
    <div class="row">
        @include('layouts._message')
        @yield("content")
    </div>
</div>
@include("layouts._footer")
<!--
/*
 *省略部分代码
 */
-->
```

现在来到个人设置页，将用户名字段清空并提交表单。如图21.5.39所示：

图21.5.39　提示“用户名不能为空”的报错信息

将用户名更新为“php开发者”并提交，如图21.5.40所示：

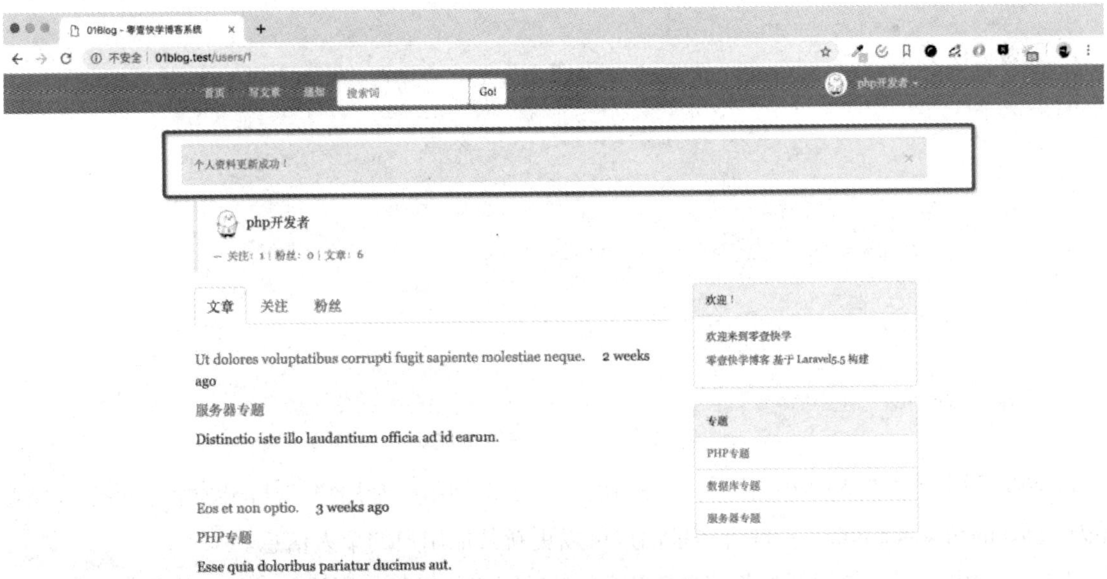

图21.5.40　提示个人资料已更新成功

接下来，再注册一个新用户“JAVA小白”，如图21.5.41所示：

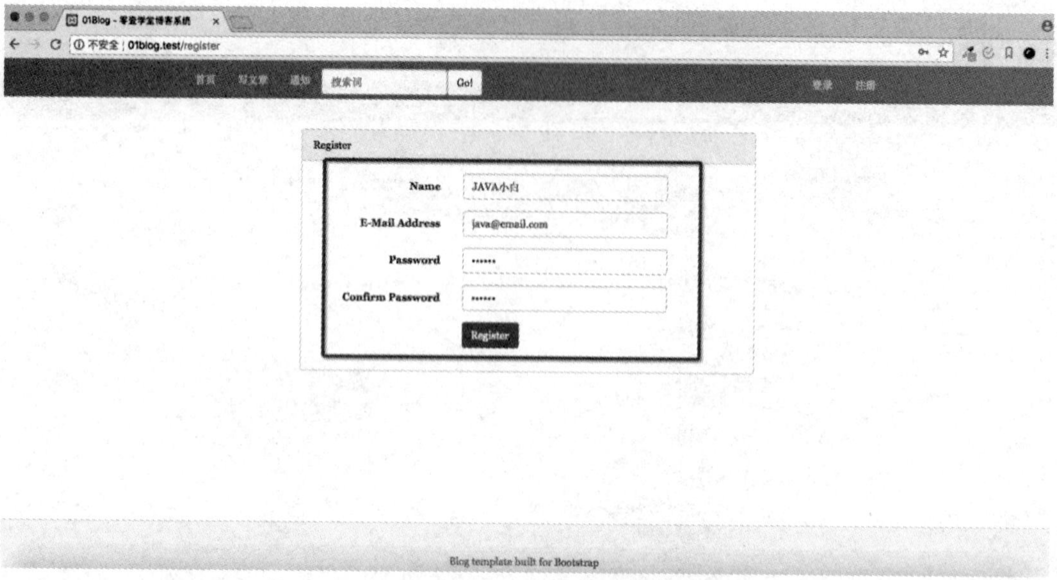

图21.5.41　注册新用户

提交表单，效果如图21.5.42所示：

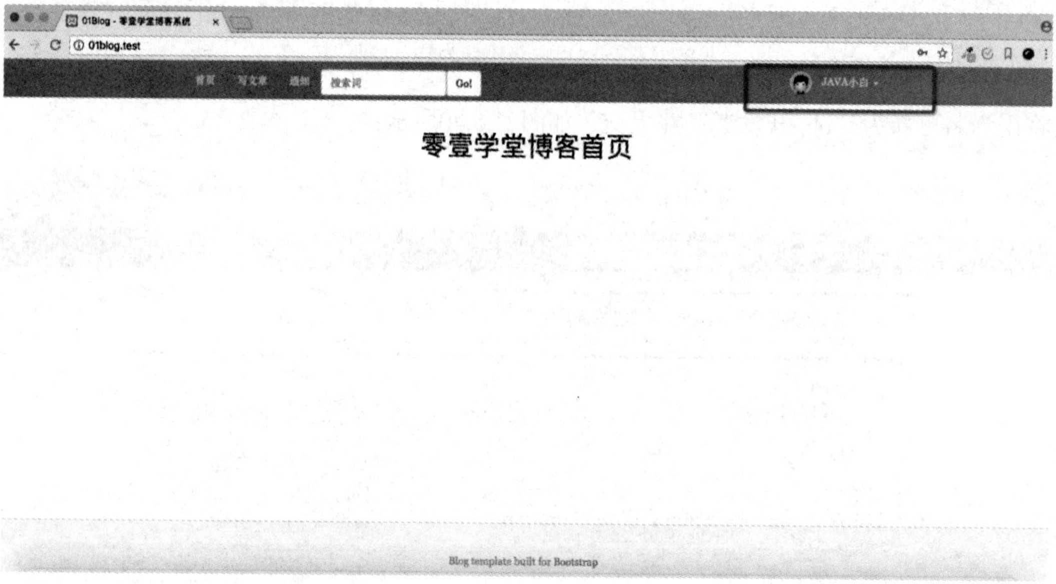

图21.5.42　新用户注册成功

目前登录用户为“JAVA小白”，使用当前用户去访问第一个用户“php开发者”的个人设置页http://01blog.test/users/1/edit，发现所登录用户可以更新其他用户的个人信息。

在Laravel中，可以使用授权策略（Policy）来对用户的操作权限进行验证，在用户未经授权进行操作时将返回“403禁止访问”的异常。现在需要为用户的个人设置页加以验证，目的是让每个用户只可以管理自己的资料。

在app目录下创建Policies目录，并在该目录下创建用户策略文件UserPolicy.php。在UserPolicy.php中定义update()方法，该方法接收两个参数：第一个参数默认为当前登录用户实例，第二个参数则为要进行授权的用户实例。当两个id相同时，则代表两个用户是相同用户，用户通过授权；如果id不相同的话，将抛出“403异常信息”来拒绝访问。

动手写21.5.25 _UserPolicy.php

```
<?php

namespace App\Policies;

use App\Models\User;
use Illuminate\Auth\Access\HandlesAuthorization;

class UserPolicy
{
    use HandlesAuthorization;

    /**
     * Create a new policy instance.
     *
     * @return void
     */
    public function update(User $currentUser, User $user)
    {
        return $currentUser->id === $user->id;
    }
}
```

接下来需要在app/Providers/AuthServiceProvider.php中对授权策略进行注册。AuthServiceProvider类包含了一个policies属性，该属性用于将各种模型对应到管理它们的授权策略上。

动手写21.5.26 _AuthServiceProvider.php

```
<?php

namespace App\Providers;

use Illuminate\Support\Facades\Gate;
```

```
use Illuminate\Foundation\Support\Providers\AuthServiceProvider as ServiceProvider;
class AuthServiceProvider extends ServiceProvider
{
    /**
     * The policy mappings for the application.
     *
     * @var array
     */
    protected $policies = [
        'App\Model' => 'App\Policies\ModelPolicy',
        \App\Models\User::class  => \App\Policies\UserPolicy::class,
    ];

    /**
     * Register any authentication / authorization services.
     *
     * @return void
     */
    public function boot()
    {
        $this->registerPolicies();

        //
    }
}
```

授权策略定义完成后，可以方便地在控制器中使用authorize()方法来检验用户是否授权：

动手写21.5.27 _UserController.php

```
<?php
namespace App\Http\Controllers;

use App\Models\User;
use Illuminate\Http\Request;
use App\Handlers\ImageHandler;
use App\Http\Requests\UserRequest;
```

```
class UsersController extends Controller
{

  /*
   *...省略部分代码...
   *
   */

  public function edit(User $user)
  {
     $this->authorize('update', $user);
     return view('users.edit', compact('user'));
  }

  public function update(UserRequest $request, ImageHandler $upload, User $user)
  {
     $this->authorize('update', $user);
     $data = $request->all();
     if ($request->avatar)
     {
        $result = $upload->save($request->avatar, 'avatars', $user->id);
        if($result)
        {
           $data['avatar'] = $result['path'];
        }
     }
     $user->update($data);

     return redirect()->route('users.show', $user->id)->with('success', '个人资料更新成功！');
  }

}
```

现在使用用户“JAVA小白”去访问用户“php开发者”的个人设置页http://01blog.test/users/1/edit，报出权限错误提示。如图21.5.43所示：

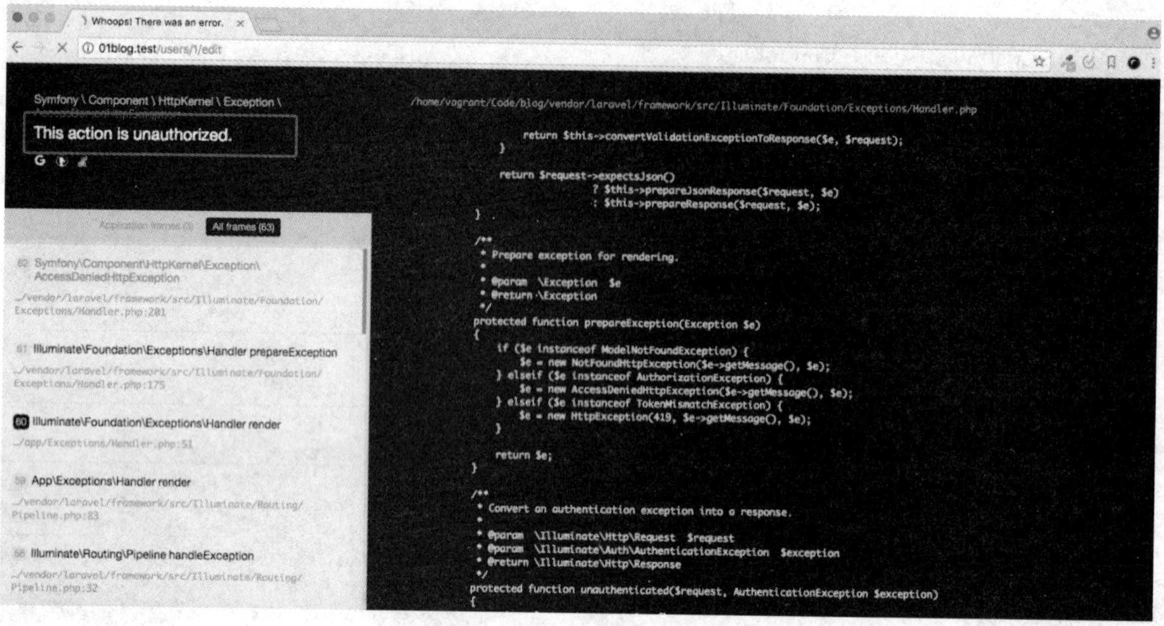

图21.5.43　权限错误提示

21.5.5　专题模块

本课程计划将博客专题分为PHP专题、数据库专题、服务器专题三类，在项目初始化时将基础数据准备好，并且专题数据不可以更新或删除。本节课程将涉及Laravel提供的数据库迁移和填充技术。

现需要创建专题模型来跟数据库进行交互，新建的模型文件都要统一放置在app/Models文件夹下，可以通过执行Model创建命令php artisan make:model Models/Category−m快速创建Model（注："−m"选项意为"顺便创建数据库迁移文件"）。

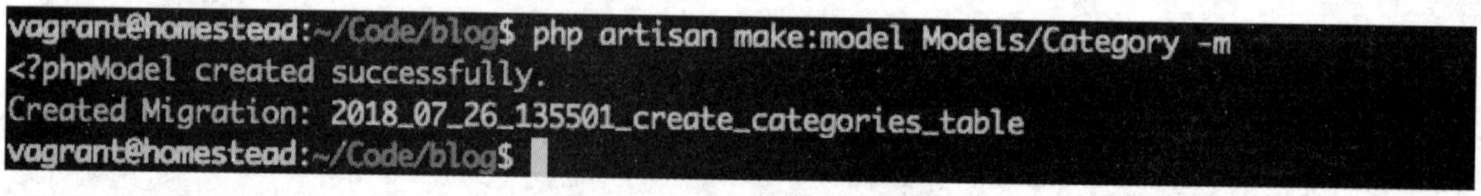

图21.5.44　快速创建Model

打开生成的迁移文件2018_07_26_135501_create_categories_table.php，设置categories表结构:

动手写21.5.28 __create_categories_table.php

```
<?php

use Illuminate\Support\Facades\Schema;
use Illuminate\Database\Schema\Blueprint;
use Illuminate\Database\Migrations\Migration;
```